U0204359

中　外　物　理　学　精　品　书　系

本书出版得到"国家出版基金"资助

中 外 物 理 学 精 品 书 系

前 沿 系 列 · 4 3

有机磁理论、模型和方法

姚凯伦　编著

图书在版编目(CIP)数据

有机磁理论、模型和方法/姚凯伦编著. —北京：北京大学出版社，2014.12
(中外物理学精品书系)
ISBN 978-7-301-25157-7

Ⅰ.①有… Ⅱ.①姚… Ⅲ.①磁性材料-研究 Ⅳ.①O482.54
中国版本图书馆CIP数据核字(2014)第277447号

书　　名：有机磁理论、模型和方法
著作责任者：姚凯伦　编著
责 任 编 辑：黄庆生
标 准 书 号：ISBN 978-7-301-25157-7/O·1042
出 版 发 行：北京大学出版社
地　　址：北京市海淀区成府路205号　100871
网　　址：http://www.pup.cn
新 浪 微 博：@北京大学出版社
电 子 信 箱：zpup@pup.cn
电　　话：邮购部 62752015　发行部 62750672　编辑部 62752021　出版部 62754962
印 刷 者：北京中科印刷有限公司
经 销 者：新华书店
730毫米×980毫米　16开本　19.25印张　350千字
2014年12月第1版　2014年12月第1次印刷
定　　价：68.00元

未经许可，不得以任何方式复制或抄袭本书之部分或全部内容。
版权所有，侵权必究
举报电话：010-62752024　电子信箱：fd@pup.pku.edu.cn

“中外物理学精品书系”
编委会

主　任：王恩哥
副主任：夏建白
编　委：（按姓氏笔画排序，标＊号者为执行编委）

王力军　王孝群　王　牧　王鼎盛　石　兢
田光善　冯世平　邢定钰　朱邦芬　朱　星
向　涛　刘　川*　许宁生　许京军　张　酣*
张富春　陈志坚*　林海青　欧阳钟灿　周月梅*
郑春开*　赵光达　聂玉昕　徐仁新*　郭　卫*
资　剑　龚旗煌　崔　田　阎守胜　谢心澄
解士杰　解思深　潘建伟

秘　书：陈小红

序　言

物理学是研究物质、能量以及它们之间相互作用的科学。她不仅是化学、生命、材料、信息、能源和环境等相关学科的基础，同时还是许多新兴学科和交叉学科的前沿。在科技发展日新月异和国际竞争日趋激烈的今天，物理学不仅囿于基础科学和技术应用研究的范畴，而且在社会发展与人类进步的历史进程中发挥着越来越关键的作用。

我们欣喜地看到，改革开放三十多年来，随着中国政治、经济、教育、文化等领域各项事业的持续稳定发展，我国物理学取得了跨越式的进步，做出了很多为世界瞩目的研究成果。今日的中国物理正在经历一个历史上少有的黄金时代。

在我国物理学科快速发展的背景下，近年来物理学相关书籍也呈现百花齐放的良好态势，在知识传承、学术交流、人才培养等方面发挥着无可替代的作用。从另一方面看，尽管国内各出版社相继推出了一些质量很高的物理教材和图书，但系统总结物理学各门类知识和发展，深入浅出地介绍其与现代科学技术之间的渊源，并针对不同层次的读者提供有价值的教材和研究参考，仍是我国科学传播与出版界面临的一个极富挑战性的课题。

为有力推动我国物理学研究、加快相关学科的建设与发展，特别是展现近年来中国物理学者的研究水平和成果，北京大学出版社在国家出版基金的支持下推出了“中外物理学精品书系”，试图对以上难题进行大胆的尝试和探索。该书系编委会集结了数十位来自内地和香港顶尖高校及科研院所的知名专家学者。他们都是目前该领域十分活跃的专家，确保了整套丛书的权威性和前瞻性。

这套书系内容丰富，涵盖面广，可读性强，其中既有对我国传统物理学发展的梳理和总结，也有对正在蓬勃发展的物理学前沿的全面展示；既引进和介绍了世界物理学研究的发展动态，也面向国际主流领域传播中国物理的优秀专著。可以说，“中外物理学精品书系”力图完整呈现近现代世界和中国物理科学发展的全貌，是一部目前国内为数不多的兼具学术价值和阅读乐趣的经典物理丛书。

“中外物理学精品书系”另一个突出特点是，在把西方物理的精华要义“请进来”的同时，也将我国近现代物理的优秀成果“送出去”。物理学科在世界范围内的重要性不言而喻，引进和翻译世界物理的经典著作和前沿动态，可以满足当前国内物理教学和科研工作的迫切需求。另一方面，改革开放几十年来，我国的物理学研究取得了长足发展，一大批具有较高学术价值的著作相继问世。这套丛书首次将一些中国物理学者的优秀论著以英文版的形式直接推向国际相关研究的主流领域，使世界对中国物理学的过去和现状有更多的深入了解，不仅充分展示出中国物理学研究和积累的“硬实力”，也向世界主动传播我国科技文化领域不断创新的“软实力”，对全面提升中国科学、教育和文化领域的国际形象起到重要的促进作用。

值得一提的是，“中外物理学精品书系”还对中国近现代物理学科的经典著作进行了全面收录。20 世纪以来，中国物理界诞生了很多经典作品，但当时大都分散出版，如今很多代表性的作品已经淹没在浩瀚的图书海洋中，读者们对这些论著也都是“只闻其声，未见其真”。该书系的编者们在这方面下了很大工夫，对中国物理学科不同时期、不同分支的经典著作进行了系统的整理和收录。这项工作具有非常重要的学术意义和社会价值，不仅可以很好地保护和传承我国物理学的经典文献，充分发挥其应有的传世育人的作用，更能使广大物理学人和青年学子切身体会我国物理学研究的发展脉络和优良传统，真正领悟到老一辈科学家严谨求实、追求卓越、博大精深的治学之美。

温家宝总理在 2006 年中国科学技术大会上指出，“加强基础研究是提升国家创新能力、积累智力资本的重要途径，是我国跻身世界科技强国的必要条件”。中国的发展在于创新，而基础研究正是一切创新的根本和源泉。我相信，这套“中外物理学精品书系”的出版，不仅可以使所有热爱和研究物理学的人们从中获取思维的启迪、智力的挑战和阅读的乐趣，也将进一步推动其他相关基础科学更好更快地发展，为我国今后的科技创新和社会进步做出应有的贡献。

“中外物理学精品书系”编委会 主任
中国科学院院士，北京大学教授
王恩哥
2010 年 5 月于燕园

内 容 简 介

本书介绍有机磁的理论、模型和方法。主要反映作者及其合作者在此领域的研究成果。

书中内容包括有机磁、有机分子磁体的自旋输运、有机多铁、有机自旋电子学理论、自旋塞贝克效应及热自旋电子学等；采用的方法包括平均场理论、基于密度泛函理论的能带结构计算、密度矩阵重整化群方法、量子格林函数方法，以及密度泛函理论和非平衡态格林函数相结合的量子输运方法等，内容丰富、体系较完整。

本书对于概念和方法的叙述力求较为详实。读者需要具备量子力学和固体物理的基本知识。

本书可供凝聚态物理及相关领域的教师、研究人员参考；也可作为大专院校研究生和高年级学生的教学参考书。

前　言

二十世纪九十年代初，有机磁的理论和实验成为国际上凝聚态物理和材料科学的热点和难点之一。我当时在做两个课题的研究。先后获得国家自然科学基金的资助。一个是自旋玻璃，另一个是高分子链的物性的研究。正好一个是磁性，一个是有机分子，两者结合就是有机磁性。所以我自然对有机磁的理论很有兴趣。相当长的时间里高分子材料被认为是绝缘体，直到二十世纪七、八十年代发现有机导体和有机超导体，特别是导电高分子聚乙炔，其导电率甚至可以和金属铜、铝比拟。因此人们很自然会问：既然可以有有机导体、有机超导体，那么是否可能有有机磁体呢？于是，在一个会议上，我把想做有机磁理论的想法和当时著名的磁性理论物理学家蒲富恪院士讨论了一下。他说，这是一个很有意义、很有挑战性的研究方向，很支持我去做此方面的研究。他还和我说，他也对此很有兴趣，但当时他主要在做磁性理论的严格解，精力不够。希望我在此方面有所建树。于是，我决定继续调研和思考。

那时候在中国的理论物理学家中，做高分子理论研究的还有中科院理论物理所的于渌研究员，以及上海复旦大学的孙鑫教授。于渌研究员八十年代中在意大利的德里雅斯特国际理论物理中心主持凝聚态理论的工作。我也去访问了几次。他曾邀请我在那儿做了高分子理论的学术报告。孙鑫教授一直做高分子的电、光特性的理论研究。他们两位后来都当选为中科院院士了。当初他们对我的工作也很支持。

我的博士生中第一个做有机磁理论的，就是现在在物理所任职、参与获得了国家自然科学一等奖、国家973项目首席科学家、在国际国内凝聚态物理界有重要影响的方忠研究员。他本来是我们华中理工大学（现华中科技大学）物理系的本科生。因为成绩优异，被免试推荐为我的硕博连读的研究生。第一次讨论他的博士论文题目时，我将我对有机磁的感兴趣的想法和他说了，并说，这将是一个有挑战性的、有很大难度的课题。他当即表示有兴趣在此方面研究，并以此作为他的博士论文题目。这使我很高兴。因为，实际上，在方忠之前，我曾经希望另一位博士生做有机磁的理论工作。当时这位研究生脱口而出的第一句话我至今记忆犹新：“有机怎么会有磁性？”我没有勉强他。因为确实有过一位国际理论物理学权威曾断言，高分子材料不会有磁性。这位博士生后来做了其他课题，也成为高校的一名教授。

方忠很能干，也很勤奋，还很有创新精神。我和他讨论、合作一直十分愉快。大概工作了一年左右，就完成了理论模型的提出和部分计算工作。论证了有机磁存在的可能性。记得第一篇文章写成后谁署名第一作者，我们相互推让了几次。方忠要我署名第一作者，我让方忠署第一作者，因为我希望年轻人努力工作，攀登高峰，在科学发展的路上留下脚印。最后方忠拗不过我，文章署名他为第一作者。因为第一篇论文写得较长，就投了美国的物理评论 B，文章很快被接受了。此后，我们关于有机磁的工作一发而不可收拾。接下来的博士生：王为忠、赵黎、罗时军、邹卫东、段永法、刘青梅、傅华华、朱琳、高国营、李艳丽、闵意、张德华、丁林杰、姚巍、倪昀、朱思聪、李瑞雪、罗博、俎凤霞、王淑玲等都先后做了很好的工作。至今在此领域已经发表学术论文过百篇。令人欣慰的是，美国 JACS 在一篇论文中，一开始谈到有机磁的理论研究时，总共引用了六篇论文，其中前面的四篇即是我们课题组发表的。接着方忠做博士论文的是王为忠，令人欣慰的是，王为忠的博士论文还获得了 2000 年全国百篇优秀博士论文奖（方忠获得博士学位时，还没有评全国百优的事）。后来朱琳的博士论文也获得了 2012 全国百篇优秀博士论文提名奖。她主要做的是有机磁的自旋输运的研究。在这期间，还有好几个博士生如段永法、孙国才、方国家、傅华华、高国营、李艳丽等都获得了湖北省优秀博士论文奖。我们课题组也获得了省自然科学一等奖。在此，我要感谢我的这些博士生，是他们的辛勤工作使得我们的研究工作不断向前推进，也才使此书得以撰写完成。我想，如果有一天，塑料芯片、有机存储器、可折叠有机显示器等诞生并大量被应用，这将是对我们做此领域的基础研究工作者们的最大鼓励和告慰。

从本书的内容可以看出我和我的学生们的研究足迹。这几年，我们的研究内容逐步拓宽，先是有机磁、分子量子磁体，接着是量子自旋输运和有机自旋电子学，再接着是有磁电耦合的有机多铁。同时，近两年我们也做了些石墨烯的工作。一方面石墨烯可以归入有机一类，另一方面，边缘氢化的石墨烯也具有磁性，所以第八章就写了石墨烯的自旋塞贝克效应及热自旋电子学，作为全书的最后一章。实际上本书多数内容在学校研究生班上或者研讨会上讲过，这次进一步做了整理、归纳和扩充。

中科院半导体所的夏建白院士一直鼓励我将有机磁理论写成一本专著，由北京大学出版社出版。为此，北京大学出版社先是顾卫宇，后来陈小红多次与我联系，直到书稿初成。在本书出版之际，我要感谢夏建白院士，感谢北京大学出版社的陈小红、顾卫宇。同时，也要感谢几年来一直鼓励我从事这方面研究的我母校复旦大学的陶瑞宝、王迅、孙鑫，以及中科院物理所于渌、王鼎盛、向涛、南京大学邢定钰、清华大学的朱邦芬等院士；还有复旦大学的侯晓远、吴长勤、山东大学的谢士杰和河北师范大学的安忠教授。还要感谢我团队从事凝聚态理论的同事，傅华华、吕京涛、高国营、朱琳、高锦华、张月胜等老师和我进行的有益讨论；同时，还要感谢为课题组发展做过贡献的易林、郁伯铭、李占杰、田巨平、胡慧芳、安忠、熊元生、王宇青、孙国才、邢彪、方国家、王豫、魏合林、卢强华、项林川、杜桂焕、贾丽慧、商育民、喻力华、王忠龙、陈敏、樊帅伟、孙照宇、李能、张静、李兴鳌、刘红日、刘娟、李彦超、涂海波、赵明、韩思恩、刘喜微、王立强、刘娜、彭莉、喻莉等。王淑玲通读了全书，高国营校阅了第三、四章，傅华华校阅了第五、六章，朱琳校阅了第七、八章，倪韵校阅了第八章，喻莉校阅了第三、四、六章，他们分别提出了宝贵意见。还特别要感谢华中科技大学及物理学院，以及国家（武汉）脉冲强磁场科学中心，感谢多年来对我工作的支持。

本书的出版得到北京大学出版社基金的资助，在此表示感谢。

最后，谨以此书献给多年来默默支持我从事研究的妻子刘祖黎教授、我们的女儿姚珂佳和女婿童群。

姚凯伦

2014 年 7 月 于武汉 华中科技大学

目　录

第一章 绪　论

1.1　有机分子磁性材料的研究背景及意义

无机材料具有三项电磁特性，即导电性、超导电性和铁磁性，有机材料是否也可以具有这三项特性呢？这是人们一直以来关注的。有机分子磁体的成功合成证明，有机材料的确也可以具有这三项特性。这就为材料科学开辟了一个新的研究领域。由于在有机磁体中我们能够较容易获得各种不同的自旋相互作用，因此能够方便地通过分子设计、化学合成等来调整材料的磁性和磁各向异性等；与此同时，纯的有机物是由碳、氢、氧、氮等有机元素组成，它们不象过渡族金属元素、稀土族元素那样，存在作为磁性起源的d电子或f电子，因此有机铁磁性机理也是对传统的铁磁学基本理论的挑战。显然，关于有机分子磁体中的磁性来源以及各种磁相互作用机理的研究，对铁磁学理论的发展有着重要的意义。

近年来，随着对有机导体和有机超导体研究的发展，美国、日本、法国等多个国家的大学和研究所都相继开展了磁性分子的设计、制备、结构分析等方面的工作，日本将此列为国家重点项目，并已成功合成出了几种具有铁磁性的自由基分子材料。Tamura等在纯粹由轻元素H、C、N、O组成的有机晶体*p*－NPNN[*p*－nitrophenyl nitronyl nitroxide($C_{13}H_{16}N_3O_4$)]的β相中观察到宏观铁磁性，这是首次被证实的具有三维铁磁序的纯有机铁磁体[1-3]。1992年，法国科学家Chiarelli等[4]合成了一种新的具有双NO基的有机分子材料，即DTDA(N，N'－dioxy－1，3，5，7－tetramethyl－2，6－diazaadamantane)，并在其中发现有铁磁相互作用；之后，Chiarelli等又发现该系统中存在铁磁相变，其Curie温度为1.48 K；2001年11月，美国Rajca等在Science上发表文章[5]，宣布合成了一种有机高聚物，在3.5 K～10 K温度范围内，材料显示强磁性及磁有序，这些成果推动了对有机磁材料的更广泛深入的探索。国内的中科院物理所、北京大学、复旦大学、南京大学、中科大、山东大学、山西大学、河北师范大学、中科院固体所等对团簇、有机磁性材料做过一些好的工作。尽管如此，对有机高聚物磁性材料的研究还存在很大的困难，有许多理论问题需要解决，对于实验化学家定向磁性分子的设计尚缺乏理论指导。自由基金属准一维链配合物，位于零维分子向多维聚合物过渡的结构区间，可能呈现出比三维磁性材料更为突出的量子效应，如在低温下显示出自旋液体，自旋梯子等许多有趣的集体行为。因为链间或层间之间的作用常常是反铁磁的，所以，要得到临界温度 T_c 较高的分子铁磁体，需要设计新的、具有强的顺磁离子间的相互作用的配合物。这就使得探索分子磁性材料中的磁相互作用机理，特别是低维磁性分子材料的磁性来源及其不同功能，比如磁性与半金属性和光学特性等之间的相互关联规律及其机理等，成为当前分子磁性材料研究中极需解决的问题。在实验上合成制备新的有机分子磁性材料，是和其基础理论研究相互推进共同发展的。近年来在开展理论研究的同时，通过寻找和调节不同分子构建单元，在传统的有机化学、无机化学基础上结合材料科学、超分子化学的研究成果，已经成功地设计合成出了一系列有机分子磁性化合物，其中有些分子磁体的物理特性可以和传统的无机磁性材料相匹敌。应该指出，有机铁磁体的研究具有许多特别之处：(1) 有机分子结构众多复杂，与此相应的合成方法日趋完善，因而，可以通过精心设计的有机合成方法，有目的地改善铁磁性材料的性能；(2) 有可能将材料的磁性能与力学、光、电等性能结合起来；(3) 有机材料易加工，特别是利用 L－B 膜或其他单分子膜技术，可以在分子层次上对有机材料进行加工和组装；(4) 有机材料大多具有透明性、绝缘性等特点，可以进一步扩大其应用范围。总之，有机分子磁性材料的研究是一个正在发展中的跨学科前沿领域，其研究不仅具有很重要的理论价值，且有着重要的应用前景。这些材料由于磁性表现在分子水平上，有可能发展成新的分子存储材料及分子器件，也可作为变压器内部的芯材料、低频磁场的磁屏蔽材料及新型自旋电子学材料；随着新材料包括液体磁、层状薄膜的研制与开发，还可用于磁致伸缩传感器、微波器件等。将来，也会有有机芯片诞生，给传统芯片行业带来革命，造福人类。这是我们做基础研究者的向往。目前，在分子磁性材料的应用方面取得一些进展的同时，尤其需要物理学家深入研究弄清其磁性机理、相变规律等基本问题，从而推动分子磁学及相关学科的发展，这也正是我们开展有机分子磁性材料研究的目的和意义之所在。

1.2 铁磁性和磁有序

铁磁性是物质宏观磁性的一种。基于分子设计的有机磁性材料是指具有磁铁一样性质的分子化合物。因此，我们首先总结一下铁磁性材料的基本特征和理论，以便为分子铁磁体的磁性机理研究提供基础。

1. 铁磁性的基本理论

对物质的磁性的研究具有悠久的历史，作为现代磁学研究的先驱者，

P. Curie 在 1895 年，研究 O_2 气体的顺磁磁化率随温度的变化时，得到顺磁磁化率与温度成反比关系这一实验规律，即 Curie 定律。十年以后，Langevin 将经典统计力学应用到具有一定大小的原子磁矩体系，从理论上说明了 Curie 的经验规律[6]。在 Langevin 理论的基础上，Weiss[7] 假定原子磁矩之间存在使磁矩相互平行的力，称为分子场，这种分子场使得原子磁矩作有序取向，形成自发磁化，从而推导出铁磁性物质满足的 Curie-Weiss 定律。Langevin 和 Weiss 的理论从唯象的角度说明了顺磁性和铁磁性行为，促进了近代磁学理论的形成。

铁磁性物质自发磁化的微观理论是在量子力学诞生之后才真正建立起来。1928 年，Heisenberg 把铁磁物质的自发磁化归结为原子磁矩之间的直接交换作用，建立了局域电子自发磁化的 Heisenberg 交换作用模型，从而揭示了自发磁化的量子本质[8]。这一理论不但成功地解释了物质存在铁磁性、反铁磁性和亚铁磁性等实验事实，而且为进一步导出低温自旋波理论、铁磁相变理论及铁磁共振理论奠定了基础。海森堡(Heisenberg)交换作用仅在电子波函数有所交叠时才存在，因此这是一种近距作用；而在绝缘磁性化合物中，金属阳离子被具有抗磁性的阴离子所隔开，导致磁性离子之间的距离较大，其电子波函数不存在直接的交叠。因此，这类化合物中的直接交换作用极其微弱，不可能成为磁有序的主要原因。因此，Kramers 提出了超交换作用(又称为间接交换作用)模型，来说明这类化合物中的磁有序状态[9]。此后 Anderson 又对模型作了重要改进[10]。这一模型认为：磁性离子的磁性壳层通过交换作用引起非磁性离子的极化，这种极化又通过交换作用影响到另一个磁性离子，从而使两个并不相邻的磁性离子通过中间非磁性离子的极化而关联起来，从而产生铁磁序；对于稀土金属及其合金，其原子磁矩来自未满壳层的 d 电子或 f 电子。这些电子是内层电子，外面有 $5s^2$ 电子和 $5p^6$ 电子作屏蔽。因此，这些电子的波函数局限于原子核周围，不同原子的电子波函数几乎不发生重叠，这种情况下的磁关联是以传导电子为媒介而产生的，这种间接交换作用称为 RKKY[11] 作用。它实际上是借助传导电子的极化而实现了原子磁矩之间的交换作用。RKKY 交换作用成功地解释了稀土金属及其合金中的复杂的磁结构现象。

上述理论的一个共同出发点是，假定承担磁性的 d 电子或 f 电子，由于强烈的电子关联局域于各个原子之中，从而产生固有的原子磁矩，因此这一模型又称作局域电子模型。

与此相反，另一种模型认为，过渡金属的磁电子是在原子之间扩展的，但又不同于自由电子，它们只能在各原子的 d 轨道之间游移，从而形成一窄能带。这样的电子应当采用能带理论描写，同时还要考虑电子间的关联效应和交换作用。这种模型称为带模型，或称为巡游电子模型，它是由 Bloch、Mott、

Stoner 和 Slater 等人提出并发展起来的一种模型[12]。这两种模型理论各自能解释一部分实验事实。1973 年，Moriya[13]等人提出了自洽的重整化理论，从弱铁磁和反铁磁极限出发，考虑了各种自旋涨落模式之间的耦合，同时自洽地求出自旋涨落和计入自旋涨落的热平衡态，从而在自洽描述弱铁磁性、铁磁性和反铁磁性的许多特性上获得了突破，这一工作是在局域模型和巡游模型之间寻求一种统一磁性的理论研究。

2. 自旋与自旋密度

物质的磁性来源于原子的磁矩，原子的磁矩来源于电子磁矩和原子核磁矩。由于原子核的质量约为电子质量的上千倍，原子核磁矩仅为电子磁矩的千分之一，故电子是物质磁性的主要负载者，而核磁矩在一般讨论中略去。电子磁矩又分为轨道磁矩和自旋磁矩两部分，原子的磁矩是这两部分磁矩的总和。自旋来源于电子本身绕一定轴的旋转运动，而电子位于原子或分子轨道上。按照泡利不相容原理，每一个轨道上只能容纳两个电子，其中一个电子的自旋向上，即自旋顺着外加磁场的方向。而另一个电子自旋向下，即自旋反向于外加磁场的方向，因此，净自旋为零。自由基是含有奇数电子或含有偶数电子的原子、离子或分子，但这些电子分布于大于 N/2 的轨道上。因此，自由基具有未成对电子，也就是说有净自旋。

未成对电子在空间的分布称之为自旋密度，它不同于分子体系的电子和电荷密度。自旋离域和自旋极化两种效应决定有机分子的自旋密度。自旋离域通过共轭或超共轭效应使未成对电子分布于分子体系中；自旋极化源于处于部分占据轨道上的未成对电子与成对电子之间的不同的相互作用。我们还可以从另一角度来考虑自旋极化，即通过以下两个简单规则：(1) 同一个原子内的电子自旋首先倾向于平行，这是原子内的洪德规则；(2) 形成化学键的自旋为反方向自旋。利用以上规则，我们很容易解释自由基(CH_3)的自旋密度分布：碳原子具有正自旋密度；氢原子具有负自旋密度。由于未成对电子可以极化处于邻近的成对电子，使得轨道中的一个电子更加靠近两个成键原子中的某一个原子，造成两个成键原子都有一定的净自旋密度(总的正自旋密度与负自旋密度之差)。

通过理论计算可以确定(自由基)分子中各原子位置的自旋密度。最简单的方法是利用非限制的哈特里 - 福克模型，分别计算出各原子位置的正自旋密度(S_α)和负自旋密度(S_β)，然后计算出每个原子位置的过剩正自旋密度或负自旋密度($S_\alpha - S_\beta$)，即自旋密度。自旋密度也可以通过实验方法直接测定，如通过仔细分析核磁共振的接触位移、顺磁共振的超精细分裂常数以及低温单晶极化中子衍射等现代物理手段加以测定。

3. 磁有序结构

磁有序是研究物质磁性的一个重要的方面。磁有序结构直接决定物质的电子结构和物质的磁性。宏观物体的磁性来源，从根本上说归因于两个因素：其一，物体中某些离子具有磁矩(含固有磁矩和感生磁矩)；其二，微观磁矩之间的相互作用，特别是交换相互作用。体系内各种相互作用的总哈密顿量，依赖于离子的状态、相互间距及几何排列；反过来，哈密顿量(特别是与磁性相关的哈密顿量)影响着磁矩的排列形式。物质内磁矩的空间取向具有长程有序规律的现象称为磁有序，它主要依赖于原子磁矩间的相互作用以及自旋－轨道耦合和晶体场效应等因素。实验上可以利用中子衍射技术，把原子磁矩空间取向的周期性显示出来，这与 x 光衍射技术确定晶格结构一样，所以，磁有序形式通常称为磁有序结构。已经发现的磁有序结构分述如下。

(1) 铁磁有序结构

图 1.1(a)为铁磁有序结构。其特点是整个自旋平行排列，具有很强的自发磁化强度。铁族元素中铁、钴、镍，稀土族元素中钆、铽、镝及其合金都属此类。

(2) 反铁磁有序结构

图 1.1(b)为反铁磁有序结构。其特点是两组相邻自旋反平行排列，方向虽然相反，但数量相等，净自发磁化强度等于零。例如 MnO，NiO 和 FeS 等化合物的自旋排列形式均属此类结构。

(3) 亚铁磁有序结构

图 1.1(c)的自旋排列方式是两组相邻自旋取向相反但不等量，其自发磁化强度等于两组反向自旋的差。亚铁磁的宏观磁性与铁磁性类似，但数值上比铁磁性的小，称为亚铁磁有序结构。铁氧体是亚铁磁有序结构的典型材料。

(4) 螺旋磁性有序结构

图 1.1(d)表示出螺旋磁性有序结构。其特点是在一个原子面内，自旋为铁磁性取向。当原子面改变时，自旋方向跟着改变。从实验上证实每个原子面的旋转角为 20°～40°范围。重稀土金属中如铽、镝、钬、铒和铥等，当处于铁磁居里温度 T_C 以下及奈耳温度 T_N 以上温度区时，均具有螺旋磁性有序结构。

(5) 正弦波模磁有序结构

图 1.1(e)表示出自旋取向构成正弦波模的磁有序结构。其特点是自旋密度本身以正弦波调制形成。在铬金属及其合金中能够看到这种磁有序结构。

(6) 锥形磁有序结构

在非晶态磁体中，原子排列虽然没有平移对称性，但是，原子分布可以是短程有序。任一原子的最近邻原子数和原子间距的统计平均值同晶态合金的很近似。

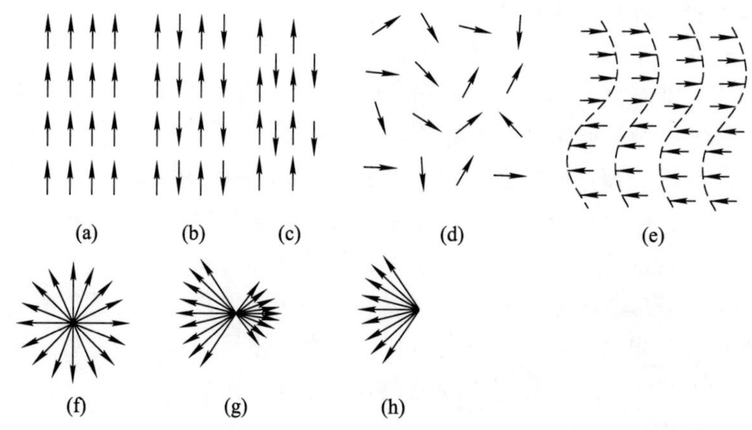

图 1.1 几种磁有序示意图

图 1.1 (a)~(e)为铁磁、反铁磁、亚铁、磁螺旋、正弦波模磁有序结构。(f)~(h)表示锥形磁有序结构。锥形磁有序结构又可以分成散反铁磁有序结构(speromagnetism)、散亚铁磁性有序结构(sperimagnetism)和散铁磁性有序结构(asperomagnetism)

锥形磁有序结构形式分别表示于图 1.1(f)、(g)和(h)。图 1.1(f)形式的特点是各离子的局域磁矩，无规地“锁定”在空间任意方向，总自发磁化强度等于零，称为散反铁磁性。图 1.1(g)形式的特点是磁性离子分布在两组或两组以上的次网络中，各原子磁矩的取向具有随机性但不随时间变化，而是处于自己的特定的方向上，其总自发磁化强度表现为亚铁磁性特征，自发磁化强度对温度的关系曲线上有抵消温度 T_d。图 1.1(h)形式的特点是磁矩分布在两种或两种以上的次网络中，次网络的净磁矩是相互叠加的，有总的自发磁化强度，磁化强度对温度关系曲线上存在居里温度 T_C，同铁磁性的情形类似。非晶轻稀土—过渡金属(LRE - TM)合金中，如 Nd - Co，Sm - Co 等都具有散铁磁性有序结构。

从热力学平衡观点看，磁有序结构形式是磁有序体系的热力学基态，主要受磁有序起源因素和磁性离子的状态、几何排列所控制。在结晶和非晶固态磁体系中，各向异性对决定磁有序结构亦起着重要作用。

磁有序结构的宏观理论是从晶体对称性、时间反演对称性出发，得到空间群，写出体系的热力学势，然后由热力学势决定可能的磁有序形式。若从微观理论出发，则需要计算各项相互作用及对应的磁状态，以获得磁矩排列的可能形式。实验上有关中子衍射技术测定自旋结构的原理为：中子是自旋为 S_n =

1/2、磁矩为$\mu_n = -1.91\mu_N$(μ_N是核磁子)的基本粒子。它一旦受到原子核及原子磁矩作用后，将会发生衍射现象。中子与原子磁矩间的磁相互作用，包括通过轨道电流发生作用和通过自旋发生作用两个部分。在许多磁性物质内，轨道角动量冻结。因而，只需要考虑自旋与中子的相互作用。中子衍射原理，简单地说，就是测量磁散射波的散射矢量和频率，当单色中子射入样品后，由于中子与原子核之间的相互作用，中子与原子中的电子磁矩之间的相互作用，前者产生核散射。后者产生磁散射并与磁矩方向有关，因而利用中子可以确定到原子磁矩方向，从而确定被测样品的磁矩方向，从而得到被测磁体的磁有序结构。

1.3 分子磁性材料的设计原则

1. 分子基磁体的基本设计原则

磁性的微观起源是其内部存在自旋电子态，或者其电子自旋有序化。通常的铁磁性材料多为具有3d或4f轨道的金属、合金、矿物等无机材料，这些轨道可以存在稳定的未满电子壳层，提供稳定的磁矩源，在宏观上呈现强磁性。而由C、H、O、N等有机元素组成有机化合物分子只有s或p电子，具有低自旋的电子态，呈现抗磁性。

与无机铁磁体类似，合成高自旋有机磁性材料必须具备以下两个条件：存在顺磁性单元(自旋)；自旋之间的铁磁性具有相互作用。这里所指的铁磁性不是单个分子的性质，而是分子集合体(凝聚态)的性质。因此，在设计或制造以有机元素为主的分子铁磁体时，应该遵循以下两条原则：

(1) 首先要引入具有未配对电子的顺磁中心，它们可以是各种过渡金属离子，也可以是各种含有未配对电子的有机自由基，甚至可以是孤子、极化子等有自旋的准粒子，或者是它们的组合等等。

(2) 其次是要以某种方式引入顺磁中心间的相互作用，使得相邻的顺磁中心间自旋平行，从而使得所有顺磁中心自旋趋于一致，这样才可能获得有机铁磁体。实际上有机分子体系中存在多种顺磁性单元，如：自由基、卡宾、氮烯、极化子等。研究有机分子体系中自旋之间的相互作用的性质(铁磁性或反铁磁性)及相互作用的大小，已成为设计、合成新的有机磁体的核心内容。实际上许多有机铁磁体的理论模型就是讨论如何实现有机分子自旋间的铁磁性相互作用。自旋之间的交换作用可以用量子力学的Heisenberg模型来说明。电子波函数可以分为空间部分和自旋部分，由于电子是费密子，系统总波函数必须是反对称的，自旋之间的交换作用就必须满足波函数反对称这个要求。以两个氢原子形成氢分子为例来说明，如果两个电子自旋反平行(反铁磁性耦合，单态)，空间部分的波函数必须是对称的(形成成键轨道)；相反，如果两个电子自旋是平行的(铁磁性耦合，三重态)，空间部分的波函数必须是反对称的(形成反键轨道)。用磁性体内电子自旋之间相互作用的 Hamiltonian 量表示，

$$H = -\sum_{i<j} 2J_{ij}(\boldsymbol{S}_i \cdot \boldsymbol{S}_j)。 \tag{1-1}$$

$\boldsymbol{S}_i$ 为原子 i 的电子自旋角动量算符，J_{ij}为交换积分。当 $J_{ij}>0$，自旋平行排列使体系能量降低，系统呈强磁性；当 $J_{ij}<0$，自旋反平行排列使体系能量降低，系统呈反铁磁性。对于氢分子，有效交换积分 $J<0$，单态能量比三重态低。即能量最低的状态(自旋反平行状态，单态)决定自旋之间的耦合性质(反铁磁性)；两个状态的能量差决定自旋之间耦合作用的大小。

有机分子体系自旋之间的相互作用与此类似。当含有自旋的有机分子 A 和 B 相互靠近时，体系的波函数可以通过基态与激发态的耦合而近似得到。其中激发态是处于分子 A 的部分占据轨道上的未成对电子，转移到分子 B 的空轨道，以及分子 B 的部分占据轨道上的未成对电子转移到分子 A 的空轨道。这样可以得到一组新的具有不同自旋对称性的状态，其中能量最低状态的自旋对称性，决定自旋之间的耦合性质，而这个能量最低状态与具有相反自旋对称性状态的能量差，决定自旋之间作用的大小。自旋之间的作用大小决定于电荷转移积分与相关的基态和激发态的能量差，即正比 $\beta_{AB}^2/\Delta E_{AB}$。如果 A 和 B 分子之间的电荷转移积分为零($\beta_{AB}=0$)，分子 A 和 B 自旋占据轨道(SOMO)相互正交，即具有反对称的空间波函数和对称的自旋波函数(高自旋)状态能量低，也就是自旋之间产生铁磁性相互作用。这正是洪德规则所要求的。

对于含有数百个电子的有机分子体系，详细计算电荷转移积分、各状态的波函数和能量，即使在计算机帮助下，仍然有很多困难。因此，人们采用一些有效的简化方法，得到一些对设计分子铁磁体有实际指导意义的结果，并提出了相应的理论模型。

2. 分子间轨道正交模型

法国科学家 Kahn 等人为了获得高自旋分子[14-15]，首先提出了分子间磁轨道正交方法。设各有一个具有单电子的两个分子单元 A 和 B，其单占分子轨道(SOMO)分别为 a 和 b。两个分子单元 A 与 B 间相互作用，将产生两种分子状态，即自旋单重态(电子反平行排列，$S=0$)和自旋三重态(电子平行排列 $S=1$)。假设 A 与 B 间相互作用很弱，则可不考虑 A 与 B 间的电子转移，根据海森堡的哈密顿算符，通过量子化学近似方法，可导出交换耦合常数 J 的基本形式为：

$$J = 2\beta S + K \tag{1-2}$$

J 又表示单重态和三重态能量差。若 $J>0$，基态为三重态，相互作用为铁磁性；若 $J<0$，基态为单重态，相互作用为反铁磁性。K 为两电子交换积分，K 总是大于零 0，起稳定三重态的作用，即倾向于形成铁磁性排列；共振积分 β 与重叠积分 S 的符号相反，即总有 $2\beta S<0$，起稳定单重态的作用，即倾向于形成反铁磁性排列。

虽然 $K>0$，但通常 K 值较小，而在 J 中 $2\beta S$ 占优势，使得 $J<0$，表现为反铁磁相互作用。但是如果重叠积分 $S=0$，即轨道 a 与 b 正交，则 $J=K>0$，相互作用表现为铁磁性。也就是说：要实现 A 与 B 间铁磁偶合，需要 A 与 B 在空间的排布满足轨道 a 与 b 间重叠密度正负相消，即正交($S=0$)的条件。轨道正交(或准正交)有两种情况，如果体系固有的对称性使轨道间重叠密度正负相抵，导致重叠积分 $S=0$，称为严格正交；如果与体系的对称性无直接关系，仅仅因为某种原因，恰好使轨道正交 $S=0$，称为偶然正交，但这种情况是无法预测和难以控制的。

基于这一模型，要获得分子基铁磁体，还必须将轨道正交的相互作用扩展到整个三维空间。日本的 Okawa 等人使用草酸根(OX)将 Cr^{3+} 与 Cu^{2+} 联成三维分子化合物 $\{NBu_4[CuCr(OX)_3]\}_X$(Bu 是正丁基)。在这个分子化合物中，Cr^{3+} 与 Cu^{2+} 均处在八面体环境中，Cr^{3+} 的三个成单电子占据 t_{2g} 轨道，Cu^{2+} 的一个成单电子占据 e_g 轨道，由于 t_{2g} 与 e_g 轨道正交，按分子间轨道正交理论 Cr^{3+} 与 Cu^{2+} 应为铁磁相互作用 $J>0$。实验结果表明 $J=+2.9\ cm^{-1}$，在 $T_C=7$ K 时，显示三维铁磁性。基于分子间轨道正交模型，可以组装结构各异的分子基铁磁体，如：$Cs[CrNi(CN)_6]\cdot 2H_2O$，$T_C=90$ K；$\{Nbu_4[MCr(OX)_3]\}_X$，$M=Mn^{2+}$、Fe^{2+}、Co^{2+}、Ni^{2+}，$T_C=6\sim14$ K；$\{NPr_4[MCr(dto)_3]\}_x$(dto 是二硫代草酸根，Pr 是正丙基)，$M=Fe^{2+}$、Co^{2+}、Ni^{2+}，其中 $T_C=6\sim23$ K；$\{P(Ph)_4[MnCr(OX)_3]\}_X$，$T_C=5.9$ K；$[Ni(en)_2]_3[Fe(CN)_6]_2\cdot 2H_2O$，$T_C=18.6$ K。

3. 自旋极化模型

在有机自由基之间取得铁磁性相互作用是 McConnell[16] 于 1963 年最早提出。它可以被用来解释有机化合物中的铁磁相互作用。McConnell 提出的自旋之间铁磁性耦合机理为：对于同时含有正自旋密度和负自旋密度的自由基，如果它们在空间排列时，具有正自旋密度的原子与负自旋密度的原子相互靠近(正、负自旋密度不相等)，那么自由基间的净相互作用具有铁磁性。由于该模型涉及到因组态间相互作用产生的自旋极化，被称为自旋极化模型。此外，为了与 1967 年该作者提出的电子转移模型(McConnell Ⅱ 模型)[17]区别，文献中常将自旋极化模型称为 McConnell Ⅰ 模型。

在有机固体中，有机自由基 A 和 B 之间的相互作用可用海森堡的哈密顿算符展开，电子自旋间的交换积分为负值(例如沿 Z 轴方向 π 轨道相互重叠的情况)，则哈密顿算符 H^{AB} 表示为

$$H^{AB} = -\sum_{ij} J_{ij}^{AB} S_i^A S_j^B = -S^A S^B \sum_{ij} J_{ij}^{AB} \rho_i^A \rho_j^B, \tag{1-3}$$

其中，J_{ij}^{AB} 为 A 和 B 相互作用的交换积分，S_i^A，S_j^B 为各分子内的 i、j 原子上的电子自旋算符，S^A、S^B 为各分子的总自旋算符，ρ_i^A，ρ_j^B 为各原子上的自旋密度。由此哈密顿量，我们可以看到，若相互作用的交叠部位 i、j 处的自旋密度符号相反，则 A 和 B 分子间将有强铁磁性相互作用。这是一种成对方式的铁磁交换机制。通过这种机制获得铁磁交换作用，必须杜绝自旋配对成键。稳定的自由基化合物，如$[TCNE]^-$、$[TCNQ]^-$或含有 NO 自由基的共轭体系等，具有不相等的正负自旋密度，符合上述自旋极化条件。运用类似 McConnell Ⅰ模型的理论，Kahn 等[15]合成了许多不同金属离子组成的链状化合物，相邻的金属离子发生反铁磁性耦合，但由于它们具有不同的自旋量子数，这些无机链状化合物具有亚铁磁性。类似地，Gattesch 等[18]合成了由金属离子稳定氮氧自由基组成的链状化合物，它们同样表现出亚铁磁性。对这些有机金属化合物来说，由于构型作用，相邻的自旋(金属离子或自由基)产生反铁磁性相互作用，但与下一个相邻的自旋产生铁磁性相互作用。目前，人们正通过精心设计有适当排列的自由基化合物，来实现分子键的铁磁性相互作用。电子自旋共振(ESR)测量及计算数据表明，借助分子间轨道的自旋极化，可以获得铁磁交换作用。

4. 分子间电荷转移模型

根据量子力学理论，分子间电子跃迁产生的激发组态，对交换耦合常数 J 是有贡献的。这种利用电荷转移现象来获得有机铁磁体的设想也是 McConnell[17]提出的。这是一个基于最低激发态与基态相互混合的电荷转移模型(McConnell Ⅱ模型)，其主要思想是利用高自旋激发态的组态相互作用来稳定铁磁耦合。例如，对于自由基正离子和自由基负离子交替排列构成的$\cdots D^+A^-D^+A^-\cdots$链状体系，三重激发态 D^0A^0 混入基态 D^+A^-(即三重激发态与基态相互作用)，将导致分子间铁磁相互作用。Breslow，Torrance 以及 Wudl 分别提出了 McConnell 模型的变体[19]，并合成了多种模型化合物，其中有的复合物具有三维的强磁性。

McConnell Ⅱ模型没有直接讨论电荷转移方式，以及如何使三重态稳定。Miller 等依据一些实验结果指出，将激发态 D^+A^- 与基态 D^0A^0 进行混杂，能使 $D^0A^0D^+A^-$ 中的三重态稳定。$D^0A^0D^+A^-$ 成为一种新的基态。考虑给体 D^+ 和受体 A^-，前者有三个处于二重简并的部分占据分子轨道(POMO)上的电子，

即 d^3；后者有一个处于非简并的部分占据分子轨道上的电子，即 s^1。在没有自旋相互作用的情况下，给体—受体对（D^+A^-）的电子排布 d^3/s^1，会使电荷转移复合物存在铁磁性耦合的基态（GS_{FO}）和反铁磁性耦合的基态（GS_{AF}）。正如McConnell Ⅱ模型所指出的，欲使系统基态能量降低，保持稳定，必须将基态与最低能量的电荷转移激发态进行最大概率的组态混杂，特别是将三重态的激发态与基态混杂，可稳定系统的铁磁耦合基态。这里三重态的激发态可由三重态的给体或受体产生，而三重态的给体或受体则是通过反向的（$D^0+A^0 \leftarrow D^+ + A^-$）、正向的（$D^{2+}+A^{2-} \leftarrow D^+ + A^-$）或重新分配的（如 $D^{2+}+D^0 \leftarrow 2D^+$）电荷转移所形成的。

需要指出的是，要通过 McConnell Ⅱ机制或其变体获得铁磁相互作用，稳定的自由基必须具有简并的非半满的部分占据的分子轨道，而且，通过电荷转移形成的最低激发态和与之混合的基态应有相同的自旋多重性。这就要求自由基的结构必须具有较高的对称性，使得对称破缺不致于发生。要获得三维材料的铁磁性，必须同时考虑激发态的链内与链间的混合构型，因为即使链内有完好的自旋排列，如果相邻的链间自旋排列相反，那么整个体系还会是反铁磁作用占主导地位。

5. 高自旋基态模型

Mataga 指出[20]，由间位取代的二苯基卡宾组成的大的 π 共轭平面交替烃，通过 Hund 规则将具有铁磁耦合的高自旋基态。要获得宏观的铁磁性，即三维的自旋有序排列，那么，不仅在分子间要有铁磁耦合，而且在分子内也要有铁磁耦合。分子间的相互作用可以用 McConnell Ⅱ模型自旋交换机制处理。然而，若这些高分子足够大，大到本身构成铁磁畴，这时分子间的铁磁耦合可不必考虑。Mataga 所提出的有机高自旋的分子模型见图 1.2(I)、(II)、(III)。图 1.2(I)和(II)中连接各苯环的 C 原子为二价 C，其中一个原子轨道参与到整个共轭体系中，而另一个仍为非成键 π 分子轨道。图 1.2(III)中每一个 C 原子有一个非成键 π 分子轨道，如果在这些非成键的 π 分子轨道间的能量差别足够小，则按照 Hund 规则，占据在这些轨道的所有未配对电子的自旋将平行排列，将得到高自旋的基态。

基于 Mataga 所提出的方法，Iwamura 及其合作者合成了几种高自旋聚合物，并对其特性进行了研究[21]。结果表明，分子内的磁相互作用依赖于非成键分子轨道(NBMOs) 的拓扑简并。

Mataga 的这种获得有机铁磁体的方法是不完善的。Mataga 注意到，随着分子的增大，各分子轨道能级将形成连续的能带，且成键能带和非成键高自旋能带间、非成键能带和反成键能带间的能隙将会减小。当能隙小到可以和 k_BT

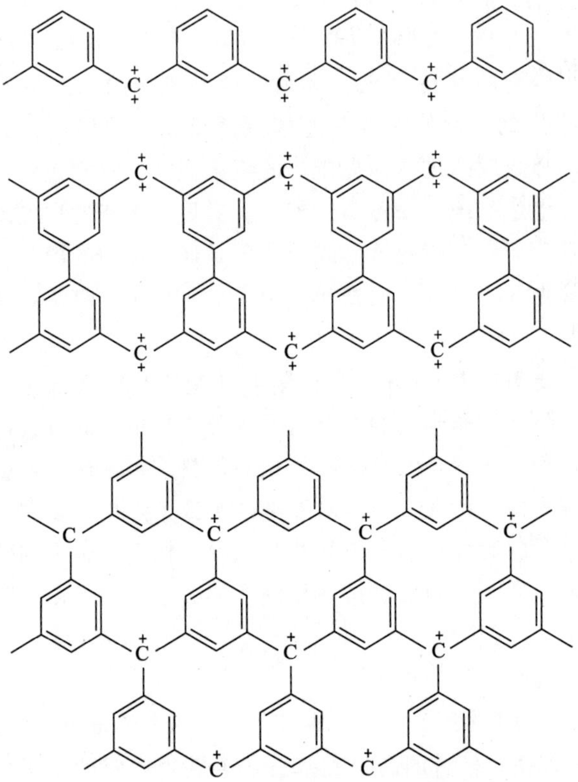

(Ⅰ)

(Ⅱ)

(Ⅲ)

图 1.2 Mataga 提出的具有高自旋基态的高分子结构

相比时，铁磁性自旋排列将会由于热激发变得不稳定。另外，关联效应将会降低非磁性态的能量，也不利于获得铁磁性。因此，为了使铁磁态稳定，我们必须增大能隙，一个可取的方法就是使主链出现键交替，使能隙保持为有限值。另外，还要防止因畸变或杂化使自由基成键或自旋配对。

Ovchinnikov 进一步研究了具有线性或平面结构的 π 共轭交替烃体系[22]，整个体系可分为两个子格，彼此间隔。若相邻的共轭原子分别用带有星号和不带有星号来标记，则其基态总自旋为 $S=|n^*-n|/2$，其中 n^* 和 n 分别表示带星号和不带星号的原子数目。交替烃体系具有非成键分子轨道数为 $N=(n^*-n)$，若高分子聚合物每个链节有一个非成键分子轨道，每个非成键轨道上只有一个电子占据，由于非成键轨道能量相等，自旋平行排列，整个分子链总自旋量子数即为 $S=|n^*-n|/2$。为了获得这种具有高自旋基态的高分子，一种可取的方法就是开壳层单体的聚合。开壳层的单体一般是指有机自由基。由于有机自由基含有未配对电子，若能够合成一种由有机自由基构成的材料，使

得材料中各有机自由基上的未配对电子的自旋平行取向，就能获得铁磁耦合的材料。然而，化学反应表明，未配对电子很容易成键，使得高自旋的基态不容易实现。针对这种情况，Ovchinnikov 指出[22]，如果把含有有机自由基的单体加以聚合，这样，一方面可以使有机自由基稳定存在，另一方面又可以通过主链的传递耦合作用，使得自由基的未配对电子之间产生铁磁性的相互作用，从而获得宏观铁磁性。Sinha 等分别用 PPP 模型[23]和弱关联的 Hubbard 模型研究了分子组成的一维链系统。结果发现，即使在由于格点能的不同导致置换对称性破缺的情况下，也能得到高自旋的基态。另外，除了引入有机自由基作为顺磁中心外，Fukutome 等提出了一种设计方案[24]，即把高聚物中产生的各种极化子等有自旋的准粒子作为顺磁中心，依靠 π 共轭体系的传递耦合以及特定的排列方法，实现它们之间的铁磁耦合。

以上我们讨论了有机铁磁体的分类及其理论设计思想，但这些都是定性的，要获得真正稳定的有机铁磁体，还需要结合具体的材料提出具体的量子模型，进一步做定量的理论计算和实验的论证。

1.4 分子基铁磁体

二十世纪八、九十年代后陆续有实验成功的报道，从而促进了对分子磁体的研究。近年来，分子铁磁体的设计和合成已经成为当今物理学界和化学界的热门前沿课题之一。迄今，合成分子铁磁体的方法主要有三种：有机方法、有机 - 无机方法和无机方法，用这三种方法合成的分子基铁磁体分别被称为纯有机分子铁磁体、金属 - 有机自由基和金属配合物分子铁磁体。下面分别介绍其合成策略及研究进展。

1. 纯有机分子铁磁体

由顺磁中心均为有机自由基的顺磁分子组装分子铁磁体的方法称为有机方法。用这种途径合成的铁磁体称为有机分子铁磁体。由于其纯粹由有机元素 C、H、O、N 等组成，其中不含任何金属离子，因此，有机分子铁磁体也称纯有机铁磁体。最早，1986 年 Ovichinnikov[22]研究组报道了 Poly-BIPO 体系，他们宣称，在稳定的氮氧双自由基为侧基的聚合物中首次测到了表征铁磁性的磁化曲线；我国的曹镛等通过改变聚合条件和侧基结构，也认为获得了新的铁磁高聚物，其自发磁化强度是他们的 10 倍。这些成果曾引起国际上的高度重视，但都不能重复，后来被认为磁性可能是体系中难免混入了的 Fe、Co、Ni 等磁性杂质引起的。1991 年，Tamura[1]等报道了第一个磁性及结构完全表征的有机磁体(4 - 硝基苯氮基自由基)，其 $T_C = 0.6$ K。随后，Chiarellli[5]等报道的双

氮氧自由基的 T_C 为 1.48 K。随着双自由基的多自由基的研究的不断深入，有机磁体的研究得到了长足的发展。

我们[27]提出了一个理论模型来描述准一维有机铁磁体，详细定量研究了准一维有机铁磁体的各种结构特征，以及多种作用因素对系统的电子性质及磁性质的影响，得到了许多有意义的结果。考虑到有机铁磁体系统的维度效应，我们[28-32]提出了包含链间耦合等的理论模型，并利用自洽迭代的数值计算方法对其电子结构、自旋结构、二聚化及铁磁基态的稳定性进行了研究。

上面介绍的是几种最典型的有机铁磁体，最近几年在有机铁磁性材料研究方面，国内外有几个研究小组已取得了一些可喜的成绩，除了合成出几种纯有机铁磁性材料外，对其铁磁性机理也作了一些探讨，但是还存在许多问题。从实验方面看，合成物的产率太低，可重复性差，磁性不够强，居里温度太低，甚至有些合成物的磁性还未得到最后承认。理论研究大多局限于简单的自旋交换作用模型，没有对材料的电子结构和自旋结构进行详细地讨论，因而对材料中的铁磁作用机理并不清楚，对于有机铁磁性材料的分子设计缺乏理论指导。

2. 有机－无机分子铁磁体

由有机自由基与金属配合物的顺磁无机分子组装成分子铁磁体的方法称为有机－无机方法。用这种途径合成的分子铁磁体称为有机金属铁磁体，其自旋载体为自由基和顺磁金属离子。在这种有机金属分子铁磁体材料的研制中，最常见的是上节所介绍的电荷转移复合物。目前已合成出一些含金属离子的三维强磁性有机化合物。其中典型代表是[MCp*$_2$][A]，这里 M 可为 Fe、Cr 或 Mn；A = TCNE。[FeCp*$_2$][TCNE](TCNE = tetracyanoethylene)是最早发现具有宏观铁磁性的电荷转移复合物，其临界温度 T_c = 4.8 K。随后又相继在复合物[MnCp*$_2$][TCNQ](TCNQ = 7，7，8，8 - tetracyano - p - quinodimethane)、[CrCp*$_2$][TCNQ]、[CrCp*$_2$][TCNE]和[MnCp*$_2$][TCNE]发现了铁磁性，T_C 分别为 6.2 K、3.1 K、4.1 K 和 8.8 K。Miller[25]等合成了分子磁性材料[MnTTP] - [TCNQ](TTP = meso-tetraphenylporphinato)，其磁有序温度已经达到 18 K。对于有机金属分子铁磁体，还需提高其临界温度 T_C，使其具有商用开发的价值。

由顺磁中心均为顺磁金属离子组装成分子铁磁体的方法称为无机方法，用这种途径合成的分子铁磁体称为无机分子铁磁体。如一些 Mn(II) - Cu(II)、Cr(III) - Cu(II)及通过各种桥联配体连接的金属配合物。Kahn[26]等报道了用 pha OH 作为桥联配体与 Cu(Ⅱ)，Mn(Ⅱ)反应，制得 Cu，Mn 交替排列的链状配合物，链内相邻的 Cu(Ⅱ)(S = 1/2)，Mn(Ⅱ)(S = 5/2)之间通过草酰胺相连，产生亚磁性相互作用，链间存在弱的铁磁性相互作用(T_N = 4.6 K)。

[$MnCu(phaOH)(H_2O)_2$]的单体结构，是异双核金属配合物一维链结构中，具有最高 T_C 的分子铁磁体($T_C = 30$ K)。

近年来新的固体材料，特别是有机与高分子非金属材料的开发，出现了一大批具有线状或层状结构单元为主体的新的结构型材料。它们具有通常的金属与无机材料不具备的特殊的物理性质。低维固体，包括有机分子磁体的研究，已经成为凝聚态物理与化学之间新的交叉领域。然而，要提高分子磁体的 T_C 温度，必须发展在三个方向均有强相互作用的新材料，即多维分子基铁磁体。多维分子基铁磁体是一门交叉科学，涉及到超分子化学、磁学与结晶学等，需要进一步研究和发展。

参 考 文 献

[1] M. Tamura, Y. Nakazawa, D. Shiomi, K. Nozawa, Y. Hosokoshi, M. Ishikawa, M. Takahashi, M. Kinoshita. Chem. Phys. Lett. 186, 401(1991);
万梅香,胡忠营. 物理, Vol. 19, 461(1990);
蒲富恪,赵见高. 物理, Vol. 20, 499(1991);
方忠,姚凯伦,等. 物理, Vol. 24, 463(1995);
孙树青,陈萍,吴培基,朱道本. 科学通报, Vol. 44, 339(1999)
[2] Y. Nakazawa, M. Tamura, N. Shirakawa, et al.. Phys. Rev. B46, 8906(1992)
[3] M. Kinoshita. Synth. Met. 55 - 57, 3285 (1993)
[4] R. Chiarelli, A. Rassat, P. Rey. J. Chem. Soc., Chem. Commun., 1081 (1992)
[5] Rajca, J. Wongsriratanakul, S. Rajca. Science 294, 1503 - 1505(2001)
[6] P. Langevin. J. Phys. 4, 678(1905); Ann. de Phys. 5(8), 70(1905)
[7] P. Weiss. J. Phys. 6, 661(1907)
[8] W. Heissenberg. Z. Phys. 49, 619(1928)
[9] H. A. Kramers. Physca 1, 182(1938)
[10] P. W. Anderson and H. Hasegawa. Phys. Rev. 100, 675(1955)
[11] M. A. Ruderman and C. Kittel. Phys. Rev. 96, 99(1954)
[12] F. Bloch. Z. Phys. 57, 545(1929);
N. F. Mot., Proc. Phys. Soc. 47, 571(1935);
V. I. Anisimov, J. Zaanen, O. K. Anderson. Phys. Rev. B, 44, 943(1991);
J. C. Slater. The Ferromagnetism of Nickel. Phys. Rev. 49, 537(1936)
[13] T. Moriya and Y. Takahashi. J. Phys. Soc. Jpn. 45, 397(1978)
[14] O. Kahn, Y. Galy, Y, Journaux, et al.. J. Am. Chem. Soc, 104, 2165(1982);
Y. Journaux, O. Kahn, J. Zarembowitch, et al.. J. Am. Chem. Soc, 105, 7585(1983)
[15] Kahn, Angew. Chem. Int. Ed. Engl., 24, 834(1985)
[16] H. McMnell. J. Chem. Phys, 39, 1910(1963)
[17] H. M. McConnell, Proc. Robert A. Welch Found. Conf. Chem. Res. 144(1967)
[18] A. Caneschi, D. Gatteschi, P. Rey. Acc. Chem. Res. 11, 144(1967)
[19] R. Breslow, Pure Appl. Chem. 54, 927(1982);
R T. Lepage and R. Breslow. J. Am. Chem. Soc. 109, 6412(1987);
J. B. Torrance, S. Oostra and A. Nazza. Synth. Met. 19, 708(1987)
[20] N. Mataga. Theor. Chim. Acta 10, 372(1968)
[21] H. Iwamura, T. Sugawara, K. Itoh, et al.. LiqCryst. 125, 251(1985)
[22] A. A. Ovchinnikov, Dokl. Nauk Akad. SSSR 236, 957(1977); Theor. Chim. Acta 47, 297(1978)
[23] B. Sinha, I. D. L. Albert and S. Ramasesha. Phys. Rev. B42, 9088(1990)
[24] H. Fukutome, A. Takahashi and Ozaki. Chem. Phys. Lett. 133, 34(1987)

[25] D. A. Dixon and J. S. Miller. J. Am. Chem. Soc. 109, 3656(1987)

[26] Y. Pei, O. Kahn. J. Am. Chem. Soc. , 108, 3143(1986);
Y. Pei, M. Verdagur, J. R. Renard, J. Sletten. ibid, 110, 782(1988)

[27] Z. Fang, Z. L. Liu and K. L. Yao. Phys. Rev. B49, 3916(1994);
Z. Fang, Z. L. Liu, and K. L. Yao. Phys. Rev. B51, 1304(1995)

[28] W. Z. Wang, Z. Fang, K. L. Yao, et al. . Phys. Rev. B55, 12989(1997)

[29] W. Z. Wang, K. L. Yao and H. Q. Lin. Chem. Phys. Lett. 274, 221(1997)

[30] W. Z. Wang, K. L. Yao and H. Q. Lin. J. Chem. Phys. 108, 2867(1998)

[31] S. J. Luo and K. L. Yao. Phys. Rev. B 67, 214429 (2003)

[32] Y. F. Duan and K. L. Yao. Phys. Rev. B 63, 134434(2001)

第二章　准一维有机磁的理论模型：平均场理论

如第一章所述，有机铁磁体是一种具有广阔应用前景的新型功能材料，目前的发展水平还未达到应用的程度，主要原因之一是人们对有机铁磁体的磁作用机理还不够了解。因此，需要根据有机铁磁体已有的实验，在充分考虑其微观结构的各种相互作用的基础上，建立理论模型，研究材料中的各种作用因素对其性能的影响。

纯有机铁磁体大多为包含有机自由基的准一维结构[1]，据此，采用图 2.1(a)的结构，建立一个考虑链间耦合的理论模型，并计及一维有机体系所特有的各种相互作用，用自洽迭代的数值方法研究准一维有机铁磁体的基态、自旋结构及二聚化性质。考虑两条相邻的有机高聚物铁磁体链，每条链由主链和侧自由基组成，沿主链上每个格点有一个碳原子，每个碳原子含有四个价电子，其中有三个电子与其相邻位置上的碳原子(或侧基原子)形成 σ 键，它们是定域的，不能在碳链中移动，第四个电子是 π 电子，可以在相邻的碳原子(或侧基原子)之间跃迁。图 2.1(a)中的 R 表示一种含有未配对电子的侧自由基，它可以是各种有机自由基，由于考虑的是系统的磁性质，它只与未配对电子有关，因此可以忽略 R 的具体化学结构。

有机铁磁体材料中还存在多种重要的相互作用，如电－声子、电子－电子相互作用等，过去未予以考虑。因此，应该从以下三个方面进行研究：

(1) 由于沿主链的 π 电子轨道间的相互交叠，使得 π 电子能够沿主链巡游，而不是局域在单个的碳原子上，这将大大影响系统的电子结构，并最终影响系统的磁性质。

(2) 在这种准一维体系中存在强的电子—声子耦合相互作用，这将引起系统中出现 Peierls 不稳定性，使得在基态时系统的主链格子结构发生变化(例如：出现二聚化)，而这种格子结构的变化又将对材料的性质产生重要影响。

(3) 在这种准一维体系中还存在着强的电子—电子关联，这种关联也将对系统性质产生重要影响。

此外，事实上，侧自由基 R 上的未配对电子也并非完全局域的，而是与主链间存在着相互作用。这里先考虑一种情况，就是侧自由基上的未配对电子与主链上的 π 电子间不是共轭的(即非全共轭系统)，侧自由基上的未配对电子与主链上的 π 电子间的跳跃相互作用将很小，这时，我们可以把侧自由基上

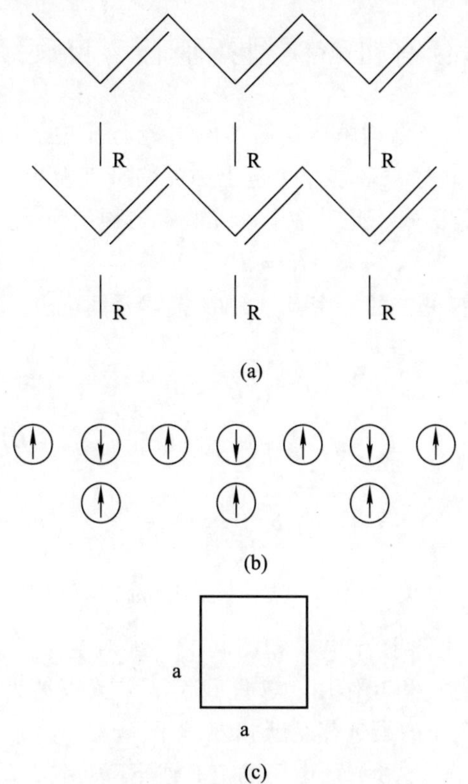

图 2.1　准一维有机高聚物铁磁体的简化结构

（a）两条相邻的链；（b）电子自旋排列；（c）链排列在垂直于链平面的图影，正方形的每个顶点代表一条链，这些顶点形成周期性的二维格子

的未配对电子看作是局域自旋。

我们提出的理论模型[2,3]，考虑了主链上 π 电子的巡游性，Hubbard 电子关联能，主链上 π 电子与侧基上未配对电子之间的反铁磁关联，主链上的晶格畸变及电子 - 声子耦合。得到在铁磁基态沿主链存在反铁磁的自旋密度波，由此自旋波作为传递媒介，侧基自旋得以平行排列。在许多情况下，侧自由基上的电子也不是完全局域的，它们可以在主链和侧基间跳跃[4-6]，我们也对这种情况进行了研究，并得到了高自旋的铁磁基态。我们还考虑系统的维度效应及链间耦合，发现链间耦合可以对有机磁的电子结构、电磁性能产生较大影响，甚至导致相变的发生。

2.1 链间耦合有机磁模型：基态、自旋结构及二聚化

在图 2.1(a)的简化结构中，我们考虑主链上 π 电子和侧基上未配对电子的巡游性，Hubbard 电子关联能，主链上的晶格畸变及电子－声子耦合，两条相邻链间的电子跳跃积分。此时整个系统的哈密顿量为[9]：

$$H = H_0 + H' \tag{2-1}$$

这里 H_0是两条孤立链的哈密顿量，H' 描述链间耦合。我们可以将 H_0 显式写出：

$$H_0 = H_1 + H_2 \tag{2-2}$$

$$H_1 = -\sum_{jl\sigma}[t_0 + \gamma(u_{jl} - u_{jl+1})](c_{j1l\sigma}^{+}c_{j1l+1\sigma} + H.c)$$

$$-\sum_{jl\sigma}(T_1 c_{j1l\sigma}^{+}c_{j2l\sigma}\delta_l + H.c) + \frac{\kappa}{2}\sum_{jl}(u_{jl} - u_{jl+1})^2 \tag{2-3}$$

$$H_2 = U\sum_{jl}(n_{j1l\alpha}n_{j1l\beta} + n_{j2l\alpha}n_{j2l\beta}\delta_l) \tag{2-4}$$

式(2－2)中 H_1描述主链上 π 电子和侧基上未配对电子在其所在链上的跳跃、晶格畸变及电子－声子相互作用。这里我们取了紧束缚近似，仅考虑 π 电子以及侧基上未配对电子的最近邻跳跃相互作用。$c_{jil\sigma}^{+}(c_{jil\sigma})$ 代表第 j 条链上第 l 个格点的自旋为 $\sigma(=\alpha, \beta)$ 的电子的上升或下降算符，$i=1$ 标志主链上的 π 电子，$i=2$ 标志侧基上未配对电子，α 和 β 分别表示自旋向上或自旋向下。t_0 表示所有的碳原子都处于平衡位置(即没有晶格畸变)时 π 电子沿主链的跳跃积分，γ 为相应的跳跃积分随最近邻点之间键长变化的比率，T_1是主链上的 π 电子与其相连的侧基上未配对电子之间的跳跃积分。u_{jl}表示第 j 条链上第 l 个格点的碳原子相对于平衡位置的偏移，κ 为晶格弹性常数，它们描述系统中碳主链的弹性势能。我们假定图中侧自由基只与主链上偶数格点的碳原子相连，那么，

$$\delta_l = 1 \quad \text{如果 } l \text{ 为偶数}$$

$$\delta_l = 0 \quad \text{如果 } l \text{ 为奇数} \tag{2-5}$$

式(2－2)中第二项 H_2描述电子－电子之间的相互作用，它可以用 Hubbard 在位排斥能表示。H_2中第一项是主链上 π 电子的 Hubbard 在位排斥能，第二项是侧基上未配对电子的 Hubbard 在位排斥能。这里，$n_{jil\sigma} = c_{jil\sigma}^{+}c_{jil\sigma}$为第 j 条链第 l 个格点上自旋为 σ 的电子数算符。

在具有链状结构的有机高聚物(如聚乙炔)中，链间相互作用取为两条相邻链的对应格点上的电子间的跳跃积分[5]。我们所讨论的准一维有机铁磁体，

由于其结构的拓扑性质，两条相邻链的不同格点上的电子间的跳跃积分是不同的，考虑这个因素后，(2－1)式中的链间耦合项 H'可以写为如下的形式：

$$H' = -\sum_{l\sigma}\left[T_2(1-\delta_l)+T_3\delta_l\right](c_{11l\sigma}^{+}c_{21l\sigma}+H.c)-T_4\sum_{l\sigma}(c_{12l\sigma}^{+}c_{22l\sigma}\delta_l+H.c) \tag{2-6}$$

这里，$T_2(T_3)$ 是从第一条链的奇数格点(偶数格点)到第二条链对应的奇数格点(偶数格点)的电子跳跃积分；T_4是从第一条链的侧基到第二条链的对应侧基的跳跃积分。

在实际的运算过程中，为了方便起见，将系统的哈密顿量作如下的无量纲变换：

$$h = \frac{H}{t_0},\quad u = \frac{U}{t_0},\quad t_i = \frac{T_i}{t_0},\quad (i = 1,2,3,4)$$

$$\lambda = \frac{2\gamma^2}{t_0\pi\kappa},\quad y_{jl} = (-1)^l(u_{jl}-u_{jl+1})\gamma/t_0 \tag{2-7}$$

则系统的哈密顿量可写为：

$$h = h_e + h' \tag{2-8}$$

$$\begin{aligned} h_e = &-\sum_{jl\sigma}\left[1+(-1)^l y_{jl}\right](c_{j1l\sigma}^{+}c_{j1l+1\sigma}+H.c)-\sum_{jl\sigma}(t_1c_{j1l\sigma}^{+}c_{j2l\sigma}\delta_l+H.c)\\ &+u\sum_{jl}(n_{j1l\alpha}n_{j1l\beta}+n_{j2l\alpha}n_{j2l\beta}\delta_l)-\sum_{l\sigma}(t_4c_{12l\sigma}^{+}c_{22l\sigma}\delta_l+H.c)\\ &-\sum_{l\sigma}\left[t_2(1-\delta_l)+t_3\delta_l\right](c_{11l\sigma}^{+}c_{21l\sigma}+H.c) \end{aligned} \tag{2-9}$$

$$h' = \frac{1}{\pi\lambda}\sum_{jl}y_{jl}^2 \tag{2-10}$$

这里，h_e是哈密顿量中的电子部分，h'描述晶格的弹性能。

对于(2－8)式的哈密顿量，可以采用自洽场 Hartree-Fock 近似，用自洽场分子轨道方法来研究。系统中第(jil)个原子上自旋为 σ 的电子状态可以写成为：

$$|jil,\sigma\rangle = c_{jil,\sigma}^{+}|0\rangle \tag{2-11}$$

其中$|0\rangle$表示真空态。所有原子(jil)上的状态$|jil,\sigma\rangle$组成系统单电子波函数的完备基函数(Wannier 表象)，因而系统单电子波函数 ψ_μ 可展开成[9]，

$$\Psi_\mu = \sum_{jil\sigma}Z_{\mu jil}^{\sigma}c_{jil\sigma}^{+}|0\rangle \tag{2-12}$$

在给定系统的各格点位移和密度矩阵的初值的情况下，系统的分子轨道(单电子能级)的能量本征值 ε_μ^σ 及其相对于原子轨道的展开系数 $Z_{\mu jil}^{\sigma}$可由 Schrödinger 方程得到：

$$h_e\Psi_\mu = \varepsilon_\mu\Psi_\mu \tag{2-13}$$

其中，μ 标记了分子轨道，$Z^{\sigma}_{\mu jil}$为第 μ 个单电子能级波函数在第(jil)个碳原子格点上自旋为 σ 的分量，N^{σ}_{e} 为系统中不同自旋的总的电子数目。

将(2－12) 代入到(2－13)中，并在方程(2－13)两边左乘$\langle 0 \mid c_{j'i'l'\sigma'}$，这样可以得到方程(2－13)的明显表达式：

$$\langle 0 \mid c_{j'i'l'\sigma'} h_e \sum_{jil\sigma} Z^{\sigma}_{\mu jil} c^{+}_{jil\sigma} \mid 0 \rangle = \varepsilon^{\sigma}_{\mu} \langle 0 \mid c_{j'i'l'\sigma'} \sum_{jil\sigma} Z^{\sigma}_{\mu jil} c^{+}_{jil\sigma} \mid 0 \rangle \quad (2-14)$$

即

$$-[1+(-1)^{l} y_{jl}] Z^{\sigma}_{\mu j1l+1} - [1+(-1)^{l-1} y_{jl-1}] Z^{\sigma}_{\mu j1l-1} - t_1 \delta_l Z^{\sigma}_{\mu j2l}$$
$$+ u \left(\sum_{\substack{\mu' \\ (occ)}} Z^{\bar{\sigma}}_{\mu' j1l} Z^{\bar{\sigma}}_{\mu' j1l}{}^{*} \right) Z^{\sigma}_{\mu j1l} - [t_2(1-\delta_l) + t_3 \delta_l] Z^{\sigma}_{\mu j'1l} = \varepsilon^{\sigma}_{\mu} Z^{\sigma}_{\mu j1l}$$
$$(j' \neq j, j, j' = 1, 2) \quad (2-15)$$

$$u \left(\sum_{\substack{\mu' \\ (occ)}} Z^{\bar{\sigma}}_{\mu' j2l} Z^{\bar{\sigma}}_{\mu' j2l}{}^{*} \right) Z^{\sigma}_{\mu j2l} \delta_l - t_1 Z^{\sigma}_{\mu j1l} \delta_l - t_4 Z^{\sigma}_{\mu j'2l} \delta_l = \varepsilon^{\sigma}_{\mu} Z^{\sigma}_{\mu j2l} \quad (j' \neq j, j, j' = 1, 2)$$
$$(2-16)$$

这里，$\bar{\sigma} = \alpha \delta_{\beta\sigma} + \beta \delta_{\alpha\sigma}$，$(occ)$表示对所有的电子的占据态求和。对 Hubbard 电子—电子关联相互作用作如下的 Hartree-Fock 自洽场近似：

$$n_{jil\sigma} = \langle n_{jil\sigma} \rangle + \Delta n_{jil\sigma} \quad (2-17)$$

其中，$\langle \cdots \rangle = \langle G \mid \cdots \mid G \rangle$是物理量算符对基态$\mid G \rangle$的平均，$\Delta n_{jil\sigma}$是相对于平均值的涨落。

原则上，由方程组(2－12)至(2－16)，能够求得系统电子能谱、自旋排列等等。但是由于系统中存在 Peierls 不稳定性，使得这不是最优解。为了求出系统的优化结构，必须把系统的总能量相对于二聚化序参量 y_{jl}求极小，系统总能量由下式给出，

$$E(\{y_{jl}\}) = -\sum_{jl\sigma} [1+(-1)^{l} y_{jl}] \sum_{\substack{\mu \\ (occ)}} (Z^{\sigma}_{\mu j1l+1}{}^{*} Z^{\sigma}_{\mu j1l} + Z^{\sigma}_{\mu j1l}{}^{*} Z^{\sigma}_{\mu j1l+1})$$
$$+ \frac{1}{\pi\lambda} \sum_{jl} y^{2}_{jl} - t_1 \sum_{jl\sigma} \sum_{\substack{\mu \\ (occ)}} (Z^{\sigma}_{\mu j1l}{}^{*} Z^{\sigma}_{\mu j2l} + Z^{\sigma}_{\mu j2l}{}^{*} Z^{\sigma}_{\mu j1l}) \delta_l$$
$$- \sum_{l\sigma} t_4 \sum_{\substack{\mu \\ (occ)}} (Z^{\sigma}_{\mu 12l}{}^{*} Z^{\sigma}_{\mu 22l} + Z^{\sigma}_{\mu 22l}{}^{*} Z^{\sigma}_{\mu 12l})$$
$$- \sum_{l\sigma} [t_2(1-\delta_l) + t_3 \delta_l] \sum_{\substack{\mu \\ (occ)}} (Z^{\sigma}_{\mu 11l}{}^{*} Z^{\sigma}_{\mu 21l} + Z^{\sigma}_{\mu 21l}{}^{*} Z^{\sigma}_{\mu 11l})$$
$$+ u \sum_{jl} \left(\sum_{\substack{\mu\mu' \\ (occ)}} \mid Z^{\alpha}_{\mu j1l} \mid^{2} \mid Z^{\beta}_{\mu' j1l} \mid^{2} + \sum_{\substack{\mu\mu' \\ (occ)}} \mid Z^{\alpha}_{\mu j2l} \mid^{2} \mid Z^{\beta}_{\mu' j2l} \mid^{2} \delta_l \right) \quad (2-18)$$

系统总能量对二聚化位移序参量 y_{jl}求变分，就可得到平衡时的 y_{jl}：

$$y_{jl} = \pi\lambda(-1)^{l}\Big[\sum_{\substack{\mu\sigma \\ (occ)}} Z^{\sigma}_{\mu j1l} Z^{\sigma}_{\mu j1l+1} - \frac{1}{N}\sum_{l}\sum_{\substack{\mu\sigma \\ (occ)}} Z^{\sigma}_{\mu j1l} Z^{\sigma}_{\mu j1l+1}\Big] \tag{2-19}$$

在式(2－19)中，我们采用了周期性边界条件 $u_{jl}=u_{jl+N}$(N 为主链上碳原子的数目)。另外，系统各格点上的自旋密度分布 δn_{jil}和电荷密度分布$\langle n_{jil}\rangle$可以用波函数(2－12)式的展开系数 $Z^{\sigma}_{\mu jil}$分别表示为，

$$\langle n_{jil}\rangle = \langle n_{jil\alpha}\rangle + \langle n_{jil\beta}\rangle = \sum_{\substack{\mu\sigma \\ (occ)}} Z^{\sigma}_{\mu jil} Z^{\sigma\,*}_{\mu jil} \tag{2-20a}$$

$$\delta n_{jil} = \frac{1}{2}(\langle n_{jil\alpha}\rangle - \langle n_{jil\beta}\rangle) = \frac{1}{2}\Big(\sum_{\substack{\mu \\ (occ)}} |Z^{\alpha}_{\mu jil}|^{2} - |Z^{\beta}_{\mu jil}|^{2}\Big) \tag{2-20b}$$

哈密顿量的本征值方程(2－15)至(2－16)是关于波函数的展开系数 $Z^{\sigma}_{\mu jil}$的非线性方程组，只能用数值方法求解，而且要得到使系统关于二聚化稳定的解，还必须将方程组(2－15)～(2－16)和方程(2－19)联立求解。我们将用自洽迭代的数值计算方法求解这组联立方程。在迭代开始时，先给出二聚化序参量 y_{jl}和电子密度$\langle n_{jil\sigma}\rangle$的初值，将此初值代入方程组(2－15)～(2－16)，求出能量本征值 $\varepsilon^{\sigma}_{\mu}$ 和展开系数 $Z^{\sigma}_{\mu jil}$，再将 $\varepsilon^{\sigma}_{\mu}$ 和 $Z^{\sigma}_{\mu jil}$代入方程(2－19)和(2－20)求出 y_{jl}，把此新的 y_{jl}值代入方程(2－15)～(2－16)中，重复以上计算又可得另一个新的 y_{jl}，这样不断迭代，直到相邻两次的迭代结果相差很小(至少小于 10^{-6})时，就可近似认为已得到系统的最优解。

按照以上介绍的理论模型和数值计算方法，考虑图 2.1(a)所示的两条相邻的链，每条主链有 40 个碳原子，每个碳原子上有一个 π 电子，侧自由基只与偶数格点的碳原子相连每个侧基有一个未配对电子。为了讨论系统的基态，在每次迭代过程中，我们都将主链上的 π 电子和侧基上的未配对电子填充在尽可能低的能级上。在这里有三个基本参数需要确定，即电子－声子耦合常数 λ，电子－电子关联强度 u 及主链和侧基间的电子跳跃积分 t_1。由于有机铁磁体的有关的实验数据还很缺乏，我们研究的系统其主链与聚乙炔有相似的结构，因此可以采用电子－声子耦合常数与聚乙炔有相同的量级[7]。在弱电子－电子相互作用的条件下，取 Hubbard 电子－电子关联强度 $u=1.0$ 。与主链上的 π 电子比较，侧基上的未配对电子相对局域些，因此主链上的 π 电子和侧基电子间的跳跃积分要比主链上的 π 电子之间的跳跃积分小些，所以取 $t_1=0.9$。

首先，讨论主链的 π 电子和侧基上的未配对电子的能级。图 2.2(a)和图 2.2(b)分别是未考虑链间耦合和考虑链间耦合的能谱。从图 2.2(a)可以看出，如果忽略链间耦合，能谱由三个自旋向上的能带和三个自旋向下的能带组成，

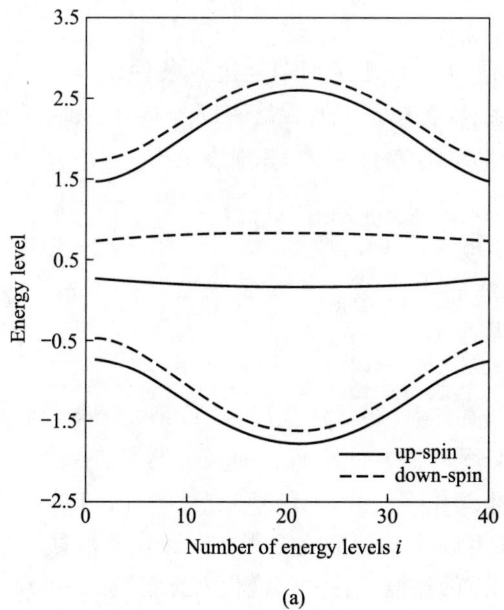

(a)

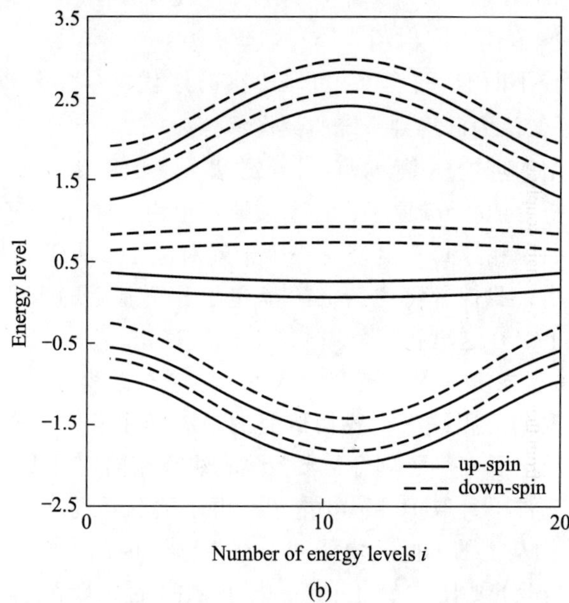

(b)

图 2.2 系统能级(已作(2－7)式的无量纲变换)

(a) 无链间耦合；(b) 链间耦合为 $t_2=0.1$。

每个能带有 40 个能级，并且能级关于两条链是二重简并的。由于两条链共有 80 个 π 电子和 40 个未配对的侧基电子，因此在图 2.2(a)中，两个较低的自旋向上的能带和一个较低的自旋向下的能带被电子填充，其他三个较高的能带则空着。这样，在系统的基态由于自旋向上的电子比自旋向下的电子多，使得基态为高自旋的铁磁态。当我们考虑链间耦合时，情况就不一样了，原来二重简并的能级发生分裂，图 2.2(b)是链间耦合为 $t_2=0.1$，$t_3=0.3$，$t_4=0.1$ 的能谱，能谱由六个自旋向上的能带和六个自旋向下的能带组成，每个能带有 20 个能级，能谱仍然是半满的，同样得到高自旋的铁磁基态。

为了分析铁磁基态的稳定性，我们计算系统总能量以及能谱中间的能隙随链间耦合变化的情况，图 2.3 给出了总能量相对于无链间耦合时的差值随链间耦合 t_2 变化的曲线，曲线 α 和 β 分别对应链间耦合 $t_3=0.3$，$t_4=0.1$ 和 $t_3=0.3$，$t_4=0.3$。从图 2.3 可以清楚地看出总能量为负值，这说明链间耦合使系统的总能量降低，即使铁磁基态趋于稳定，但不同格点间的链间耦合对总能量的影响是不一样的。对一定的 t_3 和 t_4，奇数格点间的链间耦合 t_2 越小，总能量越小。图 2.4 给出了能谱中间的能隙链间耦合 t_2 变化的曲线，曲线 A、B、C、D 分别对应链间耦合 $t_3=0.1$，$t_4=0.1$；$t_3=0.3$，$t_4=0.1$；$t_3=0.1$，$t_4=0.3$；$t_3=0.3$，$t_4=0.3$。很显然，链间耦合使能隙减小，而且能隙随 t_2 增加而减小的速度要比随 t_3 或 t_4 增加而减小的速度要快。将曲线 A 和 B(或 C 和 D)比较，偶数格点间的链间耦合 t_3 只使能隙有轻微的降低。当 t_2 增大到一个临界值 t_{2c}

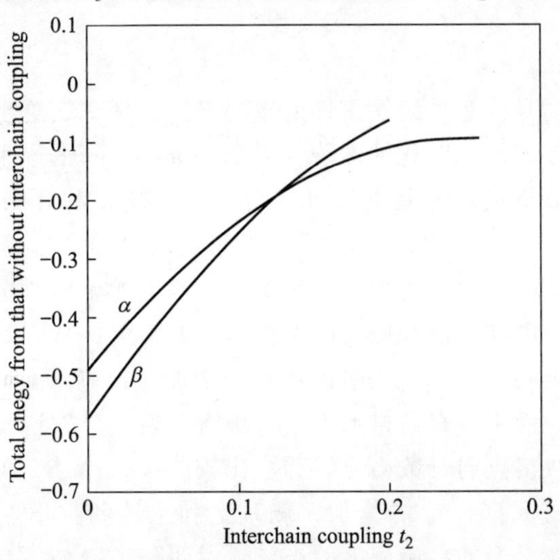

图 2.3　系统总能量相对于无链间耦合时的差值随链间耦合 t_2 变化的曲线，曲线 α 和 β 分别对应链间耦合 $t_3=0.3$，$t_4=0.1$ 和 $t_3=0.3$，$t_4=0.3$。(坐标参数已作(2-7)式的无量纲变换)

时，能谱中间的能隙消失，并且 t_3 和 t_4 越大则临界值 t_2c 越小。当能隙消失时，能谱中间高度局域的能带关于自旋是简并的，填充能带的自旋向上和自旋向下的电子数目是相同的，此时系统的基态不再是铁磁态。因此要得到稳定的铁磁基态，链间耦合必须适当。

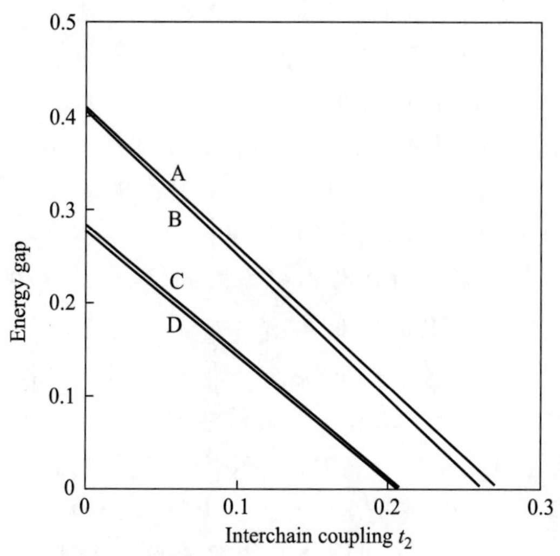

图 2.4　能隙随链间耦合 t_2 变化的曲线，曲线 A、B、C、D 分别对应链间耦合 $t_3=0.1$，$t_4=0.1$；$t_3=0.3$，$t_4=0.1$；$t_3=0.1$，$t_4=0.3$；$t_3=0.3$，$t_4=0.3$。(坐标参数已作(2－7)式的无量纲变换)

电子自旋密度是描述系统铁磁性的重要参数，图 2.5 给出在不同格点的自旋密度随链间相互作用 t_2 变化的曲线，图 2.5(a)～(c)的纵坐标分别对应主链上奇数格点、偶数格点及侧基上的自旋密度，曲线 α 和 β 分别对应链间耦合 $t_3=0.3$，$t_4=0.1$ 和 $t_3=0.3$，$t_4=0.3$。我们发现电子自旋密度主要集中在侧基上，系统高自旋基态的铁磁性主要来源于侧基上的不配对电子。不同的链间耦合使电子自旋密度在主链和侧基间发生不同的转移，从图 2.5(a)～(c)我们可以看出，对一定的 t_3 和 t_4，当链间耦合 t_2 增加时，侧基上和主链偶数格点上的自旋密度减小，而主链奇数格点上的自旋密度增大。这说明随 t_2 增加，自旋密度从侧基和偶数格点向奇数格点转移。比较曲线 α 和 β，可以发现，对一定的 t_2 和 t_3，随着链间耦合 t_4 的增加，侧基上和主链偶数格点上的自旋密度增大，而主链奇数格点上的自旋密度减小。这说明随 t_4 增加，自旋密度从奇数格点向侧基和偶数格点转移。以上结果表明，两条链侧基间的链间耦合 t_4 与两条主链上奇数格点间的链间耦合 t_2 对自旋密度的转移起相反的作用。

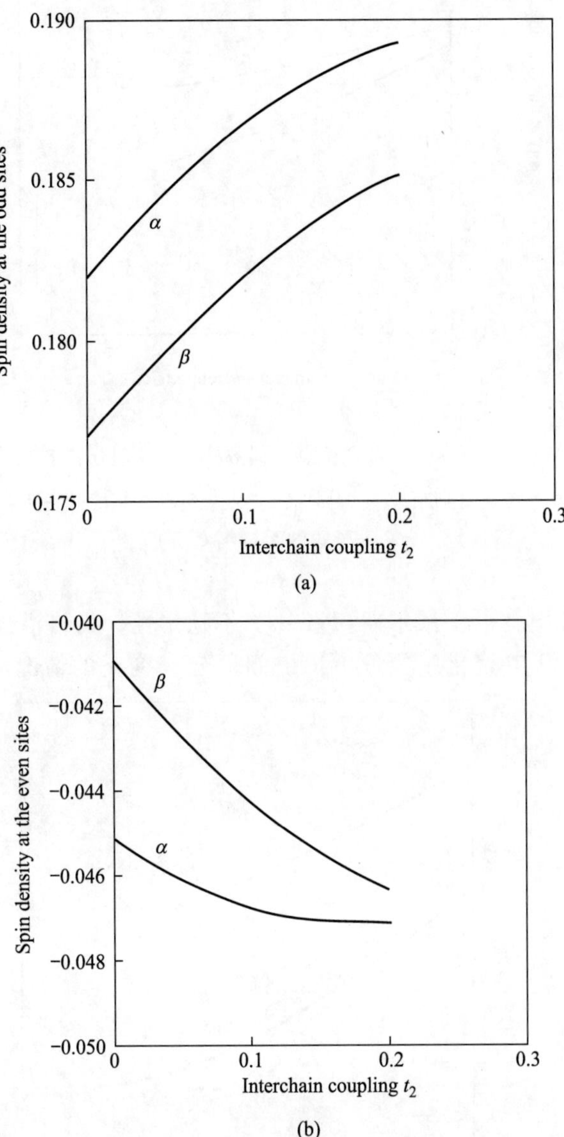
0.190
0.185
0.180
0.175
0
0.1
0.2
0.3
Spin density at the odd sites
Interchain coupling t_2
α
β
−0.040
−0.042
−0.044
−0.046
−0.048
−0.050
Spin density at the even sites

(a)

(b)

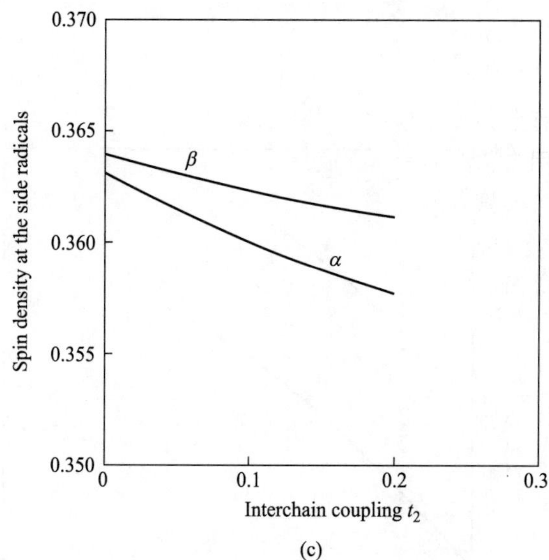

(c)

图 2.5 (a)~(c)分别对应主链上奇数格点、偶数格点及侧基上的自旋密度随链间耦合 t_2 变化的曲线，曲线 α 和 β 分别对应 $t_3=0.3$，$t_4=0.1$ 和 $t_3=0.3$，$t_4=0.3$。(坐标参数已作(2-7)式的无量纲变换)

准一维系统中，由于派尔斯(Peierls)不稳定性，晶格沿链方向发生二聚化。图 2.6 给出了二聚化序参量 y_{jl} 随链间耦合 t_2 变化的情况。结果表明，对

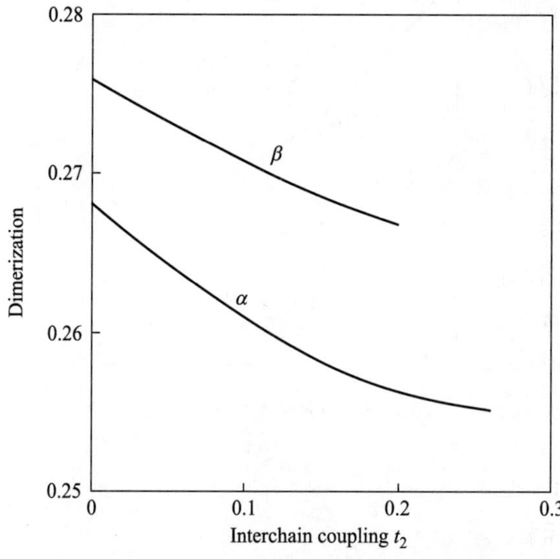

图 2.6 给出了二聚化序参量 y_{jl} 随链间耦合 t_2 变化的情况。曲线 α 和 β 分别对应链间耦合 $t_3=0.3$，$t_4=0.1$ 和 $t_3=0.3$，$t_4=0.3$。(坐标参数已作(2-7)式的无量纲变换)

一定的 t_3 和 t_4，随链间耦合 t_2 的增加，二聚化降低；而对一定的 t_2 和 t_3，随链间耦合 t_4 的增加，二聚化增大。

总之，对具有全共轭结构的准一维有机铁磁体，我们提出了一个链间耦合的理论模型，并用自洽迭代的数值计算方法研究了其基态、自旋结构及二聚化。结果表明，链间耦合使能级发生分裂；适当的链间耦合可以稳定系统的高自旋基态；但是当链间耦合增大到一临界值时，能谱中间的能隙消失，此时铁磁基态不稳定。同时，链间耦合使自旋密度在主链和侧基间转移，并使系统的二聚化发生改变。

2.2　侧基电子为局域自旋的有机铁磁体

上节考虑了图 2.1(a)中侧自由基上的未配对电子是巡游电子的情况，在一些准一维有机铁磁体系统中侧自由基上的电子与沿主链的 π 电子间是非共轭的，侧自由基上的未配对电子可看作为局域自旋。下面先讨论实空间的情况。

对于图 2.1(a)中的两条相邻的有机铁磁体链，整个系统的哈密顿量由以下四部分组成[11]：

$$H = H_1 + H_2 + H_3 + H_4 \tag{2-21}$$

其中第一项 H_1 为 SSH(Su-Schrieffer-Heeger)哈密顿量[8]。它描述了沿主链的 π 电子的跳跃相互作用以及系统中的电子—声子耦合相互作用。应用紧束缚近似，仅考虑 π 电子的最近邻跳跃相互作用，

$$H_1 = -\sum_{jl\sigma}\left[t_0 + \gamma(u_{jl} - u_{jl+1})\right](c_{jl\sigma}^{+}c_{jl+1\sigma} + H.c) + \frac{\kappa}{2}\sum_{jl}(u_{jl} - u_{jl+1})^2 \tag{2-22}$$

其中，$j=1$，2 分别表示两条链，l 为沿每条主链的碳原子序号，$\sigma(=\alpha,\beta)$表示自旋取向(α 表示自旋向上，β 表示自旋向下)。u_{jl} 表示第 j 条链第 l 个格点上的碳原子的位置相对于平衡位置的偏离，t_0 表示所有的碳原子都处于平衡位置(即 $u_{jl}=0$)时 π 电子沿主链的跳跃积分，而 γ 为相应的跳跃积分随最邻近点之间键长变化的比率，$c_{jl\sigma}^{+}$ 和 $c_{jl\sigma}$ 分别为第 j 条链第 l 个格点上具有自旋 σ 的 π 电子的产生和湮灭算符。方程(2-22)中第二项是一个势能项，κ 为相邻格点碳原子间的有效弹性常数，它描述了系统中碳主链骨架的 σ 型键的弹性势能。

方程(2-21)中第二项 H_2 为电子—电子之间的相互作用项，可以用 Hubbard 在位排斥相互作用来描述，

$$H_2 = U\sum_{jl} n_{jl\alpha}n_{jl\beta} \tag{2-23}$$

其中，U 为当两个电子同时处于同一格点上时的有效 Hubbard 在位排斥能。且

$n_{jl\sigma}=c_{jl\sigma}^{+}c_{jl\sigma}$为第 j 条链第 l 个格点上自旋为 σ 的电子数算符。

另外，由于侧自由基 R 上未配对电子与沿主链的 π 电子间不是共轭的，且一般相距较远，故其间的跳跃相互作用可以忽略，可把侧自由基 R 上的未配对电子看作为局域自旋，但是其与沿主链的 π 电子间的交换相互作用(一般为反铁磁性耦合的)却不能被忽略，此相互作用可以用海森堡局域反铁磁交换相互作用哈密顿量来描述(即方程(2－21)中第三项 H_3)，

$$H_3 = J_0 \sum_{jl} \boldsymbol{S}_{jlR} \cdot \boldsymbol{S}_{jl}\delta_l \tag{2-24}$$

这里，假设每个侧自由基有一个剩余自旋 $\boldsymbol{S}_{jlR}$，第 j 条链第 l 个格点上的电子自旋为 $\boldsymbol{S}_{jl}$。我们可以假设侧自由基上未配对电子的自旋 $\boldsymbol{S}_{jlR}$与沿主链的 π 电子的自旋 $\boldsymbol{S}_{jl}$间存在着各向同性的反铁磁相互作用，$J_0>0$ 为其间的交换积分。δ_l 定义了侧基的连接方式，若第 l 个碳原子上连有侧自由基，则 $\delta_l=1$；否则 $\delta_l=0$。

既然图 2.1(a)中的侧自由基只与主链上的偶数位置的碳原子相连，那么链间转移积分关于偶数格点和奇数格点是不对称的，因此我们假设链间耦合具有下面的振荡形式：

$$H_4 = -\sum_{l\sigma}[T_1+(-1)^l T_2](c_{1l\sigma}^{+}c_{2l\sigma}+c_{2l\sigma}^{+}c_{1l\sigma}) \tag{2-25}$$

$T_1 \pm T_2$ 是从第一条链的偶数格点(取＋号)或奇数格点(取－号)到第二条链对应的偶数格点或奇数格点的电子跳跃积分。

方程(2－24)中的 $\boldsymbol{S}_{jlR}\cdot\boldsymbol{S}_{jl}$可以写成分量的形式，

$$\boldsymbol{S}_{jlR}\cdot\boldsymbol{S}_{jl} = S_{jlR}^{z}S_{jl}^{z}+\frac{1}{2}[S_{jlR}^{+}S_{jl}^{-}+S_{jlR}^{-}S_{jl}^{+}] \tag{2-26}$$

S_{jl}^{z}和 S_{jl}^{+} 是泡利自旋算符

$$S_{jl}^{z}=\frac{1}{2}(n_{jl\alpha}-n_{jl\beta}),\quad S_{jl}^{+}=c_{jl\alpha}^{+}c_{jl\beta},\quad S_{jl}^{-}=c_{jl\beta}^{+}c_{jl\alpha} \tag{2-27}$$

用平均场近似来处理侧基自旋的 z 分量 S_{jlR}^{z}，

$$S_{jlR}^{z}=\langle S_{jlR}^{z}\rangle+\Delta S_{jlR}^{z} \tag{2-28}$$

其中，$\langle\cdots\rangle=\langle G|\cdots|G\rangle$是物理量算符对基态 $|G\rangle$的平均，ΔS_{jlR}^{z}是相对于平均值的涨落。

取一阶近似并略去高阶小量，这样可得系统的哈密顿量为：

$$\begin{aligned}H = &-\sum_{jl\sigma}[t_0+\gamma(u_{jl}-u_{jl+1})](c_{jl\sigma}^{+}c_{jl+1\sigma}+H.c)+\frac{\kappa}{2}\sum_{jl}(u_{jl}-u_{jl+1})^2\\&+U\sum_{jl}n_{jl\alpha}n_{jl\beta}+\frac{J_0}{2}\sum_{jl}\langle S_{jlR}^{z}\rangle(n_{jl\alpha}-n_{jl\beta})\delta_l\\&-\sum_{l\sigma}[T_1+(-1)^l T_2](c_{1l\sigma}^{+}c_{2l\sigma}+c_{2l\sigma}^{+}c_{1l\sigma})\end{aligned} \tag{2-29}$$

同样，为了方便起见，对哈密顿量作如下的无量纲变换：

$$h = \frac{H}{t_0}, \quad u = \frac{U}{t_0}, \quad j_0 = \frac{J_0}{t_0}, \quad t_1 = \frac{T_1}{t_0}, \quad t_2 = \frac{T_2}{t_0}, \tag{2-30a}$$

$$\lambda = \frac{2\gamma^2}{t_0 \pi \kappa}, \quad y_{jl} = (-1)^l (u_{jl} - u_{jl+1}) \gamma / t_0 \tag{2-30b}$$

这样，哈密顿量可重写为：

$$h = h_e + h'_0 \tag{2-31}$$

$$h_e = -\sum_{jl\sigma} [1 + (-1)^l y_{jl}] (c_{jl\sigma}^{+} c_{jl+1\sigma} + H.c) + u \sum_{jl\sigma} \langle n_{jl\sigma} \rangle n_{jl\bar{\sigma}}$$
$$+ \frac{j_0}{2} \sum_{jl} \langle S_{jlR}^z \rangle (n_{jl\alpha} - n_{jl\beta}) \delta_l - \sum_{l\sigma} [t_1 + (-1)^l t_2]$$
$$(c_{1l\sigma}^{+} c_{2l\sigma} + c_{2l\sigma}^{+} c_{1l\sigma}) \tag{2-32}$$

$$h' = \frac{1}{\pi \lambda} \sum_{jl} y_{jl}^2 \tag{2-33}$$

h_e 是哈密顿量中的电子部分，h'描述晶格的弹性能。对于(2－32)式的哈密顿量，已用 Hartree-Fock 自洽场对 Hubbard 电子－电子关联相互作用作了近似。同上节一样，取单电子波函数为基，将系统波函数展开，把系统哈密顿量(2－32)式和系统波函数(2－12)式代入到 Schrödinger 方程(2－13)，并采用周期性边界条件，就可以得到系统的电子本征态方程为：

$$-[1 + (-1)^l y_{jl}] Z_{\mu jl+1}^{\sigma} - [1 + (-1)^{l-1} y_{jl-1}] Z_{\mu jl-1}^{\sigma} - [t_1 + (-1)^l t_2] Z_{\mu j'l}^{\sigma}$$
$$+ [u \langle n_{jl\bar{\sigma}} \rangle + \frac{1}{2} j_0 \delta_l \langle S_{jlR}^z \rangle (\delta_{\sigma\alpha} - \delta_{\sigma\beta})] Z_{\mu jl}^{\sigma} = \varepsilon_{\mu}^{\sigma} Z_{\mu jl}^{\sigma} \quad (j' \neq j, j, j' = 1, 2)$$
$$\tag{2-34}$$

原则上，由方程组(2－34)，能够求得系统电子能谱、自旋排列等等。为了求出系统的优化结构，必须把系统的总能量相对于二聚化序参量 y_{jl} 求极小，系统总能量由下式给出，

$$E(\{y_{jl}\}) = -\sum_{jl\sigma} [1 + (-1)^l y_{jl}] \sum_{\substack{\mu \\ (occ)}} [Z_{\mu jl+1}^{\sigma\,*} Z_{\mu jl}^{\sigma} + Z_{\mu jl}^{\sigma\,*} Z_{\mu jl+1}^{\sigma}] + \frac{1}{\pi\lambda} \sum_{jl} y_{jl}^2$$
$$+ u \sum_{jl} \sum_{\substack{\mu, \mu' \\ (occ)}} | Z_{\mu jl}^{\alpha} |^2 | Z_{\mu' jl}^{\beta} |^2$$
$$+ \frac{1}{2} \sum_{jl} \sum_{\substack{\mu \\ (occ)}} j_0 \delta_l \langle S_{jlR}^z \rangle [| Z_{\mu jl}^{\alpha} |^2 - | Z_{\mu jl}^{\beta} |^2]$$
$$- \sum_{l\sigma} [t_1 + (-1)^l t_2] \sum_{\substack{\mu \\ (occ)}} [Z_{\mu 1l}^{\sigma\,*} Z_{\mu 2l}^{\sigma} + Z_{\mu 2l}^{\sigma\,*} Z_{\mu 1l}^{\sigma}] \tag{2-35}$$

系统总能量对二聚化位移序参量 y_{jl} 求变分，就可得到平衡时的 y_{jl}：

$$y_{jl} = \pi\lambda(-1)^l\left[\sum_{\substack{\mu\sigma \\ (occ)}} Z^\sigma_{\mu jl} Z^\sigma_{\mu jl+1} - \frac{1}{N}\sum_l \sum_{\substack{\mu\sigma \\ (occ)}} Z^\sigma_{\mu jl} Z^\sigma_{\mu jl+1}\right] \quad (2-36)$$

另外，系统各格点上的自旋密度分布 δn_{jl} 和电荷密度分布 $\langle n_{jl}\rangle$ 可以用波函数(2－12)式的展开系数 $Z^\sigma_{\mu jl}$ 表示为：

$$\langle n_{jl}\rangle = \sum_{\substack{\mu\sigma \\ (occ)}} |Z^\sigma_{\mu jl}|^2, \quad \delta n_{jl} = \frac{1}{2}\left(\sum_{\substack{\mu \\ (occ)}} |Z^\alpha_{\mu jl}|^2 - \sum_{\substack{\mu' \\ (occ)}} |Z^\beta_{\mu jl}|^2\right) \quad (2-37)$$

哈密顿量的本征值方程(2－34)也是关于波函数的展开系数 $Z^\sigma_{\mu jl}$ 的非线性方程组，只能用数值方法求解；而且要得到使系统关于二聚化稳定的解，还必须将方程(2－34)和方程(2－36)、(2－37)联立求解。用自洽迭代的数值计算方法求解这组联立方程，直到相邻两次的迭代结果相差很小(一般小于 10^{-6})时，就可近似认为已得到系统的最优解。

为了得到非全共轭系统比较明确的结果，根据以上的理论模型和数值计算方法，考虑图 2.1(a)所示的两条相邻的链，每条主链有 60 个碳原子和 30 个侧自由基，每个碳原子上有一个 π 电子，侧基只与偶数格点的碳原子相连，每个侧基有一个未配对电子。从方程(2－34)可知，由于主链上 π 电子和侧基上未配对电子的反铁磁关联以及 Hubbard 电子－电子排斥能的影响，系统的电子本征态方程关于自旋是不对称的，自旋简并性被消除，因此必须对不同的自旋求解本征态方程。为了讨论系统的基态，在每次迭代过程中，都将 π 电子填充在尽可能低的能级上。在这里有四个基本参数需要确定，即电子－声子耦合常数 λ，电子－电子关联强度 u，主链上 π 电子和侧基上未配对电子的反铁磁关联强度 j_0 以及侧基上局域自旋的平均值 $\langle S^z_{jlR}\rangle$。由于研究的系统其主链与聚乙炔有相似的结构，因此取电子－声子耦合常数与聚乙炔有相同的量级 $\lambda=0.2$[7]；在弱电子－电子相互作用的条件取 Hubbard 电子－电子关联强度 $u=0.2$，反铁磁关联强度 $j_0=0.2$；当所有的侧基上未配对电子的自旋指向同一方向时，系统能量最低，即 $\langle S^z_{jlR}\rangle=1/2$。

首先讨论 π 电子的能级分布，图 2.7 给出了当链间耦合为 $t_1=0.1$，$t_2=0.05$ 时 π 电子的能级分布，图中 i 表示第 i 个能级。从图中我们可以明显的看出，能级关于自旋分裂，而且由于链间耦合的作用，原来简并的能带 A、B 现在劈裂成图中的两部分(当没有链间耦合时 A、B 重合)。自旋向上和自旋向下的能带各有四个，每个能带有 30 个能级。由于两条链共有 120 个 π 电子，因此在图 2.7 中，较低的两个自旋向上的能带和两个自旋向下的能带被 π 电子填充，其他四个较高的能带则空着。这样，在系统的基态，由于自旋向上的 π 电子和自旋向下的 π 电子一样多，使得主链不显示铁磁性，系统的铁磁性完全由侧基提供。计算结果表明，链间耦合的两部分 t_1 和 t_2 对能级的影响是不一样的，t_1 使能带劈裂得更厉害。

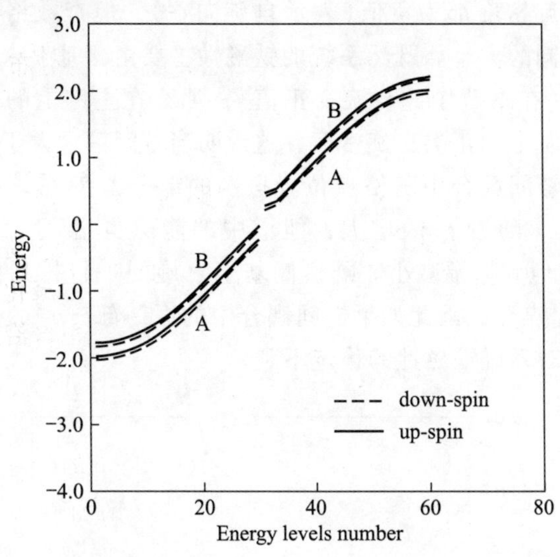

图 2.7　链间耦合为 $t_1=0.1$，$t_2=0.05$ 时 π 电子的能级分布（能量参数已作(2-30)式的无量纲变换），图中 i 表示第 i 个能级

准一维系统的典型特点是由于派尔斯不稳定性，晶格出现二聚化，并在能谱中间出现能隙。可见，能隙的变化传递准一维系统稳定性的特征，为了分析铁磁基态的稳定性，下面计算能谱中间的能隙随链间耦合 t 变化的情况（图 2.8），曲线 α、β 和 γ 分别对应链间耦合 $t=t_1$，$t_2=0$；$t=t_1$，$t_2=0.2$；$t=t_2$，$t_1=0.1$。从图 2.8 中曲线 α，可以发现随着链间耦合 t_1 增大，能隙呈线性关系减小，对于 $t_2=0$，当 t_1 增大到临界值 $t_{1c}=0.224$ 时，能隙消失。比较曲线 α 和 β，可以看出随着链间耦合 t_2 的增大，t_1 的临界值 t_{1c} 随之增大。曲线 γ 显示能隙随着链间耦合 t_2 的增大而缓慢上升；当 $t_2>0.25$ 时，能隙随着 t_2 的增大而上升的幅度要大些。能隙的变化对主链上 π 电子的自旋排列和系统铁磁序有重要影响，当链间耦合较弱时（即 $t_1<t_{1c}$），系统主要展示一维的性质，由于能谱中间能隙的存在，使得主链不显示铁磁性。图 2.9(b) 给出这种情况下主链上 π 电子的自旋密度分布，其中链间耦合为 $t_2=0$，$t_1=0.20$，从图中可以看出，主链上的奇数格点和偶数格点的自旋密度有相同的大小和相反的符号，这说明主链上存在着反铁磁自旋密度波（SDW）。但是，当链间耦合足够大，以致于超过临界值时（即 $t_1>t_{1c}$），情况就不同了，此时能隙消失。从图 2.7 可知，由于自旋向下的能带比自旋向上的能带低，将有更多的 π 电子填充在自旋向下的能带上。图 2.9(a) 给出这种情况下主链上 π 电子的自旋密度分

布，其中链间耦合为 $t_2=0$，$t_1=0.23$，而其临界值为 $t_{1c}=0.224$。此时主链上的所有格点的自旋密度都为负值(表示自旋向下)，但奇数格点和偶数格点上的自旋密度有不同的大小。既然系统的铁磁性主要由侧基上未配对电子的平行排列的自旋提供(在本节中此自旋为正值)，那么在主链上的负的剩余自旋密度将部分抵消侧基上的正的自旋密度，这说明当链间耦合大于临界值时，系统的铁磁性降低。链间耦合中随格点位置振荡的部分 t_2 对系统的铁磁性的影响与 t_1 是不一样的，随着 t_2 的增大，能谱中的能隙也增大，沿主链的反铁磁 SDW 仍然存在，但其振幅减小。既然侧基上自旋的平行排列要以主链的反铁磁 SDW 作为传递媒介，因此如果链间耦合中的振荡部分 t_2 太大，将使其媒介作用减低，从而对系统铁磁性的稳定不利。

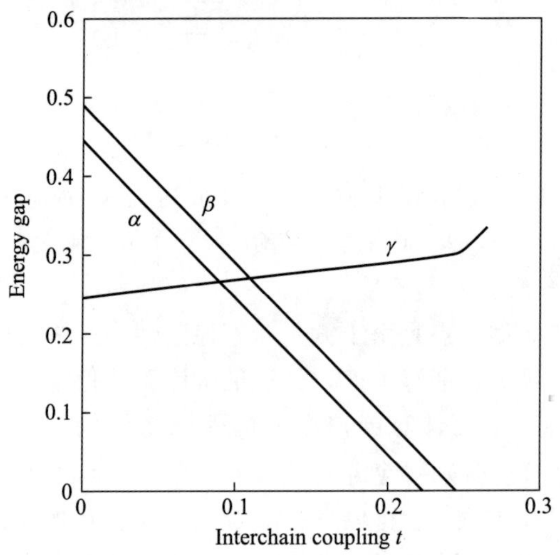

图 2.8 能隙随链间耦合 t 变化的的情况，曲线 α、β 和 γ 分别对应链间耦合 $t=t_1$，$t_2=0$；$t=t_1$，$t_2=0.2$；$t=t_2$，$t_1=0.1$。(坐标参数已作(2-30)式的无量纲变换)

再从系统总能量的角度来讨论铁磁基态的稳定性。图 2.10 给出了总能量随链间耦合 t 变化的曲线，曲线 A、B 和 C 分别对应链间耦合 $t=t_1$，$t_2=0$；$t=t_1$，$t_2=0.2$；$t=t_2$，$t_1=0.1$。从曲线 A、B 可知，当链间耦合较弱时(即 $t_1<t_{1c}$)，得到一条直线，这说明在此区域系统总能量不依赖于链间耦合 t_1；但是当链间耦合 t_1 增大到临界值 t_{1c}时，总能量突然降低，然后持续下降，这意味着在临界点有一个相变，如上段所述，系统向着铁磁性更低的状态转变。图 2.10 中的曲线 C 显示，随着链间耦合中的振荡部分 t_2 的增大，系统总能量呈抛物线形减小，此时系统的铁磁基态更加稳定；但是 t_2 太大，作为侧基上自

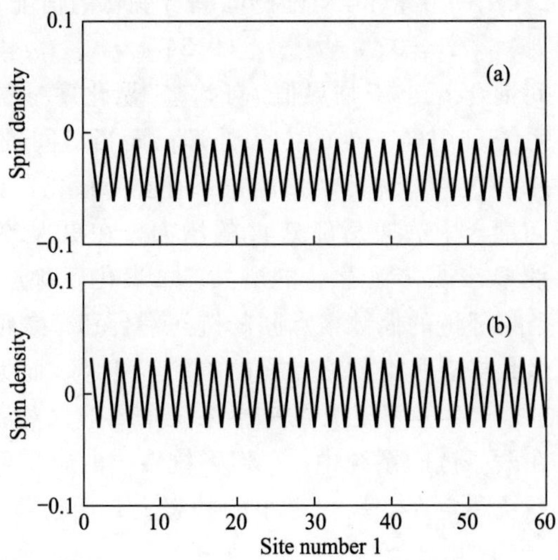

图 2.9　π 电子的自旋密度分布，链间耦合的临界值为 $t_{1c}=0.224$，

（a）$t_2=0$，$t_1=0.23$；（b）$t_2=0$，$t_1=0.20$

旋平行排列的传递媒介(主链上反铁磁 SDW 的振幅将减小，又会使系统铁磁性减弱。

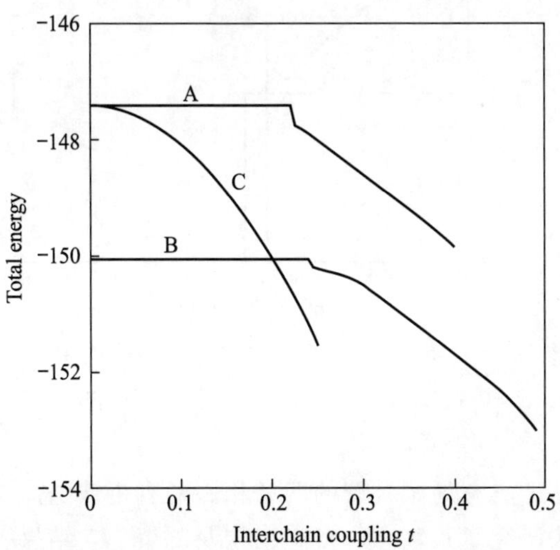

图 2.10　总能量随链间耦合 t 变化的曲线，曲线 A、B 和 C 分别对应链间耦合 $t=t_1$，$t_2=0$；$t=t_1$，$t_2=0.2$；$t=t_2$，$t_1=0.1$。(坐标参数已作(2－30)式的无量纲变换)

图 2.11 给出二聚化序参量 $y=y_{jl}$ 随链间耦合变化的情况，曲线 A、B 和 C 分别对应链间耦合 $t=t_1$，$t_2=0$；$t=t_1$，$t_2=0.2$；$t=t_2$，$t_1=0.1$。从曲线 A 我们可以看出，当链间耦合 t_1 小于临界值 t_{1c} 时，二聚化序参量为常数，主链发生完好的二聚化，系统可用准一维的方法处理；而当链间耦合 t_1 增大到临界值 t_{1c} 时，二聚化序参量突然降为零，沿主链不存在二聚化。比较曲线 A、B 我们还发现，随着链间耦合中的振荡部分 t_2 的增大，在更大的 t_1 的范围内二聚化都稳定存在。曲线 C 表明，随着 t_2 的增大，二聚化序参量呈抛物线形减小。事实上，t_2 表示两条相邻链的偶数格点间的链间耦合和奇数格点间的链间耦合的差值，t_2 越大，偶数格点和奇数格点间的差别就越大，而且能谱中的能隙也越大（如图 2.8 中曲线 γ），这和通常的一维系统中二聚化对晶格和能隙的影响相似。由此可见，在两条链的系统中，t_2 对系统性质的影响部分地替代了二聚化的作用，从而使系统稳定在二聚化更小的状态上，而且具有更低的能量（如图 2.10 中曲线 C）。

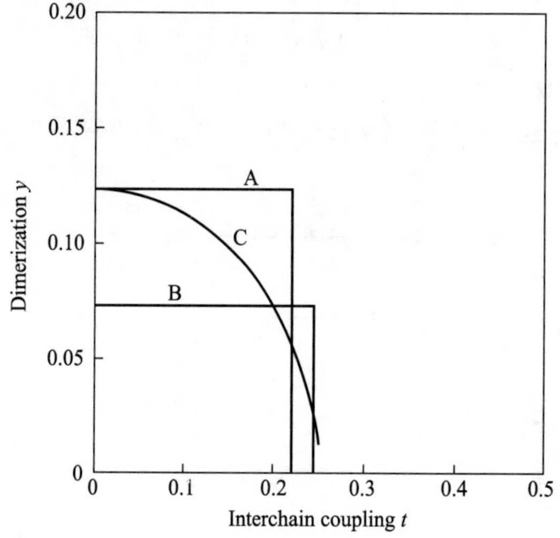

图 2.11 二聚化序参量 $y=y_{jl}$ 随链间耦合变化的情况，曲线 A、B 和 C 分别对应链间耦合 $t=t_1$，$t_2=0$；$t=t_1$，$t_2=0.2$；$t=t_2$，$t_1=0.1$。（坐标参数已作(2-30)式的无量纲变换）

以上，对侧基上具有局域自旋的两条相邻的有机铁磁体链模型，用自洽迭代的数值计算方法研究了其基态、自旋结构及二聚化。结果表明，链间耦合使能级发生分裂；适当的链间耦合可以使系统的铁磁基态更加稳定，但是当链间耦合增大到一临界值时，二聚化和能谱中间的能隙消失，此时主链上出现的 SDW 具有与侧基自旋相反的自旋密度，从而使系统的铁磁性降低。同时，链间耦合中随格点位置而振荡的部分使系统稳定在二聚化更小的状态上。

2.3　波矢空间中的有机铁磁系统

上节在实空间对侧基上具有局域自旋的两条相邻的有机铁磁链进行了研究。本节将在波矢空间研究这种非全共轭链规则排列的有机铁磁体系统。对图2.1所示的结构，考虑主链上 π 电子的巡游性，电子－声子相互作用及晶格松弛；用 Hubbard 在位电子排斥能来描述电子间的关联；对主链上 π 电子和侧基上不配对电子间的相互作用，由自旋反铁磁关联表示；链间耦合取为相邻链间 π 电子跳跃积分。这样，可以给出系统的哈密顿量如下[11-12]：

$$H = H_1 + H_2 + H_3 \tag{2-38}$$

$$H_1 = \sum_{l\sigma}(t_{l+1,l}c^+_{l+1,\sigma}c_{l,\sigma} + H.c) + \frac{1}{2}\sum_l \kappa(u_{l+1} - u_l)^2 \tag{2-39}$$

$$H_2 = V\sum_l n_{l\alpha}n_{l\beta} \tag{2-40}$$

$$H_3 = J\sum_l \delta_l \boldsymbol{S}_{lR} \cdot \boldsymbol{S}_l \tag{2-41}$$

第一项 H_1 描述 π 电子跳跃，电子－声子耦合以及晶格畸变。这里，l 表示具有链间耦合的简化结构的第 l 个格点，$c^+_{l\sigma}$和 $c_{l\sigma}$表示第 l 个格点上自旋为 σ 的 π 电子的产生和淹灭算符，κ 是晶格的弹性常数。我们假设沿每条链都有完好的二聚化，沿主链上碳原子的位移为：

$$u_l = (-1)^l u_0 \tag{2-42}$$

当位移较小时，π 电子的跳跃积分 $t_{l+1,l}$可展开为：

$$t_{l+1,l} = t_0 - \gamma(u_{l+1} - u_l)\quad 沿 z 轴 \tag{2-43a}$$

$$t_{l+1,l} = \eta t_0 \quad 沿 x 或 y 轴 \tag{2-43b}$$

t_0 是无晶格畸变时的跳跃积分，γ 是沿 z 轴电子－声子耦合常数，η 是各向异性参数。

第二项 H_2描述 Hubbard 电子关联能，$n_{l\sigma} = c^+_{l\sigma}c_{l\sigma}(\sigma = \alpha,\ \beta)$，其中 α 和 β 分别表示自旋向上和向下。

第三项 H_3描述 π 电子自旋 $\boldsymbol{S}_l$ 和侧基自旋 $\boldsymbol{S}_{lR}$间的反铁磁关联。我们假设关联常数 $J>0$，侧基 R 只与主链上偶数碳原子相连。那么，如果 l 是偶数则 $\delta_l = 1$；如果 l 是奇数则 $\delta_l = 0$。

方程(2－41)中 $\boldsymbol{S}_{lR} \cdot \boldsymbol{S}_l$ 项可以写为：

$$\boldsymbol{S}_{lR} \cdot \boldsymbol{S}_l = S^z_{lR}S^z_l + \frac{1}{2}[S^+_{lR}S^-_l + S^-_{lR}S^+_l] \tag{2-44}$$

这里，S^z_l，$S^\pm_l$ 表示泡利自旋矩阵：

$$S_l^z = \frac{1}{2}(n_{l\alpha} - n_{l\beta}), \quad S_l^+ = c_{l\alpha}^+ c_{l\beta}, \quad S_l^- = c_{l\beta}^+ c_{l\alpha} \tag{2-45}$$

利用平均场近似将 $n_{l\sigma}$，S_{lR}^z分解为以下形式：

$$n_{l\sigma} = \langle n_{l\sigma} \rangle + \Delta n_{l\sigma} \tag{2-46a}$$

$$S_{lR}^z = \langle S_{lR}^z \rangle + \Delta S_{lR}^z \tag{2-46b}$$

$\langle \cdots \rangle = \langle G | \cdots | G \rangle$是相对于基态$|G\rangle$的平均，$\Delta n_{l\sigma}$和$\Delta S_{lR}^z$是相对于平均值的涨落。保留一次项后，方程(2-40)和(2-41)可重新写为：

$$H_2 = V \sum_l (\langle n_{l\alpha} \rangle n_{l\beta} + \langle n_{l\beta} \rangle n_{l\alpha} - \langle n_{l\alpha} \rangle \langle n_{l\beta} \rangle) \tag{2-47}$$

$$H_3 = \frac{J}{2} \sum_l \langle S_{lR}^z \rangle (n_{l\alpha} - n_{l\beta}) \delta_l \tag{2-48}$$

将 $c_{l\sigma}^+$和 $c_{l\sigma}$作波矢空间的傅立叶变换：

$$c_{l\sigma}^+ = N^{-\frac{1}{2}} \sum_{\boldsymbol{k}} e^{i\boldsymbol{k}\cdot\boldsymbol{l}} \boldsymbol{c}_{\boldsymbol{k}\sigma}^+, \quad c_{l\sigma} = N^{-\frac{1}{2}} \sum_{\boldsymbol{k}} \boldsymbol{e}^{-i\boldsymbol{k}\cdot\boldsymbol{l}} c_{\boldsymbol{k}\sigma} \tag{2-49}$$

N 是格点数，$\boldsymbol{l}$ 是第 l 个格点的矢量。这样，哈密顿量(2-38)中与电子相关的部分变为：

$$H' = \sum_{k\sigma} \boldsymbol{a}_{\boldsymbol{k}\sigma}^+ \boldsymbol{M}_\sigma(\boldsymbol{k}) \boldsymbol{a}_{\boldsymbol{k}\sigma} \tag{2-50}$$

矢量 $a_{\boldsymbol{k}\sigma}^+$由如下定义：

$$\boldsymbol{a}_{\boldsymbol{k}\sigma}^+ = (a_{1\boldsymbol{k}\sigma}^+, a_{2\boldsymbol{k}\sigma}^+), \quad a_{1\boldsymbol{k}\sigma}^+ = c_{\boldsymbol{k}\sigma}^+, \quad a_{2\boldsymbol{k}\sigma}^+ = c_{\boldsymbol{k}'\sigma}^+ \tag{2-51}$$

$k_x' = k_x$，$k_y' = k_y$，$k'_z = k_z + \frac{\pi}{d}$，$\boldsymbol{M}_\sigma(\boldsymbol{k})$是如下定义的 2×2 能量矩阵：

$$\boldsymbol{M}_\sigma(\boldsymbol{k}) = \begin{bmatrix} M_{11} & M_{12} \\ M_{21} & M_{22} \end{bmatrix} \tag{2-52}$$

$$M_{11} = -2t_0 \cos k_z d - 2\eta t_0(\cos k_x a + \cos k_y a) + V\langle n_{\bar{\sigma}} \rangle + \frac{J}{4} \langle S_{lR}^z \rangle (\delta_{\sigma\alpha} - \delta_{\sigma\beta})$$

$$M_{12} = M_{21}^* = 4\gamma u_0 i \sin k_z d$$

$$M_{22} = 2t_0 \cos k_z d - 2\eta t_0(\cos k_x a + \cos k_y a) + V\langle n_{\bar{\sigma}} \rangle + \frac{J}{4} \langle S_{lR}^z \rangle (\delta_{\sigma\alpha} - \delta_{\sigma\beta})$$

这里已忽略了方程(2-50)中的常数项 $\langle n_{l\alpha} \rangle \langle n_{l\beta} \rangle$，$d$ 和 a 分别是沿链方向和垂直于链方向的晶格常数。

同样，为简化起见，我们将所有的量化成无量纲量：

$$h' = \frac{H'}{t_0}, \quad v = \frac{V}{t_0}, \quad j = \frac{J}{t_0},$$

$$\lambda = \frac{2\gamma}{t_0} u_0, \quad \boldsymbol{m}_\sigma(\boldsymbol{k}) = \frac{\boldsymbol{M}_\sigma(\boldsymbol{k})}{t_0} \tag{2-53}$$

这样，我们可以将哈密顿量 h'对角化为：

$$h' = \sum_{ik\sigma} [E_{i\sigma}(\boldsymbol{k}) b_{ik\sigma}^{+} b_{ik\sigma}] \tag{2-54}$$

其中，$b_{ik\sigma}^{+}$是下面定义的新算符

$$b_{ik\sigma}^{+} = \sum_{j} V_{ij\sigma}(\boldsymbol{k}) a_{jk\sigma}^{+} \quad (i,j = 1,2) \tag{2-55}$$

$V_{ijs}(\boldsymbol{k})$由矩阵 $\boldsymbol{m}_{\sigma}(\boldsymbol{k})$的本征矢 $\boldsymbol{V}_{i\sigma}(\boldsymbol{k})$ 定义：

$$\boldsymbol{V}_{i\sigma}^{+}(\boldsymbol{k}) = ((V_{i1\sigma}^{*}(\boldsymbol{k}), V_{i2\sigma}^{*}(\boldsymbol{k})) \quad (i = 1,2) \tag{2-56}$$

$$\boldsymbol{m}_{\sigma}(\boldsymbol{k}) \boldsymbol{V}_{i\sigma}(\boldsymbol{k}) = E_{i\sigma}(\boldsymbol{k}) \boldsymbol{V}_{i\sigma}(\boldsymbol{k}) \tag{2-57}$$

系统的基态可写为：

$$|G\rangle = \prod_{k\sigma} \prod_{i=1}^{occ} b_{ik\sigma}^{+} |0\rangle \tag{2-58}$$

其中，$|0\rangle$是电子真空态，(occ) 代表那些被电子占据的态。矩阵 $\boldsymbol{m}_{\sigma}(\boldsymbol{k})$的本征值 $E_{i\sigma}(\boldsymbol{k})$($i=1$，2) 给出电子的能带：

$$E_{1\sigma}(\boldsymbol{k}) = -A + B_{\sigma} \tag{2-59a}$$

$$E_{2\sigma}(\boldsymbol{k}) = A + B_{\sigma} \tag{2-59b}$$

其中

$$A = [(2\cos k_z d)^2 + 4\lambda^2 (\sin k_z d)^2]^{1/2} \tag{2-60}$$

$$B_{\sigma} = -2\eta(\cos k_x a + \cos k_y a) + v\langle n_{\bar{\sigma}} \rangle + \frac{1}{4} j \langle S_{lR}^{z} \rangle (\delta_{\sigma\alpha} - \delta_{\sigma\beta}) \tag{2-61}$$

这里，$-\frac{\pi}{a} < k_x$，$k_y \leqslant \frac{\pi}{a}$，$-\frac{\pi}{2d} < k_z \leqslant \frac{\pi}{2d}$，和

$$\langle n_{\sigma} \rangle = \langle G | n_{l\sigma} | G \rangle = \frac{1}{N} \sum_{\boldsymbol{k}} \sum_{i=1}^{occ} \sum_{j=1}^{2} V_{ij\sigma}^{*}(\boldsymbol{k}) V_{ij\sigma}(\boldsymbol{k}) \tag{2-62}$$

因此，必须从方程(2-57)和(2-62)中自洽求解 $\langle n_{\sigma} \rangle$。

从方程(2-59a)和(2-59b)，可以看出电子的能谱包含四个能带，能带关于自旋分裂，二聚化使导带和价带间产生能隙。能带关于自旋分裂起源于主链 π 电子自旋 S_l 和侧基自旋 S_{lR}间的反铁磁关联。为了计算能带的数值，必须先决定以下参量：λ，v，η，j，$\langle n_{\sigma} \rangle$ 和 $\langle S_{lR}^{z} \rangle$。研究的有机铁磁体的链结构与聚乙炔很类似，因此，可以用聚乙炔的实验结果[7]来估计有机铁磁体的二聚化参量及链间耦合的大小，即 $\lambda = 0.14$，$\eta = 0 \sim 0.1$。既然沿链方向每个格点只有一个 π 电子，那么，只有两个较低的能带被电子填充，而两个较高的能带则空着。在此情形下，从(2-62)式，可以得到：

$$\langle n_{\alpha} \rangle = \langle n_{\beta} \rangle = \frac{1}{2} \tag{2-63}$$

按文献[7]的结果，侧基上所有剩余自旋都向上，因此可取$\langle S_{lR}^{z} \rangle = 1/2$。同时，取 $v = 0.2$，$j = 0.3$，$\eta = 0.03$。这样，可以算出沿 k_z方向的能谱，如图 2.12 所示。曲线 A，B 分别对应 $k_x a = k_y a = 0$ 和 $k_x a = k_y a = \pi$。可以清楚的看出能谱在三维波矢空间是各向异性的。费米面有着复杂的形状。沿 k_z方向的能带在 $k_x a = k_y a = 0$ 处(曲线 A)比在 $k_x a = k_y a = \pi$ 处(曲线 B)低。这个差别是由相邻链间 π 电子的链间跳跃引起的。从方程(2－59a)和(2－59b)，可以看出价带和导带间的能隙是波矢为 $k_x a = k_y a = 0$，$k_z d = \pi/2$，自旋向下的导带能量与波矢为 $k_x a = k_y a = \pi$，$k_z d = \pi/2$，自旋向上的价带能量之差，即：

$$\Delta = 4\lambda - 8\eta - \frac{1}{2} j \langle S_{lR}^{z} \rangle - v(\langle n_{\beta} \rangle - \langle n_{\alpha} \rangle) \qquad (2-64)$$

从方程(2－64)可以看出，当链间耦合 η 增大时，能隙减小，并且对于一定的二聚化常数 λ，存在一个临界的链间耦合 $\eta = \eta_c$，在该点能隙消失。λ 越小，临界链间耦合 η_c 越小。这说明链间耦合和二聚化间的竞争，使能带结构展示出完全不同于文献[5]的特性。

当链间耦合 $\eta < \eta_c$ 时，整个波矢空间都存在能隙，在此情形下，能量相对于不同自旋的分裂小于能隙，所有的 π 电子都填充在价带。因此，在基态，价带的一半被自旋向上的 π 电子的占据，而另一半被自旋向下的 π 电子占据(见方程(2－63))，沿主链没有净的自旋密度。然而，链间耦合足够强如 $\eta > \eta_c$ 时，由于能谱的各向异性(见图 2.12 及方程(2－59)～(2－61))，费米面只在部分地方有能隙，但最小能隙 $\Delta < 0$ 得到满足，此时价带和导带连在一起。图 2.13 给出在不同的二聚化参量 λ 时，能隙 Δ 随链间耦合 η 的变化情况。对于参量 $\lambda = 0.14$，$v = 0.2$，$j = 0.3$，当临界链间耦合 $\eta_c = 0.06$ 时，能隙消失。在此情形下，由于自旋向下的能带比自旋向上的能带低，因此占据自旋向下的能带的电子比占据自旋向上的能带的电子多。这样，在基态，沿主链方向存在自发磁化，π 电子形成弱的铁磁序。但是由于侧基上的净自旋向上，而主链上存在向下的净自旋，从而使得系统向上的总自旋减小。这表明链间耦合 $\eta > \eta_c$ 将使系统的铁磁态变得不稳定。

从以上的讨论可知，能隙 $\Delta < 0$ 是沿主链出现铁磁序的条件。利用这个判据，可以估计，参量 v，η，λ，j 在什么范围时，沿主链出现铁磁序。对于能隙接近零的情况，方程(2－63)近似得到满足，方程(2－64)最后的一项可以忽略。从方程(2－64)可知，当 $j > 16\lambda - 32\eta$ 时，能隙 $\Delta < 0$ 得到满足。值得注意的是，只有当 $j > 0$ 时，能隙才相对于自旋分裂。因此，$j > 16\lambda - 32\eta > 0$ 是沿主链出现铁磁序的重要条件。当在位 Hubbard 能 v 和链间耦合 η 比交换作用 j 大得多时，自旋密度$\langle n_{l\sigma} \rangle$与格点位置 l 无关的假设是不合适的。结果表明，如果电声耦合为 0.3(对应这里的二聚化参量 $\lambda = 0.14$)，当在位 Hubbard

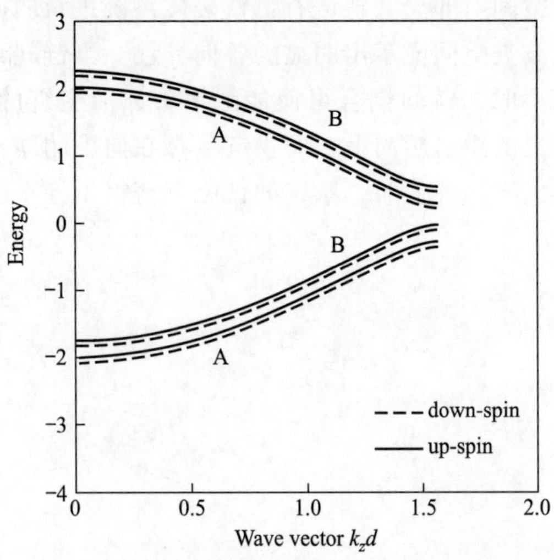

图 2.12　沿 k_z方向的电子能谱。曲线 A，B 分别对应 $k_x a = k_y a = 0$ 和 π。（能量参数已作(2-53)式的无量纲变换）

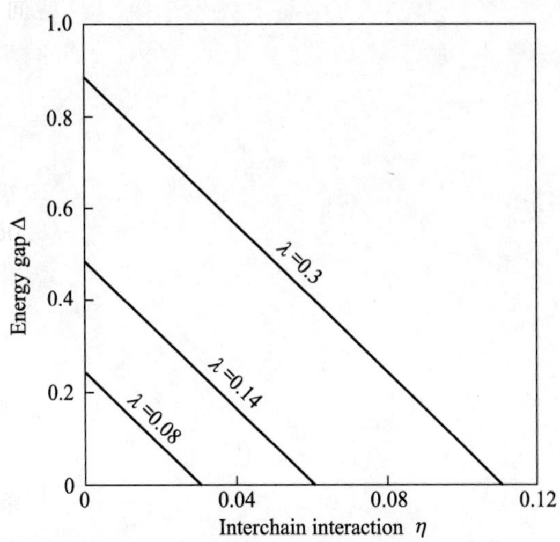

图 2.13　能隙 Δ 随链间耦合 η 的变化情况。（能量参数已作(2-53)式的无量纲变换）

能 $v>2$ 时，主链上的 π 电子形成一个反铁磁的自旋密度波。因此，在位 Hubbard 能 $v<2$ 是主链出现铁磁序的又一个条件。如果取二聚化为准一维有机高聚物中的典型值，如 $\lambda=0.14$，那么由条件 $j>16\lambda-32\eta>0$ 得到 $\eta<0.07$。可见，链间耦合确实很小，图 2.12 和图 2.13 中的参数显然满足上述条件。

总之，在波矢空间对非全共轭链有机铁磁体系统进行的研究表明，能谱包含四个能带，并在波矢空间显示出明显的各向异性。当链间耦合增加时，能隙变窄。在二聚化较小时，链间耦合可使能隙消失，沿主链的 π 电子形成弱的铁磁序；由于侧基上的净自旋向上，而主链上存在向下的净自旋，系统的总自旋减小。链间耦合大于临界值时，系统的铁磁态变得不稳定。

参　考　文　献

[1] A. A. Ovchinnikov and V. N. Spector. Synth. Met. 27，B615(1988)

[2] Z. Fang，Z. L. Liu & K. L. Yao. Phys. Rev. B49，3916(1994)

[3] Z. Fang，Z. L. Liu，K. L. Yao，et al.. Phys. Rev. B51，1304(1995)

[4] M. K. Sabra. Phys. Rev. B53，1269(1996)

[5] J. A. Blackman，M. K. Sabra. Phys. Rev. B47，15437(1993)

[6] W. Z. Wang，Z. L. Liu，K. L. Yao. Phys. Rev. B55，12989(1997)

[7] A. J. Heeger，S. Kivelson，J. R. Schrieffer and W. P. Su. Rev. Mod. Phys. 60，781(1988)

[8] W. P. Su，J. R. Schrieffer，A. J. Heeger. Phys. Rev. Lett.，42，1698(1979)

[9] W. Z. Wang，Z. Fang，K. L. Yao，et al.. J. Phys. C9，2799(1997)

[10] W. Z. Wang，K. L. Yao，H. Q. Lin. J. Phys. C10，1(1998)

[11] Z. J. Li，Z. An，K. L. Yao，et al.. Phys. Rev. B48，7011(1993)

[12] W. Z. Wang，K. L. Yao，H. Q. Lin. J. Chem. Phys. 108，No. 7，2867(1998)

第三章　密度泛函理论与有机磁的能带结构

3.1　Born-Oppenheimer 绝热近似

固体由大量的电子和离子组成，因此固体是多粒子系统。它的薛定谔方程可以写为：

$$H\Psi(r,R) = E^H\Psi(r,R) \tag{3-1}$$

上式中，r 表示电子坐标，R 表示原子核坐标。显然，在不考虑外场作用的情况下，作为多粒子系统的固体的哈密顿量，应为组成该固体的所有原子核和电子的动能，以及它们之间的相互作用能之和，可表示为[1]：

$$H = H_e + H_N + H_{e-N} \tag{3-2}$$

其中与电子相关的部分 $H_e(r)$，包括电子的动能 $T_e(r)$ 和电子与电子间库仑相互作用能 $V_e(r)$，即

$$H_e(r) = T_e(r) + V_e(r) = -\sum_i \frac{\hbar^2}{2m}\nabla_{r_i}^2 + \frac{1}{2}\sum_{i,i'}{}'\frac{e^2}{|r_i - r_{i'}|} \tag{3-3}$$

上式中 $T_e(r)$ 为电子的动能，$V_e(r)$ 为电子与电子间库仑相互作用能，求和遍及除 $i=i'$ 外的所有电子；m 是电子质量。与原子核相关的哈密顿量 $H_N(R)$，包括核的动能 $T_N(R)$ 及核与核的相互作用能 $V_N(R)$，即

$$H_N(R) = T_N(R) + V_N(R) = -\sum_j \frac{\hbar^2}{2M_j}\nabla_{R_j}^2 + \frac{1}{2}\sum_{j,j'}{}'V_N(R_j - R_{j'}) \tag{3-4}$$

这里求和遍及除 $j=j'$ 外的所有原子核，M_j 是第 j 个核的质量。显然，核与核的相互作用能与两核之间的位矢差 $R_j - R_{j'}$ 有关。电子和核的相互作用能可记为

$$H_{e-N}(r,R) = -\sum_{i,j} V_{e-N}(r_i - R_j) \tag{3-5}$$

因为固体中单位体积内的电子和离子数量为 10^{29} 数量级，所以，直接求固体的薛定谔方程解式实际上是不可能的，只能根据具体的固体情况，作相应的合理近似，从而求解。第一步就是作玻恩－奥本海默（Born-Oppenheimer）绝热近似。

玻恩－奥本海默绝热近似的核心是将原子核的运动和电子的运动分开研究。固体物理告诉我们，原子核的质量比电子的质量大得多，大约是电子质量的一千倍。电子在固体中，通常作高速运动，而原子核总是围绕它的平衡位置

振动，原子核的运动速度比电子的小得多。换句话说，电子相对于原子核的运动是绝热的，原子核只是缓慢地运动着，试图跟上电子的运动。因此，我们可将电子的运动与原子核的运动分开考虑：一方面，考虑电子运动时，认为原子核运动很慢，原子核几乎没有在运动，固定于瞬时位置上；另一方面，考虑原子核的运动时，因为电子运动太快了，实际上可以不考虑电子在空间的具体运动情况。这就是绝热近似，也称为玻恩（M. Born）和奥本海默(J. E. Oppenheimer)近似[2]。

对于由大量电子和离子组成的固体，其波函数可以写为两部分的乘积：

$$\Psi_n(r,R) = \sum_n x_n(R)\Phi_n(r,R) \tag{3-6}$$

其中 $\Phi_n(r,\ R)$为多电子体系的波函数，n 是电子态量子数，R 是原子核坐标的瞬时位置，它在电子波函数中只作为参数出现。

由多电子组成的体系，哈密顿量已由(3-2)给出，这里写得明确些：

$$H_0(r,R) = H_e(r) + V_N(R) + H_{e-N}(r,R) \tag{3-7}$$

相应地，它们的薛定谔方程为：

$$H_0(r,R)\Phi_n(r,R) = E_n(R)\Phi_n(r,R) \tag{3-8}$$

原子核动能 $T_N(R)$对电子哈密顿量 H_0 只是一个微扰，微扰程度可用小量 κ 表示：

$$\kappa = (m/M_0)^{1/4} \tag{3-9}$$

其中 M_0 为原子核的质量，并用 $R-R^0$ 描写原子核相对于其平衡位置 R^0 的偏离，记

$$R = R^0 + \kappa u \tag{3-10}$$

于是，可以将 $\Phi_n(r,\ R)$展开成 κu 的级数，采用微扰方法(详细参阅参考文献[1])，可以得到描写原子核的薛定谔方程

$$[T_N(R) + E_n(R) + C_n(u)]x_{n\mu}(R) = E^H_{n\mu}x_{n\mu}(R) \tag{3-11}$$

其中 $E^H_{n\mu}$和 $x_{n\mu}(R)$即为原子核的能量及其波函数解，μ 为振动态量子数。上述结果表明原子核运动对电子运动没有影响，这是绝热近似的具体反映。同时，与本征能量 $E^H_{n\mu}$对应的系统波函数可表示为

$$\Psi_{n\mu}(r,R) = x_{n\mu}(R)\Phi_n(r,R) \tag{3-12}$$

其中 $x(R)$表示原子核的运动；$\Phi(r,\ R)$表示电子的运动。总之，在绝热近似的框架内，电子运动在原子核周围高速运动，而原子核被看作为固定其瞬时位置上。核的运动并不影响电子的运动。也就是说，绝热近似的核心思想是认为电子是绝热于原子核的运动。

3.2 Hartree-Fock 方程与 Hohenberg-Kohn 定理

3.2.1 哈特利 - 福克方程

通过上述的绝热近似，就可以把电子和原子核的运动分开，得到多电子系统的薛定谔方程：

$$\left[-\sum_i \nabla_{r_i}^2 + \sum_i V(r_i) + \frac{1}{2}\sum_{i,i'}{}' \frac{1}{|r_i - r_{i'}|}\right]\phi = \left[\sum_i H_i + \sum_{i,i'} H_{ii'}\right]\phi = E\phi \tag{3-13}$$

上式中 H_i 为单粒子算符，$H_{ii'}$ 为双粒子算符 $H_{ii'}$。$H_{ii'}$ 包含了电子与电子的相互作用项。哈特利 - 福克近似将多电子系统波函数表述为单电子波函数 $\varphi_i(r_i)$ 的乘积

$$\phi(r) = \varphi_1(r_1)\varphi_2(r_2)\cdots\varphi_n(r_n) \tag{3-14}$$

称为哈特利(Hartree)波函数。在哈特利波函数中，各个电子的量子态是不相同的。电子满足泡利不相容原理，还具有交换反对称性。但至此，我们尚未考虑电子交换的反对称性。现假设 N 个电子组成的多电子系统，电子的位矢分别表示为 r_1，…，r_N，显然，这 N 个电子共有 $N!$ 种不同的排列方式。对第 i 个电子坐标为 q_i 处的波函数记为 $\varphi_i(q_i)$，其中 q_i 包含位置 r_i 和自旋，那么，斯莱特(Slater)行列式

$$\phi = \frac{1}{\sqrt{N!}}\begin{vmatrix} \varphi_1(q_1) & \varphi_2(q_1) & \cdots & \varphi_N(q_1) \\ \varphi_1(q) & \varphi_2(q_2) & \cdots & \varphi_N(q_2) \\ & & \cdots & \\ \varphi_1(q_N) & \varphi_2(q_N) & \cdots & \varphi_N(q_N) \end{vmatrix} \tag{3-15}$$

具有交换反对称性，也就是说，任意交换两个电子，等于交换上述行列式的两行，行列式将改变符号。体系的能量 $E = \langle\phi|H|\phi\rangle$ 可以利用斯莱特行列式求得，即：

$$\begin{aligned} E &= \langle\phi|H|\phi\rangle \\ &= \sum_i \int \mathrm{d}r_1 \varphi_i^*(q_1) H_i \varphi_i(q_1) + \frac{1}{2}\sum_{i,i'}{}' \int \mathrm{d}r_1 \mathrm{d}r_2 \frac{|\varphi_i(q_1)|^2 |\varphi_{i'}(q_2)|^2}{|r_1 - r_2|} \\ &\quad - \frac{1}{2}\sum_{i,i'}{}' \int \mathrm{d}r_1 \mathrm{d}r_2 \frac{\varphi_i^*(q_1)\varphi_i(q_2)\varphi_{i'}{}^*(q_2)\varphi_{i'}(q_1)}{|r_1 - r_2|} \end{aligned} \tag{3-16}$$

经过变分后可以得到：

$$[-\nabla^2 + V(r)]\varphi_i(r) + \sum_{i'(\neq i)} \int \mathrm{d}r' \frac{|\varphi_{i'}(r')|^2}{|r - r'|}\varphi_i(r)$$

$$-\sum_{i'(\neq i),}\int \mathrm{d}r' \frac{\varphi_{i'}^{*}(r')\varphi_{i}(r')}{|r-r'|}\varphi_{i'}(r) = E_{i}\varphi_{i}(r) \qquad (3-17)$$

这一方程称为哈特里－福克(Hartree-Fock)方程[3,4]。方程左边前两项分别为离子实的晶体周期势和全部电子产生的平均库伦势，第三项称为交换相互作用项，它与电子波函数有关，这是新出现的项。这个方程在形式上已经简化为单电子的方程，但包含了电子与电子的交换相互作用。当然，这里还没有考虑自旋为反平行的电子间的排斥作用，也就是电子关联相互作用。在实际计算中也应该予以考虑，哈特里－福克方程必须通过自洽迭代方法求解。所以，这一方法也被称为哈特利－福克自洽场近似方法。

3.2.2 Hohenberg-Kohn 定理

密度泛函理论的基本思想是用粒子的密度函数 $\rho(r)$ 来描写固体的基态物理性质，这是固体能带理论的基础。它是基于 Hohenberg 和 Kohn 关于非均匀电子气理论研究成果而建立的。Hohenberg-Kohn 理论成果可以归为两条定理[5]：

(1) 定理一：不计自旋的全同费密子系统的基态能量是粒子数密度函数 $\rho(r)$ 的唯一泛函。

(2) 定理二：在粒子数不变的情况下，能量泛函 $E(\rho)$ 对正确的粒子数密度函数 $\rho(r)$ 取极小值，且等于其基态能量。

Hohenberg-Kohn 定理说明粒子数密度 $\rho(r)$ 可以确定多粒子系统基态的物理性质。但是没有解决如何确定粒子数密度 $\rho(r)$、动能泛函 $T(\rho)$ 以及交换关联泛函 $E_{xc}(\rho)$。W. Kohn 和 L. J. Sham(沈吕九)提出了 Kohn-Sham 方程[6]，成功解决了获得粒子数密度 $\rho(r)$ 和动能泛函 $T(\rho)$ 的途径；此外，通过局域密度近似(Local Density Approximation，LDA)可以获得交换关联泛函 $E_{xc}(\rho)$。

根据 Hohenberg-Kohn 定理，对于相互作用的电子体系，如其基态密度函数可表征为体系内多个单粒子波函数的乘积，则经过变分处理，可得到系统基态的能量。从而得到 Kohn-Sham 方程：

$$\{-\nabla^2 + V_{KS}[\rho(r)]\}\psi_i(r) = E_i\psi_i(r) \qquad (3-18)$$

其中

$$\begin{aligned} V_{KS}[\rho(r)] &\equiv v(r) + V_{Coul}[\rho(r)] + V_{XC}[\rho(r)] \\ &= v(r) + \int \mathrm{d}r' \frac{\rho(r')}{|r-r'|} + \frac{\delta E_{XC}[\rho]}{\delta\rho(r)} \end{aligned} \qquad (3-19)$$

Kohn-Sham 方程采用没有相互作用的系统哈密顿，取代有相互作用的多粒子系统的哈密顿，但是由于多粒子系统的相互作用仍然包含在交换关联泛函

$E_{xc}(\rho)$中，因此，只有给出$E_{xc}(\rho)$的精确表达形式，求解才有实际的意义。

通常，多粒子系统的密度函数$\rho(r)$与交换关联势$E_{xc}(\rho)$是有关系的，作为非局域的交换关联势不容易精确表达。因此，可以用交换关联空穴函数表示：

$$E_{xc}[\rho] = \iint \mathrm{d}r\mathrm{d}r' \frac{\rho(r)\rho_{xc}(r,r')}{|r - r'|} \tag{3-20}$$

上式即交换关联泛函，它可以被解释为电子分布的静电能的变化。在具体的计算过程中，Kohn 和 Sham 提出了交换关联局域密度近似(LDA)的方法。其基本的构思为采用均匀电子气密度函数，进而得到非均匀电子气的交换关联泛函。由于 LDA 建立在理想的均匀电子气模型的基础上，因此在处理电子密度远非均匀的原子或分子体系时，具有很大的局限性。为了进一步提高计算准确性，需要考虑电子密度的非均匀性。一般地，在交换相关联泛函中考虑电子密度的梯度因素，即所谓的广义梯度近似(GGA)。上面，对于密度泛函理论仅作了简单介绍，详细内容我们在本章后几节具体计算时会提到，也可参阅本章所列有关文献[1-4，7，11-13]。

3.3 纯有机铁磁体的电子结构和磁性质

第一章提到，有机铁磁体可分为两大类：第一类是以碳、氮、氧和氢组成的纯有机磁体。1991 年，Kamura 等首先制成重复性好的 p-NPNN($C_{13}H_{16}N_3O_4$)，其T_C只有 0.6 K[8]。第二类是以过渡金属离子为中心的电荷转移络合物，例如，$[MCP_2]^-[TCNE]^-$(T_c = 8.8 K)，$C_SNi[Cr(CN)_6]2H_2O$(T_c = 90.0 K)，$V[Cr(CN)_6]_{0.86}2.8H_2O$($T_c$ = 315.0 K)[10]等。纯有机铁磁体离实用阶段还相差很远，如何提高其T_C和饱和磁性呢？除了用经验寻求新配方外，还必须对有机铁磁体系的机理进行研究，从微观分子结构上提出理论依据。

铁磁体通过电子间相互作用形成自旋定向排列。有机磁体与无机磁体不同，后者具有未满壳层的 d 或 f 电子，前者只有 s 和 p 电子，只有通过特殊的微观分子结构，才能形成未配对的电子，并通过电子间相互作用，使它们的自旋定向排列起来，在有机自由基团和高分子的共价键结构之间发生有效电荷转移，使得有机自由基团中形成净自旋定向排列，有可能实现有机材料的铁磁性。

利用第一性原理计算材料性能时，可以采用赝势平面波(PW)法、线性 muffin-tin 轨道(LMTO-ASA)法、变分法(DVM)、全电子势线性缀加平面波(FLAPW)法等。计算结果对于理解材料电子结构及物性提供了很有价值的理论指导。对磁性材料，因为多了自旋自由度，要超越局域密度近似(LDA)，用自旋局域密度近似(LSDA)取而代之，它对第一性原理计算提出了更高的要求。在研究磁性结构时，芯电子的贡献(特别是有机分子中内壳层缺乏 p 轨道)往往显得较为重要，而冻结芯电子的 PW 法的处理结果显得较为粗糙。对有机高分子的磁性研究，用 FLAPW 法是一条较为精确和切实可行的研究途径。

下面用 FPLAPW 方法分别对 Galvinoxyl、DTDA 和 p - NPNN 三种有机自由基的电子结构和磁性质进行第一性原理研究。

3.3.1 单自由基 Galvinoxyl 的电子结构和磁性质

Galvinoxyl(2, 6 - di - t - butyl - 4 - (3, 5 - di - t - butyl - 4 - oxycyclohexa - 2, 5 - dienyliden - emethyl) - phenoxy, (见图 3.1)是一种稳定的自由基。在温度高于 85 K 的范围，Galvinoxyl 磁化率与温度的联系符合居里 - 外斯关系，且外斯常数为 19 K[14-17]。因此，这种自由基的相邻两分子之间被认为是铁磁相互作用，而大多数的有机自由基的分子之间是反铁磁的相互作用。

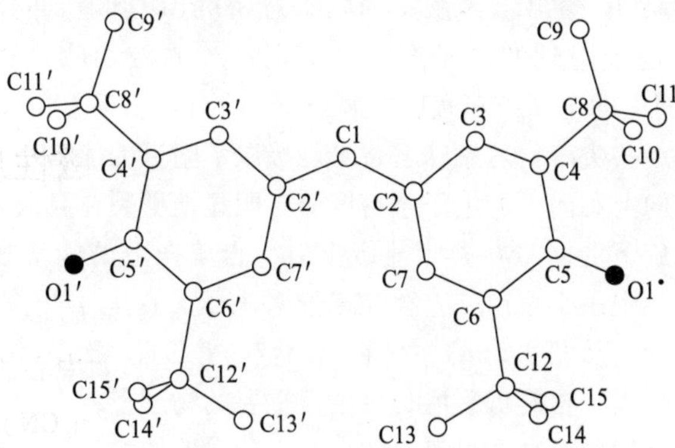

图 3.1 Galvinoxyl 的分子结构

为在有机固体中建立磁有序，必须知道分子间形成铁磁相互作用的条件。基于这种想法，Awaga 等[18]在纯 Galvinoxyl 中掺了少量的杂质，研究这些少量杂质对磁相变的影响他们采用 hydrogalvinoxyl(2, 6 - di - t - butyl - 4 - (3, 5 - di - t - butyl - 4 - oxycyclohexa - 2, 5 - dienylide n - emethyl) - phenol 作为杂质。hydrogalvinoxyl 的分子结构非常接近于 Galvinoxyl 的分子结构，它与 Galvinoxyl 不同之处仅仅是在氧上挂了一个氢原子。从比热测量实验发现，hydrogalvinoxyl 本身不会有磁相变。但是在 Galvinoxyl 与 hydrogalvinoxyl 的比例为 6:1 的混合晶体中，发现 Galvinoxyl 的磁相变几乎被完全抑制。因此，这显示了铁磁相互作用不仅存在于相邻的两 Galvinoxyl 基之间，而且平均地分布到 6 个自由基上。

实验上，2～300 K 的温度范围内，Galvinoxyl 的磁性质已被研究。这里，我们研究低温下 Galvinoxyl 的磁性质。考虑到 Galvinoxyl 自由基有一个未配对电子和 Galvinoxyl 的磁化率在低温下随温度降低有增加的趋势，期望 Galvinoxyl 在低温下存在铁磁态。

下面，采用全势线性缀加平面波(FPLAPW)方法对 Galvinoxyl 的电子结构和磁性质进行计算。考虑到在有机化合物中电荷密度的变化可能很大，采用广义梯度近似(GGA)近似方法。数值计算采用 Wien97 软件[19]。

Galvinoxyl 是单斜晶体结构，空间群是 C_2/C，在温度为 20 K 时的晶格常数为 $a=23.56$Å，$b=10.622$Å，$c=10.459$Å，$\beta=106.46°$。因为低温下，晶格常数几乎不随温度变化，所以我们可以不通过结构优化来获得 0 K 时的晶格常数，而是直接用这些实验数据来进行计算，在计算中我们取 278 eV 为缀加平面波的截止能量。

(1) 系统的态密度

图 3.2(a) 和(b)给出了体系总的电子态密度(DOS)和部分原子的电子态密度。因为费米能级附近的电子态密度决定系统的磁性质，故只画出 －5 eV 到 2 eV 能量范围内的电子态密度。从图 3.2(a)可以发现费米能级以下的分子总电子态密度是一些尖峰，这意味着费米能级以下附近的能级是平窄的。在费米能级附近，自旋向上和向下的电子态密度分布明显地劈裂，且同一能带分裂成的两个子能带，自旋下的能带在费米能级上方，自旋向上的能带在费米能级的下方。这表明，体系中由于自由基上存在未配对电子，在电子交换和关联作用下，电子自旋有序排列。从图 3.2(a)中可看出价带的劈裂能大约为 0.28 eV，它在所有能带劈裂能中最大。自旋劈裂能是一个很重要的物理量，它的大小直接决定铁磁相变温度，它是指导提高居里温度的一个十分重要的物理量。从原子的分态密度可以看出，系统的磁矩主要来源于 O1，C2，C4 等。分子的价带主要是由这些原子的 P 轨道提供的，实验表明，Galvinoxyl 的分子饱和磁矩是 $1.0\mu_B$。计算结果给出的 Galcinoxyl 自发分子磁矩为 $0.996\mu_B$。计算结果与实验符合得相当好。

(2) 系统的磁矩

表 3.1 中给出了各原子上的自旋分布，C2 和 C2′上的磁矩最大，且大于自由基 O1 上的磁矩。一般情况，主要磁矩局域在自由基上。对 Galvinoxyl，因为自由基上的未配对电子出现退局域化，在各原子上巡游，出现在 C2 和 C2′上的几率最大。从表 3.1 中可以发现，碳原子上的自旋分布是正负交替的，这表明体系中存在反铁磁相互作用。两个氧原子间的铁磁相互作用通过各原子上极化的自旋分布来传递，虽然分子内原子间存在反铁磁相互作用，但由于分子上连接了自由基，出现对称性破缺，导致分子上出现净自旋。

表 3.1　Galvinoxyl 中的各原子上的自旋磁矩分布(单位 μ_B)

Site	Spin	Site	Spin
O1	0.1378	C2′	0.2056
C1	0.0356	C3′	-0.0002
C2	0.2032	C4′	0.1084
C3	-0.0590	C5′	0.0508
C4	0.1001	C6′	0.0870
C5	0.0261	C7′	-0.0329
C6	0.0968	O1′	0.0484
C7	-0.0113		

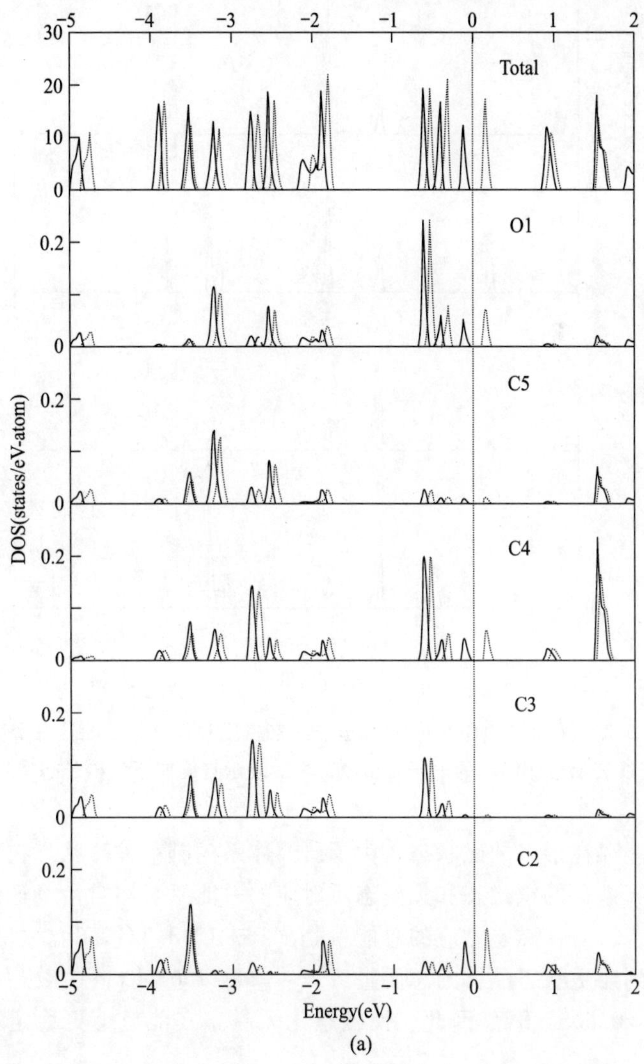

(a)

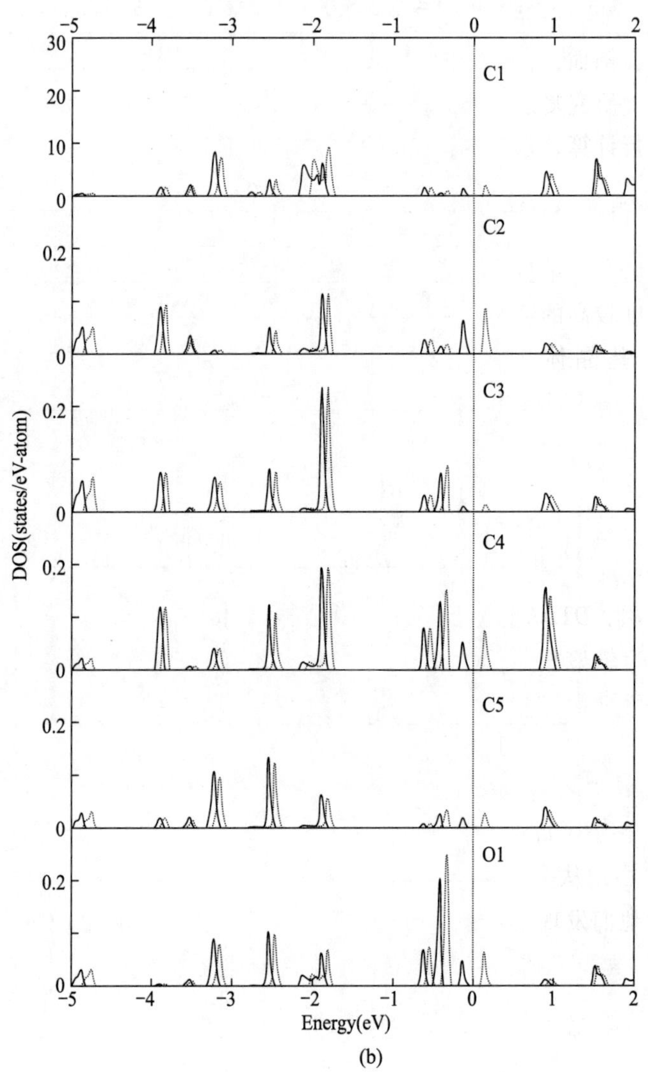

图 3.2 (a)和(b)Galvinoxyl 的分子总态密度和部分原子的分态密度
(实线表示自旋向上的电子态密度，虚线表示自旋向下的电子态密度)

系统可能存在很多的磁状态，为了研究体系的哪一种磁状态在能量上占优势，必须计算系统的铁磁态和无磁态所对应的总能量。用自洽场迭代方法计算收敛于铁磁态，与铁磁态对应的总能量是 $E = -1243.2719$ Ry。如果不考虑自旋极化，得到无磁状态晶体的总能量 $E = -1243.2663$ Ry，铁磁态与无磁态的能量差为 $\Delta = 0.0056$ Ry。因此，铁磁态比无磁态在能量上更稳定。当然，也有可能，这种铁磁态并不一定是真正的基态，真正的基态的电子结构也许比铁磁态更复杂。例如，在分子内和分子间的自旋是倾斜的，系统将显示更复杂的自旋序基态。研究复杂的自旋序系统，需要构造更大的超原胞；如果用更大的超原胞来进行计算，系统也许会出现零净自旋。

3.3.2 双自由基 DTDA 的电子结构和铁磁作用机制[20,21]

上一节研究了单自由基晶体 Galvinoixyl 的电子结构和磁性质，这一节研究铁磁相变温度较高的纯有机双自由基 DTDA 铁磁相互作用机理。

硝酸双基晶体，N，N′ - dioxyl - 1，3，5，7 - tetramethyl - 2，6 - diazaadamantane(DTDA)，也称为‘Dupeyre - dioxyl’，它的居里温度 T_C = 1.48 K。图 3.3 给出了 DTDA 的球状分子结构。考虑到对称性，分子内的两个垂直的 N - O 基团应有铁磁相互作用，且未配对电子局域在 NO 基上，人们合成了这种双自由基。在这种晶体中，每个 NO 基团有三个近邻 NO 基团，一个在同一分子的另一侧，另外两个在另一个分子上，这意味着通过分子间和分子内的相互作用，DTDA 形成三维网状链结构，温度在 2 K 以上的静态磁化率显示出体系具有铁磁相互作用的特征。从温度高于 150 K 的磁化曲线可以推理出，居里 - 外斯温度为 10 K。在相同的多晶中，XT(X 是磁化率)在温度由 10 K 降到 2 K 的过程中是增加的，并且磁化强度在外场为 5 T，且温度为 4.2 K 趋于饱和。为了研究双自由基 DTDA 的铁磁相互作用机制，Fluekiger 等[22]提出了两 NO 自由基之间的铁磁相互作用是靠极化的碳自旋云传递的，Zheludev 等[23]用从头计算方法计算了各原子上的自旋密度和单垂态与三重态的结合能。他们发现三重态比单垂态的能量低 1.6 meV，这一结论表明自旋为 1/2 的双自由基的铁磁耦合在极低温度下是稳定的。为了更深入地研究它的铁

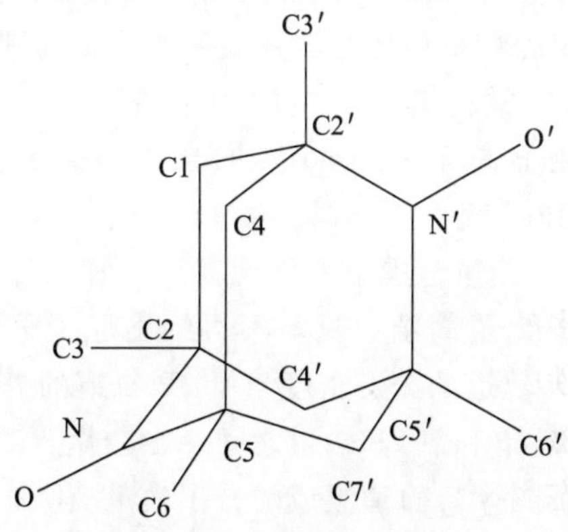

图 3.3　DTDA 的分子结构式

磁相互作用机制，用 FPLAPW 方法来计算这一体系的电子结构和磁性质。计算中取缀加平面波截止能量为 278 eV，该晶体属于单斜晶系，空间对称群为 C2/C，晶格常数为 $a=8.371$Å，$b=14.482$Å，$c=10.329$Å，$\beta=105.36°$。下面就得到的体系能带结构，电子态密度，劈裂能量和磁矩等对体系磁性有重要影响的物理量给出定量的分析。

（1）电子态密度

图 3.4 给出了分子的总态密度和连接两 NO 基的链上各原子的总态密度（实线表示电子自旋向上的状态，虚线表示电子自旋向下的状态）。因为费米能级附近的电子态密度的分布决定体系的磁性质，所以在图 3.4 中只画出了能量范围在 -4 eV 到 2 eV 的电子态密度，从图 3.4 中可以看出费米能级以下的分子态密度和原子态密度是一些尖峰，这表明与这些态密度分布相应的能级是较平直和窄的。这说明了体系的固体效应很弱，绝大部分电子几乎是局域的，自由基上未配对的电子处于退局域化的状态。从分子总态密度分布可以看出，在费米能级附近，自旋向上和向下的电子态密度明显出现劈裂，且在费米能级下附近的自旋向上的态密度明显高于自旋向下的态密度。这表明在这一体系中，由于挂接了高自旋的自由基团，在电子交换和关联作用下，出现了有序电子自旋排列。更为重要的是，各原子上的电子态密度分布表明，两个氮原子和两个氧原子的电子态密度在费米能级附近的贡献最大，两个 NO 自由基几乎完全控制了有机体系的磁性，两个 NO 自由基跨过由苯环上的碳原子，形成自旋有序结构是有机磁性材料的特性之一。

（2）能带结构和劈裂能量

从图 3.4 中可以看出，一个价带劈裂成两个子带，一个是自旋向上的子能带，另一个是自旋向下的子能带，这个价带的自旋劈裂能为 0.5 eV，能量在 -3 eV 以下的能带的自旋劈裂能很小，价带的自旋劈裂能直接反映自旋的交换作用的大小，它是决定磁性材料居里转变温度的重要物理量之一，对寻找实现高居里转变温度的磁性材料有很直接的理论指导意义。与 Galvinoxyl 相比，DTDA 的自旋劈裂能明显高于 Galvinoxyl 的自旋劈裂能。这表明 DTDA 有比 Galvinoxyl 高得多的居里温度。

在 -4 eV 到 2 eV 的能量范围里，发现氮原子和氧原子的总的原子态密度几乎完全来自 P 轨道，为了简洁起见，不再给出原子的分轨道态密度。从图 3.4 中可以看出，氧 2P 轨道的分态密度与氮 2P 轨道的分态密度有相似的峰和特征。这说明，氮 2P 轨道和氧 2P 轨道之间存在杂化。双自由基 DTDA 的未配对电子局域在主要由 π^*(NO)轨道组成的分子轨道上。π^*(NO)轨道主要是由氮和氧的 2P(π)轨道组成的。

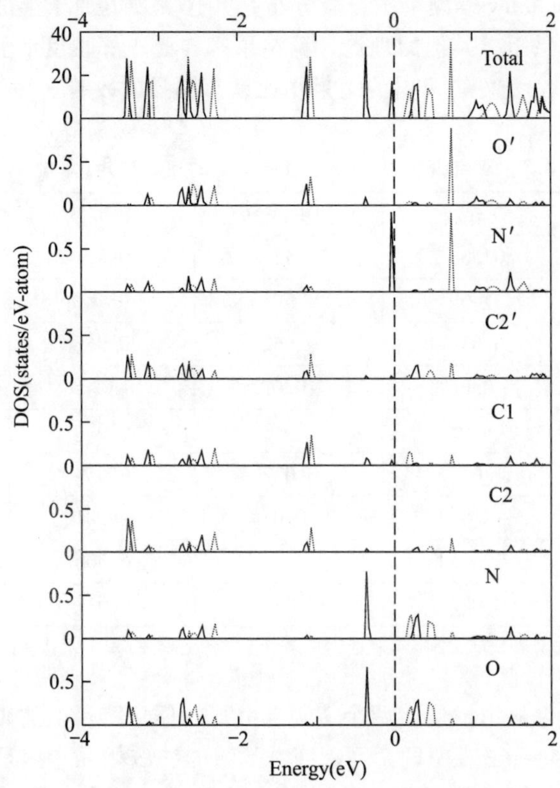

图 3.4　DTDA 的分子和原子的态密度
（实线表示自旋向上的电子态密度，虚线表示自旋向下的电子态密度）

从图 3.4，可以发现最高占据的自旋向上的分子轨道主要是由 O′2P(π)和 N′2P(π)轨道组成，其他的碳原子，氮原子和氧原子对自旋向上的最高占据轨道有很少的贡献。自旋向上的第二高占据轨道主要是来源于 N 和 O 两原子的 2P(π)轨道，同样其他的碳原子，氮原子和氧原子对它的贡献也很小，这两个自旋向上的最高占据轨道主要是来自于两个 π^*(NO)轨道，它们由氮和氧原子的 2P(π)轨道组成。与此两个自旋向上的最高占据轨道相应的自旋向下的两能带在费米能级以上，所以这个自旋向下的轨道没有被电子占据，这意味着分子的净自旋磁矩是 $2\mu_B$，分子的自旋磁矩主要来源于 NO 自由基。

（3）自旋磁矩与体系的磁状态

表 3.2 中给出了双自由基 DTDA 中原子的自旋磁矩，氮和氧原子上的自旋磁矩最大，其他的碳原子的自旋磁矩很小，计算表明氮原子上的磁矩是 $0.536\mu_B$，大于氧原子上的自旋磁矩 $0.469\mu_B$，与 Zheludev 等[23]的实验结果符

合的相当好。Zheludev 等测量了自旋分布，并且发现氮原子上的自旋磁矩大于氧原子上的自旋磁矩。其他的理论计算结果都与此正好相反。上述计算结果与实验一致，且与参考文献[23]的结果相比，有明显的改善。

表 3.2　双自由基 DTDA 中各原子上的自旋磁矩(单位 μ_B)

Site	Exp.	DFT(a)	DFT(b)	DFT(c)
N	0.536	0.451	0.441	0.519
O	0.469	0.501	0.482	0.466
C1	0.057	0.062	0.067	0.053
C2	-0.027	-0.021	-0.04	-0.035
C3	-0.033	-	0.000	-0.008
C4	0.057	0.037	0.039	0.045
C5	-0.027	-0.019	-0.010	-0.029
C6	-0.033	-	0.000	-0.007
C7	0.057	0.012	0.017	0.038

a 栏的结果来源于参考文献[22]。b 栏的结果来源于参考文献[23]。c 栏是理论计算的结果。

具体计算结果显示，连接两个 NO 自由基的任意路径上的碳原子按 -/+/-的方式自旋极化，这表明两个 NO 自由基间的铁磁相互作用是通过沿路上相邻的碳原子间的反铁磁相互作用传递的。低温下的磁化实验表明饱和磁矩为 $2.0\mu_B$，通过计算得到的分子的自发自旋磁矩也是 $2.0\mu_B$。众所周知，饱和磁化强度是低温下的自发磁化强度，可见，这一计算结果和实验符合得相当好。

为了探讨该体系的铁磁态是否稳定，还需计算三种磁状态即铁磁态，反铁磁态和无磁态所对应的结合能差。在铁磁态的计算中，取两个 NO 基有相同取向的自旋磁矩，相邻的碳原子取 -/+/-交替的自旋取向；对于反铁磁态，取两个 NO 基的自旋取向相反，其他的碳原子无自旋磁矩；对于无磁态我们不考虑自旋极化。计算结果表明：铁磁态的结合能比反铁磁态的结合能低 0.2 mRy，反铁磁态的结合能比无磁态的结合能低 0.1 mRy。这与文献[22]所得到的铁磁态与反铁磁态的结合能差为 0.12 mRy 很接近。这也表明：只有在极低的温度下分子的两个未配对电子才是铁磁耦合。

3.4　非纯有机铁磁体 $Mn^{II}Cu^{II}$ 双金属链的电子结构和磁性质

本节将研究含有金属离子的非纯有机铁磁体 $Mn^{II}Cu^{II}$ 双金属链 MnCu

(pbaOH)$(H_2O)_3$ 其中 pbaOH = 2 - hydroxy - 1，3 - propylenebis(oxamato)的电子结构和磁性质。

3.4.1　引言

在非纯有机铁磁体中，自旋载体是金属离子。金属离子在整个三维网中都受到桥配体的作用。桥配体起到连接和磁耦合金属离子的双重作用。金属化合物作为分子基体组成的铁磁体与纯有机铁磁体比较有许多优点，金属离子有配位数和配位几何，这有助于构造三维连接的金属离子超分子化合物。此外，它有大量的磁中心，对于过渡金属，自旋由 $S=1/2$ 到 $S=5/2$，对于稀土金属可以到 7/2。交换作用的铁磁性依赖于相互作用的金属离子的磁轨道的电子填充和对称性。一般情形，它们大多是反铁磁相互作用，如果金属离子交替地有不同的自旋值，分子中将有非零净磁矩是可能的。必须强调的是磁性，特别是居里温度，主要依赖于桥配体的选择。桥配体是制约居里温度的主要原因之一。仅仅以三维网络连接金属离子是不够的，它们必须有很强的相互作用。事实上，T_C 正比于磁性金属离子相互作用强度。一般说来，桥配体越短，磁相互作用越强。

近几年来，人们一直在致力于分子系统磁有序设计，并用分子化学合成的办法，在适当的温度和压力下，以可控制的方式通过组装分子基体合成三维晶体。

按照这条设计路线的一种可能的方法是：合成在基态时有大的自旋多重性分子，然后用它们以铁磁性的方式组装晶体。另一种与之稍有不同的方法是组装在基态情况下有非零净自旋的分子基体，然后以铁磁性方式耦合这些链和层。在这两种方法中，第一步要求系统设计成高自旋基态，这可通过近邻磁中心以铁磁耦合得到。到目前为止，已提出了得到这种铁磁相互作用的多种方案，已有铁磁耦合分子设计的报道。一维铁磁链相互作用系统在文献中也已有详细描述，但是，所有这些方案都有利用局域自旋平行，而实际上是难以实现的，取代它的方案是不规则的自旋结构模型。这样的话，即使近邻是反铁磁相互作用，由于局域自旋不能抵消，基态仍然显示出磁性。在一些情形中，不仅仅基态是有磁性的，且自旋比第一激发态时的自旋大，所以在低温度下仍具有类磁性。“类磁性”在这里是指摩尔磁化率乘以温度 $\chi_M T$，与纯铁磁耦合系统一样，随着温度降低而增加。当自旋结构不规则时，这种情况是可能出现的。$Mn^{II}Cu^{II}Mn^{II}$ 三核化合物是依靠自旋结构的不规则，而显示出类铁磁性。

这一概念，并不仅限于三核类和多核类分子实体，而且能扩展到有序双金属链，已有这类材料报道。下面我们研究 $Mn^{II}Cu^{II}$ 双金属链 MnCu(pbaOH)

$(H_2O)_3$其中 pbaOH = 2 - hydroxy - 1，3 - propylenebis(oxamato)的电子结构和磁性质。图 3.5 给出了它的分子结构，它的近邻局域自旋 $S_{Mn}=5/2$ 和 $S_{Cu}=1/2$，且呈现反铁磁相互作用，它的基态自旋结构可以认为是如图 3.6 所示的情况。

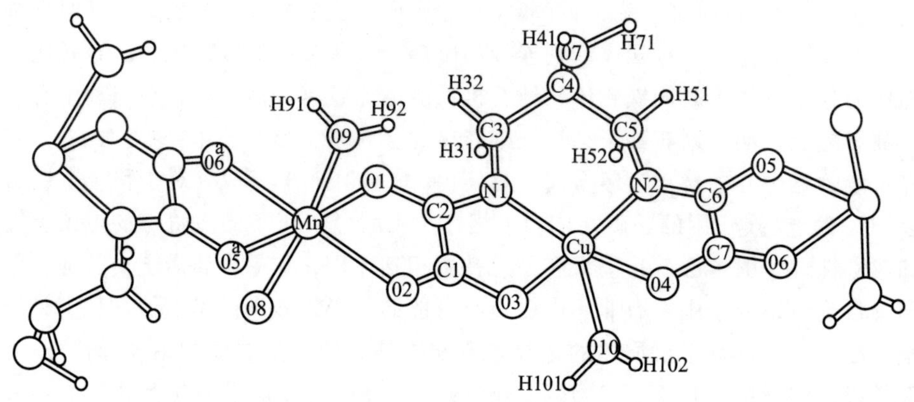

图 3.5 $Mn^{II}Cu^{II}$双金属链 MnCu(pbaOH)$(H_2O)_3$ 的分子结构

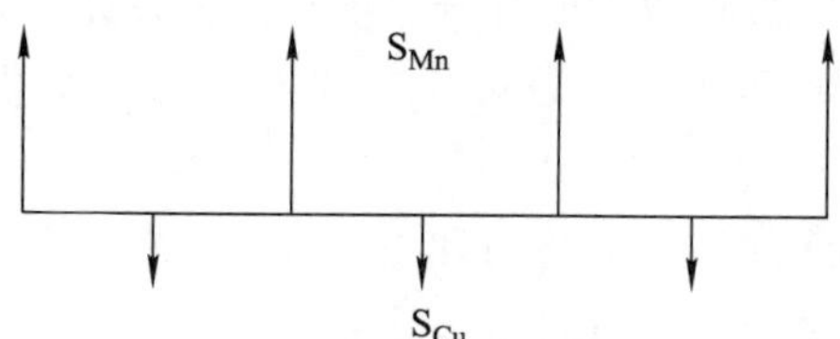

图 3.6 $Mn^{II}Cu^{II}$双金属链的基态自旋结构

在温度为 0 K 时，它是一维磁有序，并且 $\chi_M T$ 发散。这里，χ_M 是单位 $Mn^{II}Cu^{II}$双金属链单元的摩尔磁化率。这可以定义为一维亚铁磁体系统。事实上，当铁磁基态分子或亚铁磁链组装成晶体时，则分子间或分子链间产生相互作用。即使这些相互作用比起分子内和链内的相互作用很弱，但是它导致了零温时的磁有序。这里的磁有序也许是反铁磁序，也许是铁磁序，但通常是反铁磁序。要成功地合成铁磁体，关键之一是如何获得分子内和链内的铁磁相互作用，显然这是很困难的；但是，要获得分子间和链间的铁磁相互作用更为困难。

下面采用全电子势线性缀加平面波(FPLAPW)方法，计算非纯有机化合物 $Mn^{II}Cu^{II}$双金属链的电子结构和磁性质，以期为分子设计提供理论依据。

3.4.2　化合物 $Mn^{II}Cu^{II}(pbaOH)(H_2O)_3$ 的磁化行为的实验结果[24-25]

1. 两个温度范围内的实验结果

(1) $30 < T < 300$ K。在这个温度范围，化合物 $Mn^{II}Cu^{II}(pbaOH)(H_2O)_3$ 的磁化行为显示出其具有典型的反铁磁性。在 300 K 时，$\chi_M T$ 接近于孤立的 Mn^{II} 和 Cu^{II} (其中 $S_{Mn}=5/2$，$S_{Cu}=1/2$) 的值。随着温度的降低第一个被热运动抑制的态是最高重自旋态。即所有的自旋同向排列。在温度为 115 K 时，$\chi_M T$ 达到最小值，然后很快地增加。虽然链内的近相邻的 Mn^{II} 和 Cu^{II} 离子具有反铁磁相互作用，但链 $(Mn^{II}Cu^{II})_N$ 定性上仍表现为 $S=S_{Mn}-S_{Cu}=2$ 的局域自旋的 $N/2$ 倍的铁磁耦合。这是导致 $\chi_M T$ 与 T 的曲线在 115 K 处有最小值的原因。当 T 趋于零时，$\chi_M T$ 发散，并且 N 变为无穷大。

(2) $T < 30$ K，在这个低温范围，$\chi_M T$ 随着温度降低而升高，当温度低于 5 K 时，$\chi_M T$ 在低温范围发散。当温度低于 4.6 K 时，磁化率强烈地依赖外场，这表明发生了铁磁相变。

2. $Mn^{II}Cu^{II}$ 双金属链的磁化实验结果

图 3.7 给出了在 3×10^{-2} 高斯的外场中的场－冷却磁化曲线和零场－冷却磁化曲线。场－冷却磁化曲线是通过在外场中冷却得到的磁化曲线，它显示了 $Mn^{II}Cu^{II}$ 双金属链具有铁磁相变特征。在 5 K 以下，当温度降低时，磁化强度快速增长，在 4.6 K 处出现断点，所以它的铁磁相变温度为 4.6 K。零外场－冷却磁化曲线是通过在零外场中先冷却到 3.5 K，然后加外场和加热得到的磁

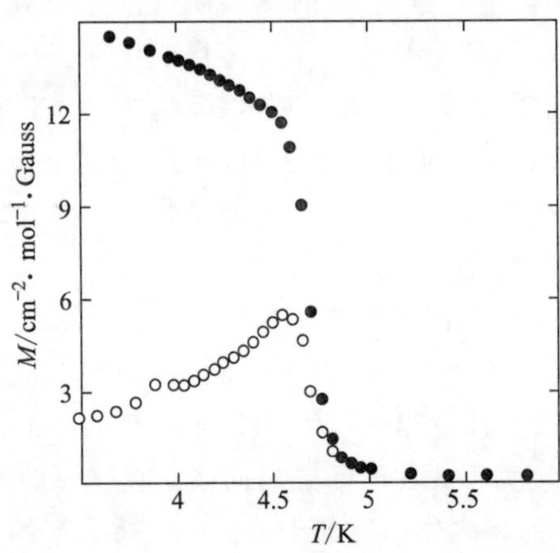

图 3.7　$MnCu(pbaOH)(H_2O)_3$ 的磁化强度与温度的关系

(●表示场－冷却磁化曲线，○表示零外场－冷却磁化曲线)

化曲线。在 *Tc* 以下某一给定的温度，零场 - 冷却磁化强度小于场 - 冷却磁化强度，这是由于外加场太弱不能移走畴壁所致。像多晶磁体一样，零场 - 冷却磁化曲线在 *Tc* 附近有一最大值。在零外场中，将样品冷却到 3.5 K，然后加外场和加热，在 *Tc* 处剩磁消失。图 3.8 给出了 4.2 K 和 3.0 K 时的样品的磁化强度与外场 *H* 磁化曲线，该磁化曲线揭示了以下三点规律：

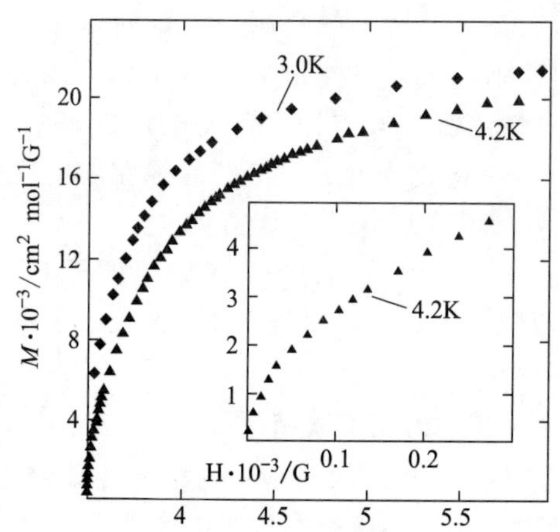

图 3.8 $MnCu(pbaOH)(H_2O)_3$ 在 3.0 K 和 4.2 K 时的磁化曲线

（1）只有在磁化强度 *H* 为几十高斯以下时，*M* 与 *H* 的关系才是线性的。

（2）磁化强度 *M* 与磁场强度 *H* 的关系曲线的斜率在外场为零时非常大。随着磁场强度的增大斜率逐渐减小，平均零场磁化率（dM/dH）。在 4.2 K 时等于 75 cm^3mol^{-1}。随着温度降低，零场磁化率增加。对于理想的铁磁晶体，沿着易磁化轴的零场磁化率在低于居里温度 *Tc* 的情况下应是无穷大。实际上，由于晶体的表面将产生与外场方向相反的退磁化场，因此，零场磁化率是有限值，粉末样品的零场磁化率的减少更为显著。

（3）在温度为 3 K 比在温度为 4.2 K 时更易达到磁化饱和状态，饱和磁化强度 *Ms* 可由下式计算 $Ms = Ng\mu_B S$，*N* 是阿伏加德罗常数，μ_B 是玻尔磁子，$S = S_{Mn} - Scu = 2$，$g = 2$，计算得 *Ms* 为 23.3 m × 10^3 $cm^3mol^{-1}G$。

图 3.9 给出了温度为 1.3 K 时的磁滞回线。在这一温度下，剩磁为 2.25 × 10^3 $cm^3mol^{-1}G$，约是饱和磁化强度的十分之一，矫顽场约为 50 G。

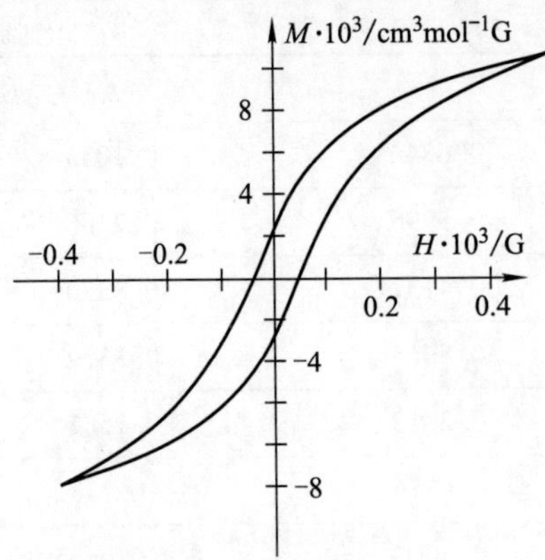

图 3.9　MnCu(pbaOH)(H_2O)$_3$ 在温度为 1.3 K 时的磁滞回线

3.4.3　$Mn^{II}Cu^{II}$(pbaOH)(H_2O)$_3$ 晶体的结构位形

有关的 $Mn^{II}Cu^{II}$(pbaOH)(H_2O)$_3$ 晶体的结晶学数据和结构位形在表 3.3 和表 3.4 中给出。

表 3.3　晶体的结晶学数据

分子式	$CuMnC_7H_{12}N_2O_{10}$
分子质量	402.66
空间群	$P2_12_12$
单位原胞	
a，Å	12.351
b，Å	21.156
c，Å	5.073
晶体尺寸，mm	0.23×0.06×0.51

表 3.4　$Mn^{II}Cu^{II}$(pbaOH)(H_2O)$_3$ 的原子坐标

原子	x	y	z
Cu	0.5510	0.16877	0.4152
Mn	0.5310	−0.08258	0.2625
O1	0.4655	−0.0103	0.520
O2	0.6232	−0.0000	0.149

续表

原子	*x*	*y*	*z*
O3	0.6344	0.1035	0.225
O4	0.5996	0.2366	0.170
O5	0.4137	0.3390	0.483
O6	0.5618	0.3379	0.084
O7	0.2613	0.1587	0.456
O8	0.6576	-0.1132	0.454
O9	0.4003	-0.0645	-0.022
O10	0.6960	0.2084	0.689
N1	0.4719	0.0987	0.561
N2	0.4548	0.2335	0.549
C1	0.5922	0.0478	0.266
C2	0.5041	0.0442	0.469
C3	0.382	0.1015	0.746
C4	0.3137	0.1605	0.719
C5	0.3731	0.2225	0.755
C6	0.4670	0.2869	0.435
C7	0.5484	0.2885	0.212

3.4.4 态密度劈裂与轨道杂化[26-27]

图 3.10 给出了原胞的总态密度和锰、铜、氮、碳、氧等原子的态密度。为清晰起见，只画出了 -6 eV 到 2 eV 范围内的态密度，费米能级的能量定义为零。在 -6 eV 到 2 eV 范围的能带主要来源于锰和铜的 3d 轨道。碳、氮、氧在 -6 eV 到 2 eV 范围内的能带主要来源于 2P 轨道，这里就不需给出碳、氮、氧的分轨道态密度。从图 3.10 中的各原子的态密度可以看出，锰、铜的 3d 轨道与氧、碳、氮的 2P 轨道间存在着较弱的杂化。这些轨道的较弱的杂化作用对于增强 $Mn^{II}Cu^{II}(pbaOH)(H_2O)_3$ 分子中锰离子与铜离子间的反铁磁相互作用起着重要的作用。

从图 3.10 中可以看出，原胞的总态密度，锰和铜的总态密度在费米面附近出现明显的劈裂。锰的自旋向上的态密度主要位于费米能级下附近处，而它

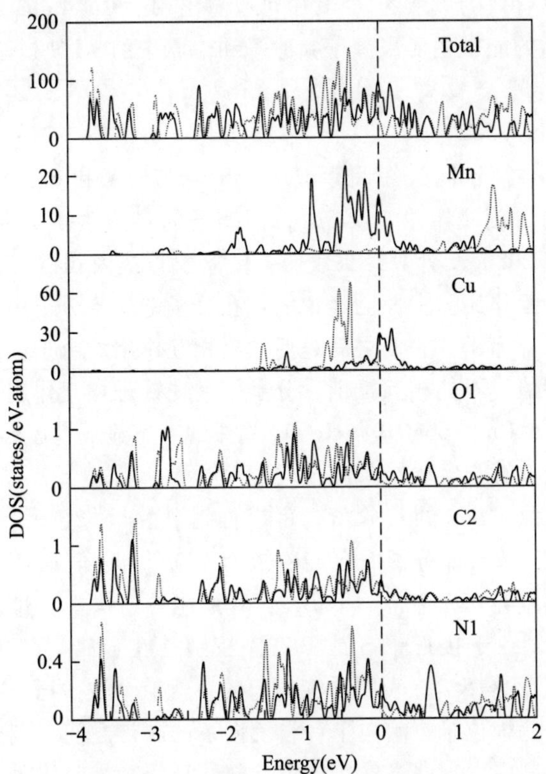

图 3.10　原胞和原子的态密度（实线表示自旋向上的电子态密度，虚线表示自旋向下的电子态密度）

的自旋向下的态密度主要位于费米能级以上。具体的数值计算表明：锰原子和铜原子的原子态密度在 −2 eV 到 2 eV 的能量范围内几乎完全来自 d 轨道，单独给出锰原子和铜原子的 d 轨道的分态密度已经没有必要。锰原子的 3d 轨道的自旋向上的态密度分布比自旋向下的态密度分布约低 1.5 eV。这一自旋劈裂导致 Mn 3d 自旋向上的轨道大多数被占居，而自旋向下的 3d 轨道几乎空着。铜原子的 3d 轨道的态密度分布与锰原子的 3d 轨道的态密度分布正好相反。铜的自旋向下的 3d 态密度在费米能级下，而自旋向上的 3d 态密度分布在费米能级上，分裂了约 0.8 eV。因此，铜的 3d 轨道上自旋向下的轨道的电子占据数多于自旋向上轨道的电子占居数。锰离子与铜离子的自旋反向，锰离子与近邻的铜离子形成反铁磁耦合，分子的自旋磁矩主要来源于锰离子和铜离子。从能带计算的具体数据可以看出，分子的价带自旋劈裂能大约为 1.6 eV。这一值明显大于上面计算的单自由基和双自由基晶体的自旋劈裂能。因此，掺杂对提高居里温度是十分有效的。从图 3.10 中可以看出 $Mn^{II}Cu^{II}(pbaOH)(H_2O)_3$ 是导体，跨过费米面的能带主要来源于锰原子和铜原子的 3d 轨道。

在 a 方向链间金属离子间隔为：$Cu\cdots Mn^d(3/2-x, -y, 1/2+z)=5.751Å$，$Cu\cdots Mn^e(3/2-x, -y, -1/2+z)=6.398Å$，$Mn\cdots Mn^d=6.921Å$，在 a 方向链间金属离子间最短间距 $Cu\cdots Mn=5.751Å$ 和 6.398Å。数值计算结果为：锰离子的自旋磁矩为 $2.773\mu_B$，铜离子的自旋磁矩为 $-0.548\mu_B$，分子的自旋磁矩为 $2.208\mu_B$。计算结果表明：锰离子与链内和链间的近邻铜离子之间存在反铁磁相互作用。上面已经说明：在分子链间和分子内，近邻的两金属离子是锰离子和铜离子。它们之间是反铁磁相互作用。由于锰离子和铜离子有不同的局域自旋值，不能相互抵消，分子间呈现铁磁相互作用。在分子链内出现了净自旋，$Mn^{II}Cu^{II}(pbaOH)(H_2O)_3$ 晶体的基态显亚铁磁性。

现在将理论计算与实验结果相比较。

由饱和磁化强度 Ms 的实验值，可以推得 $S_{Mn}=5/2$，$S_{Cu}=-1/2$，$g=2$，那么 $S=S_{Mn}-S_{Cu}=2$，即分子的自旋磁矩为 $4.0\mu_B$。数值计算得到的结果与实验值存在较大的差异。在通常用 LSDA 计算的能带结构中，过渡金属的狭窄的 d 带的位置太高以致于接近于 S 或 P 态。特别是在金属 - 有机化合物中更明显。实验上发现 $S_{Mn}=5/2$，表明自旋向上的 d 轨道全被占居，自旋向下的轨道空着。如果费米能级位于自旋向上和自旋向下的 d 带之间，则会出现 $S_{Mn}=5/2$ 的情况。从态密度中发现费米能级穿过 d 带，部分 d 带是半占满的。这样导致了理论计算值比实验值小。

3.5 高分子有机物 p - NPNN 的电子结构和半金属磁体

3.5.1 p - NPNN 的分子结构

上面提到，Tamura 等[8] 由纯轻元素 H，C，N，O 合成了有机晶体 p - NPNN，其正交 β 相具有铁磁性。p - NPNN 的另一个三斜 γ 相也曾被认为具有铁磁性，相变温度 $T_C=0.65$ K；后来，认为它具有反铁磁性。关于 p - NPNN 的 β 相的实验解释在最初引起了很多争论，直到人们认识到在低温下 γ 相在热力学上相对于 β 相是不稳定的，争论才平息。

大量的实验[27-30]，包括比热、交流磁化率、电子散射、电子顺磁共振和 μ 介子自旋旋转和驰豫(μ^+SR)等实验都证明了 p - NPNN 磁有序。μ 介子自旋旋转和驰豫实验直接地测量了低温下的磁有序，因为 μ 介子的进动频率直接与 μ 介子所在处的磁场强度成正比。

在零场 μ 介子自旋旋转和驰豫实验中，完全自旋极化的正 μ 介子束被注入材料中。这些材料中的 μ 介子失去能量，最后浮获电子形成 μ 子素($Mu = e\mu^+e^-$)，μ 子素自旋将在局域外场中进动，直到 μ 介子衰变(寿命约为 2.2μs)成正电子，正电子可观测到。μ 子素的行为类似于氢的伪同位素，会很快地与有机基连接上，这将决定 μ 介子在低温时实际上所占据的位置。μ 介子经常占据单一的高对称点。每个 p－NPNN 分子含有一个未配对电子，这个未配对电子与 μ 子素(Mμ)形成自旋单重态或自旋三重态。在一般情况下，因为在 μ 介子处的超精细场产生的进动频率非常高，形成的自旋三重态在实验上不可观测，所以 μ^+SR 实验通常只能用自旋单重态解释。

p－NPNN 晶体至少有四个结晶相，即：α，β，γ 和 δ(也称为 β_h)相。图 3.11 给出 p－NPNN 的分子结构，分子中有一个未配对电子，未配对电子在整个分子中移动；但是，在这种特殊的结构中，未配对电子主要是局域在 NO_2 基上，在分子的其他部分只出现较弱的退局域化。

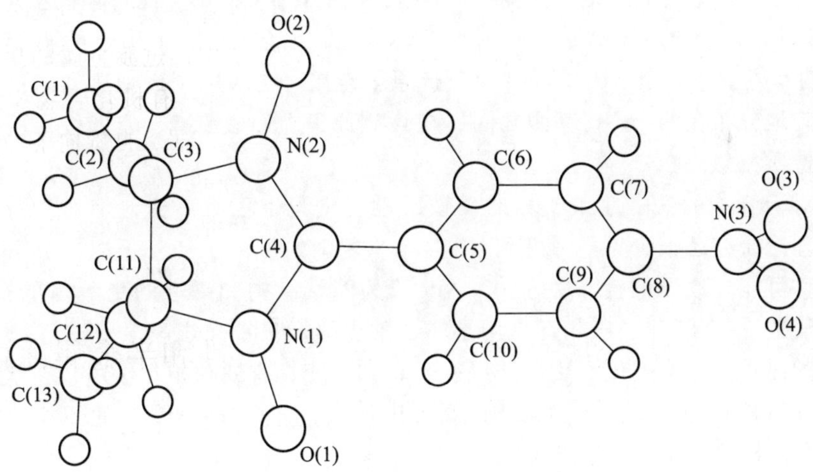

图 3.11　p－NPNN 的分子结构示意图

3.5.2　p－NPNN 的磁性

p－NPNN 晶体的磁性很复杂，且多数相不稳定，通过实验测定 p－NPNN 不同相的磁性曾遇到了不少困难，曾得出了一些错误的结论。

人们经过大量的实验，发现用粉末样品可以测量 γ 相本身的交流磁化率。结果表明，γ 相晶体在 0.65 K 处发生反铁磁相变。最直接测量磁有序的实验是 μ 介子自旋旋转和驰豫实验。图 3.12 给出了零外场的 μ^+SR 实验的振荡频率与温度的关系曲线；其中，振动频率与自发磁化强度成正比，图中带点的曲线是由理论计算得到的计算结果。

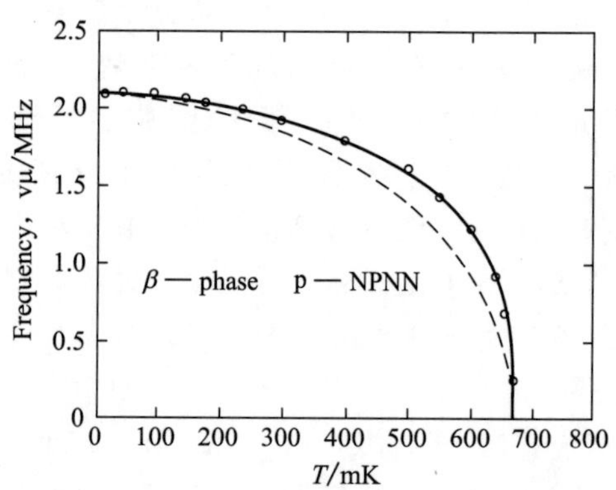

图 3.12 零外场的 μ^+SR 实验的振荡频率与温度的关系曲线

由于 NO 基之间存在铁磁相互作用，p－NPNN 的 β 相晶体在居里温度 $T_c = 0.6$ K 以下显示出铁磁性。p－NPNN 的 β 相晶体是一个稳定的自旋 S 为 1/2 的有机基，两个 NO 基团由一个碳原子连接。在单电子近似中，未配对电子均匀地分布在两个 NO 基团之间，在 α 碳原子上形成节点，它的性质与烯丙基的性质相似。

对于 β 相的铁磁性和 γ 相的反铁磁性在理论上已有研究，但对于 α 和 δ 相的理论研究还很少见。考虑到 p－NPNN 复杂的磁性质和分子内及分子间电荷转移可能导致导电性，关于 p－NPNN 的能带结构和磁性的更具体的知识，对弄清楚 p－NPNN 的磁相互作用是非常重要的。Allemand 等[30]研究了 α 和 δ 相的磁性质。静态磁化率测量结果表明 α 和 δ 相具有铁磁相互作用，在定性上与 β 相的磁行为一致。下面采用广义梯度近似，计算 p－NPNN 的 δ 相的能带结构和磁性质[31]。

3.5.3 p－NPNN 的 δ 相半金属性的电子结构和磁性

在计算过程中，采用实验得到的 p－NPNN 的 δ 相晶体的晶格常数 $a = 10.960$Å，$b = 19.35$Å，$c = 8.25$Å，$\beta = 131.61$Å。N，C，O 和 H 的原子球半径分别取 1.0，1.0，1.0 和 0.5 个原子单位。平面波截止能量为 278 eV。

为了研究 p－NPNN 的 δ 相的电子结构和磁性质，用全势线性缀加平面波方法来计算它的电子能带和态密度。图 3.13 给出了原胞的总态密度和一些原子如 N 和 O 的总态密度。因为费米能级附近的态密度的分布决定了系统的磁性质，在图 3.13 中只画出了 －4 eV 到 1 eV 能量范围内的态密度。在费米能级附近，自旋向上和向下的态密度发生了明显的劈裂。因此，在电子的交换作用下，系统中形成了自旋有序。因为能带结构能更清晰地显示出能带分裂的情况，所以我们在图 3. 14 中画出了 p－NPNN 的 δ 相的能带结构。在图 3. 14 中，给出了在自旋向上最高占据分子轨道，与自旋向上最低未占据的分子轨道有交叠的范围内，p－NPNN 的 δ 相的能带结构。从图 3. 14 可以看出两个自旋向上的价带在费米能级下，而与此相应的两个自旋向下价带在费米能级上；一个价带分裂成两个子带，一个是被占据的自旋向上的价带，另一个是未被占据自旋向下的能带。计算中，超原胞中含有两个分子；因此每个分子的自旋磁矩是 1. $0\mu_B$。

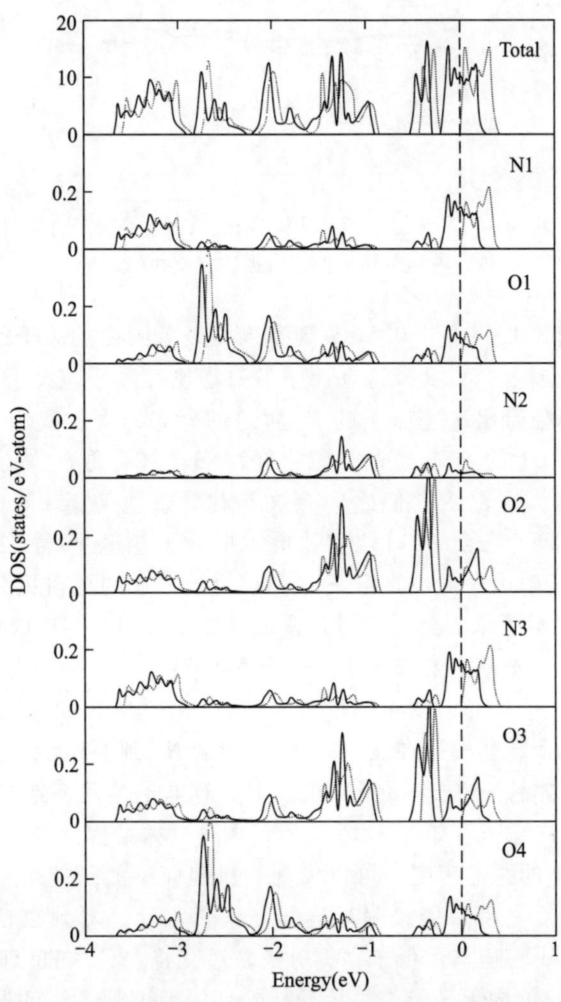

图 3. 13　p－NPNN 的元胞和原子的态密度（实线表示自旋向上的电子态密度，虚表示自旋向下的电子态密度）

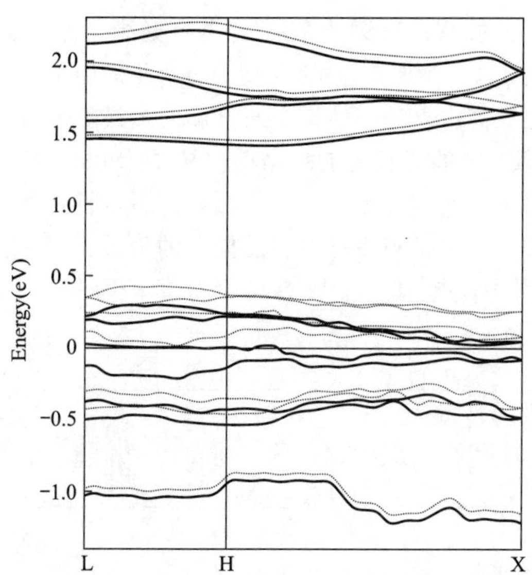

图 3.14 p-NPNN 的电子带结构(我们只画出了对于自旋向上的最高占据态和最低未占据态有交叠的部分)

仔细分析图 3.13 中的 -0.5 eV 到费米能级范围内的原子的总态密度，可以发现在这个范围内，N 原子和 O 原子的总态密度几乎仅来源于 P_y 轨道。为简洁起见，不单独给出这些原子的 P_y 轨道的分态密度。我们发现：N1 的 P_y 轨道分态密度与 O1 的 P_y 轨道的分态密度，N3 与 O4 的 P_y 轨道分态密度有相同的特征和尖峰，这说明它们之间存在杂化，杂化使得 N1 O1 和 N3 O4 的 2P(π)轨道形成两个 π^*(NO)轨道。单占据分子轨道主要来源于这两个 π^*(NO)轨道，未配对电子局域在由 π^*(NO)轨道形成的单占据分子轨道上。表 3.5 和图 3.13 揭示了未配对电子等几率地局域在 π^*(N1 O1)和 π^*(N3 O4)轨道上，分子的自旋磁矩主要来源于这两个 NO 基团。

在 N1 与 O1 间，N3 与 O4 间形成 π^* 键，N2 与 O2 和 N3 与 O3 间形成 π 键，分子内的电荷转移发生在从 N2 到 O2 和从 N3 到 O3 上，这是由于引入了取代基导致低能飘移 $\pi-\pi^*$ 转变所致。未配对电子等几率地局域在 N1 O1 和 N3 O4 基团上，这意味着如图 3.15 所示的两种共振结构以等几率存在。

从图 3.13 中的总态密度，可以发现在自旋向下的子能带中能隙打开，自旋向上的总态密度在费米能级附近连续。从图 3.14，看到在自旋向上的电子能带中最高据分子轨道与最低未占据分子轨道交叠。具体的计算表明它们的交叠为 0.01 eV。自旋向上子能带显示导体特性，考虑到系统的退局域性，以及分子内和分子间所存在电荷转移，这种导电性应该是可以相信的。自旋向下的子能带表现出绝缘特性。因此，p-NPNNδ 相晶体是一种半金属磁体。还未见

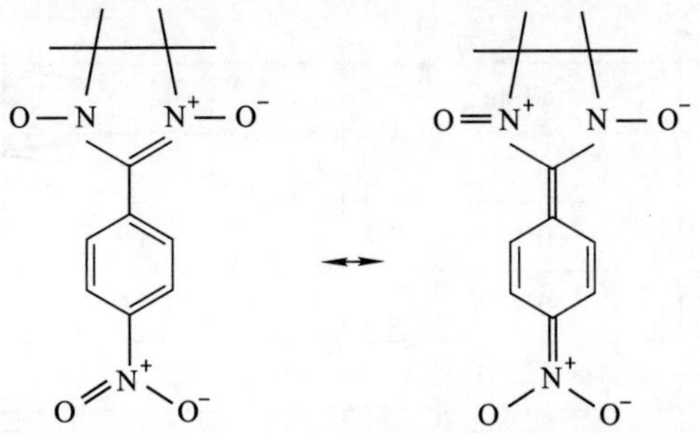

图 3.15 p－NPNN 的 δ 相的两种可能的共振结构

有关这样仅由有机元素如 N，H，O，C 等组成的半金属磁体的报道。如果实验证实它具有半金属磁体特性的话，就可能会在自旋电子学领域得到应用。

在表 3.5 中给出了 p－NPNN 的 δ 相的一些原子的自旋磁矩。自旋磁矩的主要部分来自于 N1O1 基和 N3 O4 基，少量来自于其他的 O，C，N 原子；这种自旋结构与有机基 Galvinoxyl 自旋结构很相似。连接两个 NO 基的任何路径上原子的自旋分布均为正负相错，这表明两个 NO 基之间通过自旋极化的反铁磁相互作用形成铁磁耦合。M. Kinoshita 等[27]已用实验证明了极低温下的饱和磁矩是 $1.0\mu_B$/分子。众所周知，饱和磁化强度等于同温下自发磁化强度；因此，计算结果与实验符合的很好。由于在计算中采用了超元胞，且得到元胞的自发磁矩是 $2.0\mu_B$；这表明分子间是铁磁相互作用。下面简单讨论相邻基之间的铁磁相互作用。图 3.16 给出了 p－NPNN 的 δ 相晶体沿着 b 轴的投影。分子间的相互作用连接着 NO 基中的 O 原子和相邻分子的 NO_2 基中的 N 原子，p－NPNN 的 δ 相晶体构成一个二维网络。NO_2 基中的 N(3) 在 $O(1^i)$ 和 $O(2^{ii})$ 的中间，它们的距离分别为 3.359Å 和 3.372Å。相邻基之间的铁磁相互作用是通过分子间的电荷转移来实现的，在这种电荷转移化合物中的给体和受体是同一化合物。从图 3.14 可以看出分子的价轨道是半满的，它可以接受电子。它们之间的铁磁相互作用可以通过 Torrance 模型来解释。这里，电荷转移是从 N(3) 到邻近基的 $O(1^i)$ 和 $O(2^{ii})$ 原子；电荷转移并不失去分子内的交换能，这种电荷转移相互作用导致分子间的铁磁相互作用。

表 3.5 p－NPNN 的 δ 相中的各原子的自旋磁矩（单位 μ_B）

Site	Spin	Site	Spin
N1	0.305	C2(C12)	－0.055
N2	0.046	C3(C11)	－0.021
N3	0.305	C4	－0.002

续表

Site	Spin	Site	Spin
O1	0. 191	C5	-0. 078
O2	0. 046	C6(C10)	0. 013
O3	0. 046	C7(C9)	0. 019
O4	0. 191	C8	0. 055
C1(C13)	-0. 006		

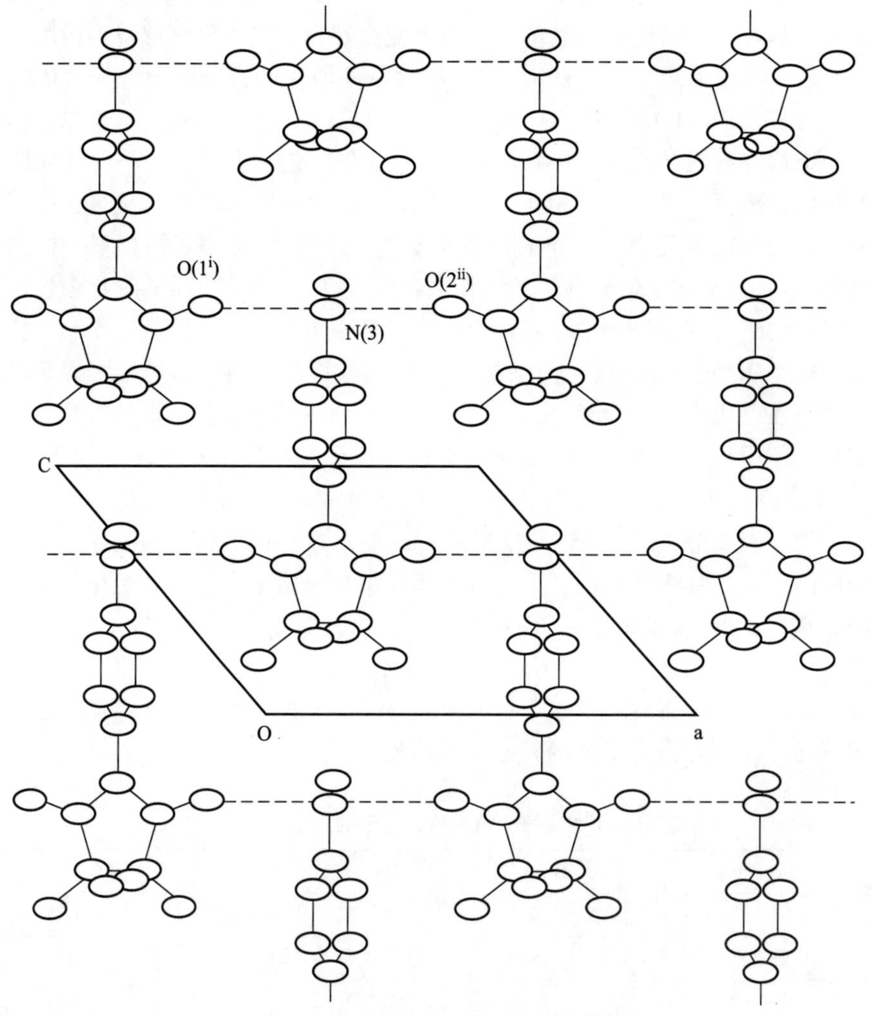

图 3. 16 p - NPNN 的 δ 相晶体沿 b 轴的投影

通过自洽场迭代计算，得到系统的基态是铁磁态；在铁磁态中元胞的总能量为 $E = -51152.313$ eV。假定系统处于无磁态，计算得到的总能量为 $E = -51152.270$ eV，铁磁态与无磁态的总能量差为 0.043 eV。因此，铁磁态比无磁态更稳定；这与交流磁化率实验得到的结果，即只在极低温度下存在铁磁耦合，完全一致。

关于有机磁电子结构和能带理论计算方面，我们还做了一些工作，有兴趣的读者可阅读所列参考文献[32－35]。

参 考 文 献

[1] 谢希德，陆栋．固体能带理论．上海：复旦大学出版社，1998

[2] Born M，Oppenheimer R. On the Quantum Theory of Molecules. Annalender Physik. 1927，84(20)：457－484

[3] Hartree D R. Proc. Cam. Phil. Soc.，24，89(1928)；
Fock V. Z. Phys.，61，209(1930)

[4] Lowdin P. O. Quantum Theory of Atoms，Molcules and the Solid State，New York：Academic Press，1966

[5] Hohnberg P and Kohn W. Phys. Rev. B，136，864(1964)

[6] W. Kohn，L. J. Sham. Phys. Rev. 1965，140：A 1133；
Callaway J and March N H. Solid State Phys.，38，135(1984)；
P. Hohenberg. Phys. Rev. 136(1964) B 864

[7] Bloch F. Z. Phys.，52，555(1928)

[8] Tamura M，Nakazawa Y，etal. Chem. Phys. Lett. 186，401(1991)

[9] Chiarelli R，Rassat A and Rey P. J. Chem. Soc.，Chem. Commun. 108(1992)

[10] Chiarelli R，Novak M. A，Rassat A and Tholence J. L. Nature 363，147 (1993)

[11] Slater J. C. Phys. Rev.，51，846(1937)

[12] Anderson O. K. Phys. Rev. B 12，3060(1975)

[13] D. R. Hamann. Phys. Rev. Lett.，42，662(1979)

[14] K. Mukai，Bull. Chem. Soc. Japan，42，40 (1969)

[15] K. Mukai，H. Nishiguchi and Y. Deguchi. J. Phys. Soc. Jpn. 23，125 (1967)

[16] S. J. Luo，K. L. Yao，J. Mag. Magn. Mat.，257，11(2003)

[17] K. Awaga，T. Sugano and M. Kinoshita. Solid State Commun. 57，453 (1986)

[18] K. Awaga，T. Sugano and M. Kinoshita. J. Chem. Phys. 85，2211(1986)

[19] P. Blaha，K. Schwarz，J. Luitz. Comput. Phys. Commun. 59 (1990) 399

[20] K. L. Yao，S. J. Luo. Physica B，325，380(2003)

[21] V. Baron，B. Gillon，J. Sletten，C. Mathoniere，E. Codjovi，O. Kahn. Inorganica Chimica Acta，235，69 (1995)

[22] P. Fluekiger，J. Weber，et al.. Int. J. Quant. Chem. 45，649(1993)

[23] A. Zheludev，R. Chiarelli，B. Delley，et al.. J. Magn. Magn. Mater. 140，1439(1995)

[24] Y. Pei，O. Kahn，J. Am. Chem. Soc.，108，3143(1986)

[25] Y. Pei，M. Verdagur，J. R. Renard，J. Sletten. ibid，110，782(1988)

[26] S. J. Luo，K. L. Yao. Physis. Letters A 330 286(2004)

[27] M. Kinoshita. Physica B，213，257(1995)

[28] L. P. Le，A. Luke，et al.. Chem. Phys. Lett. 206，405(1993)

[29] P. A. Pattenden，R. M. Valladares，et al.. Synth. Met.，71，1823(1993)；
S. J. Bludell，P. A. Pattenden，et al.. Europhys. Lett.，31，593(1995)

[30] P. M. Allemand, C. Fite, G. Srdanov, N. Keder, et al.. Synth. Met. 41, 3291(1991)

[31] S. J. Luo, K. L. Yao. Phys. Rev. B67, 214429, (2003)

[32] L. Zhu, Yao K. L., Liu Z. L.. Phys. Rev. B76, 134409(2007)

[33] L. H. Jia, Z. L. Liu, L. Zhu, Yao. K. L.. J. Chem. Phys. 127, 064702 (2007)

[34] L. Zhu, K. L. Yao, Z. L. Liu. Chem. Phys. Lett. 424, 209 (2006)

[35] L. Zhu, K. L. Yao, Z. L. Liu. Appl. Phys. Lett. 90, 182502(2007)

第四章　密度矩阵重整化群在有机磁中的应用

密度矩阵重整化群(DMRG)是凝聚态物理中处理多体问题的一种强有力的数值计算方法。正是由于提出与应用 DMRG 方法[1,2]，S. R. White 荣获关于计算物理的最高奖项。在中国，中科院物理所向涛研究员等也做了很有创新性的工作[3-5]。

密度矩阵重整化群方法是优化的数值重整化群的方法，可用于研究一维、准一维以及二维等低维强关联电子系统的基态和低维激发态的性质；它和其他数值计算方法结合起来，已成功地被应用于有限温度、动量空间、量子化学的计算以及有关动力学关联函数的计算与研究。本章将密度矩阵重整化群方法应用于有机磁体。

4.1　密度矩阵重整化群方法

4.1.1　Wilson 的标准重整化群(RG)方法[6]

密度矩阵重整化群是基于威尔逊(Wilson)提出的数值重整化群方法而提出的。二十世纪七十年代，Wilson 把量子场论的重整化群思想用到统计物理中，建立了临界现象的重整化群(RG)理论。

重整化概念是与临界现象的标度理论相关的。标度理论是指在临界点的领域，由于关联长度趋于无穷大，一切有限大小的微观特征长度(如晶格常数)的影响被抹去，体系在某种尺度变换下具有不变性，格点自旋系统与自旋集团(块)(block-spin)具有等价性。重整化就是实行标度变换(放大尺度)，逐次对自旋晶格粗粒化，将体系的自由度降低；在这一变换中，哈密顿量保持不变的形式。

重整化群(RG)方法适用于零温下，并能得到系统的基态和某些低能激发态的性质。为简单起见，这里以一维海森堡链为例，阐述该方法。

首先，考虑块哈密顿量 H_B，它只包含单个格点上的能量，不包含格点与格点间的能量。用矩阵来描述块哈密顿量 H_B，设系统有 m 个态，H_B 是一个 $m\times m$ 矩阵。为了重构 H，除了 H_B 还需要其他信息，主要是指格点与格点间的相互作用能：

$$S_i \cdot S_{i+1} = S_i^z S_{i+1}^z + \frac{1}{2}(S_i^+ S_{i+1}^- + S_i^- S_{i+1}^+) \qquad (4-1)$$

然后，可以将两个块合并构成 BB。系统 BB 含有 m^2 个态，它的状态下标有两个，i_1，i_2。H_{BB}就是一个 $m^2 \times m^2$ 矩阵。且由下式给出：

$$[H_{BB}]_{i_1 i_2 i_1' i_2'} = [H_B]_{i_1 i_1'}\delta_{i_2 i_2'} + [H_B]_{i_2 i_2'}\delta_{i_1 i_1'} + [S_r^z]_{i_1 i_1'}[S_l^z]_{i_2 i_2'} + \frac{1}{2}[S_r^+]_{i_1 i_1'}[S_l^-]_{i_2 i_2'} + \frac{1}{2}[S_r^-]_{i_1 i_1'}[S_l^+]_{i_2 i_2'} \qquad (4-2)$$

其中 r 表示左边模块的最右端，l 代表右边模块的最左端。

现将 H_{BB}对角化，求出其能量本征值和本征矢。保留其中能量最低的 m 个本征矢 $u_{i_1 i_2}^{\alpha}$，$\alpha=1$，…，m，利用它们对系统进行重整化

$$H_{B'} = OH_{BB}O^+ \qquad (4-3)$$

这里 $O_{i,i_1 i_2} = u_{i_1 i_2}^{i}$是 $m \times m^2$ 矩阵。如果 O 是方阵，则是一个幺正变换，但 O 不是方阵。

其他算符如 S_l^z，S_r^z 等等也要随 BB 的长大而扩充，变为 $m^2 \times m^2$ 矩阵，同样也要用 O 来进行重整化。经过这样的过程，系统容量扩充了一倍，但保留的量子态数目保持不变，描述算符的矩阵大小仍保持不变，为迭代的实现奠定了基础。

接下来就将 B'视为 B，并开始下一步迭代，步骤同上。迭代过程直到系统容量达到可以代表无限链时才终止。

Wilson 为了解 Kondo 问题，发展了重整化群(RG)数值方法，获得了很大的成功。当初，人们曾经期望这种方法对其他多体问题也能同样有效，结果却不尽如人意。除了少数几个模型外，采用这种方法很难达到预期的精度，尤其是在与其他数值方法如 Monte Carlo 方法比较时。究其原因主要是这种方法没有考虑到外界环境对系统的影响，而实际上，这种影响往往是不可忽略的。

4.1.2　密度矩阵重整化群方法(DMRG)

从上面的讨论可以看到，为了改进 Wilson 数值重整化群方法，必须找到一种解决办法，这种办法能够判断，对于所研究系统，在长大的过程中，哪些量子态重要，哪些量子态可以忽略。在下面的讨论中可以看到，利用系统密度矩阵的本征值大小决定对应量子态的取舍，不失为解决这一问题的一种精确的方法。为了解决多体问题，考虑到外界环境对系统的影响，S. R. White 提出密度矩阵重整化群(DMRG)方法。

在密度矩阵方法中，把整个系统视为一个超模块(superblock)，对于构成基底起作用的部分，视为系统模块(system)，剩余的部分视为环境模块

(environment)，如图 4.1 所示。

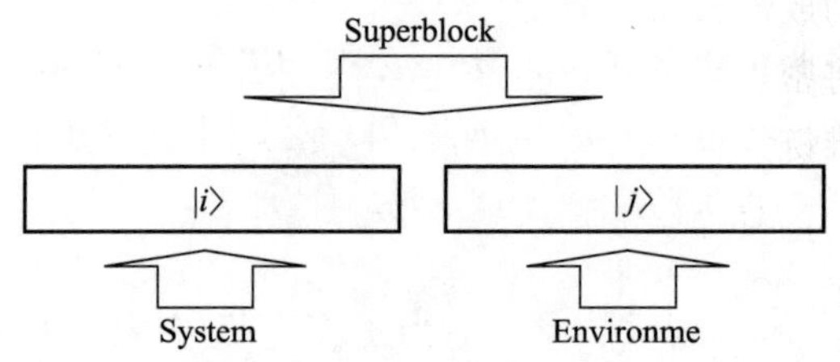

图 4.1　由系统模块和环境模块构成的超模块

用 $|i\rangle$ 表示系统模块的量子态，$|j\rangle$ 表示环境模块的量子态。假设 ψ 是超模块的一个量子态，则有：

$$|\psi\rangle = \sum_{i,j} \psi_{i,j} |i\rangle |j\rangle \tag{4-4}$$

当系统模块处于某一个量子态时，其密度矩阵定义为：

$$\rho_{i,i'} = \sum_{j} \psi_{ij}^{i,i'} \psi_{i'j} \tag{4-5}$$

当处于混合态时，密度矩阵定义为：$\rho_{i,i'} = \sum_k W_k \sum_j \psi_{ij}^k \psi_{i'j}^k$，其中 W_k 为系统处于量子态 ψ^k 的几率。运用归一化条件，$Tr\rho = 1$。从理论上讲，可以用波函数 ψ 计算系统模块的所有性质，因为计算这些性质所需要的信息被包含在密度矩阵中。如果算符 A 只作用在系统模块上，那么：

$$\langle A\rangle = \sum_{ii'} A_{ii'} \rho_{i'i} = Tr\rho A \tag{4-6}$$

假设密度矩阵的本征态和本征值分别为 $|u^\alpha\rangle$ 和 ω_α，且 $\omega_\alpha > 0$，$\sum_\alpha \omega^\alpha = 1$。则对所有的系统模块，算符 A 都有：

$$\langle A\rangle = \sum_\alpha \omega_\alpha \langle u^\alpha | A | u^\alpha\rangle \tag{4-7}$$

从式(4-7)可以看出，如果 $\omega_\alpha \approx 0$，那么求算符 A 的平均值 $\langle A\rangle$ 时，就可以忽略对应的量子态 $|u^\alpha\rangle$，所以，根据式(4-7)，就找到了一种判断哪些量子态必须保留，哪些量子态可以忽略的有效方法。

通过前面的讨论，已经知道，对所感兴趣的系统性质，系统密度矩阵的本征值给出了一种判断哪些量子态是重要的系统状态，哪些量子态是可以忽略的系统状态的标准，一方面可以降低系统的维度，另一方面能精确地考虑系统性质。将重整化群方法和密度矩阵方法结合起来就是密度矩阵重整化群方法。

然而，在运用密度矩阵重整化群方法研究系统时，需要考虑两个很重要的环节；第一、怎样增加系统的自由度；第二、如何考虑选取超模块的本征态，这些被选取的本征态通常称为目标态(target states)。

在系统模块构成超模块的过程中，要选取相应的环境模块，按照其选取方式的不同，可以将密度矩阵重整化群方法分为两种：无限系统方法和有限系统方法。下面以一维链为例，分别介绍这两种方法。

对于一维链，注意到运用密度矩阵重整化群方法时，系统每次长大一个格点，环境模块是系统模块的反演，如图 4.2 所示。由于考虑系统基态的性质，所以选取超模块的基态为目标态。

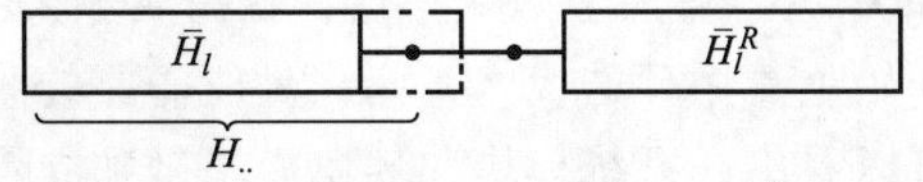

图 4.2　无限系统方法的超模块结构

1. 无限系统方法

(1) 构成 L 个格点的超模块，并保证能够用精确对角化方法直接求出超模块的哈密顿 $H_L^{\sup er}$ 的基态 $|\psi\rangle$。

(2) 计算系统的密度矩阵，并利用 Lanczos 方法求出密度矩阵的 m 个最大的本征值以及其相对应的本征态。注意 $l = l' = L/2 - 1$。

(3) 通过变换 $\bar{H}_{l+1} = O_L^+ H_{l+1} O_L$，$\bar{A}_{l+1} = O_L^+ A_{l+1} O_L$，新的系统模块的哈密顿 H_{l+1} 和其他的任何算符 A_{l+1} 被变换到密度矩阵的本征态所构成的基矢空间里。其中，O_L 矩阵的 m 个列向量分别是密度矩阵的 m 个最大本征值所对应的本征态。

(4) 利用 $\bar{H}_{l+1}$ 和 $\bar{H}_{l+1}^R$，再加上两个格点，就形成了大小为 $L+2$ 的超模块。

(5) 用 $H_{L+2}^{\sup er}$ 代替 $H_L^{\sup er}$，然后从第 2 步开始重复前面的步骤。

从上面的步骤可以看到，无限系统方法很好地考虑了环境对系统的影响，从而比 Wilson 重整化群方法要精确得多。但是，对于系统不具有反演对称的情况，有限系统方法是更好的选择。下面介绍这种方法。

2. 有限系统方法

在有限系统方法中，不同于无限系统的方法来选取环境模块，以满足超模块的大小保持不变的要求。

(1) 运用无限系统方法将超模块长大到 L，保留 $\bar{H}_l$ 和在每一步迭代时，与其他模块仍有相互作用的格点上的有关算符。

(2) 应用无限系统方法的第 3 ~ 4 步，可以得到 $\bar{H}_{l+1}$ 并保留它。

(3) 利用 $\bar{H}_{l+1}$ 和 $\bar{H}_{l'-1}^R$，再加上两个格点，就产生了大小为 L 的超模块，如图 4.3 所示。此时 $l' = L - l - 2$。

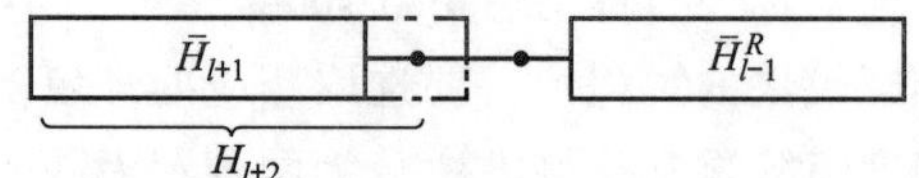

图 4.3 有限系统方法的典型超模块结构

(4) 重复步骤 2 - 3 直到 $l=L-3$(即 $l'=1$)。

(5) 运用无限系统方法的第 3 - 4 步，再从头开始迭代，并保留新的 $\bar{H}_{l-1}$。

(6) 使用 $\bar{H}_{l-1}$ 和 $\bar{H}^R_{l'+1}$，再加上两个格点，就构成了大小为 L 的超模块。

(7) 从第 2 步开始重复循环迭代，直到满足所需要的收敛程度为止。

从上面的步骤可以看出，系统模块和环境模块是独立地保存的，所以不要求系统具有反演对称性，在第 1 步之后，超模块的大小总是不变，而且每次都被对角化，所以有限系统方法也不要求系统具有平移不变性。

4.1.3 密度矩阵重整化群方法的误差

密度矩阵重整化群方法中的系统误差主要来自重整化过程中的截断误差。在每一步重整化时。截断误差为：

$$\varepsilon_L = 1 - \sum_{1}^{m} \omega_\alpha. \tag{4 - 8}$$

实际计算发现，当增加 m 时，截断误差将远远偏离线性减小，当保持一个合适的 m 数值时，截断误差已经远小于1，此时，计算误差主要来自因计算机误差和不确定的积累误差而导致的随机误差。在整个数值计算过程中，为了增加 m，同时又能减少计算量，在构建超块的哈密顿量时，可以通过对称性来确定包含目标状态在内的一个较小的 Hilbert 空间。以 $S=1/2$ 反铁磁的 Heisenberg 链为例。由于系统的基态是非简并的，总自旋为 0，因此，在构建该系统超模块的 Hilbert 空间时，可以只选择 $S^z=0$ 的状态，这样就可以在有限的计算机内存中，通过提高 m 而获得更高的计算精度或用更少的计算时间。另外，对于具有对称哈密顿量的系统，可以采用只计算一半矩阵元的方法，另一半矩阵元由前一半矩阵元的共轭来求出，这样也可以节约一部分计算机内存。

4.2 量子转移矩阵重整化群方法

4.2.1 转移矩阵重整化群的发展

转移矩阵重整化群方法，是研究含有短程相互作用的一维量子系统，或准一维量子系统热力学性质的非常有效的一种数值方法。它最先是由 Bursill, Xiang 和 Gehring 从经典转移矩阵方法发展起来[3]，后来由 Wang 和 Xiang 引入非对称的转移矩阵来重新表述配分函数而完善[7]。转移矩阵重整化群方法可以直接计算量子系统的热力学扩展量，如自由能，内能，磁化强度和电荷密度等，它还可以进一步研究比热，自旋磁化率和电荷极化率对温度的依赖行为。现在，这一数值方法又被扩展，可以研究有限温度下量子系统的动力学特性。

转移矩阵重整化群方法基于配分函数的转移矩阵表述，以及密度矩阵重整化群求解最大本征值，在此基础上发展起来。它根据 Trotter-Suzuki 分解理论[8]将配分函数用转移矩阵表示出来，这种表示的直接结果是：系统的热力学性质仅由转移矩阵的最大本征值和本征矢决定。这一结果启示我们，可以将密度矩阵重整化群求解最大本征值问题的这一思想引入进来，研究系统的热力学性质。下面讨论配分函数的转移矩阵表示方法，进一步推导出自由能、内能、磁化强度、比热等物理量的表达方式。

4.2.2　量子转移矩阵[9]

以最简单的一维海森堡模型为例介绍这种方法的应用，哈密顿量为

$$H = \sum_i h_i \tag{4-9}$$

$$h_i = JS_i \cdot S_{i+1} - BS_i^z \tag{4-10}$$

其中 S 是格点自旋，B 是外磁场。

将哈密顿量分为两部分，

$$H = H_1 + H_2, \tag{4-11}$$

$$H_1 = \sum_{i=1}^{N/2} h_{2i-1}, \quad H_2 = \sum_{i=1}^{N/2} h_{2i} \tag{4-12}$$

这里 $H_1(H_2)$内部各部分相互对易。由 Trotter-Suzuki 分解理论，配分函数可以分解为

$$\begin{aligned} Z &= Tr(-\mathrm{e}^{\beta H}) \\ &= Tr(V_1V_2)^M + O(\varepsilon^2), \end{aligned} \tag{4-13}$$

其中 $\varepsilon=\beta/M$ 是一个小量，M 是 trotter 分解数，V_1、V_2 定义为：

$$\begin{aligned} V_1 &= \mathrm{e}^{-\varepsilon H_1} = \prod_i \nu_{2i-1,2i}, \\ V_2 &= \mathrm{e}^{-\varepsilon H_2} = \prod_i \nu_{2i,2i+1}, \end{aligned} \tag{4-14}$$

其中 $\nu_{i,i+1}=\mathrm{e}^{-\varepsilon h_i}$。假设 $|S\rangle^k$ 是第 k 个 Trotter 空间中包含系统所有自由度的基矢，$|S\rangle_i^k$ 是系统第 i 个格点在第 k 个 Trotter 空间中包含所有自由度的基矢，则配分函数可以表示为：

$$
\begin{aligned}
Z &= Tr(V_1V_2)^M \\
&= \sum_{\{\phi\}}\prod_{k=1}^{M}\langle S^{2k-1}\mid V_1\mid S^{2k}\rangle\langle S^{2k}\mid V_2\mid S^{2k+1}\rangle \\
&= \sum_{\{\phi\}}\prod_{k=1}^{M}\prod_{i=1}^{N/2}\langle S^{2k-1}\mid \nu_{2i-1,2i}\mid S^{2k}\rangle\langle S^{2k}\mid \nu_{2i,2i+1}\mid S^{2k+1}\rangle
\end{aligned}
\tag{4-15}
$$

上述公式可以直观理解为 V_1V_2 的乘积在 Trotter 空间中 $|S^1\rangle$ 向 $|S^M\rangle$ 的演化，其演化方向沿图 4.4(a) 箭头方向，图中的每一个阴影填满的矩阵表示局域转移矩阵。

引入如下变换：

$$
\tau(\tilde{S}_i^k\tilde{S}_i^{k+1}\mid \tilde{S}_{i+1}^k\tilde{S}_{i+1}^{k+1}) = \langle S_i^kS_{i+1}^k\mid \nu_{i,i+1}\mid S_i^{k+1}S_{i+1}^{k+1}\rangle, \tag{4-16}
$$

其中，$\tilde{S}_i^k=(-1)^{i+k}S_i^k$，根据量子转移矩阵理论，配分函数可以重新写为：

$$
\begin{aligned}
Z &= \sum_{\{\tilde{S}\}}\prod_{k=1}^{M}\prod_{i=1}^{N/2}\tau(\tilde{S}_{2i-1}^{2k-1}\tilde{S}_{2i-1}^{2k}\mid \tilde{S}_{2i}^{2k-1}\tilde{S}_{2i}^{2k})\tau(\tilde{S}_{2i}^{2k}\tilde{S}_{2i}^{2k+1}\mid \tilde{S}_{2i+1}^{2k}\tilde{S}_{2i+1}^{2k+1}) \\
&= \sum_{\{\tilde{S}\}}\prod_{k=1}^{N/2}(\tilde{S}_{2i-1}\mid T_1\mid \tilde{S}_{2i})(\tilde{S}_{2i}\mid T_2\mid \tilde{S}_{2i-1}) \\
&= Tr(T_M)^{N/2}
\end{aligned}
\tag{4-17}
$$

T_1 和 T_2 为：

$$
\begin{aligned}
T_1 &= \prod_{k}^{M}\tau^{2k-1,2k}, \\
T_2 &= \prod_{k}^{M}\tau^{2k,2k+1},
\end{aligned}
\tag{4-18}
$$

其中，局域转移矩阵 $\tau^{k,k+1}$ 在 i 和 $i+1$ 格点的矩阵可以由上述变换矩阵求得，T_M 就是通常所说的转移矩阵，并且 $T_M=T_1\cdot T_2$。通过转移矩阵，可以认为配分函数是转移矩阵从实空间 $|S^1\rangle$ 向 $|S^N\rangle$ 的演化，方向如图 4.4(b) 箭头所示。

在此基础上，系统的热力学物理量可以从配分函数推出。首先每个格点的平均自由能可以由下式直接得到：

$$
\begin{aligned}
f &= -\lim_{N\to\infty}\frac{1}{\beta N}\ln Z \\
&= -\lim_{N\to\infty}\frac{1}{\beta N}\ln TrT_M^{N/2} \\
&= -\lim_{\varepsilon\to 0}\frac{1}{2\beta}\ln \lambda_m,
\end{aligned}
\tag{4-19}
$$

其中，λ_m 是转移矩阵 T_M 的最大特征值。

由于系统的热力学量都可以通过对自由能的各级微商得到，从以上公式可

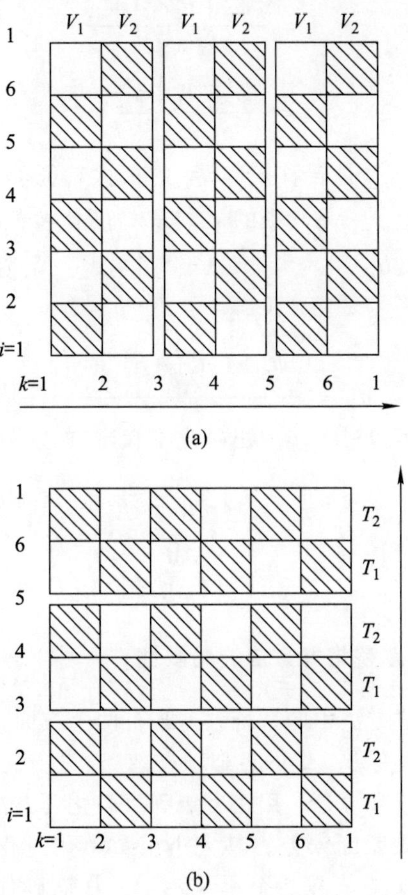

图 4.4　转移矩阵中 Trotter-Suzuki 的案板分解方法

以看出，系统的热力学性质只取决于转移矩阵的最大特征值。这一特征相似于在密度矩阵重整化群方法中，哈密顿量的最低特征值决定基态性质。理论上，通过对自由能的微商，可以得到所有的热力学量；然而，由于数值微商在不断迭代过程中产生较大的误差，尤其是如比热在求解自由能的二阶微扰时产生的误差较大，因此，我们借助转移矩阵间接表示，从而求得这些物理量。

对于内能，可以表示如下：

$$\begin{aligned} U &= \langle h \rangle \\ &= \frac{1}{Z} Tr(h e^{-\beta H}) \end{aligned} \tag{4-20}$$

类似于配分函数的分析过程，利用下面的变换：

$$U = \frac{\langle \phi_m^L \mid T_2 \tilde{T}_1 \mid \phi_m^R \rangle}{\lambda_m} = \frac{\langle \phi_m^L \mid \tilde{T}_U \mid \phi_m^R \rangle}{\lambda_m} \tag{4-21}$$

其中，$\langle \phi_m^L \mid$ 和 $\mid \phi_m^R \rangle$ 是转移矩阵 T_M 的最大特征值所对应的左矢和右矢，而 $\tilde{T}_1$ 和 T_1 的求法相似，只是其中的 $\tau^{1,2}$ 被 $\tilde{\tau}^{1,2}$ 所代替，$\tilde{\tau}^{1,2}$ 被定义为：

$$\tilde{\tau}(\tilde{S}_1^1 \tilde{S}_1^2 \mid \tilde{S}_2^1 \tilde{S}_2^2) = (S_1^1 S_2^1 \mid h_1 \nu_{1,2} \mid S_1^2 S_2^2) \tag{4-22}$$

同理，可以求出平均磁化强度：

$$M_Z = \frac{\left\langle \phi_m^l \mid \tilde{T}_M \left(\frac{1}{2}(S_1^Z + S_2^Z) \right) \right\rangle}{} \tag{4-23}$$

利用数值微商，可以进一步求出磁化率和比热：

$$C_V = \frac{\partial U}{\partial T}$$

$$\chi = \frac{\partial M_Z}{\partial B} \tag{4-24}$$

4.2.3 量子转移矩阵重整化群方法的局限性

转移矩阵重整化群方法中的系统误差来自两个方面，其一是在配分函数的 Trotter-Suzuki 分解式中高于二级的近似项被忽略，这就引入了分解误差，量级为 $O(\varepsilon^2)$。另一个误差来源是，用密度矩阵重整化群方法求解转移矩阵的最大本征值问题时，会引入截断误差，其大小由重整化过程中所保留的状态数有关。在实际计算中，保持 ε 在一个小量不变，从而确保分解误差较小，例如 $\varepsilon = 0.1$，或 0.05。注意：由于 ε 与温度相关，$T = 1/\varepsilon M$，为了获得低温下的物理行为，ε 不能取太小的值；截断误差可以通过保留更多的状态来减小，但由于计算机内存的限制，在那些单个格点上的 Hilbert 空间维数较大的系统，可能无法取到数值收敛所需要的值。此时，可以通过对称性分析，来降低转移矩阵所涉及的有限 Hilbert 空间维数。另外，如果一维量子系统的哈密顿量中包含长程相互作用项，而包含长程作用的一维系统，在拓扑结构上等价于一个高维系统，但由于重整化群方法还不能成功地应用到高维系统上，因而转移矩阵重整化群方法在处理这种系统时遇到很大困难。

4.3 单链多侧基有机铁磁系统的重整化群方法

4.3.1 单链多侧基准一维有机铁磁体的理论模型

单链多侧基准一维有机铁磁体的简化结构模型见图 4.5 所示。需要说明的是，这里指单链多侧基，而不是耦合的双链。以此为例，主要是因为密度矩阵重整化群方法处理这样的准一维系统非常成功。由于考虑的是系统的磁性质，它只与未配对电子有关，因此可以忽略侧自由基 R 的具体化学结构，也不需要考虑链间的耦合。

图 4.5(a)中，R 表示一种含有未配对电子的侧自由基，它可以是各种有机自由基。

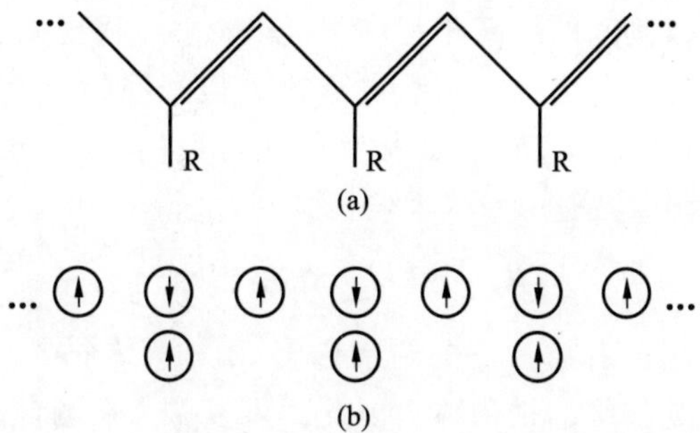

图 4.5 准一维有机聚合物铁磁体模型示意图
(a) 简化结构；(b) 电子的自旋排布

运用密度矩阵重整化群方法，研究系统中各种可能存在的相互作用对磁性的影响，需要考虑主链上 π 电子的巡游性、电子 - 声子耦合、Hubbard 在位能及最近邻格点间电子 - 电子关联、晶格畸变，系统的 Hamiltonian 量可写为：

$$H = H_{SSH} + H_{e-e} + H_{R-S} \qquad (4-25)$$

其中第一项 H_{SSH} 为 SSH(Su-Schrieffer-Heeger)哈密顿量。它描述了沿主链的 π 电子的跳跃相互作用以及系统中的电子—声子耦合相互作用。取紧束缚近似，仅考虑 π 电子的最近邻跳跃相互作用，

$$H_{SSH} = -\sum_{l,\sigma}\left[t_m - \gamma(u_{l+1} - u_l)\right](C^+_{l+1,\sigma}C_{l,\sigma} + h.c.) + \frac{k}{2}\sum_{l}(u_l - u_{l+1})^2, \qquad (4-26)$$

l 为沿主链的碳原子序号，u_l 表示第 l 个格点上的碳原子的位置相对于平衡位

置的偏离，t_m 为所有的碳原子都处于平衡位置(即 $u_l=0$)时两相邻位上的 π 电子沿主链的最近邻跳跃积分(或转移积分)，而 γ 是相应的跳跃积分随最近邻点之间键长变化的比率；$\sigma=\alpha,\beta$ 标记电子的自旋取向，α 表示自旋向上，β 表示自旋向下；$C_{l,\sigma}^{+}$、$C_{l,\sigma}$ 分别是第 l 个格点上的具有自旋 σ 的电子的产生与湮灭算符；方程(4-26)中第二项是一个势能项，k 为相邻格点原子间的有效弹性常数，它描述了系统中碳主链骨架的 σ 型键的弹性势能。

方程(4-26)中的第二项 H_{e-e} 为电子—电子之间的相互作用项，可以用 Hubbard 在位排斥相互作用来描述：

$$H_{e-e}=U\sum_i n_{i\alpha}n_{i\beta}, \tag{4-27}$$

其中，U 为当两个电子同时处于同一格点上时的有效 Hubbard 在位排斥能；且 $n_{i,\sigma}=C_{i,\sigma}^{+}C_{i,\sigma}$ 为第 l 格点上自旋为 σ 的电子数算符。

另外，由于侧自由基 R 上未配对电子与沿主链的 π 电子之间不是共轭的，且一般相距较远，故其间的跳跃相互作用可以忽略，而把侧自由基 R 上的未配对电子看成为局域自旋，但是其与沿主链的 π 电子间的交换相互作用(一般为反铁磁性耦合的)却不能被忽略，此相互作用可以用 Heisenberg 局域反铁磁交换相互作用哈密顿量来描述，

$$H_{R-S}=J_f\sum_i \delta_i S_{iR}\cdot S_i \tag{4-28}$$

我们假设每个侧自由基有一个剩余自旋 S_{iR}，第 i 个格点上的 π 电子自旋为 S_i。由于不存在纯一维的铁磁体，因此，可以认为在侧自由基上的未配对电子的自旋 S_{iR} 与沿主链的 π 电子的自旋 S_i 间存在着各向同性的反铁磁相互作用，$J_f>0$ 为其间的交换积分。δ_i 定义了侧基的连接方式，若第 i 个碳原子上连有侧自由基，则 $\delta_i=1$；否则 $\delta_i=0$。

由此，得到系统的 Hamiltonian 量为：

$$\begin{aligned}\hat{H}=&-T\sum_{i,\sigma}\left[t_m-\gamma(u_{i+1}-u_i)\right](C_{i+l,\sigma}^{+}C_{i,\sigma}+h.c)+\frac{k}{2}\sum_i(u_i-u_{i+1})^2\\&+U\sum_i n_{i\alpha}n_{i\beta}+J_f\sum_i\delta_i S_{iR}\cdot S_i\end{aligned} \tag{4-29}$$

采用如下的无量纲变换：

$$\begin{gathered}h=\frac{H}{t_m},\quad u=\frac{U}{t_m},\quad j_f=\frac{J_f}{t_m},\\ \lambda=\frac{2\gamma^2}{\pi t_m k},\quad y_i=(-1)^i\frac{\gamma}{t_m}(u_i-u_{i+1})\end{gathered} \tag{4-30}$$

则系统的哈密顿量可写为：

$$h = -\sum_{i,\sigma}[1+(-1)^i y_i](C^+_{i+1,\sigma}C_{i,\sigma}+h.c.)+\frac{1}{\lambda\pi}\sum_i y_i^2 + u\sum_i n_{i\alpha}n_{i\beta}+j_f\sum_i \delta_i S_{iR}\cdot S_i \tag{4-31}$$

其中，y_i 是二聚化序参量，它表示了第 i 个与第 $i+1$ 个碳原子间键长相对于平衡位置的偏离，λ 为电声耦合参数，它反应了系统中的电子—声子耦合强度。

下面具体讨论如何运用密度矩阵重整化群方法，研究单链多侧自由基准一维有机铁磁体。已经知道，在运用密度矩阵重整化群方法时，必须考虑系统怎样一步步长大，其长大方法是否合理可行的参考依据，要满足以下两点：一方面初始化系统时，能够较快地精确求出系统的哈密顿矩阵，也就是说在密度矩阵重整化群的无限系统方法的第一步时，碳原子数 L 不能过大；另一方面为了充分考虑环境模块对系统模块的影响，就要尽量确保在长大的每一步中，系统的拓扑结构不遭到破坏。

我们采用两步骤的密度矩阵重整化群计算方法，先在横向上进行算符的重整化计算，增大到一定大小的系统时，然后再在纵向上增大系统。首先在横向上这种方法相当于单链的重整化过程[10,11]，采用如下的系统增大的方法，如图 4.6 所示。虽然在初始化时如果有 12 个碳原子，即 4 个原胞，每个模块包含一个原胞，每次迭代过程中系统长大 6 个碳原子，即两个原胞，就可以使系统的拓扑结构不遭到破坏，但是要精确求出 12 个碳原子系统哈密顿量的基态实际上是行不通的。从图中可以看出，为了使系统实际上能够处理，让初始化系统只包含 6 个碳原子，而不是 12 个碳原子。从图 4.6 中可以清楚地看到系统长大的一种行之有效的思路。将整个系统分为四个模块。如图 4.6(a)所示，初始化时，模块 1 与模块 3 分别包含 1 个碳原子，模块 2 与模块 4 分别包含 2 个碳原子，这样一方面可以精确的处理初始化系统，另一方面也保证了系统的拓扑结构不遭到破坏。在迭代的过程中，模块 4 始终只包含 2 个碳原子，模块 2 随着迭代的进行交替的包含 1 个与 2 个碳原子，由于每次迭代的模块 1 是上一次迭代的模块 1 与模块 2 的归并，所以与此同时，每次迭代的模块 1 也交替的长大 1 个或者 2 个碳原子，模块 3 是模块 1 的反演。所以迭代一次后系统变成了如图 4.6(b)所示的结构，由于模块 2 交替的包含 1 个与 2 个碳原子，所以此时模块 2 只有 1 个碳原子，到如图 4.6(c)所示的结构时，模块 2 又含有 2 个碳原子，对于如图 4.6(d)、4.6(e)的结构，也依此类推。因此，总的说来，在每次迭代的过程中系统都长大 3 个碳原子。当系统增大到 36 个碳原子，即所研究的系统大小时，模块 1 继续增大，但模块 3 开始对应的减小，当模块 3 减小到只有 1 个碳原子时，进入下一次循环，此次循环的第一次迭代时，模块 1 只有 1 个碳原子，模块 3 有 31 个碳原子，即是系统的总大小减去模块 1、模块 2 与模块 4 所包含的碳原子数。第二次迭代时，模块 1 又开始增大，模块 3 也对应地减小，如此循环往复，直到满足我们所需要的收敛程度就停止。

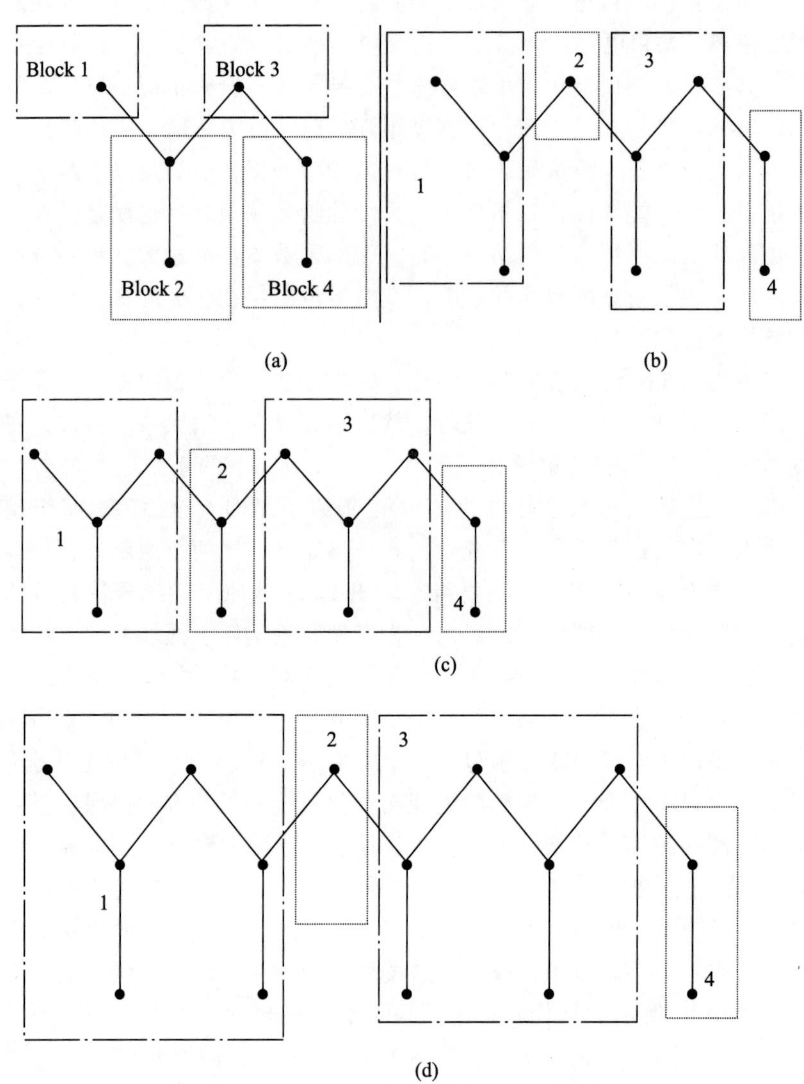

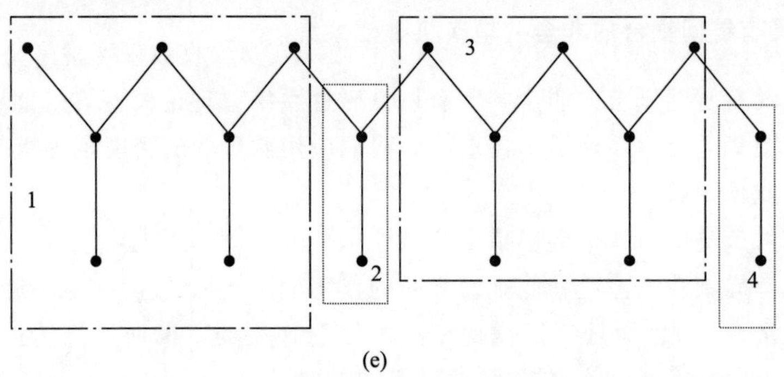

(e)

图 4.6 重整化的步骤

然后引入系统的电子—声子相互作用。注意，并不是在初始化系统时就对系统的二聚化序参量进行优化求解，而是等到长大为所研究的系统大小时引入电声耦合，从而对系统的二聚化序参量进行优化求解。对于在每次循环的每次迭代，都需要对系统的二聚化参量进行优化求解，通常取系统中不发生二聚化时的结构(对于所有的 i 都有 $y_i=0$)作为自洽迭代过程的开始，而为了验证所得系统优化结构的稳定性，必须取另外的初始结构重复以上计算。在实际计算过程中，不管初始结构如何选择，得到系统的优化结构是同样的。决定自洽迭代过程结束的条件为，对于紧接的两次迭代结果，其二聚化序参量的差值小于 10^{-8}。

在第一步重整化后的最后一次循环中，保留了所有需要的自旋算符的矩阵元，为第二步的重整化做准备。在纵向上，考虑哈密顿量的链间耦合作用，进一步计算了整体系统的哈密顿量的矩阵元，然后进行对角化，求出系统的基态能和相应的物理量如二聚化量、自旋密度、电荷密度和能隙等。

对于 Hubbard 模型哈密顿量，Hilbert 空间的维数是按照 4^N 指数式增长的，因此用传统的 DMRG 方法很难处理 Hubbard 模型的链间耦合系统。现在的方法是，首先得到单链的低能性质和相应的算符矩阵元，这样哈密顿量的维数大大减少，使得进一步进行重整化成为可能。而且，为了提高计算的准确率，在第一步的能量截止中保留了 120 个密度矩阵的特征矢，估计的截止误差是 10^{-5}。第二步，在半满的零到总电子数的自旋向上的空间中，寻找系统的基态可能的自旋空间。结果发现最低能态落在 $S^z=1/2\times N/3$ 的子空间中，可以认为自旋向上的电子数与自旋向下的电子数是好的量子数，根据这些量子数，可以将系统分在不同的子空间，由于这些子空间间没有相互作用，这就减小了哈密顿量矩阵的维数。为了研究系统的基态性质，可以通过循环找到基态所在的子空间，在该子空间中研究系统的性质。

4.3.2 具有链间耦合的非全共轭有机铁磁系统

对于具有链间耦合的非全共轭有机铁磁性系统，理论模型第二章出中已给经出，如图 2.1 所示。这里不再重述。我们应用两步骤的密度矩阵重整化群方法，研究此模型。

考虑两条链中每条单链包括十个碳原子和五个侧基未配对电子。侧基未配对电子具有局域性，主链和侧基的之间的作用较主链内的作用强，跳跃作用 t_1 设为固定常数 0.9，而且二聚化比格点的库仑作用弱。根据系统的拓扑性质，两条主链上偶数格点和奇数格点对应不同的耦合作用，但都属于电子跳跃作用；声子局限于一维链。此系统在基态时所有侧自由基上的未配对电子的自旋将指向同一方向，形成铁磁耦合的基态。而沿主链的电子的自旋将形成正负交替排列的自旋密度波(SDW)，正是靠此 SDW 的传递耦合作用使得侧自由基上的未配对电子的自旋间能形成铁磁耦合。SDW 的幅度将决定系统中铁磁耦合的强度。系统中电子－声子相互作用于电子－电子相互作用间的竞争关系，将对系统的 SDW 以及铁磁基态的稳定性产生影响。

首先研究系统的总能量和铁磁的稳定性。结果发现系统的基态落在 $S^z = 1/2 \times N/3 = 5$，因此基态是高自旋铁磁态。同时，在固定参数如链间耦合 $t_3 = 0.3$，$\lambda = 0.4$ 的参数情况下，结果显示 t_2 的增大降低了系统的基态能，从而使系统的铁磁性更加稳定，如图 4.7(A)所示。

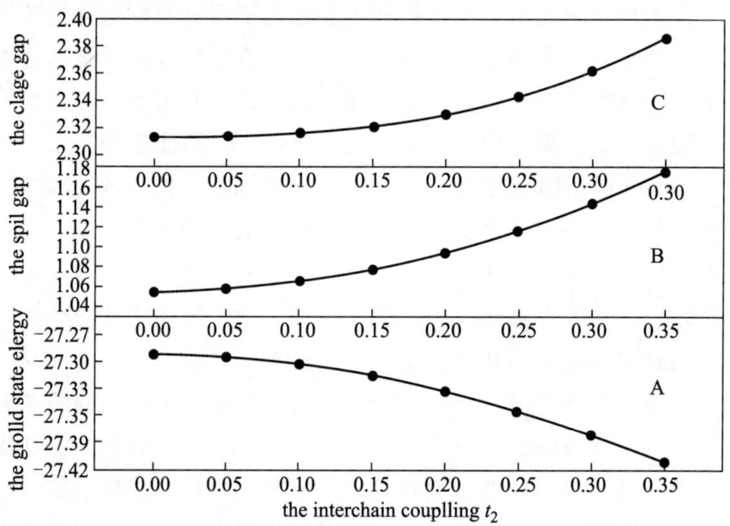

图 4.7 当 $u=1.0$，$\nu=0.0$，$t_3=0.3$，$\lambda=0.4$ 时，基态能、自旋能隙和电荷能隙随链间耦合作用的变化关系

通常，由于准一维系统存在二聚化和派尔斯(Peierls)不稳定性，系统中可能存在能隙。从平均场理论的研究结果得知，对于链间耦合模型，系统的费米面附近自旋向上和自旋向下的能态有劈裂，在其占据态和非占据态之间存在能隙。为了进一步估计能隙，定义自旋能隙和电荷能隙[12]，表达形式如下：

$$\Delta_S(L) = E_0(2L/3 + 1, L/3 - 1) - E_0(2L/3, L/3)$$
$$\Delta_C(L) = E_0(2L/3 + 1, L/3) + E_0(2L/3 - 1, L/3) - E_0(2L/3, L/3) \tag{4-32}$$

这里，$E_0(N\uparrow, N\downarrow)$表示有 N 个向上自旋和 N 个向下自旋的最低能态，同时从计算结果得知，$E_0(2L/3, L/3)$是系统的基态能。图 4.7(B)和 4.7(C)分别给出了自旋能隙和电荷能隙随链间藕荷作用的影响。从图中可以看出，随着链间耦合作用的增强，自旋能隙和电荷能隙都增加，从而进一步说明链间耦合是有利于铁磁性的稳定。

再讨论自旋密度波和电荷密度波的分布。当忽略了格点之间的库仑作用，而只考虑格点在位库仑作用时，发现沿着主链出现反铁磁自旋密度分布，通过此自旋密度波的调制，系统的铁磁序主要由侧基的自旋密度分布产生。主链的自旋密度波的出现主要由格点在位库仑作用所导致。在图 4.8 给出了主链格点和侧基自旋的自旋密度。从图中可以看出，格点自旋密度的幅度随在位库仑作

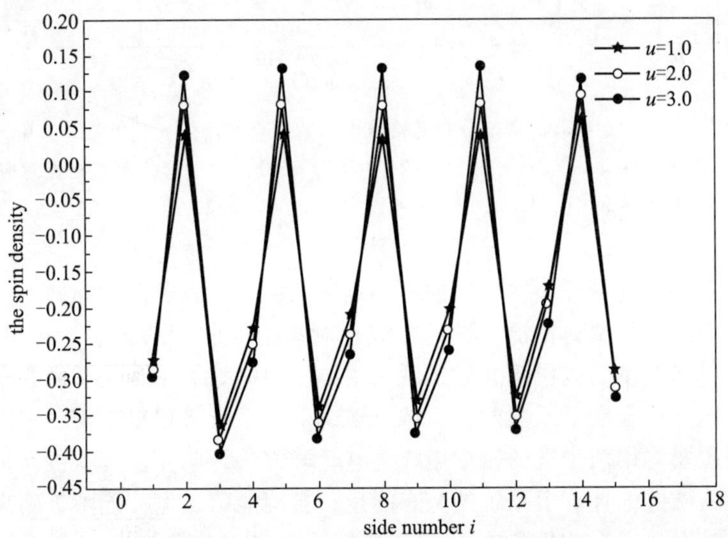

图 4.8　自旋密度分布随在位库仑作用的变化关系，其中，主链格点对应($n=3m+1$, $3m+2$, $m=0$, 1, 2, 3, …)，侧基格点对应($n=3m$, $m=1$, 2, 3, …)，参数为：$t_2=t_3=0.2$, $\nu=0.0$, $\lambda=0.2$

用的增强而增加，侧基之间的自旋之间的铁磁交换作用将更强，因而系统的铁磁性将更加稳定。当考虑了格点之间的库仑作用时，电荷密度不再统一分布，从图 4.9 中可以看到，近邻库仑作用的增强降低了侧基自旋密度，同时增强了电荷密度的分布，因此，认为随着格点间的库仑作用的增强，系统中的自旋密度波将转化为电荷密度波，之后使系统的铁磁的稳定性变弱。

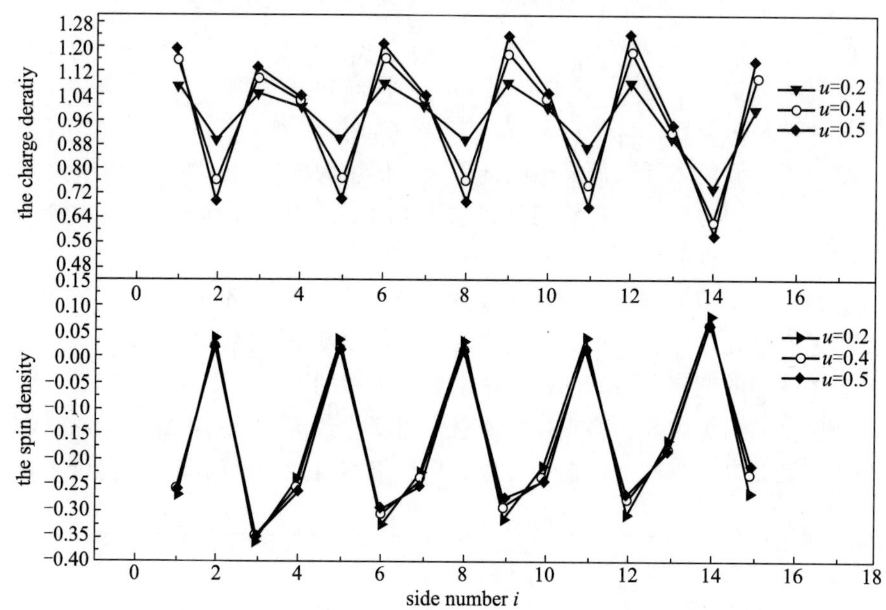

图 4.9 自旋和电荷密度分布随格点之间的库仑作用的变化关系，其中，主链格点对应($n=3m+1$，$3m+2$，$m=0$，1，2，3，…)，侧基格点对应($n=3m$，$m=1$，2，3，…)，参数为：$t_2=t_3=0.2$，$u=1.0$，$\lambda=0.2$

由于拓扑结构特征，在一维或准一维体系中，伴随着派尔斯转变，将产生二聚化，因此，需要讨论沿主链的二聚化对系统铁磁性的影响。在图 4.10 中可以看出，当取小的电声耦合时，系统主链出现完好的正负交替的二聚化，然后当增加电声耦合参量系数时，主链出现奇变，系统将变得不再稳定。

以上主要应用两步骤的密度矩阵重整化群方法，研究了具有链间耦合的准一维有机铁磁链，计算了系统的基态能量、自旋能隙、电荷能隙等物理量。结果表明，基态是高自旋铁磁态，沿主链的 π 电子自旋将形成正负交替排列的自旋密度波，使得侧自由基上的未配对电子的自旋间能形成铁磁耦合。随着链间耦合作用的增强，自旋能隙和电荷能隙都增加，链间耦合有利于铁磁性的稳定。随着格点间的库仑作用的增强，系统中的自旋密度波将转化为电荷密度

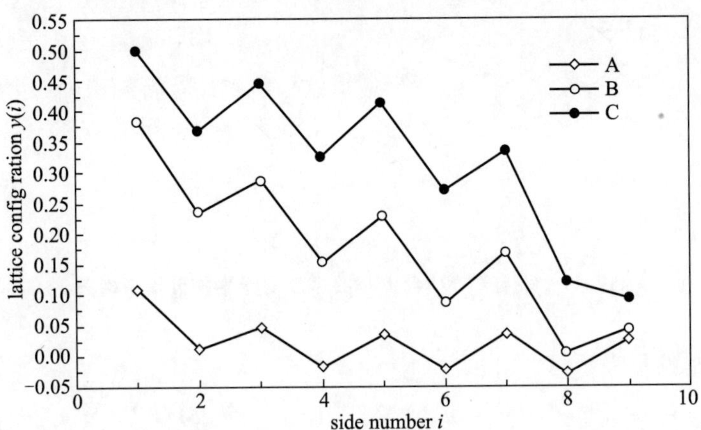

图 4.10　沿主链的二聚化与电声耦合作用的变化关系，其中，曲线 A、B、C 分别对应 $\lambda=0.2$，0.4，0.45，其他参数为：$t_2=t_3=0.2$，$u=1.0$，$\nu=0.0$

波，结果使系统的铁磁的稳定性变弱；当取小的电声耦合时，系统主链出现完好的正负交替的二聚化，然后当增加电声耦合参量系数时，主链出现畸变，系统将变得不再稳定。

4.4　准一维有机 π－共轭系统高自旋态的重整化群方法

为了设计和合成有机磁并获得高自旋基态，有必要控制有机自由基之间的相互作用。通常，近邻自旋的平行排列可形成铁磁耦合作用。目前，实验上用氧化掺杂未配对电子自由基团，得到多自由基的阳离子，从而获得一系列的拓扑一维铁磁体[13-15]。本节考虑电子－电子相互作用、电子－晶格相互作用，用 DMRG 方法研究准一维有机 π－共轭自旋系统在半填满情况下的电子结构和自旋密度波性质，以及在掺杂情况下局域磁矩之间的关联对系统磁性的影响。

4.4.1　带有两个自由基的有机磁体的理论模型和基态

根据 Izuoka 的实验结果[16]，他们合成了带有两个 NO 自由基的噻蒽派生物，并以此作为合成高自旋分子磁体的双侧基的原始给体，其结构如图 4.11 所示。

为了进一步研究实验现象的机理，采用简化的准一维理论模型，主链是巡游 π 电子，主链两端分别带有含有未配对电子的局域的自由基，并且假定侧基未配对电子只有自旋自由度。考虑了电子－电子相互作用、电子－晶格相互

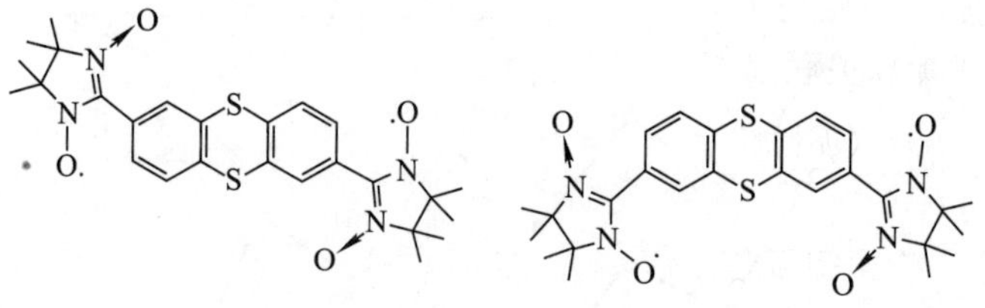

1　　　　2

图 4.11　带有两 NO 自由基的噻蒽的派生物分子结构图

作用，哈密顿量表示为：

$$H = -\sum_{i,\sigma}[t_0 + \alpha(u_i - u_{i+1})](C^+_{i,\sigma}C_{i+1,\sigma} + h.c) + U_0\sum_i n_{i,\alpha}n_{i+1,\beta} + \frac{K}{2}\sum_i(u_i - u_{i+1})^2 - J_1(S_{f_1}\cdot S_{R_1} + S_{f_N}\cdot S_{R_2}) \tag{4-33}$$

在实际的运算过程中，为了方便起见，采用如下的无量纲变换：

$$h = \frac{H}{t_0},\quad u = \frac{U}{t_0},\quad J = \frac{J_1}{t_0},\quad \lambda = \frac{\alpha^2}{t_0 k}, \tag{4-34}$$

则系统的哈密顿量可写为：

$$h = -\sum_{i,\sigma}[1 + y(i)](C^+_{i,\sigma}C_{+i+1,\sigma} + h.c.) + u\sum_i n_{i,\alpha}n_{i,\beta} + \frac{1}{2\lambda}\sum_i y(i)^2 - J(S_{f_1}\cdot S_{R_1} + S_{f_N}\cdot S_{R_2}) \tag{4-35}$$

其中，$y(i)$是二聚化序参量，它表示了第 i 个与第 $i+1$ 个碳原子间键长相对于平衡位置的偏离，λ 为电声耦合参数，它反映了系统中的电子—声子耦合强度。算符 $S_{f_1}(S_{f_N})$为泡利矩阵。

对于能隙的计算，由于标准的 DMRG 方法只保留单目标态，因而略掉了低能激发态，因此，可用投影算符构组约化密度矩阵[17]，以期保留部分低能激发态的信息，

$$\rho = \frac{1}{2}(|\psi_0\rangle\langle\psi_0| + |\psi_1\rangle\langle\psi_1|) \tag{4-36}$$

其中 ψ_0 和 ψ_1 分别是在最低能态同一自旋子空间的第一激发态。

对于自旋关联函数$\langle\psi|S^z_j S^z_k|\psi\rangle$的算法，主要是根据 j 和 k 是否在同一个 block 中而分为两种情形[34,35]：

a）当 j 和 k 处在不同的 block 中，比方说 block 1 and block 4，那么只需在计算中保留算符$[S^z_j]_{i_1i'_1}$,$\lfloor S^z_k\rfloor_{i_4i'_4}$即可。关联函数可根据下式计算，

$$\langle\psi|S^z_j S^z_k|\psi\rangle = \sum_{i_1i_2i_3i_4i'_1i'_4}\psi^*_{i_1i_2i_3i_4}\lfloor S^z_j\rfloor_{i_1i'_1}\lfloor S^z_k\rfloor_{i_4i'_4}\psi_{i'_1i_2i_3i'_4} \tag{4-37}$$

b）当 j 和 k 在同一个 block 中时，必须在每步运算中保留算符 $[S_j^z S_k^z]_{i_1 i_1'}$ 的值，并用下式计算关联函数，

$$\langle \psi \mid S_j^z S_k^z \mid \psi \rangle = \sum_{i_1 i_2 i_3 i_4 i_1'} \psi^*_{i_1 i_2 i_3 i_4} [S_j^z S_k^z]_{i_1 i_1'} \psi_{i_1' i_2 i_3 i_4} \qquad (4-38)$$

4.4.2　电子－电子相互作用与自旋关联函数

下面讨论两个方面：（1）在纯有机 π 共轭自旋系统中主链电子和侧基的自旋排列；（2）通过电子掺杂控制高自旋复合结构分子的自旋机理。运用密度矩阵重整化群方法，电声耦合常数选择在 0.1－0.5 之间，系统格点的最大值为 30，电子在位库仑作用 $u=-5.0$，交换作用系数 $J=1.0$。

首先研究一个局域自旋与其他主链的电子以及另一个侧基自旋的自旋关联函数，如图 4.12 和 4.13 所示。从图中可以看出，在偶数格点的半满系统中，基态是自旋单态，当一个空穴加入该系统时，此时的掺杂基态是自旋四重态[18]。由于自旋极化机理，导致侧基自旋和电子自旋产生铁磁关联，其耦合系数是 J。而对于奇数格点半满系统中，加入空穴会使系统由自旋四重态变为自旋单态。有研究表明[19]，在单氧化给体自由基的电子自旋共振谱中，观察到阳离子多侧基的基态三重态，其主要原因正是在侧基未配对电子和主链 π 电子之间存在铁磁耦合作用。因此，通过 π 共轭的自旋关联和铁磁耦合对有机自旋系统的自旋排列起着非常重要的作用。

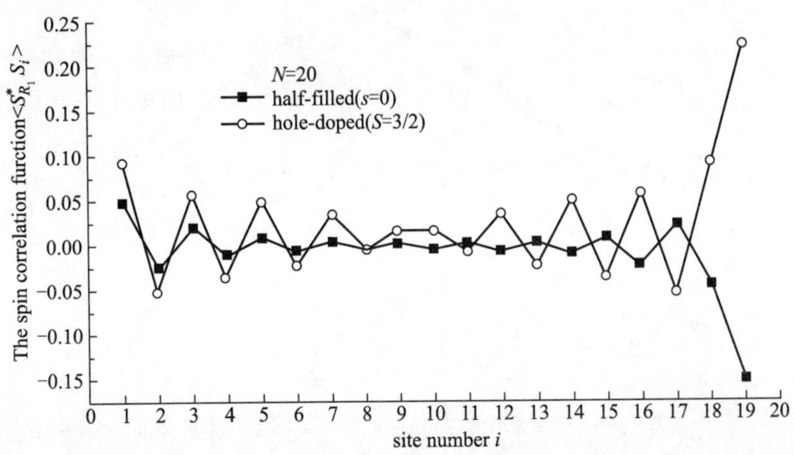

图 4.12　当系统的大小 $N=20$ 时，侧基格点与其他所有格点之间的自旋关联函数

为了理解 π 共轭系统的自旋排列，图 4.14 给出了电荷密度分布。对于总格点数为 20 的半满系统，电荷密度统一分布，然而当加入空穴时，格点电荷

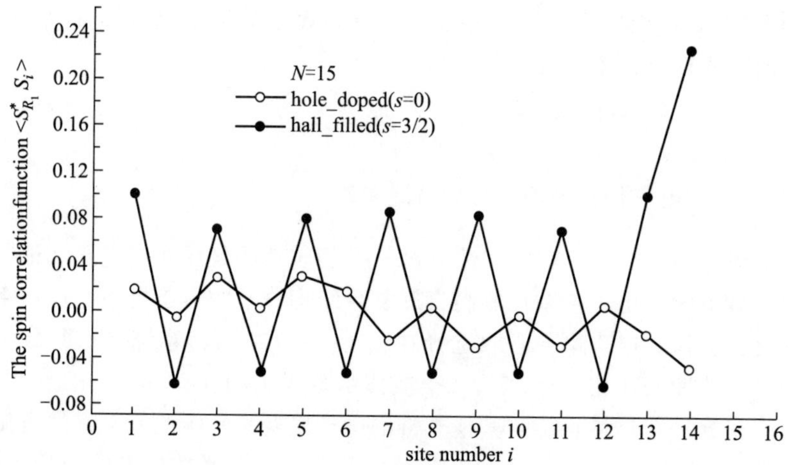

图 4.13　当系统的大小 $N=15$ 时，侧基格点与其他所有格点之间的自旋关联函数

密度都小于 1，当加入电子时，格点电荷密度都大于 1，可以看出，掺杂对系统有集体效应，同时对主链格点的中部影响较大。

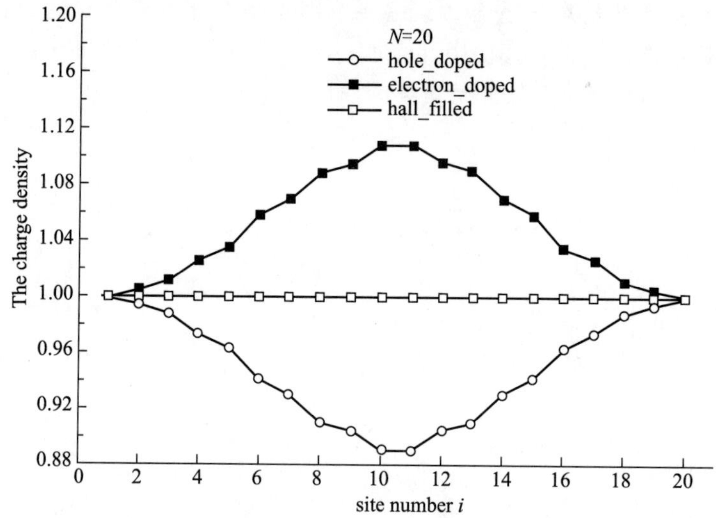

图 4.14　在掺杂电子和空穴下沿主链的电荷密度分布

对于通过掺杂而形成的高自旋基态的稳定性，需要计算系统中沿主链的二聚化。晶格畸变是一维系统的典型特征。在图 4.15 给出了偶数格点的位型分布，从中可以看出，由于 Peierls 不稳定性，半满系统有完好的二聚化，当掺入空穴时，系统表现为较弱的格点变形，尤其在链的中部。因此电声耦合作用

对系统的铁磁稳定性有很大的影响。另外，图 4.16 给出了较小电声耦合参数的二聚化，发现系统格点数增加后，即使是半满系统，也不再是完好的二聚化了。

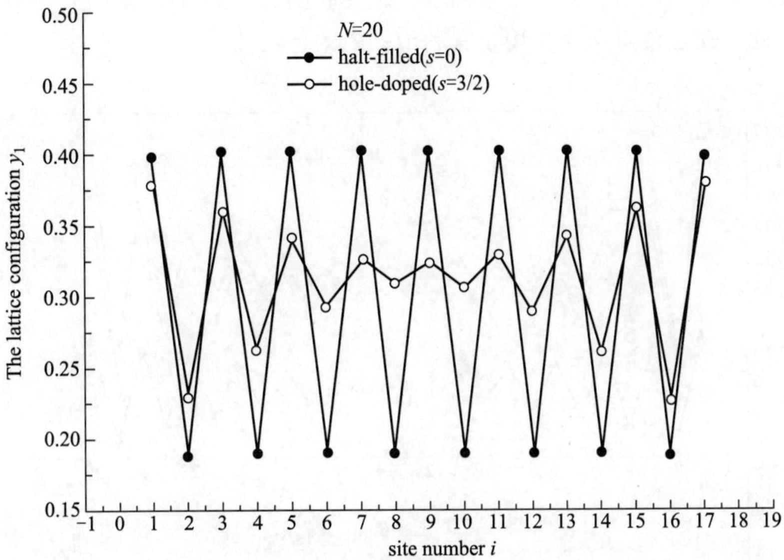

图 4.15　当格点系统 $N=20$ 时，在半满和掺杂下沿主链的的二聚化的变化

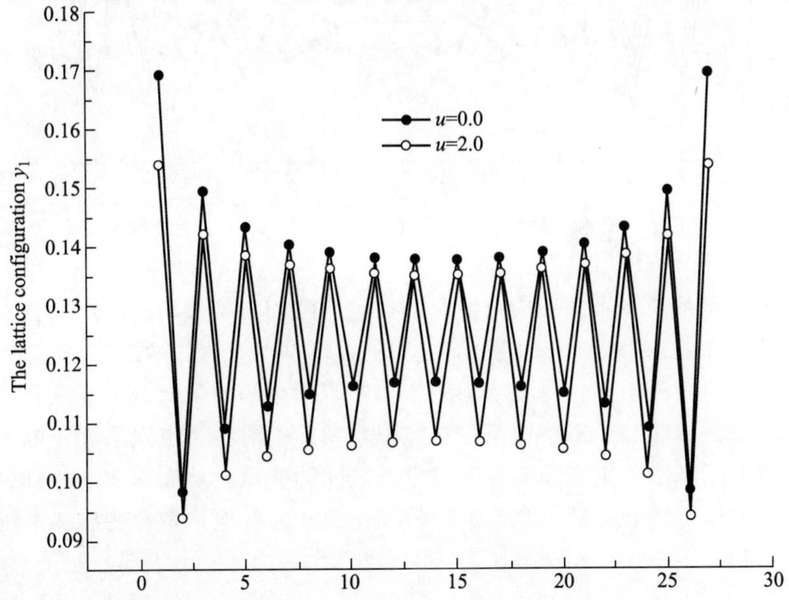

图 4.16　当格点系统 $N=30$ 时，不同在位格点库仑作用下沿主链的二聚化的变化

下面讨论不同的格点在位库仑作用对系统铁磁稳定性的影响，图 4.17 和 4.18 分别给出了在奇数格点的半满系统和偶数格点的空穴掺杂系统中不同电子-电子相互用对应的自旋关联函数和二聚化。结果表明，这两种系统有相似的性质。电子-电子相互作用增加了自旋关联函数，同时降低了沿主链的二聚化。因此，在位格点库仑作用是有利于铁磁的稳定性[23]。

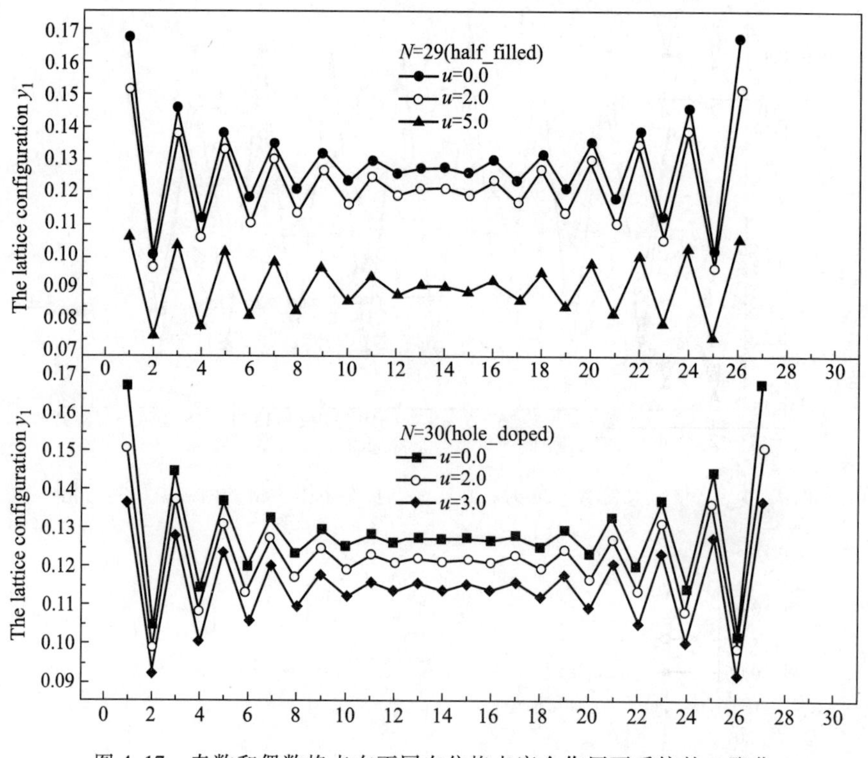

图 4.17　奇数和偶数格点在不同在位格点库仑作用下系统的二聚化

偶数格点系统在半满和掺杂情况下自旋能隙和自旋关联随电声耦合参数的变化关系，如图 4.19 和 4.20 所示。从图 4.19 可以看出，第一激发态和基态处于不同的自旋子空间，对于半满系统，电声耦合的加强降低了能隙，随着格点数的增加，能隙趋于零，即不存在能隙。相反，对于掺空穴系统，电声耦合的加强增强了基态四重态和激发态二重态之间的能隙。从图 4.20 中可以看出，对于较弱的电声耦合参数，自旋关联较强，而太大的电声耦合将破坏系统原有的自旋排列。

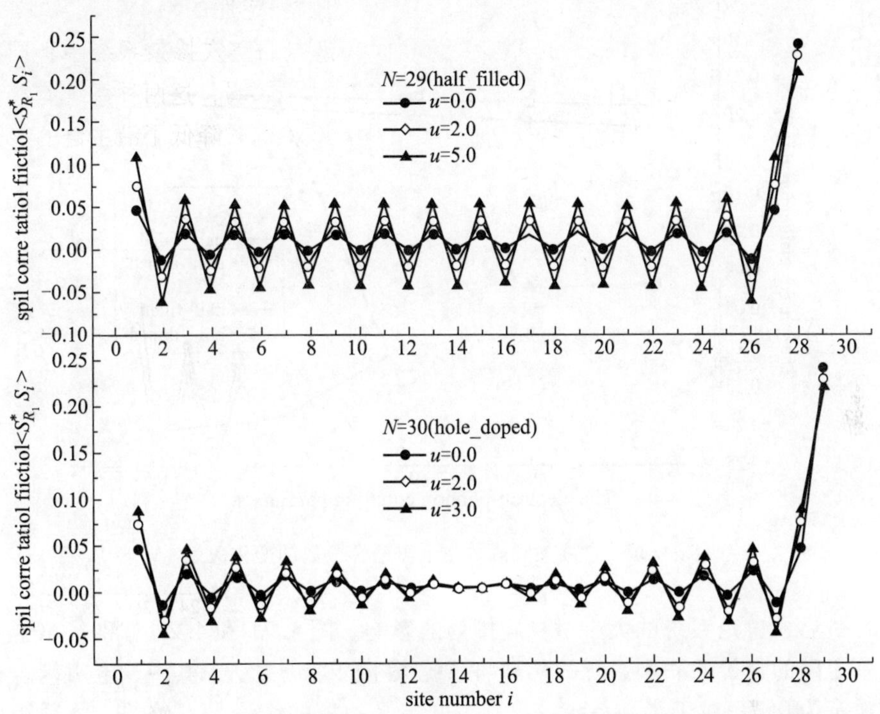

图 4.18　奇数和偶数格点在不同在位格点库仑作用下系统的自旋关联函数

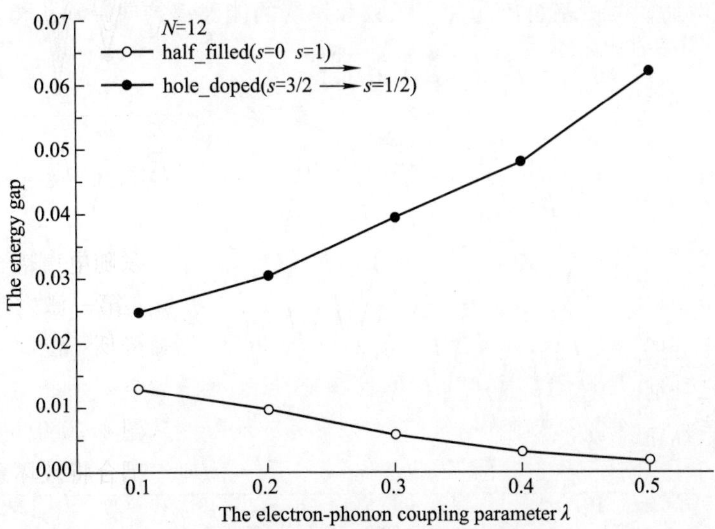

图 4.19　能隙与电声耦合常数的变化关系

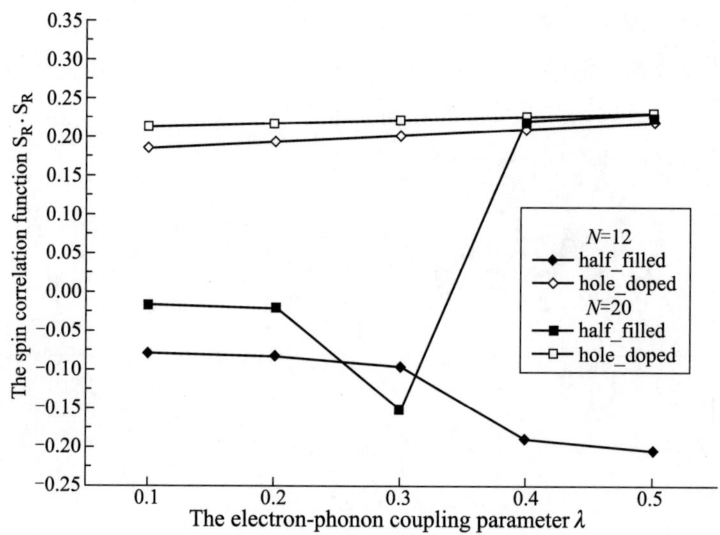

图 4.20　自旋关联函数与电声耦合常数的变化关系

最后，讨论系统的大小对自旋排列的影响。图 4.21 和 4.22 分别给出了两侧基之间的自旋关联和系统的能隙与系统大小的变化关系，其中，电声耦合参数设定为 0.3。对于半满系统，自旋关联与平均场的结论是一致的，当系统格点数由偶数变为奇数时，两侧基自旋由反平行变为平行；而对于掺杂空穴系统，则是由平行变为反平行。而且，对于半满偶数和空穴掺杂奇数系统，随着格点数的增加，两侧基自旋的关联函数和系统的能隙都趋向于零；相反，对于

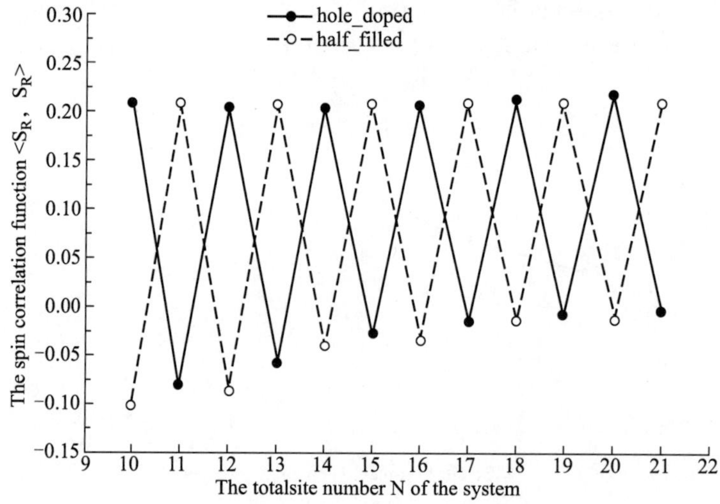

图 4.21　自旋关联函数与系统大小变化关系

半满奇数和空穴掺杂偶数系统，随着格点数的增加，将存在较强的两侧基自旋的关联和系统较大的能隙。因此，可以推断出，对于较长链的半满偶数系统和掺杂奇数系统，自旋关联和能隙将消失。

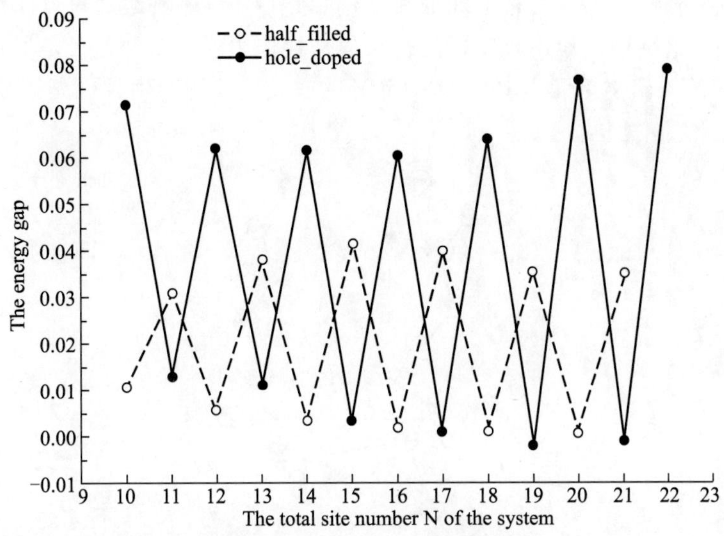

图 4.22　能隙与系统大小变化关系

4.5　分子磁体反丁烯二酸桥和铜的聚合物的磁性

前面运用密度矩阵重整化群方法研究系统的基态性质，这一节研究磁性系统在有限温度下的性质。先介绍分子磁体反丁烯二酸桥和铜的聚合物的实验背景，然后，采用一维交错模型和梯子自旋模型研究磁性来源。

4.5.1　实验背景

多年来，探索顺磁金属和有机桥配体之间相互作用，推动了新型磁性材料的设计和制备[20-22]。在这些磁性材料中，金属中心之间的桥配体起超交换作用。Mukherjee 等人[20]实验上用反丁烯二酸作为桥体，合成了铜的链状聚合物 $[Cu(\mu-C_4H_2O_4)(NH_3)_2]_n(H_2O)_n$，这个化合物的特征是，羧酸盐充当单锯齿状的联合配体连着两个 Cu(II)，并和剩余的单原子组成的桥配体形成 4 和 14 原子交替重复的准一维链。实验测量得到的低温磁化率表明，系统中铁磁作用占主导，主要来源于单原子桥的 Cu(II)的二聚物。该分子磁性材料是理解铁磁和反铁磁竞争关系的很好例子。

4.5.2 一维交错模型

分子磁体反丁烯二酸桥和铜的聚合物的结构图如4.23所示，从实验结果可知，在聚合链中存在两种不同的相互作用路径：第一种是通过反丁烯二酸阴离子产生，这种耦合作用较弱，且是长程交换作用；第二种路径是通过单原子桥Cu(II)的二聚物单元中Cu－O－Cu环的超交换作用产生，也是系统铁磁性

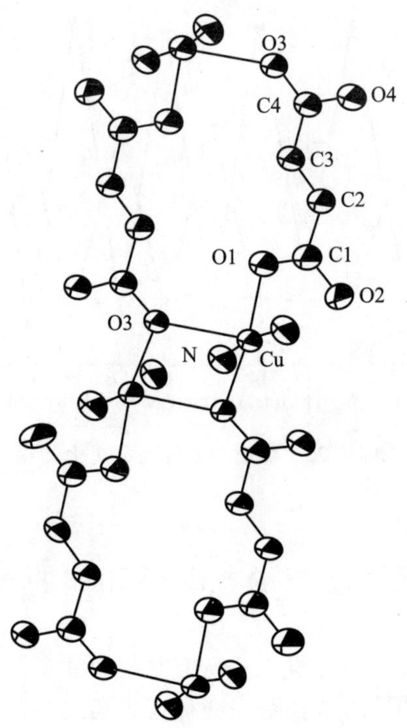

图4.23 化合物$[Cu(\mu-C_4H_2O_4)(NH_3)_2]_n(H_2O)_n$的结构

主要来源。另外，从头计算的结果[26]给出，每个分子的磁矩是$1\mu_B$，主要由Cu(II)贡献，而原子O、N、C对磁矩只有很少的贡献。理论上研究其磁性质，可以采用一维铁磁－反铁磁$S=1/2$交替模型，其哈密顿量

$$H=-\sum_{i=1}^{N}(J_1S_{2i}S_{2i+1}+J_2S_{2i}S_{2i-1})-\sum_{i}^{2N}g\mu_BBS_i^Z \qquad (4-39)$$

其中，J_1和J_2是各向同性交换作用，有不同的符号，J_1是反铁磁耦合作用，J_2描述铁磁耦合作用。在下面的讨论中，定义$\alpha=|J_2/J_1|$，反映铁磁作用和反铁磁作用的比例。

首先，讨论一维交替自旋链的磁性质。图4.24给出在不同比值α情况下

磁化率曲线，理论上，可以调整 α 值来拟合实验曲线，从而确定铁磁和反铁磁的比例。从图中可以看出，当 α 取 0.1 时，铁磁耦合较强，克服了反铁磁耦合作用；随着温度的降低，磁化率连续性上升；随着 α 的增加，反铁磁作用增强，磁化率的峰值逐渐向高温移动。

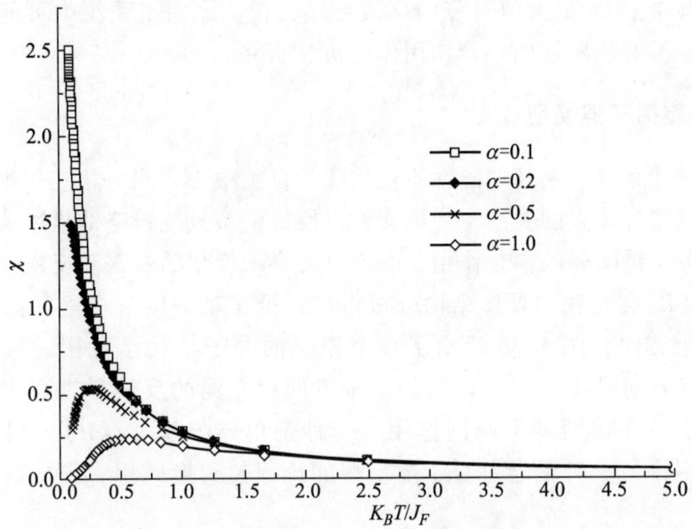

图 4.24　一维铁磁－反铁磁交替链模型在不同比率 α 下的磁化率

为了表征铁磁行为需要计算磁化率和温度的乘积 χT 随温度的变化关系，结果如图 4.25 所示。

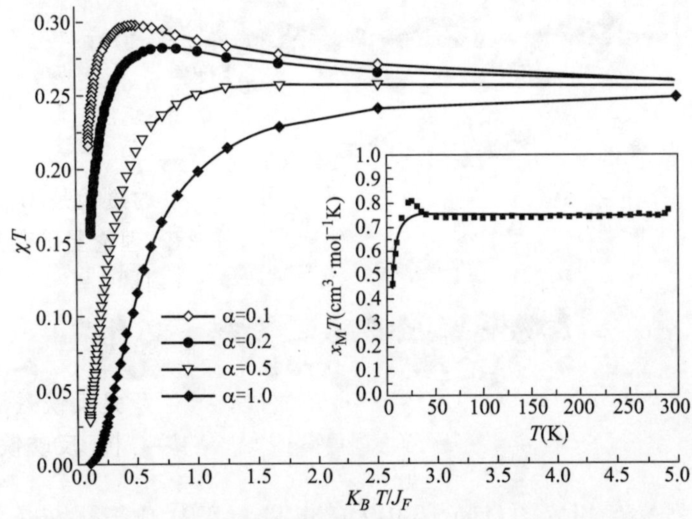

图 4.25　一维铁磁－反铁磁交替链模型的磁化率与温度的乘积 χT 与温度的关系

从图 4.25 可以看出，当 α 远小于 1 时，χT 随着温度的降低表现出明显的极大值；此后，当温度继续降低时，χT 的值迅速下降。在高温部分，由于顺磁作用，χT 保持恒定。同时，关于 Cu(II) 化合物的实验所测得的 χT 也在图 4.25 中给出，可以看出，理论计算曲线和实验结果[27]大致一致。然而，比较而言，实验中 χT 的最大值对应的峰值更加尖锐，原因是系统中可能存在链间耦合作用。下节就对链间耦合作用作分析、研究。

4.5.3 自旋梯子链模型

对于磁性系统，宏观的磁性不仅依赖于自旋中心之间的相互作用，而且还与结构的维度有很大的关系。一维交替自旋链模型只能粗略地描述系统的磁性质，本节考虑链间弱的耦合作用，研究自旋梯子模型的铁磁和反铁磁的竞争关系。从 Cu(II) 化合物的具体结构分析得知，沿 Y 轴方向分子之间的距离远大于其他两个方向，图 4.26 给出了多个原胞的分子结构示意图。水平方向是 X 轴，垂直方向是 Y 轴。可以认为 Y 轴方向存在弱的反铁磁耦合作用，而在水平方向上，存在两种不同的作用，一种是单原子桥 Cu(II) 二聚物单元内的铁磁作用，另一种是通过反丁烯二酸的长程超交换作用。根据自旋极化理

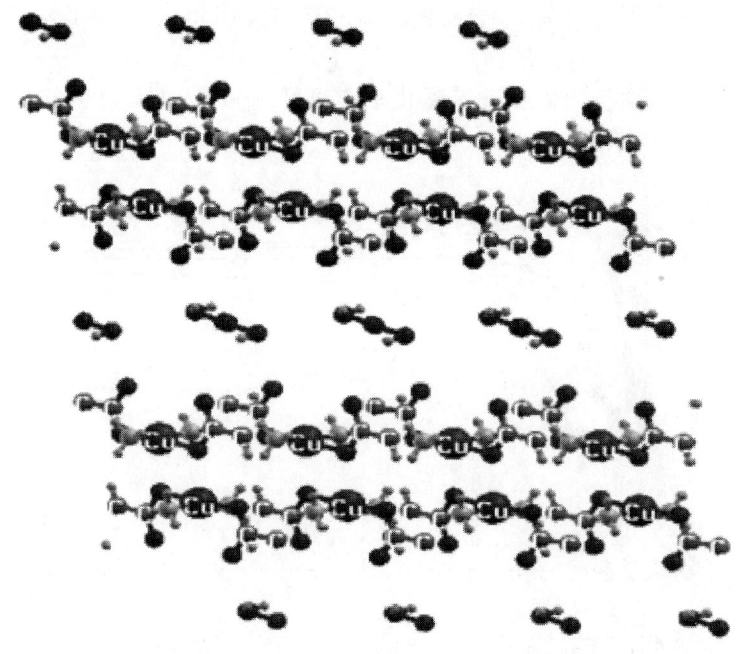

图 4.26　化合物$[Cu(\mu - C_4H_2O_4)(NH_3)_2]_n(H_2O)_n$的多原胞结构

论，一个分子单元的交换作用常数可以表示为负自旋密度和正自旋密度之和，由于在$[Cu(\mu-C_4H_2O_4)(NH_3)_2]_n(H_2O)_n$化合物中分子内自旋极化，碳原子的自旋分布为“+- +-”，根据密度泛函理论计算所得，沿分子链上C1、C2、C3、C4的自旋密度分别为-0.003、0.078、-0.008、0.000，它们的和仍然为正的自旋密度，说明这条链上存在较弱的铁磁作用。因此，采用两条铁磁链的自旋梯子和链间反铁磁耦合的模型，可以恰当地描述$[Cu(\mu-C_4H_2O_4)(NH_3)_2]_n(H_2O)_n$化合物的磁性机理。自旋梯子的哈密顿量如下形式：

$$H=-\sum_{i=1}^{N}J_1(S_{1,i}S_{1,i+1}+S_{2,i}S_{2,i+1})-\sum_{i=1}^{N}J_2(S_{1,i}S_{2,i})-\sum_{i}^{N}g\mu_BB(S_{1,i}^Z+S_{2,i}^Z) \tag{4-40}$$

其中，J_1是链内铁磁耦合作用，J_2是链间耦合反铁磁作用，定义反铁磁(AF)与铁磁(F)比例$\beta|J_{AF}/J_F|$。

图4.27给出在不同β下系统磁化率与温度的函数，从图中看出，随着β的降低，磁化率的峰值增加，其所对应的温度向低温移动，当$\beta=0.05$时，χ表现为尖锐的峰值，表明存在强的铁磁作用，而当温度继续降低时，链间反铁磁与链内铁磁形成竞争，导致χ急剧下降。

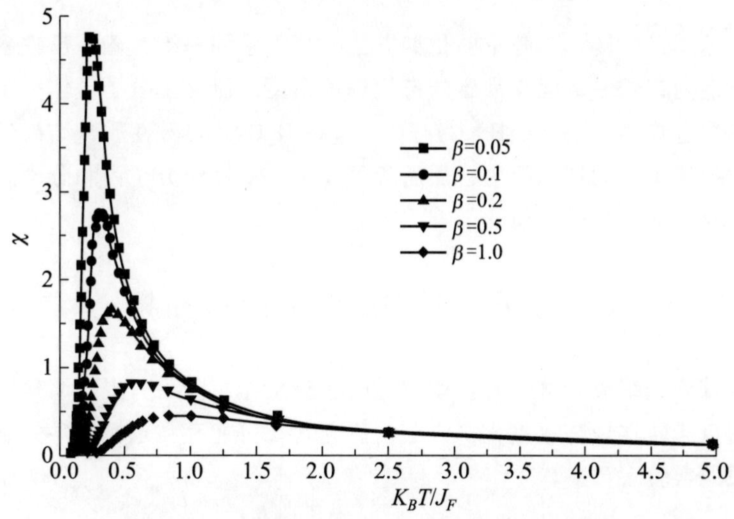

图4.27　自旋梯子模型在不同比率β下的磁化率

另外，磁化率与温度的乘积的量纲反映有效磁矩的大小，图4.28即给出χT与温度的变化关系。从图中看出，链内的铁磁作用较强时，系统中铁磁行为占优势，当温度降低时，χT 曲线表现为尖锐的峰值，这与实验的结果非常吻合。

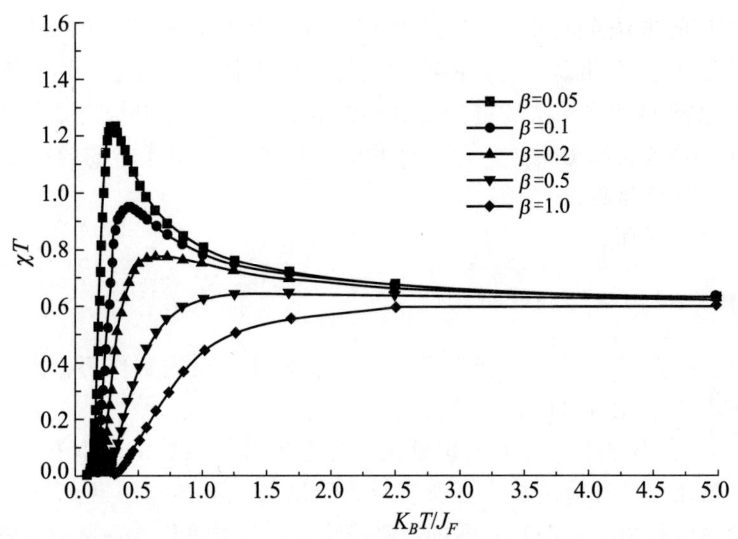

图 4.28 自旋梯子模型在不同比率 β 下磁化率与温度的乘积与温度的变化关系

以上运用量子转移矩阵重整化群方法，分别采用一维铁磁－反铁磁交错模型，以及链内铁磁－链间反铁磁的自旋梯子模型，研究了分子磁体反丁烯二酸桥和铜的聚合物 $[Cu(\mu-C_4H_2O_4)(NH_3)_2]_n(H_2O)_n$ 的磁性质，结果发现，前者能大致描述系统的铁磁行为，而后者可以深入地反映分子内和分子之间的竞争作用，及其对系统磁性质的影响。

4.6 分子基亚铁磁体的磁性和相变

本节首先介绍关于链状有机亚铁磁的实验工作，随后，提出简化的理论模型，运用量子转移矩阵重整化群方法，研究系统可能存在亚铁磁序的条件，并解释相关的实验现象。

4.6.1 有机亚铁磁体

有机亚铁磁的概念最先由 Buchachenko 提出[23-33]，而后，实验上采用三种方案实现：(1) 用两种 NO 自由基合成由基态为 $S=1$ 和 $S=1/2$ 交替的有机亚铁磁的模型复合物(model compound)[34]，然而实验上开始并没有观察到明显的亚铁磁序；不久后，1997 年，Shiomi 报道[35]在磁化率与温度乘积曲线上，观察到了亚铁磁特征，特征温度为 6 K，实验中采用分子单元如图 4.29 所示。(2) 2001 年，Hosokoshi 和合作者利用“单成分”(single-component)的三自由基 PNNBNO 的方法合成了很好的有机亚铁磁体，并从比热测定中得到 Tc 为 0.28 K[36]。此三自由基[37,38]是通过分子之间和分子内的反铁磁作用，连接 $S=1$（双自由基）和 $S=1/2$（单自由基）而构成，其结构如图 4.30 所示。(3) 也有科学家尝试利用有机盐(organic salt)的方法合成有机亚铁磁体[39,40]。尽管如此，对有机亚磁性材料的研究还存在很大的困难，抑制亚铁磁序的机理仍然不清楚，因而，对于实验化学家定向合成亚铁磁性分子，尚缺乏理论指导。

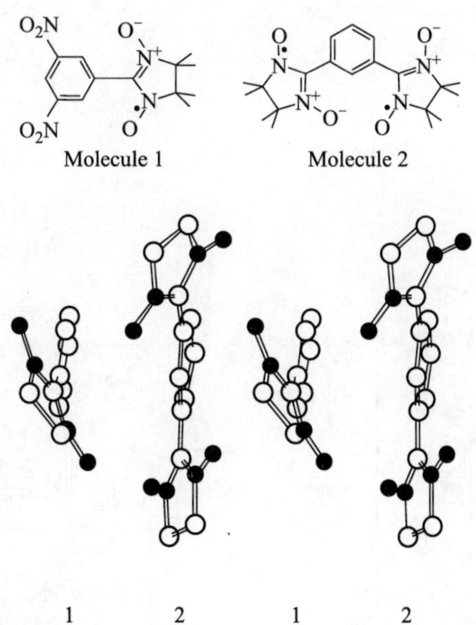

图 4.29　链状分子亚铁磁体结构和组成的分子单元

根据实验可知，与传统的无机亚铁磁体相比，有机亚铁磁体有两大特点，一是多自旋中心的特征，二是低对称结构。根据这些特点，采用双自由基和单自由基的交替一维链的模型，研究在有限温度下亚铁磁序存在的可能性与分子内和分子之间相互作用的关系，并探索了抑制亚铁磁的可能机理。

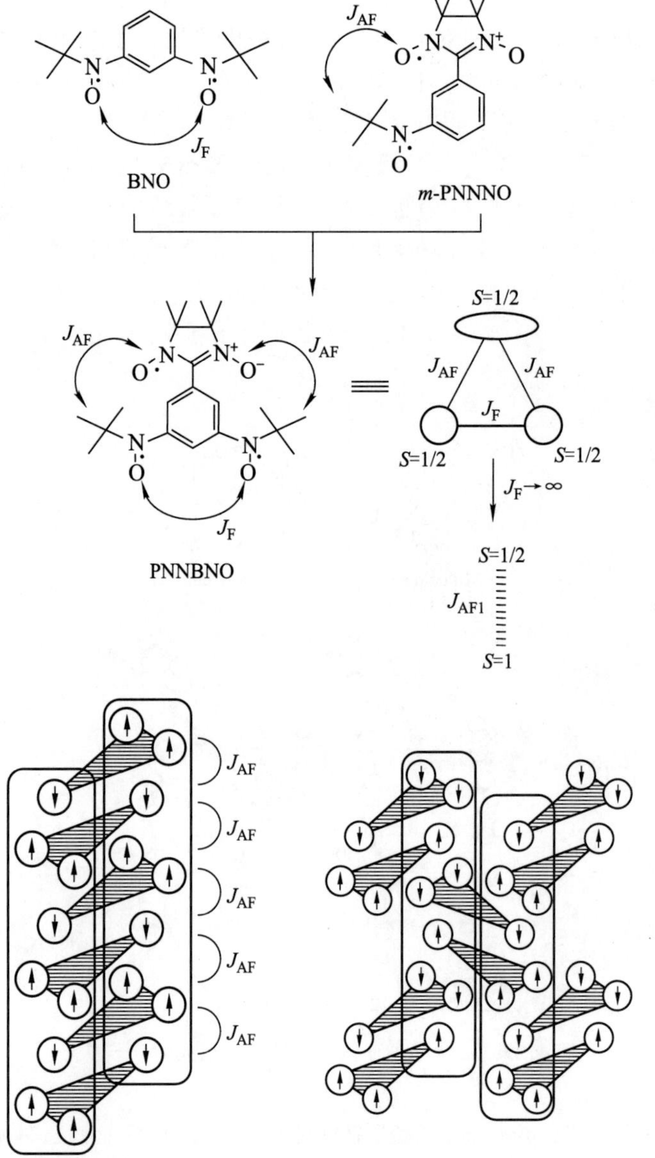

图 4.30　由“单组分三自由基”方法合成的链状分子亚铁磁体的结构

4.6.2　理论模型和计算方法

下面，运用量子转移矩阵重整化群的方法，研究有机分子亚铁磁链在有限温度下亚铁磁序存在的可能性，所采用的模型是双自由基和单自由基的交替一维链，如图 4.31 所示。

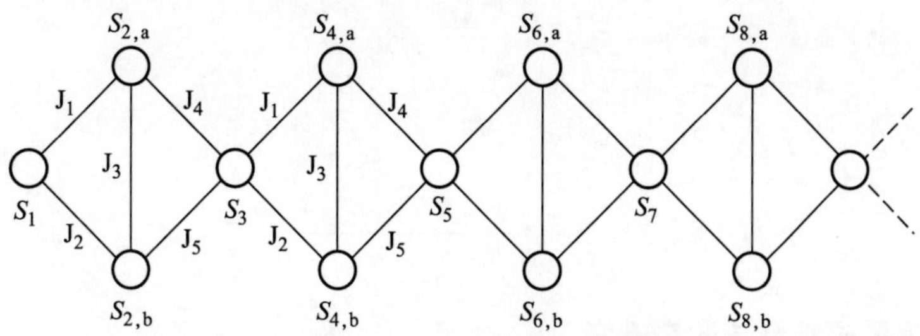

图 4.31　分子亚铁磁链的自旋哈密顿量模型

其哈密顿量为：

$$H = \sum_{i=1}^{N}[J_1 S_{2i-1}S_{2i,a} + J_2 S_{2i-1}S_{2i,b} + J_3 S_{2i,a}S_{2i,b}]$$
$$+ J_4 S_{2i,a}S_{2i+1} + J_5 S_{2i,b}S_{2i+1} - g\mu_B B(S_{2i-1}^Z + S_{2i,a}^Z + S_{2i,b}^Z) \quad (4-41)$$

其中，S 是自旋 1/2 的算符，$S_{2i,a}$和 $S_{2i,b}$由分子内的铁磁交换作用 $J_F(J_3)$耦合，其他作用都为分子之间的反铁磁耦合。在以下计算中，外磁场标度为$h = g\mu_B B/J_F$。

计算中，为了使用转移矩阵方法，如下分解哈密顿：

$$H = H_1 + H_2 \quad (4-42)$$

$$H_1 = \sum_{i=odd}^{N}\left(J_1 S_i S_{(i+1),a} + J_2 S_i S_{(i+1),b} + \frac{1}{2}J_3 S_{(i+1),a}S_{(i+1),b}\right)$$
$$- g\mu_B B\sum_{i=odd}^{N}\left(\frac{S_i^Z + S_{(i+1),a}^Z + S_{(i+1),b}^Z}{2}\right) \quad (4-43)$$

$$H_2 = \sum_{i=even}^{N}\left(J_4 S_i S_{i,a} + J_5 S_i S_{i,b} + \frac{1}{2}J_3 S_{i,a}S_{i,b}\right)$$
$$- g\mu_B B\sum_{i=even}^{N}\left(\frac{S_i^Z + S_{i,a}^Z + S_{i,b}^Z}{2}\right) \quad (4-44)$$

配分函数函数为：

$$Z = Tre^{-\beta H} = Tr(e^{-\varepsilon(H_1+H_2)})^M + o(\varepsilon^2) \quad (4-45)$$

因此内能和磁化强度可以表达为：

$$U = \langle h_{1,2}\rangle = \lim_{\varepsilon\to 0}\frac{\langle\psi_{\max}^L \mid T_M(h_{1,2}) \mid \psi_{\max}^R\rangle}{\lambda_{\max}} \quad (4-46)$$

$$M_z = \lim_{\varepsilon\to 0}\frac{\langle\psi_{\max}^L \mid T_M((S_1^Z + S_{2,a}^Z + S_{2,b}^Z)/2) \mid \psi_{\max}^R\rangle}{\lambda_{\max}} \quad (4-47)$$

同理，子晶格的磁矩表达为：

$$\langle S_1^Z \rangle = \lim_{\varepsilon \to 0} \frac{\langle \psi_{\max}^L \mid T_M(S_1^Z) \mid \psi_{\max}^R \rangle}{\lambda_{\max}} \tag{4-48}$$

$$\langle S_{2,a}^Z \rangle = \lim_{\varepsilon \to 0} \frac{\langle \psi_{\max}^L \mid T_M(S_{2,a}^Z) \mid \psi_{\max}^R \rangle}{\lambda_{\max}} \tag{4-49}$$

$$\langle S_{2,b}^Z \rangle = \lim_{\varepsilon \to 0} \frac{\langle \psi_{\max}^L \mid T_M(S_{2,b}^Z) \mid \psi_{\max}^R \rangle}{\lambda_{\max}} \tag{4-50}$$

4.6.3 反铁磁耦合与亚铁磁序

首先考虑全对称哈密顿量结构的情况，结果发现，分子之间的反铁磁作用对亚铁磁态的形成非常重要的，即使当分子内的铁磁作用小到零时，系统仍然表现为亚铁磁行为，如图 4.32 所示（参数为：$J_1 = J_2 = J_4 = J_5 = J_{AF}$，$J_3 = J_F$ $(a = J_{AF}/|J_F|$，$\alpha = 0.3, 0.5, 1.0, 1.5, 2.0)$）。关于这个结构，实验证实由 Cu 构成的无机材料在低温极限下表现为发散行为（图 4.32 的插图所示），因此，该菱形拓扑结构中，分子之间的反铁磁作用对系统表现的亚铁磁性有决定性作用；然而，当分子之间的反铁磁作用相对于分子内的铁磁作用较小时，系统表现为铁磁性，如图 4.33 所示（参数为：$J_1 = J_2 = J_4 = J_5 = J_{AF}$，$J_3 = J_F$ $(a = J_{AF}/|J_F|$，$\alpha = 0.05, 0.1)$）。当温度从高温降低时，磁化率和温度的乘积连续增加，直到某一温度时开始单调下降，这和实验的结果[37]一致（如插图所示）。同时，为了进一步说明系统表现出的铁磁行为，我们给出子晶格的自旋磁矩，结果显示，当分子之间的反铁磁作用较弱时，分子中各自旋磁矩在某

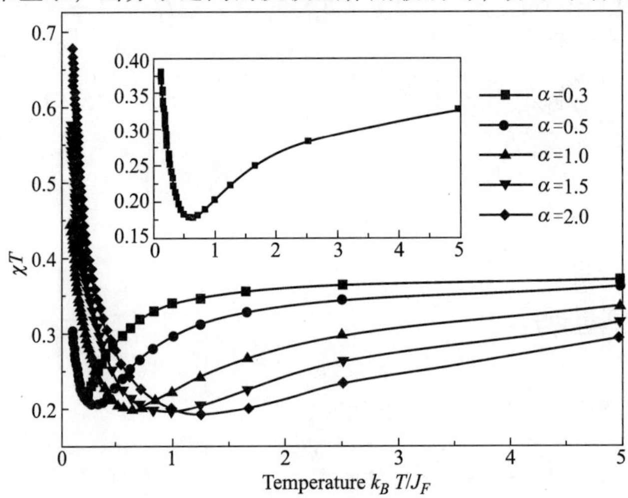

图 4.32 在全对称哈密顿量结构下，包括在各种耦合磁性常数的情况下，磁化率与温度的乘积与温度的响应。参数为：$J_1 = J_2 = J_4 = J_5 = J_{AF}$，$J_3 = J_F$ $(a = J_{AF}/|J_F|$，$\alpha = 0.3, 0.5, 1.0, 1.5, 2.0)$

一温度 T_O 上都大于零(如图 4.34 所示，其中参数选择和图 4.33 所取一致)，为平行排列，导致系统整体的铁磁行为，其物理图象如图 4.35(b)所示。这种自旋排列与传统的相邻自旋的反平行排列(图 4.36(a)所示)是不同的，其原因是弱的反铁磁联合作用的结果。

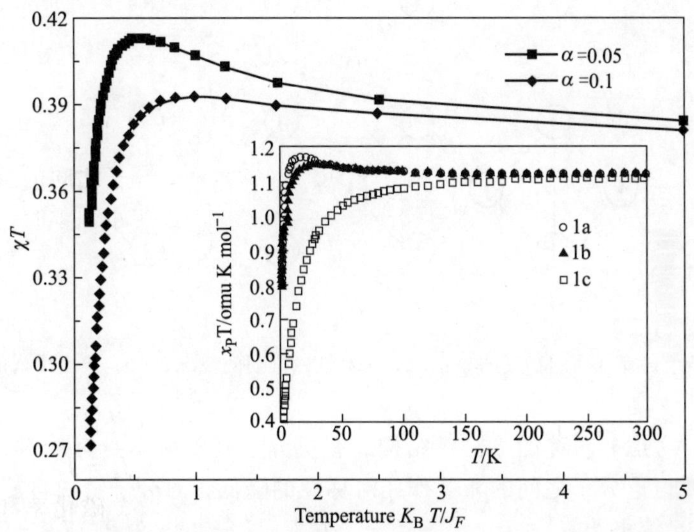

图 4.33　全对称哈密顿量结构，当分子之间的作用远小于分子内的相互作用时，磁化率与温度的乘积与温度的响应。参数为：$J_1=J_2=J_4=J_5=J_{AF}$，$J_3=J_F(a=J_{AF}/|J_F|$，$\alpha=0.05$，$0.1)$。插图为实验工作[37]

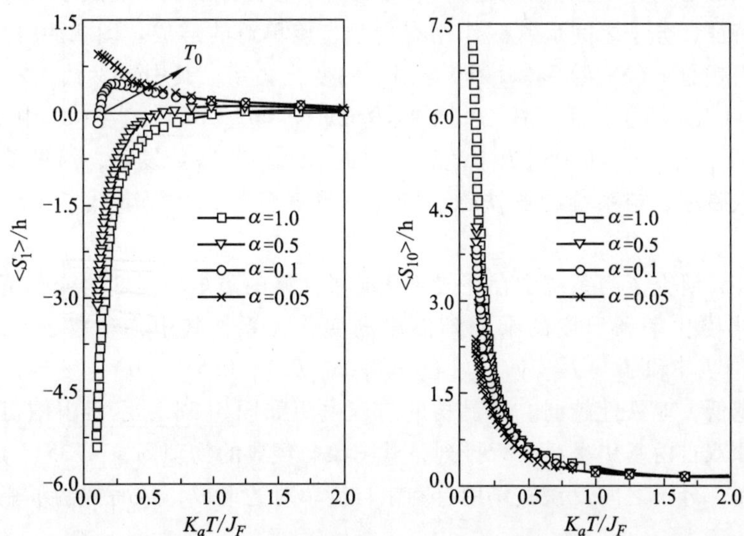

图 4.34　在全对称哈密顿量结构下，子晶格的自旋磁矩。参数为：
$J_1=J_2=J_4=J_5=J_{AF}$，$J_3=J_F(a=J_{AF}/|J_F|$，$\alpha=0.05$，0.1，0.5，$1.0)$

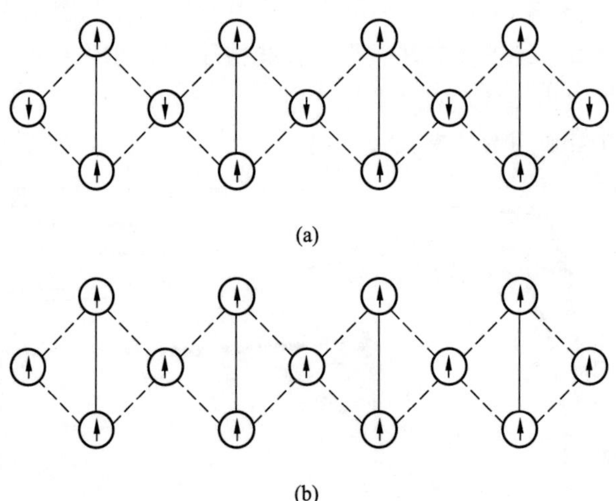
(a)
(b)

图 4.35 自旋排列的物理图象：(a) 是亚铁磁排列的情况；(b) 铁磁排列的情况

其次，考虑非对称的哈密顿结构。有机分子基磁体本身有低对称的性质，因此有必要讨论分子之间的相互作用对称性的降低，对分子链内自旋分布的影响。图 4.36 给出当 $J_3=J_F$，$J_2=J_5=|J_F|$，$J_1=J_4=\beta(J_F)$ ($\beta=0.2$，0.5，0.7，1.0)，双自由基的 P_{ab} 随温度的变化关系。结果发现，随着比率 β 的减少，双自由基的磁矩也相应降低，说明当分子磁性内的空间对称性降低时，系统的亚铁磁态的稳定性变弱。另一方面，由于有机分子的多自旋中心和低对称结构的特征，分子之间反铁磁作用有利于自旋单对的形成。图 4.40 给出在非对称哈密顿量下 $\langle S_1^z/h\rangle+\langle S_{2b}^z/h\rangle$ 与温度的变化关系，其中，参数为：$J_3=J_F$，$J_2=J_5=|J_F|$ 和 $J_1=J_4=\beta|J_F|$ ($\beta=0.05$，0.005，0.0)，在 (d) 中 $J_3=J_F$，$J_2=|J_F|$，$J_1=J_4=0.05|J_F|$，$J_5=\lambda|J_F|$ ($\lambda=0.1$)。发现，沿链的方向上形成反铁磁序，与系统的亚铁磁序的排列形成竞争，从而降低了系统的有效磁矩。

另外，研究了当系统中存在二聚化时子晶格的磁矩随温度的变化情况。图 4.37 给出磁化率和温度的乘积随温度的变化关系，其中，参数为：$J_3=J_F$，$J_4=J_5=|J_F|$ 和 $J_1=J_2=\gamma|J_F|$ ($\gamma=0.05$，0.1，0.5，1.0)，发现，系统的对称性越低，亚铁性越弱。子晶格的自旋磁矩如图 4.38 所示，由图可见，单自由基和双自由基仍呈反平行排列，其图象与经典的物理图象 4.35(b) 是一致的，然而，分子之间反铁磁作用有利于自旋单对的形成，从而抑制了亚铁磁序的形成。

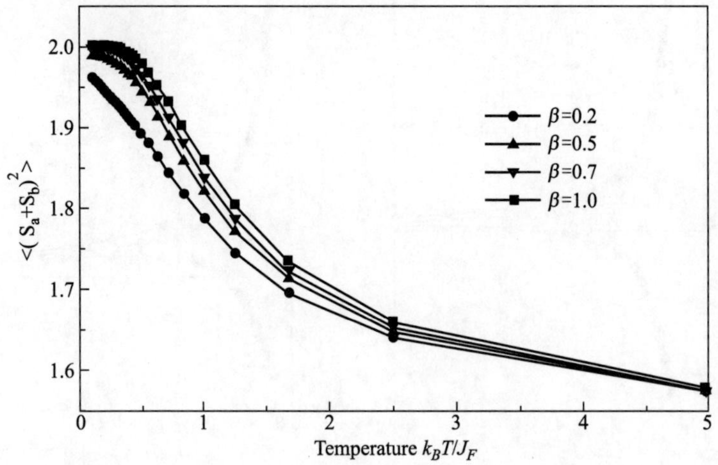

图 4.36 在非对称哈密顿量结构下，当 $J_3=J_F$，$J_2=J_5=|J_F|$，$J_1=J_4=\beta|J_F|$（$\beta=0.2$，0.5，0.7，1.0），双自由基的 P_{ab} 随温度的变化关系

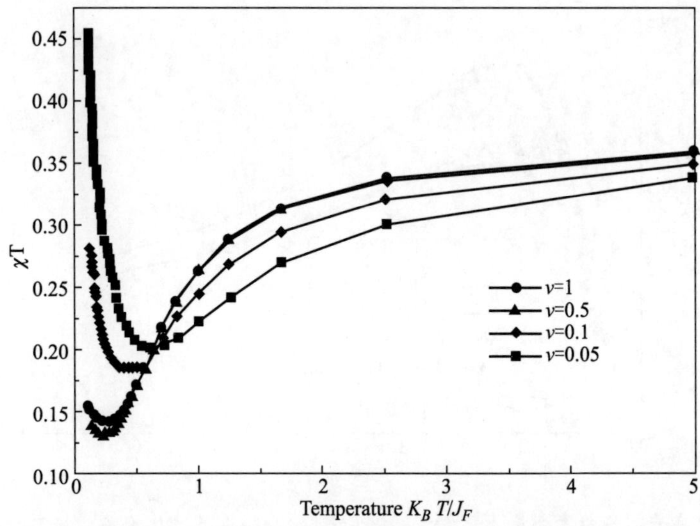

图 4.37 当考虑到系统的二聚化时，磁化率和温度的乘积随温度的变化关系，其中，参数为：$J_3=J_F$，$J_4=J_5=|J_F|$ 和 $J_1=J_2=\gamma|J_F|$（$\gamma=0.05$，0.1，0.5，1.0）

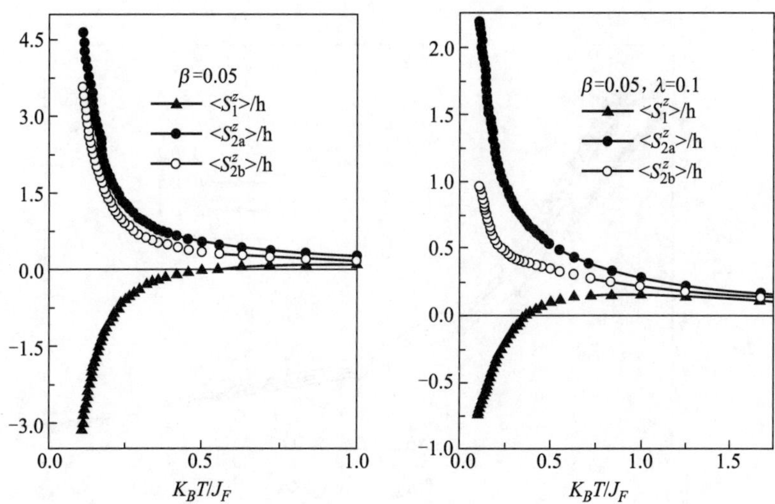

图 4.38 在非对称哈密顿量结构下，子晶格的自旋磁矩，其中，参数为：$J_3=J_F$，$J_2=J_5=|J_F|$ 和 $J_1=J_4=\beta|J_F|$（$\beta=0.05$），在右边部分，$J_3=J_F$，$J_2=|J_F|$，$J_1=J_4=0.05|J_F|$ 和 $J_5=\lambda|J_F|$（$\lambda=0.1$）

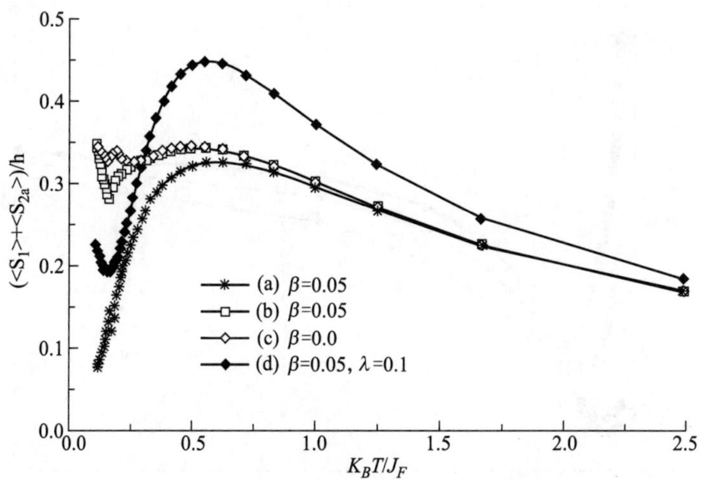

图 4.39 在非对称哈密顿量下，$\langle S_1^z/h\rangle+\langle S_{2b}^z/h\rangle$与温度的变化关系。其中，参数为：$J_3=J_F$，$J_2=J_5=|J_F|$ 和 $J_1=J_4=\beta|J_F|$（$\beta=0.05,\ 0.005,\ 0.0$），在(d)中 $J_3=J_F$，$J_2=|J_F|$，$J_1=J_4=0.05|J_F|$，$J_5=\lambda|J_F|$（$\lambda=0.1$）

再来研究外场存在的情况。磁化率和温度的乘积 χT 随温度的变化曲线表现出最大值和最小值，如图 4.40 所示。在低对称结构下（$J_3=J_F$，$J_1=J_4=0.05|J_F|$，$J_2=1.2|J_F|$，$J_5=0.9|J_F|$），χT 的曲线中的最大值是磁场诱导所致，而不是自旋单对的形成所导致的，这一结果与实验一致，图 4.40 的插图即为一种多晶聚合物样品的实验测量结果。

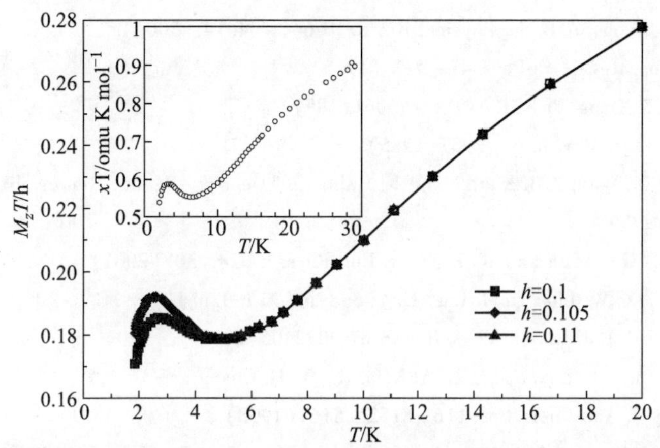

图 4.40　在非对称哈密顿量结构下，在外场作用下，磁化率与温度的乘积与温度的响应。参数为：$J_3=J_F$，$J_1=J_4=0.05|J_F|$，$J_2=1.2|J_F|$，$J_5=0.9|J_F|$。插图为实验结果[36]

以上运用量子转移矩阵重整化群的方法，研究了有限温度下链状分子由双自由基和单自由基交替而成有机亚铁磁系统的磁性质。

对于全对称哈密顿量，当分子之间的反铁磁作用较弱时，系统表现为铁磁性，子晶格的磁矩都大于零，呈平行排列。此物理图象有别于传统的亚铁磁的反平行排列；此外，当增加分子之间的反铁磁作用，子晶格的磁矩则呈现反平行排列。而分子内的铁磁作用即使小到零，系统仍表现为亚铁磁行为。

对于非对称的哈密顿量，当系统的对称性降低时，亚铁磁序被抑制，原因是分子之间反铁磁耦合形成自旋单态，因而，沿链方向的反铁磁序与系统的亚铁序形成竞争。对称性越低，反铁磁序越强，标志亚铁磁序的特征温度将越向低温移动。

关于以上工作，还可以参阅我们的其他有关论文[41-44]。

参 考 文 献

[1] S. R. White. Phys. Rev. B 48 10345 (1993)

[2] Steven R. White. Phys. Rev. Lett 69, 2863 - 2866 (1992)

[3] R. J Bursill, T. Xiang, G. A. Gehring. J. Phys. C8, L583(1996)

[4] T. Xiang. Phys. Rev. B53, R10445 - 8 (1996)

[5] T. Xiang, J. Lou, Z. B. Su. Physical Review B 64, 104414 (2001)

[6] K. G. Wilson. Rev. Mod. Phys. 47, 773 (1975)

[7] X. Wang, T. Xiang. Phys. Rev. B 56, 5061(1997)

[8] M. Suzuki. Phys. Rev. B 31, 2957(1985)

[9] I. Peschel, X. Wang, M. Kaulke and K. Hallberg. "Density - Matrix Renormalization Group", Springer(1998)

[10] K. L Yao, G. Y. Sun and W. Z. Wang. Eur. Phys. J. B24, 309(2001)

[11] K. L. Yao, X. W. Liu, Q. M. Liu, G. Y. Sun and Z. L. Liu. J. Phys. C 15, 4207 (2003)

[12] S. Moukouri, L. G. Caron. Phys. Rev. B 67, 092405(2003)

[13] M. M. Murray, P. Kaszynski, D. A. Kaisaki, W. H. Chang and D. A. Dougherty. J. Am. Chem. Soc. 116, 8152 - 8161(1998)

[14] K. K. Anderson and D. A. Dougherty. Advanced Materials 10, 688 - 69(1998)

[15] P. Huai, Y. Shimoi, S. Abe. Phys. Rev. Lett. V. 90, No. 20(2003)

[16] Izuoka, M. Hiraishi, T. Abe, T. Sugawara, K. Sato, T. Takui. J. Am. Chem. Soc. 122, 3234 (2000)

[17] V. O. Cheranocskii, Ikii, Ozkan, J. Magn. Magn. Mater. 232, 156 - 162(2001)

[18] Y. Teki, S. Miyamoto, K. Iimura, M. Nakatsuji, Y. Miura. J. Am. Chem. Soc. 122, 984 (2000)

[19] H. Sakurai, A. Izuoka, T. Sugawara. J. Am. Chem. Soc. 122, 9723(2000)

[20] P. S. Mukherjee, T. K. Maji, G. Mostafs, et al. . Inorg Chem. 40(2001)928

[21] Kahn. Molecular Magnetism(VCH, New York, 1993)

[22] L. C. Li, D. Zh. Liao, Z. H. Jiang and S. P. Yan. J. Chem. Soc. , Dalton Trans. , (7), (2002)1350

[23] Miller JS. Inorg Chem, 39, 4392 (2000)

[24] Z. H. Xiong, D. Wu, Z. V. Vardeny, J. Shi. Nature, 427, 821(2004)

[25] Miyazaki Y, Sakakibara T, Ferrer J R, Lahti P M, Antorrena G, Palacio F, Sorai M. J. Phys. Chem. B. , 106(34), 8615(2002)

[26] K. L. Yao, L. Zhu, Z. L. Liu. Eur. Phys. J. B 39, 283 - 286 (2004);
Y. F. Duan, K. L. Yao. Phys. Rev. B 63 , 134434(2001)

[27] J. J. Borras - Almenar, E. Coronado, J. Curely, R. Georges, J. C. Gianduzzo. Inorg. Chem. 33 (1994)5117

[28] D. Shiomi, K. Sato, T. Takui. J. Phys. Chem. 105, 2923(2001)

[29] D. Shiomi, M. Nishizawa, K. Sato, T. Takui, K. Itoh, H. Sakurai, A. Izuoka, T. Sugawara. J. Phys. Chem. B, 101, 3342(1997)

[30] D. Shiomi, C. Kaneda, Y. Kanzaki, K. Sato, T. Takui. Synthetic Metal, 137, 1155(2003)

[31] D. Shiomi, K. Sato, T. Takui. J. Phys. Chem. A 106, 2096(2002)

[32] M. Tamura, Y. Nakazawa, D. Shiomi, K. Nozawa, Y. Hosokoshi, M. Ishikawa, M. Takahashi, M. Kinoshita. Chem. Phys. Lett. 186, 401(1991)

[33] Buchachenko, A. L. Dokl. Phys. Chem. (Transl. of Dokl. Akad. Nauk.)1979, 244, 107

[34] Izuoka, M. Fukada, R. Kumai, M. Itakura, S. Hikami, T. Sugawara. J. AM. Chem. Soc. 116, 2609(1994)

[35] D. Shiomi, M. Nishizawa, K. Sato, T. Takui, K. Itoh, H. Sakurai, A. Izuoka, T. Sugawara. J. Phys. Chem. B, 101, 3342(1997)

[36] Y. Hosokoshi, K. Katoh, Y. Nakazawa, H. Nakano, K. Inoue. J. Am. Chem. Soc, 123, 7921 (2001)

[37] T. Kanaya, D. Shiomi, K. Sato, T. Takui. Polyhedron20, 1397(2001)

[38] C. Kaneda, D. Shiomi, K. Sato, T. Takui. Polyhedron 22, 1809(2003)

[39] S. Hase, D. Shiomi, K. Sato, T. Takui. Polyhedron, 20, 1403(2001)

[40] D. Shiomi, M. Nishizawa, K. Kamiyama, et al. . Synthetic Metal, 121, 1810(2001)

[41] K. L. Yao, Q. M. Liu, Z. L. Liu. Phys. Rev. B70, 224430 (2004)

[42] K. L. Yao, Q. M. Liu, Z. L. Liu. Eur. Phys. J. B35 , 365 (2003)

[43] Q. M. Liu, K. L. Yao, Z. L. Liu, Y. Qin. J. Phys. C 16 , 2093(2004)

[44] Q. M. Liu, K. L. Yao. Phys . Lett. A, 338, 315 (2005)

第五章　有限温度下有机磁的磁学和热力学性质——量子格林函数方法

本章用双时格林函数理论(Double-time Green's function theory)[1-5]对有机磁磁学和热力学性质进行研究。研究对象主要为基于分子的亚铁磁体和反铁磁阻挫的棱型链结构。量子力学中遇到的问题大多不能严格求解。也就是说，在进行计算时，很难写出多体粒子系统能量的精确解析表达式，因此，常常无法写出配分函数的解析式。这就使通过统计平均来计算宏观物理量十分困难。为了解决这个困难，人们提出不少近似方法，来处理多体系的量子统计力学问题。费曼(Feynman)等人在量子场论基础上发展的多体格林函数理论(Many-body Green's function theory)，是统计力学中一种十分有效的近似方法。随后，许多物理学家将格林函数理论应用到磁学，如 Callen 建立铁磁体格林函数理论[6]；Lee 等人建立反铁磁格林函数理论[7]，得到在全温区均有效的磁学规律，可见，该理论明显优于过去的平均场近似等理论，使得格林函数理论成为目前解决有限温度下磁学和热力学问题最有效的方法之一。

首先介绍格林函数理论基本的定义和相关表达式，然后用格林函数理论来研究分子亚铁磁体，以及反铁磁阻挫的棱型链结构等体系。

5.1　格林函数理论方法

5.1.1　双时格林函数(the double-time Green's function)

双时格林函数带有自旋分量指标 α，定义为：

$$G_{ij,\eta}^{\alpha}(t-t') = \langle\langle A_i^{\alpha}(t);B_j(t')\rangle\rangle_{\eta} = -i\Theta(t-t')\langle[A_i^{\alpha}(t),B_j(t')]_{\eta}\rangle \tag{5-1}$$

式中 $\eta=-1$ 和 $\eta=+1$ 表示海森堡算符 $A_i^{\alpha}(t)$ 和 $B_j(t')$ 满足对易关系或反对易关系，i 和 j 表示晶格位置指标。

上述算符满足海森堡表象的运动方程：

$$A_i^{\alpha}(t) = \mathrm{e}^{iHt}A_i^{\alpha}\mathrm{e}^{-iHt},\quad \frac{\partial A_i^{\alpha}}{\partial t} = -i[A_i^{\alpha},H]_{-1} \tag{5-2}$$

式中 H 是需要研究系统的哈密顿量，i 是虚数单位。在本节以及在后面的各节中取 $\hbar=1$。

对于由费米子算符构成的菱型链自旋系统，$A_i(t)$，$B_j(t')$为海森堡绘表象的力学量算符，选取算符 A_i^α，B_j 为：

$$A_i^\alpha = (S_i^+, S_i^-, S_i^z),$$
$$B_j = (S_j^z)^m (S_j^-)^n$$

其中 $m+n \leqslant 2S+1$　($m \geqslant 0$，$n \geqslant 0$，整数)　(5-3)

阶梯函数 $\Theta(t-t')$定义为：

$$\Theta(t-t') = \begin{cases} 1, & (t > t') \\ 0, & (t < t') \end{cases} \tag{5-4}$$

注意：双括号表达式$\langle\langle A_i^\alpha(t);\ B_j(t')\rangle\rangle_\eta$是格林函数 $G_{ij,\eta}^\alpha(t-t')$的表示符号。单括号表达式如$\langle[A_i^\alpha(t),\ B_j(t')]_\eta\rangle$则表示关联函数，其中尖括号表示热力学期望值，即：

$$\langle \cdots \rangle = \frac{1}{Z}\sum_n \langle n \mid \mathrm{e}^{-\beta H} \cdots \mid n \rangle = \frac{1}{Z} Tr(\mathrm{e}^{-\beta H} \cdots) \tag{5-5}$$

式中

$$Z = \sum_n \langle n \mid \mathrm{e}^{-\beta H} \mid n \rangle = Tr(\mathrm{e}^{-\beta H}) \tag{5-6}$$

表示配分函数，$\beta = 1/(k_B T)$，T 表示绝对温度，k_B 表示玻尔兹曼常数。

通常，采取格林函数在能量空间的傅立叶的变换形式，使计算变得较为方便，即：

$$G_{ij}^\alpha(\omega) = \int_{-\infty}^{\infty} \mathrm{d}(t-t') G_{ij}^\alpha(t-t') \mathrm{e}^{i\omega(t-t')}$$
$$G_{ij}^\alpha(t-t') = \int_{-\infty}^{\infty} \frac{\mathrm{d}\omega}{2\pi} G_{ij}^\alpha(\omega) \mathrm{e}^{-i\omega(t-t')} \tag{5-7}$$

在动量空间，则有：

$$G_k^\alpha(\omega) = \frac{1}{N}\sum_{ij} G_{ij}^\alpha(\omega) \mathrm{e}^{ik(R_i - R_j)}$$
$$G_{ij}^\alpha(\omega) = \frac{1}{N}\sum_k G_k^\alpha(\omega) \mathrm{e}^{-ik(R_i - R_j)} \tag{5-8}$$

式中 $\delta_{ij} = \frac{1}{N}\sum_k \mathrm{e}^{ik(R_i - R_j)}$，$\delta_{kk'} = \frac{1}{N}\sum_i \mathrm{e}^{i(k-k')R_i}$，$R_i$ 表示 i 晶格的位置，N 表示总的晶格数。

5.1.2　格林函数的运动方程

在通常的处理中，格林函数可以通过运动方程来得到，也就是对(5-1)式求其对时间 t 的微分：

$$i\frac{\partial}{\partial t}G^{\alpha}_{ij,\eta}(t-t') = \delta(t-t')\langle[A^{\alpha}_{i}(t),B_{j}(t')]_{\eta}\rangle$$
$$+\langle\langle[A^{\alpha}_{i},H]_{-1}(t);B_{j}(t')\rangle\rangle_{\eta} \quad (5-9)$$

在这一运动方程式中，采用了(5－2)对时间微分的表达式，同时使用了关系式$\frac{\partial}{\partial t}\Theta(t-t')=\delta(t-t')$。等式(5－9)是格林函数的微分表达式。由于采取代数等式的表示，使得格林函数运算较为方便。利用(5－7)的傅立叶变换，将格林函数变换到能量空间，其能量指标以 ω 变量表示：

$$\omega\langle\langle A^{\alpha}_{i};B_{j}\rangle\rangle_{\eta,\omega} = \langle[A^{\alpha}_{i},B_{j}]_{\eta}\rangle + \langle\langle[A^{\alpha}_{i},H]_{-};B_{j}\rangle\rangle_{\eta,\omega} \quad (5-10)$$

从上面的表达式可见，等式右边含着一个更高阶的格林函数，为了得到更高阶的格林函数，再次利用(5－10)式的运动方程，这样便得到更为高阶的格林函数，一直这样重复使用格林函数的运动方程，只不过使得求解过程和得到的表达式更加复杂。采取这样的方式，产生更高阶、更准确但无限循环的格林函数的运动方程。只有在很少情形下，格林函数在某一高阶的循环可以自动中止。通常，人们需要在某一循环阶段终止循环，以期能够得到系统的自洽迭代式的解，也就是对某个特殊阶数的格林函数作因子分解，使得需要得到的格林函数已经在要切断的那个循环中存在。这样的因子分解，就是解耦近似，这是格林函数理论的基本、严格的近似方法。除了某些特殊的情况，实践证实这样的近似是成功的。下面对此作一介绍。

经常处理的只是较低阶的格林函数方程式，在这种情况下，采取如下的形式来分解格林函数：

$$\langle\langle[A^{\alpha}_{i},H]_{-};B_{j}\rangle\rangle_{\eta,\omega} \simeq \sum_{i}\sum_{\beta}\Gamma^{\alpha\beta}_{il}\langle\langle A^{\beta}_{i};B_{j}\rangle\rangle_{\eta,\omega} \quad (5-11)$$

等式右边只含有同已经存在的格林函数阶数一样的格林函数。采取这样的方式，使得到无限循环的运动方程成为封闭系统。其中矩阵 $\Gamma^{\alpha\beta}_{il}$一般是非对称的。显然，这是一种切断近似。

同样的，如果想得到二阶的格林函数，需对二次对易运算的格林函数$\langle\langle[[A^{\alpha}_{i},\ H],\ H];\ B_{j}\rangle\rangle$进行如同(5－11)式的切断近似。

对于具有周期性的晶格结构，运动方程通过如同(5－8)式的傅立叶变换，简化到动量空间，从而消除了坐标空间中晶格位置指标。如果采取复数矩阵形式，运动方程将表示为：

$$(\omega\mathrm{I}-\Gamma)G_{\eta} = A_{\eta} \quad (5-12)$$

式中 A_{η} 是矢量，其组成为 $A^{\infty}_{\eta}=\langle[A^{\alpha},\ B]_{\eta}\rangle$，$I$ 表示单位矩阵。

格林函数具有极点，且矩阵 Γ 的本征值就是其极点。在许多实际的应用中，Γ 矩阵的本征矢、本征值非常有用，因为利用矩阵 Γ 的本征矢可以带来计算上的便利，特别对超晶格或高维体系。

5.1.3 格林函数的切断近似

从上可知，通过重复使用格林函数的运动方程，便可以得到更高阶的格林函数；同时，为了得到格林函数的具体形式，必须解耦循环链，即采用切断近似。切断近似可以有不同方法，本节就对不同的解耦近似作介绍。

(1) Tyablikov 解耦近似

Tyablikov 解耦近似理论[4] 以及 Tahir-Kheli 等人的近似理论[8]，都忽略了格点自旋 S_g^z 的热力学波动，以其热力学平均值来代替该算符，即

$$\langle\langle S_g^z S_f^+ ; B\rangle\rangle \xrightarrow[f\neq g]{} \langle S^z\rangle\langle\langle S_f^+ ; B\rangle\rangle \tag{5-13}$$

利用(5-13)的解耦近似的具体过程，我们将以 $S=1/2$ 自旋的特殊情况来说明。在这个特殊的情况下 S_g^z 可以写成下面的两种形式：

$$S_g^z = S - S_g^- S_g^+, \quad (S = 1/2), \tag{5-14}$$

$$S_g^z = (S_g^+ S_g^- - S_g^- S_g^+)/2 \tag{5-15}$$

如果对等式(5-14)两边乘以任意参量 α，并将(5-15)两边同时乘以 $(1-\alpha)$，然后将得到的式子和前面的式子相加，可得

$$S_g^z = \alpha S + \frac{1}{2}(1-\alpha) S_g^+ S_g^- - \frac{1}{2}(1+\alpha) S_g^- S_g^+, \quad (S = 1/2) \tag{5-16}$$

格林函数 $\langle\langle S_g^- S_g^+ S_f^+ ;\ B\rangle\rangle$ 可以通过对称的形式解耦，即：

$$\langle\langle S_g^- S_g^+ S_f^+ ; B\rangle\rangle \xrightarrow[g\neq f]{} \langle S_g^- S_g^+\rangle\langle\langle S_f^+ ; B\rangle\rangle + \langle S_g^- S_f^+\rangle\langle\langle S_g^+ ; B\rangle\rangle \tag{5-17}$$

同样的，我们有：

$$\langle\langle S_g^z S_f^+ ; B\rangle\rangle \xrightarrow[g\neq f]{} \langle S_g^z\rangle\langle\langle S_f^+ ; B\rangle\rangle - \alpha\langle S_g^- S_f^+\rangle\langle\langle S_g^+ ; B\rangle\rangle \tag{5-18}$$

需要说明的是，对参数值 α 的不同选择，将导致基于不同等式的近似：(1) 如果 $\alpha=1$，则为具有等式(5-14)的近似；(2) 如果 $\alpha=0$，则为基于等式(5-15)的近似；(3) 如果 $\alpha=-1$，则为基于等式 $S_g^z = -S + S_g^- S_g^+$ 的近似。这样便面临着一个问题，就是根据不同 α 值的选择，可根据 α 值的正、负，或者中间任一个值来对 Tyablikov 解耦近似作一定程度的修正，或是完全不作修正。

等式(5-14)中的算符 S^-S^+ 代表 S^z 和自旋量子数 S 的背离值。当 S^z 和自旋量子数 S 之间的背离值较小时，即 $\langle S^z\rangle \simeq S$ 时，基于等式(5-14)的近似较为合理。

同样，等式(5-15)中的算符 $(S^+S^- - S^-S^+)/2$ 表示 S^z 与自旋量子数0之间的背离值，当 S^z 较小，与 0 值相差不大时，即 $\langle S^z\rangle \simeq 0$ 时，基于等式(5-15)的近似较为合理。

上面的两种情况，可以通过如下 α 值的表达式得到：

$$\alpha = \langle S^z \rangle / S, \quad (S = 1/2) \tag{5-19}$$

等式(5－16)变为：

$$S_g^z = \langle S^z \rangle + \left[\frac{S - \langle S^z \rangle}{2S} S_g^+ S_g^- - \frac{S + \langle S^z \rangle}{2S} S_g^- S_g^+ \right] \tag{5-20}$$

上式中$\langle S^z \rangle$为解耦近似后所得到，表示算符 S^z 近似值，且在整个温区范围内自洽计算$\langle S^z \rangle$。

将(5－19)关于 α 的表达式代入(5－18)式中可得下面的表达式：

$$\langle\langle S_g^z S_f^+ ; B \rangle\rangle \underset{g \neq f}{\longrightarrow} \langle S_g^z \rangle \langle\langle S_f^+ ; B \rangle\rangle - \frac{\langle S^z \rangle}{S} \langle S_g^- S_f^+ \rangle \langle\langle S_g^+ ; B \rangle\rangle, \quad (S = 1/2) \tag{5-21}$$

这是对 1/2 自旋所作的最基本的近似，同时可以将其外推到高自旋的情况。对于一般的自旋而言，等式(5－14)变为下式：

$$S_g^z = S(S+1) - (S_g^z)^2 - S_g^- S_g^+ \tag{5-22}$$

并且，对高自旋等式(5－15)保持原来的形式。在进行解耦近似前，忽略掉$(S_g^z)^2$ 算符的热力学波动，在这种情况下，仍然有：

$$\langle\langle S_g^z S_f^+ ; B \rangle\rangle \underset{g \neq f}{\longrightarrow} \langle S_g^z \rangle \langle\langle S_f^+ ; B \rangle\rangle - \alpha \langle S_g^- S_f^+ \rangle \langle\langle S_g^+ ; B \rangle\rangle \tag{5-23}$$

式中 α 部分来源等式(5－22)的贡献；同时，$(1-\alpha)$来源于等式(5－15)的贡献。但对高自旋，不幸的是，算符 $S_g^- S_g^+$ 不再能通过等式(5－22)作解耦近似处理；同时，对其作为 $S^z = +S$ 的背离值的解释也不再成立。因此，对 α 值的选取不再象低自旋($S = 1/2$)情况那样方便。下面，将讨论如何根据情况决定对 α 的选取。

(1) 对 $S = 1/2$ 的情况，对 α 的选取回归到原来的结论，即 $\alpha = \langle S^z \rangle / S$。

(2) 当$\langle S^z \rangle = 0$ 时，α 值将消失，且用等式(5－15)对算符 $S_g^- S_g^+$ 的解释对任意自旋都有效。

(3) $\langle S^z \rangle \simeq S$ 时，我们期望 S^z 应该具有这样的形式：$S^z = S - n$，式中 n 表示自旋单位值而不是自旋量子数 S。

条件(3)意味着在低温条件下 $\alpha \langle S_g^- S_f^+ \rangle$应该为自旋单位值，而不是自旋量子数 S。现在$(1/2S)\langle S_g^- S_f^+ \rangle$是最低量子数的自旋背离值，且 α 取值为 $\alpha = (1/2S)\langle S^z \rangle / S$。

(2) Kondo-Yamaji 解耦近似

前面一节说明了 Tyablikov 的解耦近似理论，主要用于研究具有长程磁有序的磁性系统，其中，采取了如下形式的切断近似$\langle\langle S_g^z S_f^+ ; B \rangle\rangle \underset{f \neq g}{\longrightarrow} \langle S^z \rangle \langle\langle S_f^+ ; B \rangle\rangle$。因此，这一理论只能处理$\langle S^z \rangle \neq 0$ 的系统。对于无长程序的磁性系统$\langle S^z \rangle = 0$，显然，Tyablikov 的解耦近似理论不再适用。

Kondo 和 Yamaji 在 Tyablikov 的解耦近似理论的基础上，提出了新的 KY 解耦近似理论[9]，这一理论适合于处理无长程序系统。该理论的核心是在格林函数的解耦过程中较前一理论更高一阶，即采用了如下的切断近似：

$$\langle\langle S_i^z S_j^z S_k^+ ; S_l^- \rangle\rangle = \alpha \langle S_i^z S_j^z \rangle \langle\langle S_k^+ ; S_l^- \rangle\rangle \tag{5-24}$$

$$\langle\langle S_i^- S_j^+ S_k^+ ; S_l^- \rangle\rangle = \alpha \langle S_i^- S_j^+ \rangle \langle\langle S_k^+ ; S_l^- \rangle\rangle + \alpha \langle S_i^- S_k^+ \rangle \langle\langle S_j^+ ; S_l^- \rangle\rangle \tag{5-25}$$

其中 α 为引入的任意参量，实为顶角修正因子。在自洽方程中还出 $\langle S_i^z S_j^z \rangle$ 现这样的平均值，它们与 α 一并由方程的自洽性而确定。Kondo-Yamaji 切断近似还可以取另一种形式：

$$\begin{aligned}\langle\langle S_i^+ S_j^- S_k^z - S_j^+ S_i^z S_k^z ; S_l^- \rangle\rangle &= \left\langle S_j^z S_k^z + \frac{1}{2}(\alpha - 1) S_j^+ S_l^- \right\rangle \langle\langle S_i^+ ; S_j^- \rangle\rangle \\ &\quad - \left\langle S_i^z S_k^z + \frac{1}{2}(\alpha - 1) S_i^+ S_k^- \right\rangle \langle\langle S_j^+ ; S_l^- \rangle\rangle\end{aligned} \tag{5-26}$$

5.1.4　格林函数的谱定理

谱定理是格林函数理论中最重要的关系表达式，由谱定理可以得到相关的关联函数，来计算可观测的一些物理学量。下面来说明它们之间的关系。

根据格林函数的定义(5-1)，通过下面的表达式引入谱函数 $S_{ij,\eta}(t-t')$：

$$G_{ij,\eta}(t-t') = -i\Theta(t-t') 2\pi S_{ij,\eta}(t-t') \tag{5-27}$$

利用(5-1)，可以得到谱函数的表达式为：

$$S_{ij,\eta}(t-t') = \frac{1}{2\pi} \langle [A_i(t), B_j(t')]_\eta \rangle = \frac{1}{2\pi} \langle A_i(t) B_j(t') + \eta B_j(t') A_i(t) \rangle \tag{5-28}$$

插入一组完备的本征态(即 $H|m\rangle = \omega_m |m\rangle$)，便得到了关联函数的谱表示：

$$\langle A_i(t) B_j(t') \rangle = \frac{1}{Z} \sum_{nm} \langle n | B_j | m \rangle \langle m | A_i | n \rangle \mathrm{e}^{-\beta\omega_n} \mathrm{e}^{\beta(\omega_n - \omega_m)} \mathrm{e}^{-i(\omega_n - \omega_m)(t-t')} \tag{5-29}$$

$$\langle B_j(t') A_i(t) \rangle = \frac{1}{Z} \sum_{nm} \langle n | B_j | m \rangle \langle m | A_i | n \rangle \mathrm{e}^{-\beta\omega_n} \mathrm{e}^{-i(\omega_n - \omega_m)(t-t')} \tag{5-30}$$

同时，谱函数表示为：

$$\begin{aligned}S_{ij,\eta}(t-t') &= \frac{1}{2\pi} \frac{1}{Z} \sum_{nm} \langle n | B_j | m \rangle \langle m | A_i | n \rangle \\ &\quad \mathrm{e}^{-\beta\omega_n} (\mathrm{e}^{\beta(\omega_n - \omega_m)} + \eta) \mathrm{e}^{-i(\omega_n - \omega_m)(t-t')}\end{aligned} \tag{5-31}$$

对其进行傅立叶变换到能量空间，相关的表达式为：

$$S_{ij,\eta}(\omega) = \frac{1}{2\pi}\sum_{nm}\langle n \mid B_j \mid m\rangle\langle m \mid A_i \mid n\rangle e^{-\beta\omega_n}$$
$$(e^{\beta(\omega_n-\omega_m)} + \eta)\delta(\omega - (\omega_n - \omega_m)) \quad (5-32)$$

则在能量表象中的谱函数和格林函数的关系可表示为：

$$G_{ij,\eta}(\omega) = -2\pi\int_{-\infty}^{\infty} d(t-t')e^{i\omega(t-t')}\Theta(t-t')S_{ij,\eta}(t-t') \quad (5-33)$$

其中阶梯函数 $\Phi(t-t')$ 可表示为：

$$\Theta(t-t') = \frac{i}{2\pi}\int_{-\infty}^{\infty} dx\,\frac{e^{-ix(t-t')}}{x+i\eta} \quad (5-34)$$

表达式 $S_{ij,\eta}(t-t')$ 的傅立叶变换为：

$$G_{ij,\eta}(\omega) = \int_{-\infty}^{\infty} d\omega'\int_{-\infty}^{\infty} dx\,\frac{1}{x+i\eta}\frac{1}{2\pi}\int_{-\infty}^{\infty} d(t-t')e^{i(\omega-\omega'-x)(t-t')}S_{ij,\eta}(\omega')$$
$$= \int_{-\infty}^{\infty} d\omega'\,\frac{S_{ij,\eta}(\omega')}{\omega-\omega'+i\eta} \quad (5-35)$$

其中，

$$G_{ij,\eta}(\omega+i\delta) - G_{ij,\eta}(\omega-i\delta)$$
$$= \int_{-\infty}^{\infty} d\omega' S_{ij,\eta}(\omega')\left(\frac{1}{\omega-\omega'+i\eta} - \frac{1}{\omega-\omega'-i\eta}\right) \quad (5-36)$$

$$\frac{1}{\omega-\omega'\pm i\eta} = P\frac{1}{\omega-\omega'} \mp i\pi\delta(\omega-\omega') \quad (5-37)$$

这样得到

$$S_{ij,\eta}(\omega) = \lim_{\delta\to 0}\frac{i}{2\pi}(G_{ij,\eta}(\omega+i\delta) - G_{ij,\eta}(\omega-i\delta)) \quad (5-38)$$

同时，关联函数可用谱函数表示为

$$\langle B_j(t')A_i(t)\rangle = \int_{-\infty}^{\infty}\frac{d\omega}{e^{\beta\omega}+\eta}S_{ij,\eta}(\omega)e^{-i\omega(t-t')} \quad (5-39)$$

利用上面几个表达式，即可得到关联函数：

$$\langle B_j(t')A_i(t)\rangle = \lim_{\delta\to 0}\frac{i}{2\pi}\int_{-\infty}^{\infty} d\omega\,\frac{G_{ij,\eta}(\omega+i\delta) - G_{ij,\eta}(\omega-i\delta)}{e^{\beta\omega}+\eta}e^{-i\omega(t-t')}$$
$$(5-40)$$

至此，完成了对谱定理与格林函数之间关系的说明。

5.1.5 内能、热容量和自由能

内能是由所研究系统的哈密顿量的热力学期望值得到，见下式

$$E = \langle H\rangle = NE_i \quad (5-41)$$

式中 E_i 表示每单元晶格在位内能，N 为晶格总数。对于一定体积的热容量可以通过内能对温度的微分来得到

$$C_v = \frac{\mathrm{d}E}{\mathrm{d}T} = -\beta^2 \frac{\mathrm{d}E}{\mathrm{d}\beta} \tag{5-42}$$

自由能的计算可以通过内能对温度的积分得到：

$$F(T) = E(0) - T\int_0^T \mathrm{d}T' \frac{E(T') - E(0)}{T'} \tag{5-43}$$

为了较具体的说明每单元晶格的内能怎样计算，考虑关系式：

$$B_i^{C,A} = \langle A_i[C_i, H]_- \rangle \tag{5-44}$$

式中 A_i 和 C_i 是构造格林函数运动方程时需要用到的自旋算符，由这些算符，可以计算表达式 $\langle (S^z)^n \rangle$ ($n = 1, \cdots 2S$)。式中，S 为自旋量子数。等式(5-44)一方面能将相关的格林函数联系起来；另一方面可以通过具体对易关系得到具体的表达式。这样，便导出了一系列的等式。同时利用等式(5-41)，可以计算系统的内能及其他物理学量。

另外，将相关算符的格林函数联系起来，可得到了下面的谱定理

$$\begin{aligned} B_i^{C,A} &= \langle A_i[C_i, H]_- \rangle = i\frac{\mathrm{d}}{\mathrm{d}t}\langle A_i(t')C_i(t)\rangle \big|_{t=t'} \\ &= i\frac{\mathrm{d}}{\mathrm{d}t}\lim_{\delta\to 0}\frac{1}{N}\sum_k \frac{i}{2\pi}\int \frac{\mathrm{d}\omega}{\mathrm{e}^{\beta\omega}-1}(G_k^{C,A}(\omega+i\delta) - G_k^{C,A}(\omega-i\delta))\mathrm{e}^{-i\omega(t-t')} \big|_{t-t'} \\ &= \lim_{\delta\to 0}\frac{1}{N}\sum_k \frac{i}{2\pi}\int \frac{\omega\mathrm{d}\omega}{\mathrm{e}^{\beta\omega}-1}(G_k^{C,A}(\omega+i\delta) - G_k^{C,A}(\omega-i\delta)) \end{aligned} \tag{5-45}$$

5.2　有机分子亚铁磁体的磁学和热力学性质(XY 模型)

5.2.1　有机亚铁磁体磁性结构及模型

由于有机铁磁分子的各向同性和弱的自旋-轨道耦合，分子间可存在反铁磁相互作用，这种相邻自旋的反平行排列可以导致有机分子整体的亚铁磁的磁有序。设计有机亚铁磁体是获取高临界温度的有机磁性材料的一种有效途径。我们将提出简化的理论模型，运用量子统计的格林函数理论，结合 Jordan-Wigner 变换，对菱型链亚铁磁系统的磁学和热力学性质进行系统的研究，并解释相关的实验现象。

根据有机亚铁磁体的特点[10-15]：多自旋中心的特征和低对称结构。采用双自由基和单自由基交替排列的一维菱型自旋链模型，研究其在有限温度下亚

铁磁有序存在的可能性，以及它与分子内和分子间相互作用的关系，并解释相关的实验现象。

5.2.2 亚铁磁体的磁化强度与磁化率

对于图 5.1 中由双自由基和单自由分子交替排列构成的一维链，考虑到双自由基分子内的铁磁作用和分子间的反铁磁相互作用，在理论上，将其抽象为一维的亚铁磁菱型链模型，见图 5.2 所示。

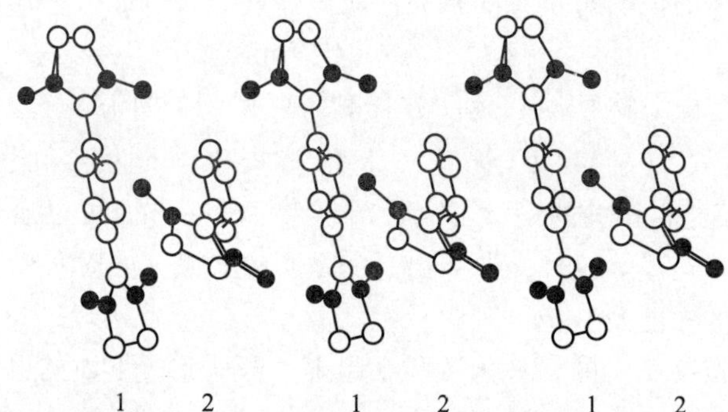

图 5.1 链状分子亚铁磁体结构和组成分子单元。
其中分子 1 是双自由基分子，分子 2 是单自由基分子，各带 1/2 自旋

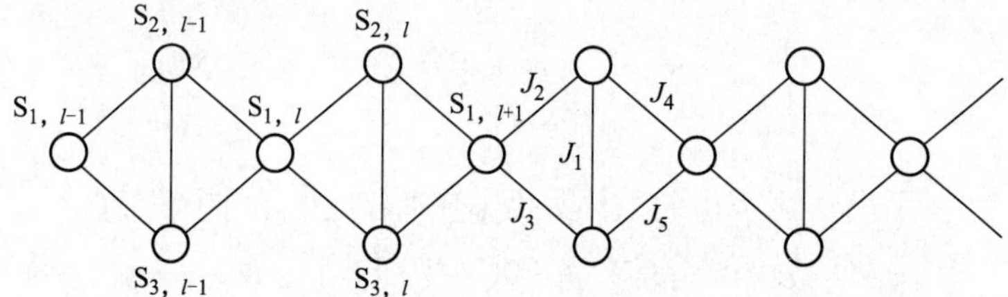

图 5.2 双自由基分子和单自由基分子交替排列构成的一维亚铁磁菱型链。$S_{2,l}$ 和 $S_{3,l}$ 表示双自由基分子的量子自由基，$S_{1,l}$ 表示单自由基分子。J_1（<0）表示双自由基分子内的铁磁相互作用，J_2，J_3，J_4 和 J_5（>0）表示双自由基分子与单自由基分子间反铁磁相互作用

系统的哈密顿量则可表示为：

$$
\begin{aligned}
H = \sum_{l=1}^{N} \Big\{ & J_1 S_{2,l} S_{3,l}(\Delta_1) + J_2 S_{1,l} S_{2,l}(\Delta_2) + J_3 S_{1,l} S_{3,l}(\Delta_3) \\
& + \frac{J_4}{2}[S_{2,l-1} S_{1,l}(\Delta_4) + S_{2,l} S_{1,l+1}(\Delta_4)] \\
& + \frac{J_5}{2}[S_{3,l-1} S_{1,l}(\Delta_5) + S_{3,l} S_{1,l+1}(\Delta_5)] + g\mu_B H(S_{1,l}^z + S_{2,l}^z + S_{3,l}^z \Big\} \quad (5-46)
\end{aligned}
$$

式中，S 是自旋 1/2 的量子算符，$S_{2,l}$和 $S_{3,l}$由分子内的铁磁相互作用 J_1 耦合连接，其他作用都表示分子之间的反铁磁耦合，μ_B 是玻尔磁子，g 是朗德因子，H 表示外磁场。式中：

$$S_iS_j(\Delta) \equiv S_i^xS_j^x + S_i^yS_j^y + \Delta S_i^zS_j^z, \quad (\Delta > 0) \tag{5-47}$$

本节讨论 XY 模型，即取 $\Delta = 0$(后面 5.4 节将讨论一般的海森堡模型，即 $\Delta \neq 0$ 的情况)，则哈密顿量可表示为：

$$H = \frac{1}{2}\sum_{l=1}^{N}\{[J_1S_{2,l}^+S_{3,l}^- + J_2S_{1,l}^+S_{2,l}^- + J_3S_{1,l}^+S_{3,l}^-] + \frac{J_4}{2}(S_{2,l-1}^+S_{1,l}^- + S_{2,l}^+S_{1,l+1}^-)\}$$
$$+ \frac{J_5}{2}(S_{3,l-1}^+S_{1,l}^- + S_{3,l}^+S_{1,l+1}^-) + h.c] + 2g\mu_BH(S_{1,l}^z + S_{2,l}^z + S_{3,l}^z) \tag{5-48}$$

现在对哈密顿量中的算符作 Jordan-Wigner 变换，将上述海森堡哈密顿量变为 xxz 模型哈密顿量，

$$S_{1,l}^+ = a_{1,l}^+\exp\left[i\pi - \sum_{\gamma=1}^{l-1}(a_{1,r}^+a_{1,r} + a_{2,r}^+a_{2,r} + a_{3,r}^+a_{3,r})\right]$$

$$S_{2,l}^+ = a_{2,l}^+\exp\left[i\pi\sum_{\gamma=1}^{l}(a_{1,r}^+a_{1,r}) + i\pi\sum_{\gamma=1}^{l-1}(a_{2,r}^+a_{2,r} + a_{3,r}^+a_{3,r})\right]$$

$$S_{3,l}^+ = a_{3,l}^+\exp\left[i\pi\sum_{\gamma=1}^{l}(a_{1,r}^+a_{1,r} + a_{2,r}^+a_{2,r}) + i\pi\sum_{r=1}^{l-1}(a_{3,r}^+a_{3,r})\right]$$

$$S_{m,l}^z = a_{m,l}^+a_{m,l} - \frac{1}{2} \qquad (m = 1,2,3) \tag{5-49}$$

经过上述变化，哈密顿量变为无自旋的费米子模型：

$$H = \frac{1}{2}\sum_{l=1}^{N}\left\{\left[J_1a_{2,l}^+a_{3,l} + J_2a_{1,l}^+a_{3,l} + J_3a_{1,l}^+a_{3,l} + \frac{J_4}{2}(a_{2,l-1}^+a_{1,l} + a_{2,l}^+a_{1,l+1})\right.\right.$$
$$\left. + \frac{J_5}{2}(a_{3,l-1}^+a_{1,l} + a_{3,l}^+a_{1,l+1}) + h.c)\right]$$
$$\left. + 2h[(a_{1,l}^+a_{1,l} - 1) + (a_{2,l}^+a_{2,l} - 1) + (a_{3,l}^+a_{3,l} - 1)]\right\} + \Phi \tag{5-50}$$

上式中，a 表示费米子算符，h 表示塞曼能项，即 $h = g\mu_BH$，Φ 为

$$\Phi = \left[\frac{J_4}{2}(a_{2,1}^+a_{1,N} + a_{2,N}^+a_{1,1}) + \frac{J_5}{2}(a_{3,1}^+a_{1,N} + a_{3,N}^+a_{1,1}) + h.c\right]$$
$$\cdot \exp\left[i\pi\sum_{r=1}^{N}(a_{1,r}^+a_{1,r} + a_{2,r}^+a_{2,r} + a_{3,r}^+a_{3,r})\right] \tag{5-51}$$

是边界项，当所研究的系统较大时，它可以被忽略；在热力学极限下，该边界项对系统的激发谱、静态性质以及动力学关联函数的影响不大。同时，在上面的表达式中，也忽略了算符四次项及更高阶项。

再将算符进行如下的傅立叶变换，将所研究系统的哈密顿量变到动量空间，

$$a_{m,k}^{+} = \frac{1}{\sqrt{N}}\sum_{l=1}^{N} \exp\ (ilk)\, a_{m,l}^{+} \qquad (m = 1,2,3) \tag{5-52}$$

则(5－50)式中的哈密顿量将变成下面的式子：

$$H = \frac{1}{2}\sum_{k} [\,(J_1 a_{2,k}^{+} a_{3,k} + J_2 a_{1,k}^{+} a_{2,k} + J_3 a_{1,k}^{+} a_{3,k} + J_4 \gamma_k a_{2,k}^{+} a_{1,k} + J_5 \gamma_k a_{3,k}^{+} a_{1,k}) + h.c$$
$$+ 2h(a_{1,k}^{+} a_{1,k} + a_{2,k}^{+} a_{2,k} + a_{3,k}^{+} a_{3,k})\,] + 3Nh \tag{5-53}$$

上式中 $\gamma_k = e^{-ik}$，对 k 的求和取遍 k 空间的第一布里渊区。根据子晶格不同的费米子算符，定义如下的格林函数矩阵：

$$G_{k,k'} = \begin{pmatrix} \langle\langle a_{1,k}, a_{1,k'}^{+}\rangle\rangle & \langle\langle a_{1,k}, a_{2,k'}^{+}\rangle\rangle & \langle\langle a_{1,k}, a_{3,k'}^{+}\rangle\rangle \\ \langle\langle a_{2,k}, a_{1,k'}^{+}\rangle\rangle & \langle\langle a_{2,k} a_{2,k'}^{+}\rangle\rangle & \langle\langle a_{2,k}, a_{3,k'}^{+}\rangle\rangle \\ \langle\langle a_{3,k}, a_{1,k'}^{+}\rangle\rangle & \langle\langle a_{3,k}, a_{2,k'}^{+}\rangle\rangle & \langle\langle a_{3,k}, a_{3,k'}^{+}\rangle\rangle \end{pmatrix} \tag{5-54}$$

同时对上式的各个格林函数运用格林函数的运动方程可得：

$$M \cdot G_{k,k'} = \delta_{k,k'} I \tag{5-55}$$

式中

$$M = \begin{pmatrix} \omega - h & (J_2 + J_4\gamma_k^{*})/2 & (J_3 + J_5\gamma_k^{*})/2 \\ (J_2 + J_4\gamma_k)/2 & \omega - h & J_1/2 \\ (J_3 + J_5\gamma_k)/2 & J_1/2 & \omega - h \end{pmatrix},\quad I = \begin{pmatrix} 1 & 0 & 0 \\ 0 & 1 & 0 \\ 0 & 0 & 1 \end{pmatrix} \tag{5-56}$$

则能量激发谱可通过下面的等式得到

$$\det(M) = 0 \tag{5-57}$$

于是，系统的元激发能量可以表示为下面的式子

$$E_{i,k} = -2\sqrt{-p/3}\cos(\alpha/3 + (i-1)2\pi/3) + a/3 \qquad (i = 1,2,3) \tag{5-58}$$

其中，

$$\alpha = \cos^{-1}(-q/2\sqrt{-(p/3)^3}),\quad p = -a^2/3 + b,\quad q = 2(q/3)^3 - ab/3 + c \tag{5-59}$$

同时

$$a = -3h,\quad b = 3h^2 - 0.25[J_1^2 + (J_2 + J_4)^2 + (J_3 + J_5)^2$$
$$+ 4(J_2J_4 + J_3J_5)\sin^2(k/2)],$$
$$c = 0.25h[J_1^2 + (J_2 + J_4)^2 + (J_3 + J_5)^2 + 4(J_2J_4 + J_3J_5)$$
$$\sin^2(k/2)] - 0.25J_1[J_2J_3 + J_4J_5 + (J_2J_5 + J_3J_4)\cos k] \tag{5-60}$$

从矩阵方程(5-56)，可以将系统的内能表示为 $E=\langle H\rangle/N$，即

$$E=(\tau_1(\omega,k)+h)\langle a_{1,k}a^+_{1,k}\rangle+(\tau_2(\omega,k)+h)\langle a_{2,k}a^+_{2,k}\rangle+(\tau_3(\omega,k)+h)\langle a_{3,k}a^+_{3,k}\rangle \tag{5-61}$$

上式中：

$$\tau_1(\omega,k)=\frac{(\omega-h)[(J_2+J_4)^2+(J_3+J_5)^2-4(J_2J_4+J_3J_5)\sin^2(k/2)]+J_1[J_2J_3+J_4J_5+(J_2J_5+J_3J_4)\cos k]}{4(\omega-h)^2-J_1^2}$$

$$\tau_2(\omega,k)=\frac{(\omega-h)[J_1^2+(J_2+J_4)^2-4J_2J_4\sin^2(k/2)]+J_1[J_2J_3+J_4J_5+(J_2J_5+J_3J_4)\cos k]}{4(\omega-h)^2-(J_3+J_5)^2+4J_3J_5\sin^2(k/2)}$$

$$\tau_3(\omega,k)=\frac{(\omega-h)[J_1^2+(J_3+J_5)^2-4J_3J_5\sin^2(k/2)]+J_1[J_2J_3+J_4J_5+(J_2J_5+J_3J_4)\cos k]}{4(\omega-h)^2-(J_2+J_4)^2+4J_2J_4\sin^2(k/2)}$$

从内能的表达式(5-61)可以发现，它可以从下面的格林函数求出

$$G(k,\omega)=(\tau_1(\omega,k)+h)\langle\langle a_{1,k};a^+_{1,k}\rangle\rangle+(\tau_2(\omega,k)+h)\langle\langle a_{2,k};a^+_{2,k}\rangle\rangle+(\tau_3(\omega,k)+h)\langle\langle a_{3,k};a^+_{3,k}\rangle\rangle \tag{5-62}$$

根据格林函数的谱定理，可以得到关于格林函数内能的表达式

$$E=\frac{1}{\pi}\int_{-\infty}^{\infty}\frac{\mathrm{Im}G(k,\omega)}{e^{\beta\omega}+1}\mathrm{d}\omega \tag{5-63}$$

系统的热容量将需要通过 $C=\mathrm{d}E/\mathrm{d}T$ 求出。同时，单晶格的磁化强度可表示为

$$M=\frac{1}{N}\left[\sum_{l=1}^{N}(S^z_{1,l}+S^z_{2,l}+S^z_{3,l})\right] \tag{5-64}$$

上式中的子晶格的磁化强度 $S^z_{m,l}$($m=1,2,3$)表示为 $\langle S^z_{m,l}\rangle=\langle a^+_{m,l}a_{m,l}\rangle-1/2$，且

$$\langle a^+_{m,l}a_{m,l}\rangle=\frac{1}{\pi}\int_{-\infty}^{\infty}\frac{\mathrm{Im}\langle\langle a_{m,l};a^+_{m,l}\rangle\rangle}{e^{\beta\omega}+1}\mathrm{d}\omega \tag{5-65}$$

通过上面的表达式，磁化率便可表示为

$$\chi=\frac{\mathrm{d}M}{\mathrm{d}h} \tag{5-66}$$

有了上面的表达式，便可得到亚铁磁菱型链的磁学和热力学性质。

5.2.3　基态发散谱

选取两种情况对亚铁磁菱型链的自旋波激发谱进行研究。首先，考虑哈密顿量为全对称的情况，即系统分子间的反铁磁作用都相等，考察双自由基分子的铁磁作用对系统基态能谱的影响，计算结果如图 5.3 所示。计算中的参数设

置为 $J_2 = J_4$，$J_3 = J_5$，且 $J_2 = J_3$，分子的铁磁作用 J_1 的取值为 $J_1 = 0.0$，-0.2，-1.0，和 -1.5。由图我们发现，系统的自旋波激发谱由三支能带构成。一般的，无能隙自旋波激发来源于抑制系统基态磁化强度的元激发，具有铁磁作用的本质；而有能隙的能带，增强了系统基态的磁化强度，具有反铁磁作用本质。由图 5.3 明显地可以发现一支无能隙的激发谱和一支有能隙的激发谱。无能隙的铁磁自旋波谱在较小动量 k 值区，呈现平方函数的发散关系。而第三支能带则是一个平坦带，且随着分子内铁磁作用的增强，即 J_1 的增大，该能带向上移动，说明该能带的能隙在增大，表明其具有铁磁作用的本质。可以推论出，分子间的铁磁作用的增大，将打开更大铁磁支能隙，有利于系统亚铁磁性的形成。

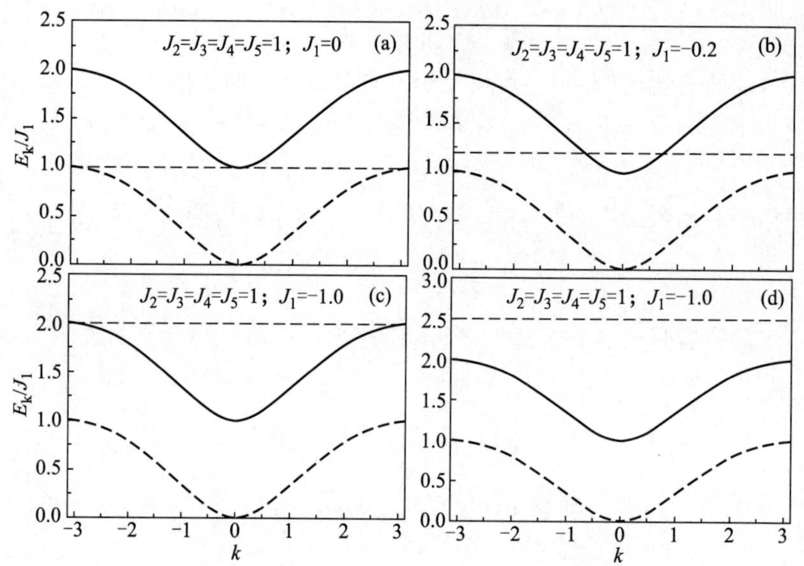

图 5.3 亚铁此菱型链自旋波激发谱结构。计算中的参数设置为 $J_2 = J_4 = J_3 = J_5$，分子的铁磁作用 J_1 的取值为 $J_1 = 0.0$，-0.2，-1.0，和 -1.5。其中点画线表示铁磁激发能谱；实心线表示反铁磁激发能谱

对于不等称的哈密顿量的情况，即系统反铁磁作用相对于中间轴不对称，计算结果见图 5.4 所示。在计算中磁相互作用参量取为 $J_2 = J_4$，$J_3 = J_5$，分子的反铁磁作用 $J_1 = -0.2$，$J_3 = J_5$，取为 0.0，0.5，1.0 和 1.5，反铁磁作用 $J_3 = J_5$，它相对反铁磁作用 $J_2 = J_4$ 的倍数，可以反映系统反铁磁作用空间的不对称度。由图可知，能带图同前面一样，由三支构成，但能带随反铁磁作用不对称度的变化较于对称的情况大不相同。随着 J_3 和 J_5 的减小，无能隙的铁磁

激发谱变得越来越平坦，相对而言，有能隙的反铁磁支的形状变化不大，不过其能隙在减小，其来源于越来越弱的反铁磁相互作用。特别的是，当 J_3 和 J_5 为零时，有能隙的铁磁支可以和有能隙的反铁磁支相比拟，尽管其能隙仍比反铁磁支的小。随着 J_3 和 J_5 值的增大，有能隙的铁磁激发模式变得越来越平坦，甚至当 J_3 和 $J_5=1.0$ 时，该支变成一条直线(如图 5.4 中(c)所示)。当 J_3 和 $J_5>1.0$，有能隙的铁磁激发模式又变为曲线，和 J_3 和 $J_5<1.0$ 时的模式一样。可见，亚铁磁菱型链内反铁磁作用的空间的对称性，对量子系统的亚铁磁性有重要的影响。

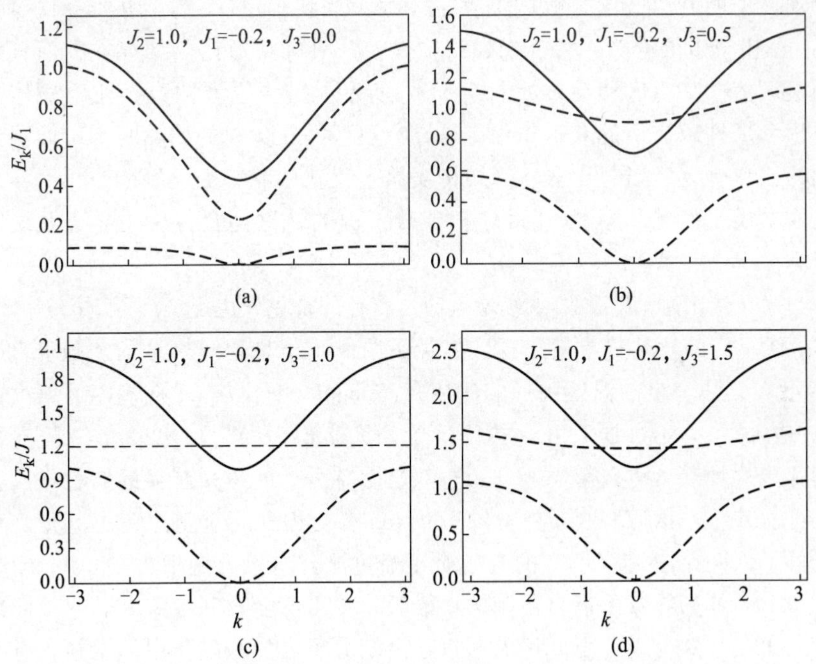

图 5.4　亚铁磁菱型链自旋波激发谱结构。计算中的参数选取为 $J_2=J_4$，$J_3=J_5$，且分子的反铁磁 $J_1=-0.2$，$J_3=J_5$ 的参数取为 0.0，0.5，1.0 和 1.5。其中点画线表示铁磁激发能谱；实心线表示铁磁激发能谱

5.2.4　亚铁磁菱型链热容量双峰结构

下面，研究有限温度下亚铁磁菱型链的性质。首先，讨论系统的哈密顿量为对称的情况，即分子间的反铁磁作用都相等时($J_2=J_3=J_4=J_5=J_{AF}$)，系统的热容量随温度的变化关系。为了比较分子间和分子内磁性耦合作用对热容量的影响，讨论两种情况，即 $|J_1|\leqslant J_{AF}$ 和 $|J_1|>J_{AF}$。当 $|J_1|\leqslant J_{AF}$ 时，系统的

热容量在较小的外场下随温度的变化见图5.5(a)和(b)。由图发现，当分子间的铁磁作用消失，即$|J_1|/J_{AF}\to 0$，热容量在低温区迅速下降，其原因是由于系统的基态和激发态之间有限能隙。当$|J_1|/J_{AF}$由零值增大为有限值时，发现热容量在低温区有一个小峰出现，使得热容量随温度的变化曲线呈现双峰结构，见图5.5(a)所示。同时，随着序参量比值$|J_1|/J_{AF}$增大，低温区的比热峰将变宽，并且其峰值增大并向高温区移动，最终混合着其他多种热激发，这说明低温区的比热峰具有铁磁性本质。很明显，高温区的比热峰就是常见的Schottky型比热峰，随着分子内铁磁作用的增大，该峰的高度增大，并向低温区移动，说明高温区比热峰的反铁磁本质。当比值$|J_1|/J_{AF}$增到一临界值约0.6时，比热双峰合为一峰，超过该临界值，只有圆形比热峰存在，而且以更大的极大值向高温区移动，如图5.5(b)所示。需要强调的是，亚铁磁体的铁磁作用和反铁磁作用的双重作用，诱导低温区的较尖锐的比热峰和中间温区的圆形的比热峰，所以，比热双峰结构实质上反映了亚铁磁菱型链磁相互作用拓扑结构本质。而且，当$|J_1|\leqslant J_{AF}$时，分子内的铁磁耦合作用主导了系统的磁学行为。

当序参量比值$|J_1|/J_{AF}$继续增大时，有趣的现象发生了。当$|J_1|/J_{AF}>1.0$，热容量低温区的比热峰重新出现，热容量曲线重新呈现双峰结构。随着$|J_1|/J_{AF}$的增大，热容量高温区圆形的比热峰(Schottky型比热峰)向高温区增大，且其峰值在减小，不过低温的比热峰位置和大小似乎随比值$|J_1|/J_{AF}$的变化并不敏感。这种现象可以解释为，由于双自由基分子间越来越强的铁磁作用，使得双自由基分子由原来自旋$S=1/2$的双重态变化到三重基态，也就是，双自由基分子内两个自旋为1/2的自旋对逐渐过渡到有效自旋值$S=1$超分子。其结果是，弱外场导致的双自由基的铁磁激发变得明显，并导致了热容量曲线在低温区比热峰的出现。由此可见，双自由基分子内的铁磁作用的增强，有助于双自由基分子有效自旋值的增大。

为了更加清晰地理解上面的解释，选取一种分子内铁磁作用较强的情况，讨论其热容量曲线在不同外场下的行为，计算中选取的参数为$J_2=J_3=J_{AF}$且$|J_1|=8.0J_{AF}$，计算结果见图5.5(d)和(e)所示。由图发现，在较小的外场下，随着外场的增加，低温区较小的比热峰向高温区移动，并且峰值增大；同时高温区的圆形比热峰向低温区移动，峰值也在增大。比热双峰在临界外场大约$g\mu_B H/J_{AF}=1.5$时，合为一峰，如图5.5(d)所示。再继续增大外场时，热容量曲线总的趋势是，高温区圆形的比热峰(Schottky型比热峰)高度下降并且向高温区移动。除了这些明显的变化趋势外，还发现当外场达到$g\mu_B H/J_{AF}=5.0$时，热容量曲线的双峰结构再次出现。Maisinger等人利用转移矩阵重整化的方

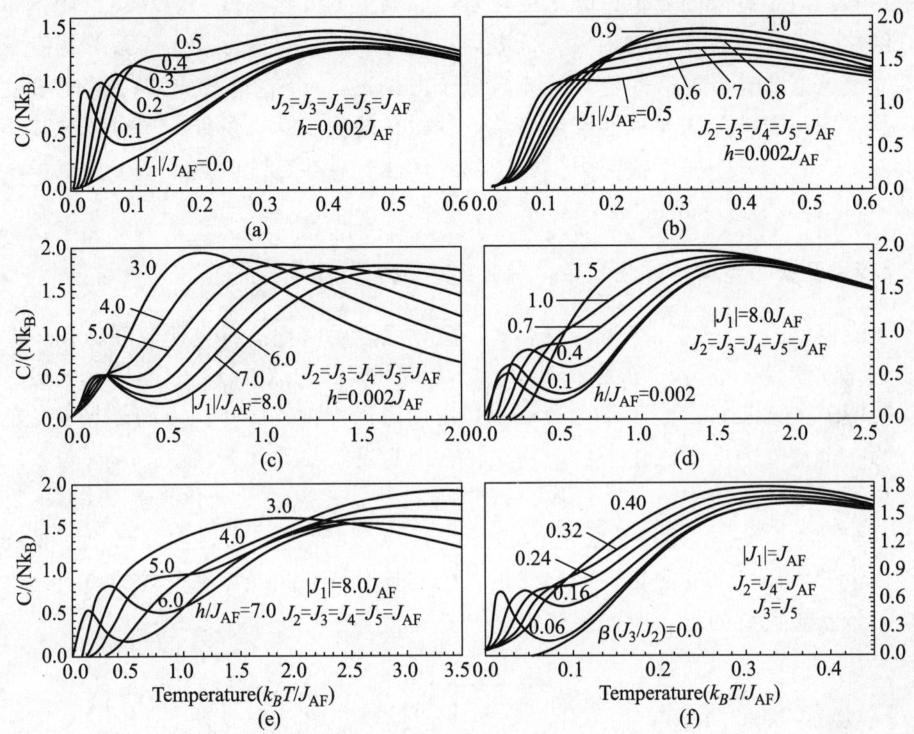

图 5.5　亚铁磁菱型链的热容量随温度的变化

图(a)，(b)，(c)，(d)和(e)为对称性哈密顿量的情况，其中 $J_2=J_3=J_4=J_5=J_{AF}$；图(f)为非对称哈密顿量的情况，图(a)，(b)和(c)表示不同的分子内铁磁作用对热容量的影响，外场取值为 $h=0.002J_{AF}$；图(d)和(e)中 $|J_1|=8.0J_{AF}$，显示不同外场对系统热容量的影响；图(f)中，参数选取为：$J_2=J_4=J_{AF}$，$J_3=J_5$ 且 $|J_1|=J_{AF}$，显示不同序参量比值($\beta=J_3/J_2$)对系统热容量的影响

法研究了自旋 $S=1$ 和 $S=1/2$ 亚铁磁链在外场下的热力学性质。图 5.5(d)和(e)中在外场下的热容量的计算结果，和 Maisinger 等人的[16]计算结果非常类似。这说明，在较强的双自由基分子内铁磁作用下，每单元含三个自旋 $S=1/2$ 的亚铁磁菱型链在有限外场下的热力学行为，逐渐向自旋 $S=1$ 和 $S=1/2$ 的一维亚铁磁链的热力学行为过渡。

对于非对称的哈密顿量的情形下的热容量随温度的变化关系，计算结果见图 5.5(f)所示。计算中，参数选取为 $J_2=J_4=J_{AF}$，$J_3=J_5$，且取比值 $\beta=J_3/J_2$ 来表征系统哈密顿的不对称性。如在前面的讨论一样，纯有机分子的亚铁磁体，分子间的相互作用具有多重作用中心，以及较低的空间对称性。由计算结果可知，对于有限的β值，系统的热容量随温度的变化曲线仍表现出清晰的双峰结构，并且随着β值的增大，低温区的比热峰向高温区移动，不过峰值变化不大。这意味着低温区的比热峰来自分子内铁磁相互作用；而比热双峰的变化行为，意味着较低的对称性影响系统亚铁磁性的稳定性。所以，当分子自旋值大于1/2时，分子间反铁磁耦合作用的对称性对磁性系统的热力学性质的影响是不可忽略的。

5.2.5　亚铁磁菱型链磁化平台

下面讨论系统在外场和有限温度下磁化强度的变化。首先研究在低温下系统磁化强度随外场($g\mu_B H/J_{AF}$)的变化。计算中参量选取为$J_2=J_3=J_{AF}$且$|J_1|=3.0J_{AF}$。计算结果如图5.6(a)所示。由图可以发现，磁化强度随外场变化曲线为一个清晰的1/3磁化平台，并存在三个明显的临界外场值。即h_{c1}(=0.5，从该点开始，磁化平台开始形成)，h_{c2}(=1.98，该点表示磁化平台的结束)和h_{c3}(=2.84，该点表示磁化强度饱和开始)。这些奇异点随着温度降低，变得更为清晰。低温下的磁化平台反映了系统的基态特点，磁化平台处的磁有序反映了该系统典型的量子亚铁磁体本质。

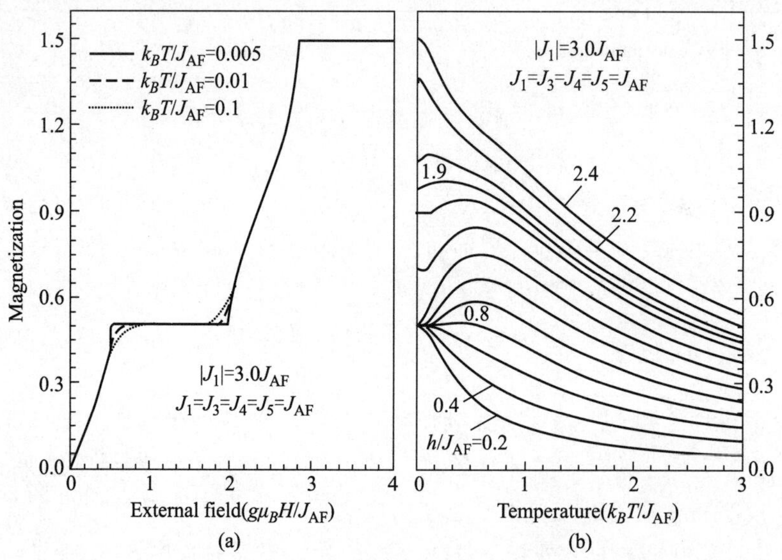

图5.6　亚铁磁菱型链的磁化强度变化曲线图。图(a)表示系统的磁化强度在低温下随外场的变化，其外场为h/J_{AF}(=$g\mu_B H/J_{AF}$)，温度参量选取为$k_B T/J_{AF}$=0.005，0.01和0.1；图(b)表示系统的磁化强度在不同外场条件下，随温度的变化关系，其参数选取分别为h/J_{AF}=0.2，0.4，0.6，0.8，1.0，1.2，1.4，1.6，1.8，1.9，2.0，2.2和2.4

系统磁化强度在不同外场下随温度的变化也呈现有趣的现象，计算结果如图 5.6(b)所示。计算时选取的参量为 $J_2=J_3=J_4=J_5=J_{AF}$，且 $|J_1|=3.0J_{AF}$。当外场较低时，随着温度升高，系统总的磁化强度迅速降为零；当外磁场继续增大时，磁化强度在低温区因温度诱导增强，使得磁化强度随温度的变化曲线在低温区呈现一圆形的峰，这个极大值说明在较大的磁场下高自旋激发态的出现。一般而言，温度的升高必导致强的热力学波动，从而抑制系统的自发磁化；但是，在外磁场 $0.8\leqslant h\leqslant1.9$ 的区域，温度引起的热力学波动却增强了系统的磁化强度。然而，当外磁场超过转变磁场值 $g\mu_B H/J_{AF}=2.0$ 后，系统总的磁化强度随温度的升高从最大值起单调减小。这一计算结果和 Maisinger 等人[16,17]采用转移矩阵重整化群方法研究自旋 $S=1$ 和 $S=1/2$ 亚铁磁链的结果一致。

5.2.6　亚铁磁菱型链磁化率

为了较全面的得到亚铁磁菱型链的磁学和热力学性质，下面计算该亚铁磁性系统的磁化率，并和实验结果进行比较。

首先，讨论系统所有分子间反铁磁作用都比分子内的铁磁作用要小的情况，即 $J_{AF}<|J_F|$。计算结果见图 5.7 所示，其中，序参量比值 $\alpha(=J_2/|J_1|=J_3/|J_1|)$取为 0.002，0.05 和 0.5。在该情况下，发现系统磁化率与

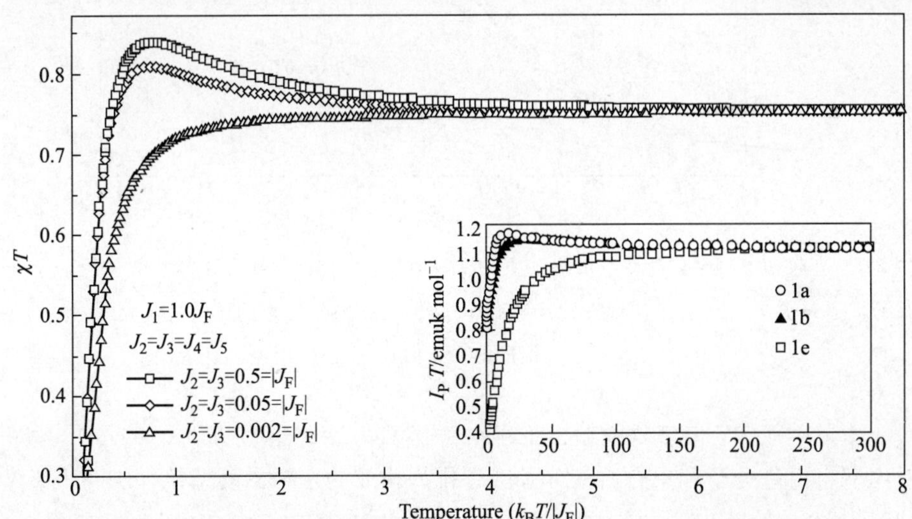

图 5.7　亚铁磁菱型链磁化率与温度的乘积 χT 随温度的变化曲线。计算参数选取为 $J_1=1.0J_F$，$J_2=J_3=J_4=J_5=0.5|J_F|$，$0.05|J_F|$ 和 $0.002|J_F|$。右下角的插图，是实验[12]测得的磁化率与温度的乘积 χT 随温度的变化曲线。该实验材料的结构和理论模型一致

温度的乘积χT随温度降低时，曲线缓慢升高，并出现一个圆形的极大值区。当温度继续降低，χT曲线单调的下降，该现象和实验测得的结果吻合[12]。实验结果见图5.7右下角的插图。实验的体系是具有三自由基的有机亚铁磁体。

另一种情况是，双自由基分子内的铁磁作用$|J_1|$处于两种反铁磁作用J_2 $(=J_4)$和$J_3(=J_5)$之间。计算结果如图5.8所示。计算参数选取为$J_2/|J_1|=1.5$，$J_3/|J_1|=0.05$，外场取为$h/|J_1|=0.05$。实验结果见图5.8左上角的插图，实验[10]中合成的有机化合物，是由具有双重态的单自由基和三自由基分子交替排列而成。由数值拟合可确定分子间的铁磁相互作用大致为$|J_1|/k_B \approx 30$ K，且χT随温度的变化曲线的最小值和最大值发生在6和3 K左右，和实验结果符合较好。曲线在低温区最小值的出现是由于外磁场诱导的相变。

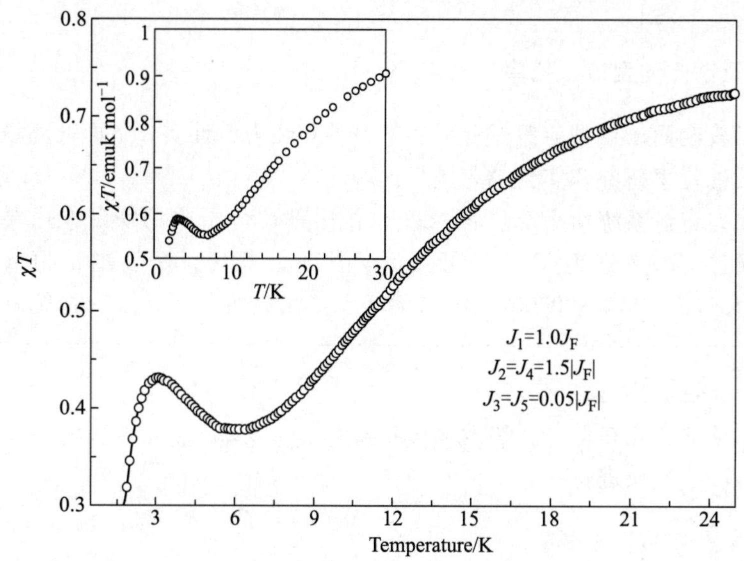

图5.8 亚铁磁菱型链磁化率与温度的乘积χT随温度的变化曲线。计算参数选取为$J_1=1.0J_F$，$J_2=J_4=1.5|J_F|$，和$J_3=J_5=0.05|J_F|$。图中左上角的插图是实验[10]上χT随温度的变化曲线

本节中取XY模型哈密顿，采用格林函数方法，结合Jordan-Wigner变换，对由双自由基分子和单自由基分子交替排列构成的亚铁磁菱型链，研究了磁学和热力学性质，并揭示其相变规律。主要结论为：

(1) 在零温时，系统的自旋波激发谱由三支构成。其中两支反映铁磁作用的激发模式，一支有能隙，一支没有能隙；而第三支能谱是有能隙，它反映了反铁磁作用。这反映了系统有较丰富的亚铁磁行为；

(2) 在低温下，亚铁磁系统的磁化强度随外场的变化出现清晰的1/3磁化平台，随温度的升高，磁化平台的宽度减小，呈现典型的亚铁磁行为；

(3) 在不同的外场下，亚铁磁系统的磁化强度随温度的变化出现有趣的现象。在低外磁场和较高的外磁场下，磁化强度随温度单调较小；但在中间磁场区，磁化强度随温度的变化曲线表现圆形的峰。说明在该磁场区间，热力学波动并没有抑制系统的磁化强度，反而加强了系统的磁化强度；

(4) 亚铁磁系统的热容量随温度的变化表现双峰结构，说明系统存在较强的铁磁和反铁磁作用的竞争，并导致系统比热双峰的不同变化行为；热容量的结果表明，分子间的反铁磁作用是导致系统亚铁磁行为的主要原因；并且双自由基内铁磁作用的加强，有利于提高双自由基分子的净自旋值。

5.3 反铁磁阻挫菱型链的磁学和热力学性质

前面，对基于双自由基和单自由基分子交替排列构成的菱型链的磁学和热力学性质进行了研究。由于分子间是反铁磁耦合，分子内具有较强的铁磁作用，使得菱型链系统在磁性上表现出较强的亚铁磁行为。然而，对于菱型链模型，如果双自由基分子间是强的反铁磁作用，那么就会得到自旋阻挫的菱型链模型，由于其具有非同寻常的物理学性质，因而受到物理学界广泛关注。Kikuchi 等人[18]研究的 $Cu_3(CO_3)_2(OH)_2$ 是一个自旋1/2的阻挫菱型链结构。实验发现，该材料的磁化强度在低温下随外场的变化呈现1/3的磁化平台，磁化率随温度的变化在低温区呈现清晰的双峰结构。下面对自旋阻挫的菱型链的磁学和热力学性质进行研究，并解释相关的实验现象。

5.3.1 反铁磁阻挫菱型链实验和理论模型

阻挫的菱型链模型一直受到人们的关注。$Cu_3(CO_3)_2(OH)_2$ 的结构是典型的菱型链，如图5.9 [18]。低温下测得的磁化强度随外磁场变化曲线出现清晰的1/3磁化平台现象，这是很有意义的。Takno 等人[19]研究了菱型链的基态性质，而后 Tonegawa 等人[20]研究更一般的阻挫菱型链模型的基态性质，认为该阻挫菱型链模型在零温 $T=0$ 时的相图，应由亚铁磁相、二聚化相和自旋液体相组成；并且阻挫菱型链模型中，当 $J_1 \gg J_2$ 和 J_3 时，量子系统将形成以 J_1 为中心的二聚化和另一个单自旋的组合单元；同时当 $J_1 \ll J_2$ 和 J_3 时，量子系统将形成三聚化单元。在这两种极端的条件下，磁化强度在低温下随外磁场的变化，都将出现1/3的磁化平台。

过去关于阻挫菱型链的工作，大都集中研究该系统的基态性质，本节将采用格林函数方法(Green's function theory)，考虑 $J_1 \sim J_5$ 的全反铁磁性耦合，研究自旋 $S=1/2$ 反铁磁阻挫菱型链的磁学和热力学性质。

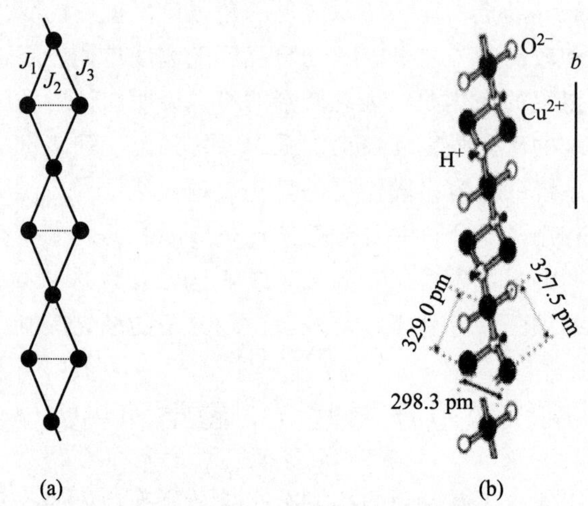

图 5.9　$Cu_3(CO_3)_2(OH)_2$ 的晶体结构图[18]，图(b)是该材料的晶体结构图，其中黑实心圆圈表示 Cu^{2+} 离子，其他圆圈表示 O^{2-} 或 H^+ 离子，仅 Cu^{2+} 离子间具有较强的反铁磁耦合作用，理论模型由图(a)描写

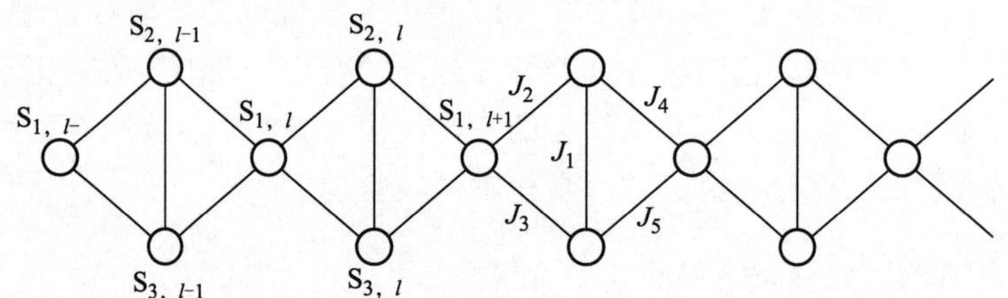

图 5.10　菱型链模型。为了和实验对应，图中每个圆圈都表示 Cu^{2+} 离子，并带 1/2 自旋；且 $J_1 \sim J_5$ 都为反铁磁相互作用

5.3.2　磁化率双峰结构

根据 Kikuchi 等人对 $Cu_3(CO_3)_2(OH)_2$ 材料测量的实验的报道[18,21]，存在两种测量结果，即阻挫系统的哈密顿量为全对称作用(即 $J_2=J_3=J_4=J_5$)和不对称作用($J_2=J_3\neq J_4=J_5$)两种。下面根据该两种情况进行理论计算。为了和实验测量的结果进行比较，选取外场的方向为晶轴的方向，设 g 因子的值为 2。

在菱型链内反铁磁作用不对称情况下，具有不同耦合参数的系统磁化率随温度的变化曲线见图 5.11。计算中参数选取为 $J_1=1.25J_2$，且设反铁磁的阻挫序参量为 $\alpha(=J_3/J_2)$，其值取为 0.15，0.45，0.70 和 1.0。从图中我们发现磁化率曲线随温度降低时，在 $T=23$ K 附近都出现一圆形的峰。然而，当温度继续降低时，系统的磁化率在不同 α 参数下表现不同的行为，在低温区有另一个小峰出现，使得磁化率曲线呈现双峰结构。同时，随着比值 α 的增大，低温区峰的峰值增大且向低温区移动。当 α 增大到 1.0 时，发现低温区的峰消失，并且磁化率曲线随着温度的降低发散。需要强调的是，当 $\alpha=0.45$ 时（也即反铁磁耦合作用的比值为 $J_1:J_2:J_3=1.25:1.0:0.45$），磁化率的双峰结构变得最为清晰，而且两峰各自对应的温度值为 5 K 和 23 K。这种与实验上测试到的情况相对应，实验结果见图 5.11 中右上角的插图。将计算结果和实验数据拟合后发现，J_1 远远比其他反铁磁作用大，而且菱型链中所有的作用都是反铁磁作用，数值拟合的结果是 $J_1=23.6$ K，$J_2=19$ K，$J_3=5.8$ K，这和 Kikuchi 等人[20]采取高温展开方法得到的结果接近。

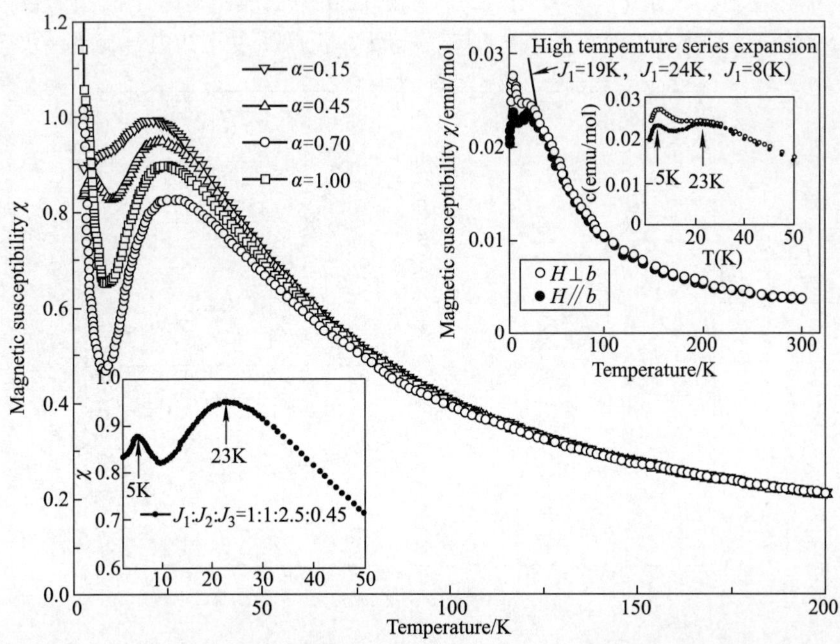

图 5.11　不对称阻挫菱型链模型的磁化率随温度的变化关系，参数设置为 $J_2=J_5$，$J_3=J_4$，$J_1=1.25J_2$，$\alpha=J_3/J_2$，α 值取为 0.15，0.45，0.70，和 1.0

为了更深入一步理解阻挫菱型链磁化率曲线双峰来源，需要考虑链内反铁磁作用引起的自旋阻挫。由于自旋阻挫，系统的磁化率峰的最大值比一般没有阻挫的要低。根据 Okamoto 等人对阻挫菱型链基态性质的描述[24]，菱型链系统处于二聚化相。随着温度的降低，由于受到较强的反铁磁 J_1 的耦合，Cu^{2+} 之间首先形成一个单重态；在温度达到 23 K 时，逐渐过渡到二聚化相，如图 5.11 所示。随着温度继续降低，处于单重态的 Cu^{2+} 离子和(因 J_1 作用形成的)二聚化单元之间的产生磁性耦合，进而提高了它们之间的相互作用 J_{eff}。所以，较低温度(如 5 K)附近磁化率峰的形成，与低温下磁短程有序的增强有密切的关系。

图中右上角的插图为 $Cu_3(CO_3)_2(OH)_2$ 实验结果，左下角的插图表示当 $\alpha=0.45$ 时低温区磁化率随温度的变化。

对称反铁磁作用时的磁化率计算结果如图 5.12 所示。实验上磁化率的测量结果如该图右上角的插图所示。选取多种耦合参数的组合进行计算，和实验结果拟合最好的耦合参数比值为 $J_1:J_2:J_3=3:1:1$。计算中，选取 $J_1=30$ K，$J_2=J_3=10$ K，结果也和 Kikuchi 等人采取高温展开的方法较好的符合。从图 5.12 中，发现在温度 $T=20$ K 附近，系统的磁化率曲线出现一个圆型的极大值区。在低温区，磁化率曲线出现向上翘的行为，反映了菱型链内自旋阻挫效应。

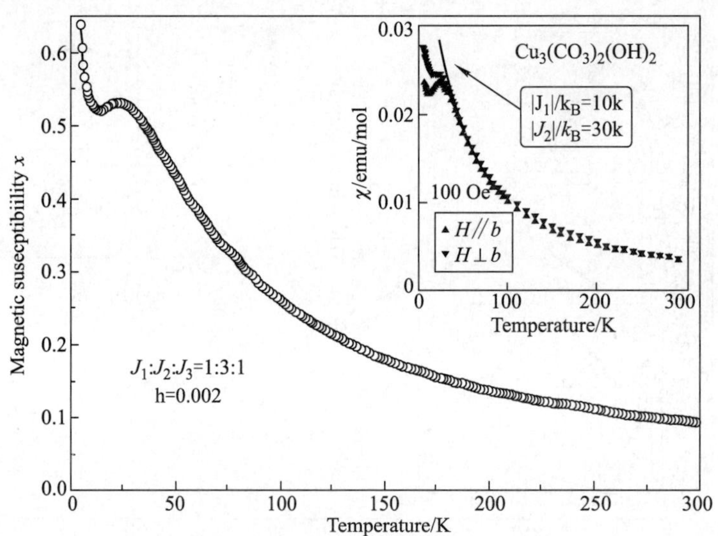

图 5.12　对称阻挫菱型链模型的磁学磁化率随温度的变化关系，计算中参数设置为 $J_2=J_3=J_4=J_5$ 且 $J_1=3.0J_2$，图中右上角的插图是 $Cu_3(CO_3)_2(OH)_2$ 的实验结果

5.3.3 低温磁化平台

图 5.13 表示当菱型链的耦合参量比值取为 $J_1 : J_2 : J_3 = 1.25 : 1.0 : 0.45$ 时，磁性系统在低温下磁化强度随外磁场变化的曲线图。实验结果如图 5.13 左上角所示。很明显，低温下磁化强度随外磁场的变化曲线出现清晰的 1/3 磁化平台结构，且具有三个清晰的临界磁场值，即 $H_{c1} = 15.7$ T，$H_{c2} = 26.5$ T，和 $H_{c3} = 33.6$ T，在数值上和 Kikuchi 等人实验上测的数值 $H_{c1} = 16$ T，$H_{c2} = 26$ T，和 $H_{c3} = 32.5$ T 较好的符合。这是第一个具有阻挫菱型链结构的化合物并具有 1/3 磁化平台的实验。需要指出的是，阻挫菱型链在耦合参数比值为 $J_1 : J_2 : J_3 = 1.25 : 1.0 : 0.45$ 时，系统所处的相接近于二聚化相和自旋液体相的分界线区，非常接近于实验发现的无自旋能隙的情况。另外，根据 Oshikawa 等人对一般海森堡哈密顿量的研究[23]，低维磁性系统在低温时，磁化强度随外磁场的变化出现磁化平台的必要条件是 $n(S-m)$ = 整数，式中 n，S 和 m 分别是自旋态的周期、自旋量子数和以 $g\mu_B$ 为单位的每重复单元的磁化强度。对于反铁磁自旋阻挫的菱型链系统而言，其磁化强度在低温下随外场的变化呈现 1/3 的磁化平台，由于 $S = 1/2$，$n = 3$ 因此 $m = 1/6$。

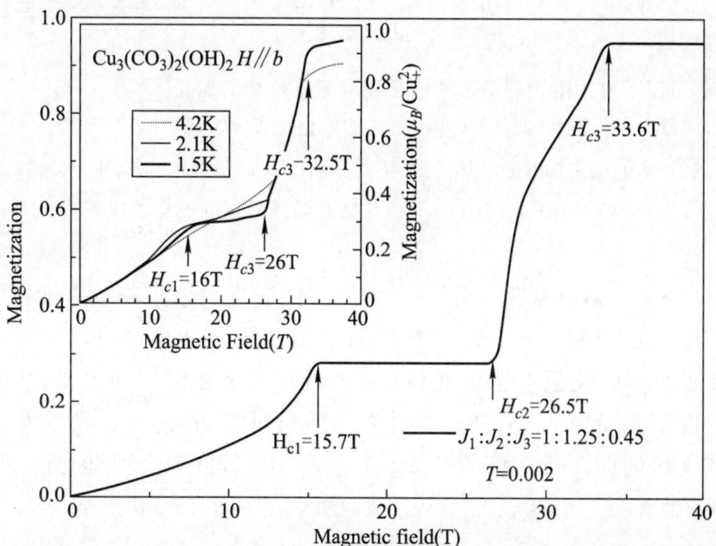

图 5.13 低温下不对称阻挫菱型链的磁化强度随外磁场的变化曲线，参数选取为 $J_2 = J_5$，$J_3 = J_4$，$J_1 : J_2 : J_3 = 1.25 : 1 : 0.45$，温度 $T = 0.002\ J_2/k_B$，图中左上角的插图是实验测量得到的磁化强度随温度的变化曲线[20]

低温全对称反铁磁作用的情况下，阻挫菱型链磁性系统的磁化平台随外磁场的变化如图 5.14 所示。计算中选取的耦合参数为：$J_1 = 3.0J_2$，$J_3 = J_2$，温度选取为 $T = 0.001$，0.05，0.1 和 0.15。由图发现，如前面讨论一样，在低温下随外场变化的磁化平台，仍清晰出现三个临界磁场，而且随着温度的升高，这三个临界磁场值逐渐变得不再清晰。

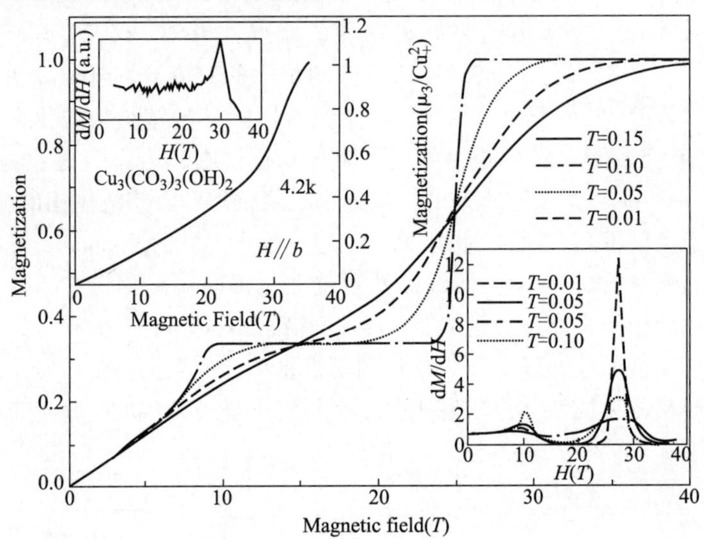

图 5.14 低温下对称阻挫菱型链的磁化强度随外磁场的变化曲线，计算中参数选取为 $J_2 = J_3 = J_4 = J_5 = J_{AF}$，$J_1 = 3.0J_2$，温度的取值为 $T = 0.15$，0.1，0.05 和 $0.01 J_{AF}/k_B$ 图中的右下角的插图是 dM/dH 随外场的变化曲线，左上角的插图是实验中测得的 $Cu_3(CO_3)_2(OH)_2$ 的磁化强度随外磁场的变化曲线

在低外场区，磁化强度几乎与外场成正比变化，意味着该磁性系统没有自旋能隙。当外场大约在 26 T 时，磁化强度随外场的升高迅速增大，并且外场升高到 35 T 时，磁化强度达到饱和，该行为和实验中测的现象类似(实验结果如图 5.14 左上角所示)。另外，也计算了系统 dM/dH 随外场的变化，结果见图 5.14 右下角的插图，由该图可知，在外场 $H = 12$ T 和 26 T 附近，dM/dH 随外场的变化出现两个肩膀，并且较低磁场区的肩膀比较高磁场区的肩膀明显要小。

为了进一步研究阻挫菱型链磁性系统的磁化强度在外场下的响应行为，计算了在不同温度范围内磁化强度对外场的微分(dM/dH)随外场变化曲线，计算结果见图 5.15。计算中耦合参数选取为：$J_1 = 3.0J_2$，$J_3 = J_2$，采用无量纲单位。温度的取值从 $T = 0.005$ 到 2.3。根据 dM/dH 在不同温度区间的不同行为，可将其分为三种情况：(1) dM/dH 在 $H=0$ 时表现出最大值，并随着外场的增大，dM/dH 值单调的减小。当 $0\leqslant T\leqslant 0.23$，磁性系统的 dM/dH 随外场的曲线出现两个峰，且在低场下峰的极值远小于较高磁场区的峰值；(2)，$0.24\leqslant T\leqslant 1.45$，磁性系统的 dM/dH 随外场的曲线仅出现高磁场区的峰，低磁场区的峰消失，且随着温度的升高，高磁场区的峰值变小；(3)，$T\geqslant 1.5$ 后，dM/dH 在外场下高磁场区的峰也消失。

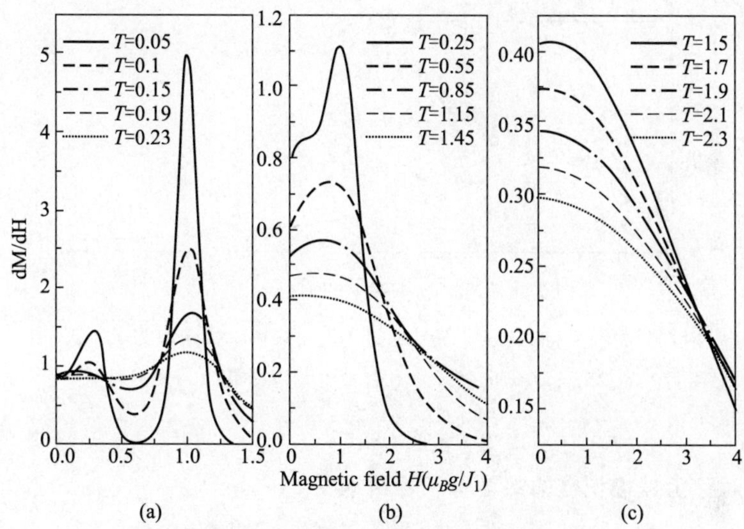

图 5.15　反铁磁阻挫菱型链的磁化强度对外场的微分 dM/dH 在不同温度区间随外场的变化

为了较全面地研究阻挫菱型链的热力学性质，解释关于化合物 $Cu_3(CO_3)_2(OH)_2$ 实验现象，最后，计算反铁磁不对称条件下磁性系统的热容量随温度的变化曲线，结果见图 5.16。在计算中选取的耦合参量分别为：$J_1=23.6$ K，$J_2=19$ K，和 $J_3=8.5$ K。计算结果表明，热容量随温度的变化曲线，显示出三峰结构，和实验结果符合。在低温区 $T=0.84$ K 附近，有个小峰的出现，这是由于在较低温区，菱型链内出现了长程磁有序，该处的温度值相当于实验中报道的 Neel 温度。需要指出的是，较小峰处的温度值比实验中观测值要小。理论计算还显示，热容量随温度的变化曲线有三峰结构。其他两个峰分别处在 5 K 和 23.5 K 左右，并且，在这两个温度，磁性系统磁化率随温度的变化也出现两个峰，如图 5.11 所示。

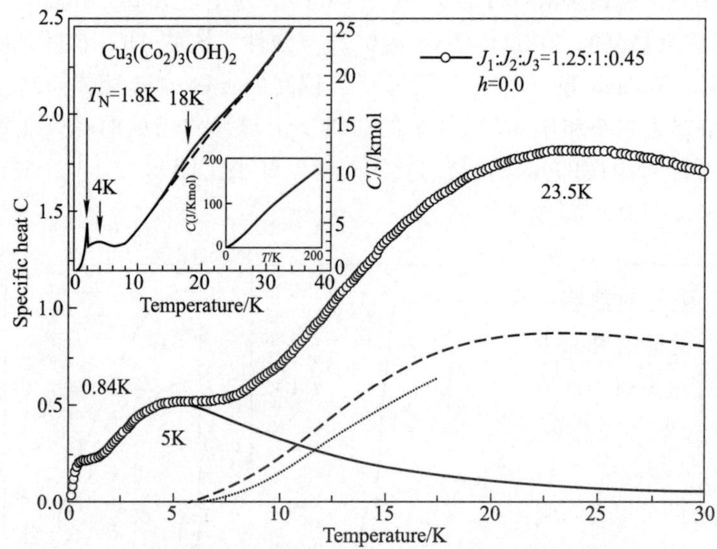

图 5.16 该阻挫菱型链的热容量随温度的变化曲线，参数选取为 $J_2 = J_5$，$J_3 = J_4$，$J_1 = 1.25J_2$，$J_3 = 0.45J_2$，图中的插图是文献[20]实验结果

5.3.4 对称阻挫棱型链的热容量三峰结构

在这一节中，将选取阻挫菱型链的耦合参数的一个特殊情况，计算该磁性系统热容量，以期能够发现一些新的物理现象。所选取的特殊情况是菱型链内反铁磁作用是全对称的，即在图 5.10 中取 $J_2 = J_3 = J_4 = J_5$，我们将简化该模型如图 5.17 所示。

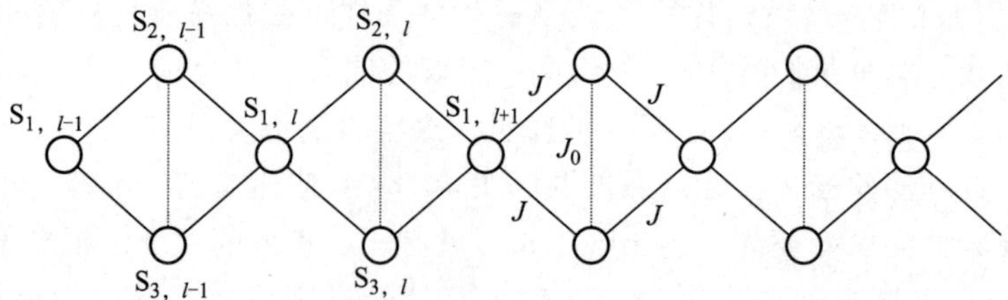

图 5.17 一般全对称反铁磁阻挫菱型链模型。图中每个圆圈表示 1/2 自旋，J 和 J_0 都为反铁磁相互作用

对于该全反铁磁作用的阻挫模型，以往的理论研究讨论零温的情况。如 Okamoto 等人[22]理论上研究了该模型的基态相图，认为该自旋 $S = 1/2$ 的扭曲

菱型链的基态相由自旋液体相、二聚化相和亚铁磁相构成；二聚化相是由菱型链内自旋阻挫引起的；在二聚化相，第一激发态和二重简并态之间存在着激发能隙。同时，Takano 等人[19]研究了如图 5.17 对称的阻挫菱型链系统，指出序参量空间里存在三个相区：当 $J_0/J<0.909$ 时，系统处于亚铁磁相；当 $0.909<J_0/J<2$ 时，为四聚化 - 二聚化的单重相；当 $J_0/J>2$ 时，为二聚化 - 单重相。对于该模型有限温度下的性质，Honecker 和 Läuchi 采用高温展开方法研究了化合物 $Cu_3Cl_6(H_2O)_2\cdot 2H_8C_4SO_2$ 的磁化率和磁化平台性质[24]，但是，这类系统中，阻挫对热容量性质的影响尚无研究。本节，将作这方面的讨论。

哈密顿量模型和理论方法仍然如同上所述一样，但耦合参数的标识不一样。本节的计算中，选取无量纲的温度为 $t=k_BT/J$，并取耦合参数比值 $\alpha=J_0/J$ 作为棱型系统的自旋阻挫量度。

首先，计算在没有外场条件下，磁性系统的热容量与温度的变化关系，结果见图 5.18。计算中参数选取为 $\alpha=0.02$，0.15，0.35，0.55，0.75 和 0.95。由图 5.18，可以发现，当阻挫量度值 α 非常小时（如 $\alpha=0.02$），热容量随温度变化的曲线呈现一个圆形的峰；在低温区，热容量随温度的变化成指数变化，这归因于系统的短程反铁磁有序。当阻挫值 α 增加到 0.15 时，计算结果发现，热容量随温度的变化曲线的峰值降低，曲线呈现两个肩膀。随着 α 值的继续增大，低温区的肩膀呈现为一个峰，使得原来的峰一分为二，并且低温区的峰向更低温区移动，极值减小。而高温区的峰，来源于系统的反铁磁相互作用，属于 Schottky 型比热峰，它向相反的方向移动，使得热容量随温度的变化曲线呈现清晰的双峰结构；同时，还发现，对于所选取的阻挫参数，高温区的 Schottky 型比热峰的峰值较原来减小，表明磁性系统的反铁磁能隙被系统自旋阻挫抑制。热容量曲线双峰结构的主要特征（如肩膀型曲线和较宽的极大值区）表现出典型的亚铁磁行为，这和 Takano 等人[19]对阻挫菱型链系统的基态的描述是一致的。在上面计算中所选取的阻挫参数区域中，系统刚好呈现亚铁磁相。在这个亚铁磁相里，由 J_0 耦合连接的格点的自旋方向朝上，而由于链内反铁磁短程磁有序，其余格点的自旋方向朝下，随者 J_0 的增大，即系统阻挫度的增大，每个重复单元的自旋逐渐倾斜，并部分地表现出铁磁行为，导致了系统的热容量在低温区较尖锐的比热峰的出现。同时，从图 5.18 中，还可看到，当阻挫值 α 越靠近亚铁磁相和四聚化 - 二聚化相的边界值 α_c（$=0.909$）时，低温区的比热峰变得越发突出，且热容量的双峰结构也变得越发清晰。

现在讨论没有外场的条件下，继续增大阻挫参数 α，考察系统热容量的变化行为。计算结果见图 5.19，计算参数选取 $\alpha>\alpha_c$ 值，为 1.25，1.35，1.45，1.55，1.65 及 1.90。由图 5.19，发现随着 α 值的继续增大，低温区的比热峰

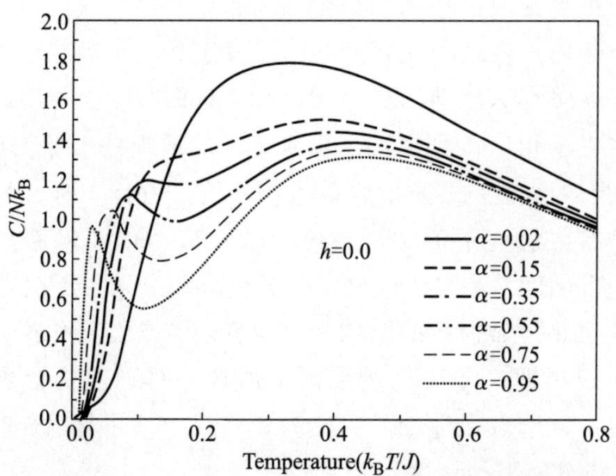

图 5.18 在零外场和不同的阻挫参数 α 的条件下，阻挫菱型链系统的热容量随温度的变化曲线。其中阻挫参数 $\alpha = J_0/J$ 取值分别为 0.002，0.15，0.35，0.55，0.75 和 0.95

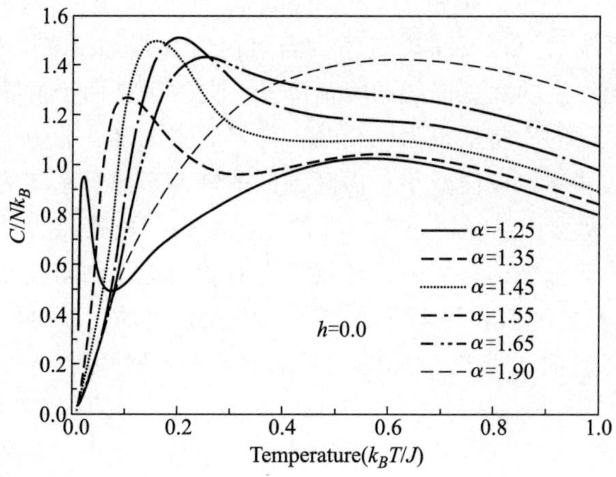

图 5.19 在零外场和不同的阻挫参数 α 的条件下，阻挫菱型链系统的热容量随温度的变化曲线。其中阻挫参数 $\alpha = J_0/J$ 取值分别为 1.25，1.35，1.45，1.55，1.65，和 1.90

的峰值增大，并向高温区移动，且热容量曲线在高温区的 Schottky 型比热峰也呈现同低温区比热峰一样的变化趋势，只不过是，高温区的 Schottky 型比热峰向高温区移动的速度要远远慢于低温区的比热峰。随着阻挫值 α 的继续增大，低温区的比热峰和高温区的比热峰在某个临界阻挫值（如 $\alpha = 1.55$）时合二为一；当阻挫参数超过这个临界值时，热容量随温度的变化曲线仅仅呈现一个比热峰（如曲线 $\alpha = 1.65$ 和 1.90）。以上计算中选取的参数值正好使磁性系统的基态进入无序的阻挫基态(Disordered frustrated ground state)，且使磁性系统表现为四聚化-二聚化相(TD 相)。在这个 TD 相，单重态的四聚化相和二聚化相在链内交替的出现，使得系统自旋态的空间周期变为哈密顿量描述的两倍。同时，阻挫参量的加强，有助于链内的反铁磁激发。因此，可以认为，阻挫磁性系统的热容量双峰结构的出现，来源于系统基态及能量最靠近基态的激发态之间的热力学激发；而且，由于系统二聚化态的反铁磁热力学激发，热容量双峰结构消失。

当磁性系统加入外磁场后，系统热容量随温度的变化如图 5.20 所示。计算中阻挫参数取为 $\alpha=1.25$。由图可见，当加入外磁场后，随着外磁场的增大，低温区比热峰的高度增大，并向高温区移动，而高温区的 Schottky 型比热峰的极大值也在增大，但是向低温区的方向移动。最终结果是，当外场大到某个临界外场值时，比热双峰合为一峰，双峰结构将消失；并且，磁场超过这个临界值后，热容量仅仅呈现出中间温度区的圆形比热峰，如图 5.19 中的 $h=0.5$ 和 0.6 曲线。除此之外，还有一个结果：当加入较小的外场时，热容量在中间温度区出现一个较小的峰(见曲线 $h=0.2$ 和 0.3)，使得系统的热容量曲线呈现三峰结构；当外场加大后，中间温度区的比热峰消失。这就是说，加外场可使系统由阻挫态变化到无序态。

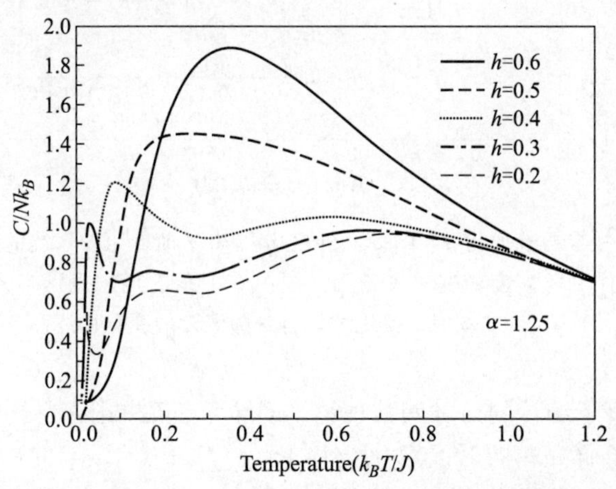

图 5.20　当阻挫参数选取为 $\alpha=1.25$ 时，阻挫系统的热容量曲线在不同外磁场条件下随温度的变化关系

为了进一步的研究该热容量三峰结构的来源，绘出了阻挫参数 $\alpha=1.25$ 和 $h=0.3$ 时的热容量随温度的变化曲线，如图 5.21 所示。在该图右下角还给出了 $\alpha=1.25$，$h=0.25$，0.30 和 0.35 的结果。从该图中发现，随着外磁场的增

大，处于低温的尖锐比热峰向高温区移动，并且逐渐和中间温度区的比热峰合为一峰(如图中 $h=0.35$ 的曲线)，并随着外磁场的继续增大，再和高温区的Schottky型比热峰合为一峰；在外磁场的增大时，中间温区的比热峰的峰值增大，并向高温区移动。从整个三峰的变化行为，可以确定中间温区较小的比热峰反映了铁磁作用。实际上，外场越强，因外场发生的系统能级劈裂就越大，因此中间温区的比热峰的位置向着高温区移动。这意味着，中间小的比热峰的出现，是由于阻挫量子系统在外场下发生能级劈裂，而能级劈裂又导致了系统长程磁有序的发生。理论计算还给出，阻挫自旋系统的热容量随温度的变化曲线，在弱的外场下出现清晰的三峰结构，之前未有这方面的报道。

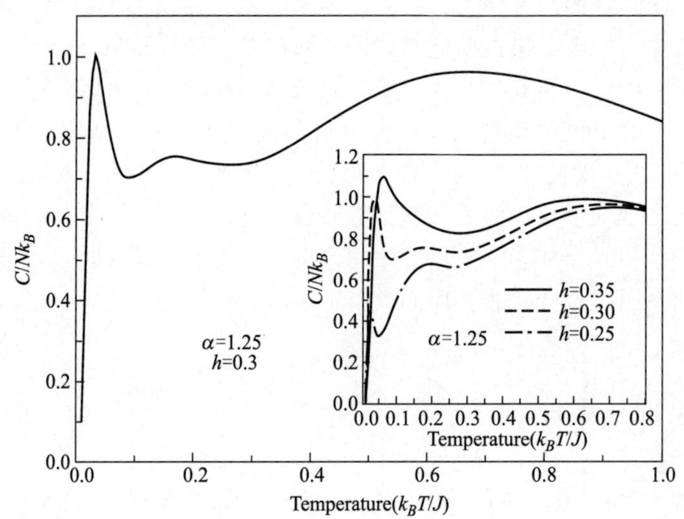

图 5.21 当阻挫参数选取为 $\alpha=1.25$ 和外磁场 $h=0.3$ 时，阻挫系统的热容量曲线在不同外磁场条件下随温度的变化关系图。图中右下角的插图表示当外场 $h=0.25$, 0.30 和 0.35 时，系统的热容量随温度的变化曲线图

本节利用量子统计的格林函数理论，对全反铁磁的阻挫菱型链的磁学和热力学性质进行了研究；同时，对化合物 $Cu_3(CO_3)_2(OH)_2$ 的磁学和热力学性质进行了研究，解释了实验上所测得的现象和变化规律。主要结论有：

(1) 无论反铁磁阻挫棱型链的哈密顿量是对称的还是非对称的，系统的磁化强度在低温下随温度的变化曲线都出现 1/3 的磁化平台结构；我们的理论模型解释了在低温下所测到的 1/3 磁化平台行为；

(2) 反铁磁阻挫菱型链的磁化率随温度的变化也表现出丰富的现象。对于不对称哈密顿量，磁化率随温度的变化曲线在低温区出现双峰结构，低温区的峰来源于系统自旋阻挫，较高温度区的峰来源于系统的反铁磁相互作用。理论计算结果和实验上测得的磁化率曲线很好符合。也就是说，理论解释了这些实验现象。

(3) 对称反铁磁阻挫菱型链的热容量的研究结果表明，在没有外场的条件下，系统的热容量呈现双峰结构；对系统加入小的外场后，在中间温度区，再出现一个峰，使得热容量曲线呈现三峰结构。

5.4 有机分子亚铁磁体的磁学性质和热力学性质——Heisenberg 模型

前面基于 XY 模型，对亚铁磁棱型链和自旋阻挫菱型链的磁学和热力学性质进行了研究，得到了和实验符合较好的结果。采用 XY 模型，可以不考虑格点自旋 z 方向的关联项，使得系统哈密顿在 Jordan-Wigner 变换后，切断近似的精度得到提高。本节采用一般的 Heisenberg 模型，即考虑自旋格点自旋 z 方向的关联，在 Tyablikov's 解耦近似的框架下，对基于纯有机双自由基和单自由基交替排列的亚铁磁菱型链的磁学性质进行系统研究，目的在于寻找提高有机磁性材料居里温度的方法和途径。

5.4.1 理论模型和数值方法

基于纯有机自旋 $S=1$ 双自由基分子和 $S=1/2$ 单自由基分子交替排列，一维亚铁磁菱型链的模型，如图 5.22 所示。在实验中合成的材料结构如图 5.23，图中分子(1)是双自由基分子(biradical molecules)，每个自由基带有 1/2 自旋；分子(2)是单自由基分子(monoradical molecule)，带 1/2 自旋。两分子交替排

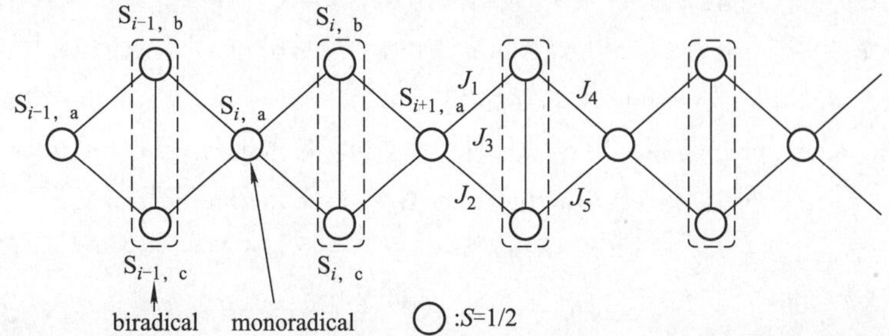

图 5.22 由双自由基分子和单自由基分子交替排列构成的亚铁磁菱型链模型。其中 $S_{i,b}$ 和 $S_{i,c}$ 分别表示双自由基分子的两个自由基，各带 1/2 自旋；$S_{i,a}$ 表示单自由基分子，$J_3(<0)$ 表示分子内铁磁相互作用，J_1，J_2，J_4 和 J_5(均 >0)表示分子间的反铁磁相互作用

列，形成一维链状结构。由于分子间未成键，较易形成反铁磁耦合作用。同基于金属转移盐类的分子亚铁磁相比，纯有机分子亚铁磁体，有两个独特的特点，即：分子的自旋密度由开壳分子内多个位置的原子所贡献，因此，分子间的相互作用具有多重中心的性质，需要考虑自旋量子数高于1/2的分子磁自由度和分子间相互作用的对称性。图5.22的模型是图5.23纯有机磁性材料的理论抽象。下面，从模型的哈密顿量出发研究该系统的磁学和热力学性质。

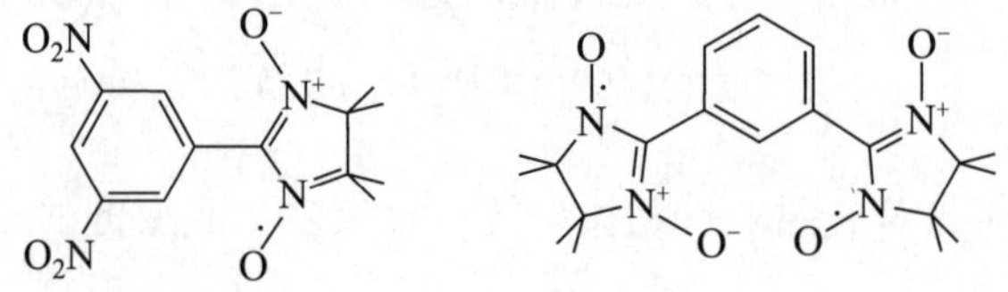

molecule 1

(1)

molecule 2

(2)

图5.23 具有链状结构的基于纯有机分子的复合物。图中(1)是单自由基分子(biradicalmolecule)，(2)是双自由基分子(monoradical molecule)。各自由基均带有1/2自旋

该量子自旋系统的哈密顿量可表示为：

$$H = \sum_i \left\{ J_1 S_{i,a} S_{i,b} + J_2 S_{i,a} S_{i,c} + J_3 S_{i,b} S_{i,c} + \frac{1}{2} J_4 (S_{i-1,b} S_{i,a} + S_{i,b} S_{i+1,a}) + \frac{1}{2} J_5 (S_{i-1,c} S_{i,a} + S_{i,c} S_{i+1,a}) + h(S_{i,a}^z + S_{i,b}^z + S_{i,c}^z) \right\} \quad (5-67)$$

其中，S是自旋1/2的算符，$S_{i,b}$和$S_{i,c}$分别表示双自由基分子的两个自由基，$S_{i,a}$表示单自由基分子，且$S_iS_j = (S_i^+ S_j^- + S_i^- S_j^+)/2 + S_i^z S_j^z$。$J_3(<0)$表示分子内铁磁相互作用，$J_1$，$J_2$，$J_4$和$J_5(>0)$表示分子间的反铁磁相互作用。且格点$a$，$b$和$c$构成一个重复的晶格单元。

根据Bogolyubov和Tyablikov理论[25]，推迟格林函数(the Retarded Green's Functions)，或双时格林函数(double-time Green's Functions)为如下形式：

$$G_{ij}(t-t') = \langle\langle A_i ; B_j \rangle\rangle = -i\theta(t-t')\langle A_i B_j - B_j A_i \rangle, \quad (5-68)$$

式中i，j表示晶格位置。将格林函数进行傅立叶(Fourier time)变换，并使用格林函数的运动方程可得：

$$\omega\langle\langle A_i ; B_j \rangle\rangle = \langle [A_i, B_j] \rangle + \langle\langle [A_i, H] ; B_j \rangle\rangle \quad (5-69)$$

因此，在三维实空间的格林函数通过傅立叶变换，由坐标空间变换到动量空间，

$$G_{j,k} = \frac{1}{N} \sum_k g(k) \mathrm{e}^{ik\cdot(i-j)} \quad (5-70)$$

上式求和项的下指标 k 表示波矢变量。对于本节中的亚铁磁菱型链模型，对波矢量 k 的积分在一维动量空间。此时的格林函数是波矢量 k 和频率 $\omega = \omega(k)$ 的函数。然后，根据格林函数的谱定理，我们可以计算算符的热力学统计平均值：

$$\langle B_j A_i \rangle = \frac{i}{2\pi N}\sum_k \mathrm{e}^{ik\cdot(i-j)}\int \frac{\mathrm{d}\omega}{e^{\beta\omega}-1}\left[g(k,\omega+i0^+) - g(k,\omega-i0^+) \right] \tag{5-71}$$

上面的表达式将助于我们来计算菱型链子晶格的磁化强度。在理论计算中采取 Tyablikov's 解耦近似。

考虑到一维棱型的一个原胞中含有三个子晶格，因此在上述格林函数的表达式中，算符 A_i 分别表示 $S_{i,a}^+$，$S_{i,b}^+$ 和 $S_{i,c}^+$，算符 B_j 分别表示 $S_{i,a}^-$，$S_{i,b}^-$ 和 $S_{i,c}^-$，采取(5-13)式的解耦近似，得到如下的线性等式方程组：

$$\sum_\lambda (\omega_\lambda \delta_{\alpha\lambda} - P_{\mu\lambda}) g_{\lambda\beta} = \langle [S_\alpha^+, B_\beta] \rangle \tag{5-72}$$

且在方程中 $P_{\mu\lambda}$ 是含序参量的矩阵：

$$P_{\mu\lambda} = \begin{bmatrix} -[h+(J_1+J_4)\langle S_b^z\rangle + (J_2+J_5)\langle S_c^z\rangle] & \langle S_a^z\rangle(J_1+J_4e^{ik}) & \langle S_a^z\rangle(J_2+J_5e^{ik}) \\ \langle S_b^z\rangle(J_1+J_4e^{-ik}) & -[h+(J_1+J_4)\langle S_a^z\rangle]+J_3\langle S_c^z\rangle & J_3\langle S_b^z\rangle \\ \langle S_c^z\rangle(J_2+J_5e^{-ik}) & J_3\langle S_c^z\rangle & -[h+(J_2+J_5)\langle S_a^z\rangle + J_3\langle S_b^z\rangle] \end{bmatrix} \tag{5-73}$$

方程中，$g_{\lambda\beta}$ 是关于算符 $S_{i,a}^+$，$S_{i,b}^+$，$S_{i,c}^+$ 和 $S_{i,a}^-$，$S_{i,b}^-$，$S_{i,c}^-$ 的格林函数：

$$g_{\lambda\beta} = \begin{bmatrix} \langle\langle S_a^+; S_a^-\rangle\rangle & \langle\langle S_a^+; S_b^-\rangle\rangle & \langle\langle S_a^+; S_c^-\rangle\rangle \\ \langle\langle S_b^+; S_a^-\rangle\rangle & \langle\langle S_b^+; S_b^-\rangle\rangle & \langle\langle S_b^+; S_c^-\rangle\rangle \\ \langle\langle S_c^+; S_a^-\rangle\rangle & \langle\langle S_a^+; S_b^-\rangle\rangle & \langle\langle S_c^+; S_c^-\rangle\rangle \end{bmatrix} \tag{5-74}$$

在求解格林函数方程组(5-6)式过程中，首先得到关于矩阵 $P_{\mu\lambda}$ 的本征值 ω_λ 及其相应的本征矢 $U_{\lambda\mu}$，其本征值方程为：

$$\sum_\lambda (\omega_\lambda \delta_{\alpha\lambda} - P_{\mu\lambda}) U_{\lambda\nu} = 0 \tag{5-75}$$

方程阻(5-72)式的解可表示为：

$$g_{\alpha\beta} = \sum_{\tau,\lambda} \frac{U_{\alpha\tau} - U_{\tau\lambda}^{-1}}{\omega - \omega_\tau} \langle [S_\lambda^+, B_\beta] \rangle \tag{5-76}$$

式中 U^{-1} 是矩阵 U 的逆矩阵。使用谱定律(5-5)，可以得到关联函数的表达式：

$$\langle B_\beta S_\alpha^+ \rangle = \sum_{\tau,\lambda} \frac{U_{\alpha\tau} U_{\tau\lambda}^{-1}}{\mathrm{e}^{\beta\omega_\tau} - 1} \langle [S_\lambda^+, B_\beta] \rangle, \tag{5-77}$$

由于所研究的菱型链模型自旋为 1/2，子晶格的磁矩可表示为：

$$\langle S_\alpha^z \rangle = \frac{1}{2} - \langle S_\alpha^- S_\alpha^+ \rangle \quad (\alpha = a, b \text{ 和 } c) \tag{5-78}$$

对于高自旋而言，我们取 $B_\beta = (S_\beta^z)^n S_\beta^-$，并定义

$$R_\alpha = \frac{1}{N} \sum_k \sum_\tau \frac{U_{\alpha\tau} U_{\tau\alpha}^{-1}}{e^{\beta\omega_\tau} - 1} \tag{5-79}$$

则自旋算符 $\langle S_\alpha^z \rangle$(对于高自旋)可表示下面的形式：

$$\langle S_\alpha^z \rangle = \frac{(S_\alpha - R_\alpha)(1 + R_\alpha)^{2S_\alpha+1} + (1 + S_\alpha + R_\alpha) R_\alpha^{2S_\alpha+1}}{(1 + R_\alpha)^{2S_\alpha+1} - R_\alpha^{2S_\alpha+1}} \tag{5-80}$$

量子系统的磁化率，可以如下表示为[101]：

$$\chi = \frac{\partial \langle M \rangle}{\partial h}, \quad \langle M \rangle = \frac{1}{N} \sum_i^N (S_{i,a}^z + S_{i,b}^z + S_{i,c}^z) \tag{5-81}$$

由上面的表达式，可以发现它们是自洽的表达式，因而在数值计算中可以采用自洽迭代的数值算法。即迭代计算中，先选取关于磁化强度 $\{\langle S_\alpha^z \rangle, \alpha = a, b, c\}$ 的初始值，将这些初始值代入方程(5-72)~(5-80)，得到关于 $\{\langle S_\alpha^z \rangle\}$ 新的磁化强度，然后将其作为初始值重复计算再次得到新的值，这样不断的迭代，直到相邻的迭代结果相差小于 10^{-8}，就可认为得到了系统关于子晶格磁化强度的最优解。如果在计算中数值不自洽，或者得到的值大于自旋量子数，即 $|\langle S_\alpha^z \rangle| > S_\alpha$，就认为该系统受挫，这意味着，对所选取的计算参量，系统处于不稳定的状态。

5.4.2　磁化强度和系统磁化率与温度的乘积随温度的变化关系

在数值计算中，主要计算子晶格的磁化强度和量子系统磁化率与温度的乘积随温度的变化。考虑到双自由基分子和单自由基分子交替构成的亚铁磁梭型链的磁性作用不同，以及外场对系统磁性的影响，分四种情况讨论，该四种情况如图 5.24 所示。

(1) 全对称反铁磁作用对系统亚铁磁的影响

首先考虑全对称哈密顿量结构的情况，该情形下菱型链的拓扑结构如图 5.24(a)所示。子晶格磁化强度 $\langle S_a^z \rangle$，$\langle S_b^z \rangle$ 和 $\langle S_c^z \rangle$ 随温度的变化如图 5.25 所示，系统磁化率与温度的乘积 χT 随温度的变化规律见图 5.26。计算参数设置为：$J_1 = J_2 = J_4 = J_5 (>0)$，$J_3 = J_F (<0)$；参数比值 $\alpha (= J_1 / |J_F|) = 0.5$，1.0，1.5 和 2.0。由图 5.25，很明显，$\langle S_a^z \rangle > 0$，同时，$\langle S_b^z \rangle = \langle S_c^z \rangle < 0$。分子间反铁磁作用对系统的磁学性质有着重要的影响，当双自由基分子和单自由基分子反铁磁作用较弱时，子晶格磁化强度迅速降低为零，并具有较低的居里温度(Curie Temperature)；当反铁磁作用增强时，居里点向高温区移动，因此，要使系统具有较稳定的磁性，必须增加分子间的反铁磁作用。因为，当分子间

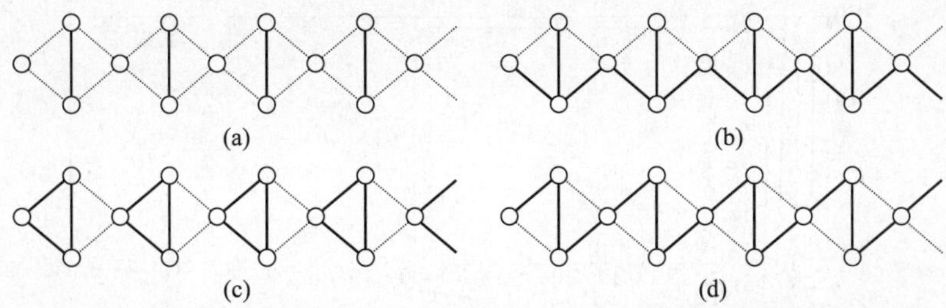

图 5.24　四种情况(a) 为全对称的哈密顿量模型，系统的分子间的反铁磁作用都相等；(b) 为反铁磁作用不对称的情况，上下不等；(c) 亚铁磁链内双自由基分子和单自由基分子形成了二聚化的情况；(d) 双自由基分子和单自由基分子，以及和第三个双自由基分子的一个自由基形成三聚化情况

反铁磁作用很弱，将很难形成亚铁磁体。

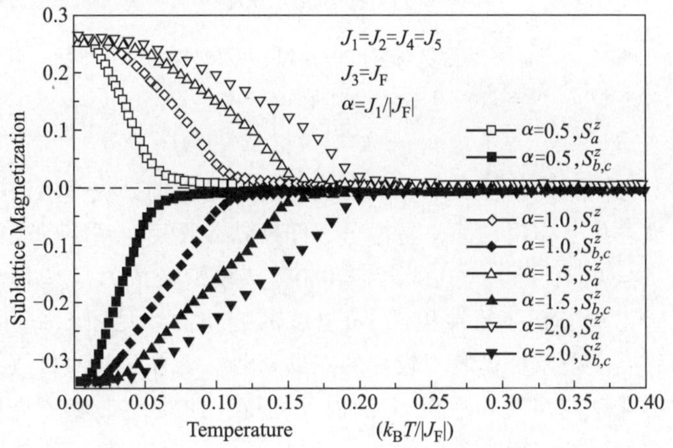

图 5.25　量子自旋系统子晶格磁化强度$\langle S_a^z\rangle$，$\langle S_b^z\rangle$和$\langle S_c^z\rangle$随温度的变化规律。其参数设置为：$J_1=J_2=J_4=J_5(>0)$，$J_3=J_F(<0)$；参数比值 $\alpha(=J_1/|J_F|)=0.5$，1.0，1.5 和 2.0

在所设参数条件下，系统的磁化率与温度的乘积χT随温度变化见图 5.26。由图可知，磁化率与温度的乘积随温度的变化曲线在低温区出现最小值，说明该磁性系统是低维亚铁磁系统，χT 曲线在低温极限下发散，表明形成亚铁磁序；同时发现，随着磁性系统分子间反铁磁作用的加强，该最小值$\chi T_{\min}$减小并向高温区移动。

同时，为了研究分子间反铁磁作用在该类磁性材料的亚铁磁序形成中所扮

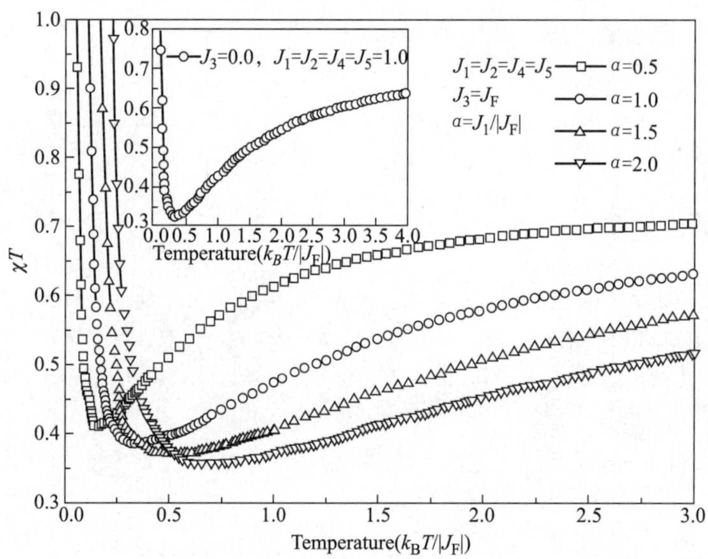

图 5.26 量子自旋系统子晶格磁化率与温度的乘积χT随温度的变化规律。其参数设置为：$J_1=J_2=J_4=J_5(>0)$，$J_3=J_F(<0)$；参数比值$\alpha(=J_1/|J_F|)=0.5$，1.0，1.5和2.0

演的角色，考虑两种极端情况。一种情况是，分子内的铁磁作用消失，即不考虑分子内的铁磁相互作用，而只考虑分子间反铁磁作用对系统磁性的影响，计算中取值为$J_1=J_2=J_4=J_5=1.0$，$J_3=0.0$，该模型变成为只是共定点的梭型链模型，其磁化率与温度的乘积χT随温度的变化曲线见图5.26中的插图所示，由该图我们发现系统仍表现较好的亚铁磁性。无机盐Cu(Ⅱ)(自旋$S=1/2$)化合物的磁化率与温度的乘积χT随温度的变化曲线，在低温区也和图5.26中的插图一样呈现发散行为。因此，分子间的反铁磁作用的拓扑结构是形成该量子体系自旋亚铁磁序的重要原因。

另一个极端情况就是，分子间的所有反铁磁作用(即J_1，J_2，J_4，J_5)远远小于分子内铁磁作用J_3，对于该情形，计算中参量取值为$J_3=-1.0$，$J_1=J_2=J_4=J_5=0.05$，0.10和0.15，计算结果见图5.27，图中左边的插图是极低温区的部分，右边的插图是实验结果。

该材料具有如图5.22所示的结构。计算表明，当温度降低时，χT随温度的变化曲线出现连续地增大，并出现一个圆形的极大值区，如图5.27所示；同时还可以看到，当分子间反铁磁作用增大时，极大值减小，圆型的峰被压制，并向高温区移动，很明显，该圆形的峰来源于分子内的铁磁相互作用。随着温度的继续降低，χT随温度的变化曲线迅速单调降低。将此与实验结果比

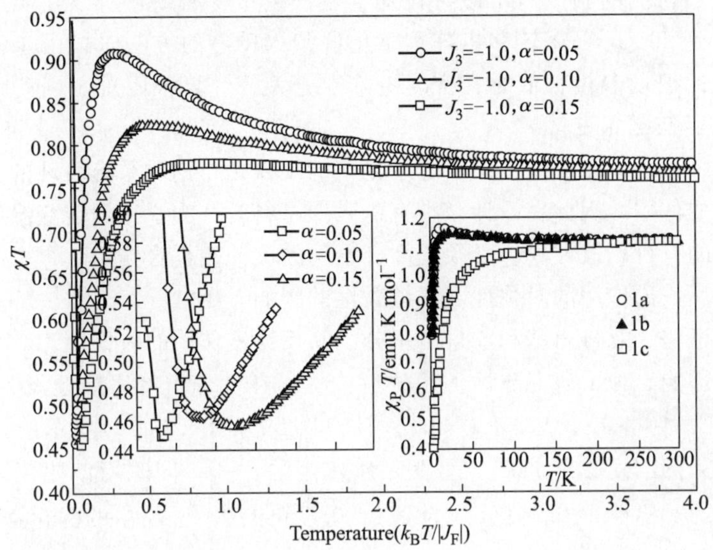

图 5.27　量子自旋系统子晶格磁化率与温度的乘积 χT 随温度的变化规律。参数为：$J_1 = J_2 = J_4 = J_5(>0)$，$J_3 = J_F(<0)$；比值 $\alpha(=J_1/|J_F|)=0.05$，0.10，0.15，左边的插图是 χT 在低温区 0.00 ~ 0.12 $k_B T/|J_3|$ 的计算结果，右边的插图为实验结果

较。图 5.27 右边的插图，是实验测试的结果[12]。实验样品采用具有三自由基的单一有机分子合成，为具有图 5.22 结构的有机亚铁磁体。该材料的分子间反铁磁作用远小于分子内的铁磁作用。所以，理论计算的结果和该实验所测的 χT 随温度变化曲线一致。

进一步，考察在该条件下，χT 随温度的变化曲线在极低温度区间的行为。根据 Kanaya[19] 等人实验结果，随着温度的降低，χT 曲线自中间温度区出现极大值后，迅速降低，但在低温区没有发现极小值，也没有观测到 χT 曲线随温度的降低而升高，即在实验上并没有观测到该磁性材料的亚铁磁相变；同时，采用量子转移矩阵重整化的方法（Quantum transfer-matrix renormalization group method）对该条件下系统的磁学性质进行的研究，也没有发现亚铁磁相变。然而，用格林函数的计算结果表明，当温度足够低时，χT 随温度的变化曲线在极低温区，先出现最小值，然后，随温度的继续降低，χT 曲线上升，如图 5.27 中左边的插图所示，该最小值的出现即说明发生了亚铁磁相变，这样，就得到了该模型的亚铁磁相变，而且发生相变的条件是温度足够低。换句话说，当分子间反铁磁作用很弱时，发生亚铁磁相变的温度要足够低，这就是 Kanaya 等人在其实验中没有观测到亚铁磁相变发生的原因，他们所测的温度高于该材料发生亚铁磁相变温度，所以在实验中没有可能观测到相变。采用转移矩阵重整化群(DMRG)的方法时，由于该方法在计算中取的温度参量很低时，密度矩阵十分大，计算很困难。因此计算中也没有发现亚铁磁相变。

总之，该菱型拓扑结构中，分子之间的反铁磁作用对系统表现的亚铁磁性有决定性的作用。因此在设计该类有机磁性材料时，为了得到转变温度或居里温度较高的有机磁性材料，必须提高分子间的反铁磁耦合作用。

(2) 反铁磁作用的对称性对系统磁性的影响

实验证明，双自由基和单自由基分子间反铁磁作用的对称性，对系统磁性有重要的影响。为了研究磁性作用的对称性，在计算中将序参量设为 $J_1=J_4$，$J_2=J_5=|J_F|(>0)$，$J_3=J_F(<0)$；计算结果为图 5.24(b)所示。设 $\beta=J_1/|J_F|=J_4/|J_F|$，表示自旋链上下磁性作用的比值，同时用该比值来标度磁相互作用的对称性，β 取值分别为 0.1，0.5 和 1.0。子晶格的磁化强度 $\langle S_a^z\rangle$，$\langle S_b^z\rangle$ 和 $\langle S_c^z\rangle$ 随温度的变化如图 5.28 所示。很明显，由于反铁磁作用上下不对称，使得双自由基分子的两个侧基磁化强度 $\langle S_b^z\rangle\neq\langle S_c^z\rangle$。随着菱型链的反铁磁作用对称性的减小，由图 5.28 看到，系统的居里温度点向高温区移动，同时子晶格的磁化强度 $\langle S_a^z\rangle$，$\langle S_b^z\rangle$ 和 $\langle S_c^z\rangle$ 也随着对称性的减弱而增强，这说明

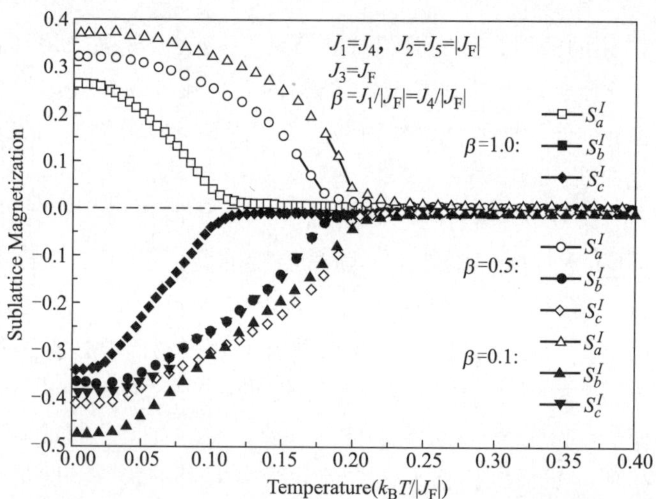

图 5.28 量子自旋系统子晶格磁化强度 $\langle S_a^z\rangle$，$\langle S_b^z\rangle$ 和 $\langle S_c^z\rangle$ 随温度的变化规律。其参数设置为：$J_1=J_4$，$J_2=J_5=|J_F|(>0)$，$J_3=J_F(<0)$；参数比值 $\beta(=J_1/|J_F|=J_4/|J_F|)=0.1$，0.5 和 1.0

反铁磁作用对称性的减弱，反而有利于系统的磁性增强，这是因为，当反铁磁作用增强时，单自由基分子和双自由基分子形成基态自旋 $S=0$ 的单重态，而具有抗磁性；当反铁磁减弱时，自由基相对自由度增大，有利于磁性系统的自发磁化，而增强系统的磁性。由计算结果可见，适当降低反铁磁的对称性，有利于提高量子系统磁性，并提高磁性材料的居里点。

系统磁化率与温度的乘积 χT 随温度的变化如图 5.29 所示。由图可见，在整个参数取值范围内，系统仍表现较好的亚铁磁性，且随着磁性对称度参量 β 的减小，$\chi T_{\min}$ 增大且向高温区移动，这同样说明，系统的磁相互作用对称性的减弱，有利于系统亚铁磁性的形成，并有利于提高该材料的居里温度。需要讨论的一种特殊情况是，当 J_1 和 J_4 减小为零时，该菱型链的拓扑结构将变为一个挂侧基的“之”字型链，如图 5.30 所示，该“之”字型链正是在第二章提出的具有高自旋基态的亚铁磁有机聚合物的结构模型。

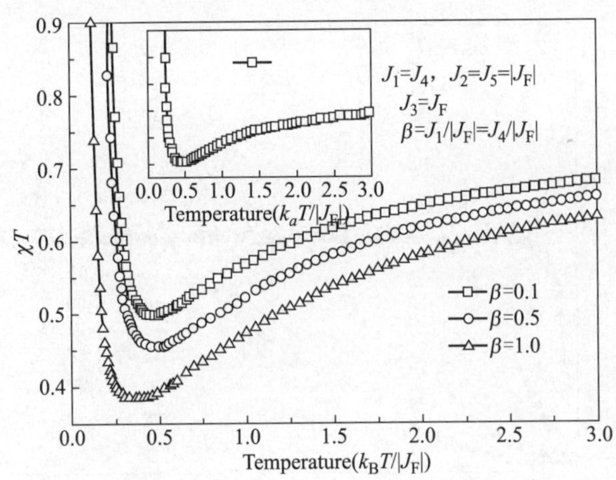

图 5.29　量子自旋系统子晶格磁化率与温度的乘积 χT 随温度的变化

参数为：$J_1=J_4$，$J_2=J_5=|J_F|(>0)$，$J_3=J_F(<0)$；参数比值 $\beta(=J_1/|J_F|=J_4/|J_F|)=0.1$，0.5 和 1.0

（3）双自由基与单自由基之间的二聚化对系统磁学性质的影响

为了考虑双自由基分子和单自由基分子间的二聚化，选取计算参量为 $J_4=J_5=|J_F|(>0)$，$J_3=J_F(<0)$；并设参数比值 $\nu=J_1/|J_F|=J_2/|J_F|$ 为二聚化度，取值为 0.75，1.0，1.5 和 2.0，ν 值的增大意味着系统二聚化增强。亚铁磁菱型链的拓扑结构在图 5.24(c) 给出。子晶格的磁化强度 $\langle S_a^z\rangle$，$\langle S_b^z\rangle$ 和 $\langle S_c^z\rangle$ 随温度的变化如图 5.31 所示。由图可以发现，随着 ν 值的增大，子晶格的磁化强度增大，并且居里温度向高温区移动，可见二聚化的增大，将有利于

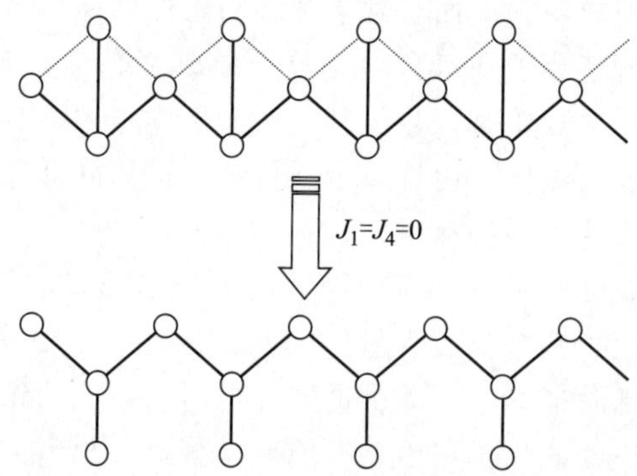

图 5.30 当 $J_1=J_4=0.0$，菱型链模型将变为挂侧自由基的"之"字型链模型

系统磁性的增强。

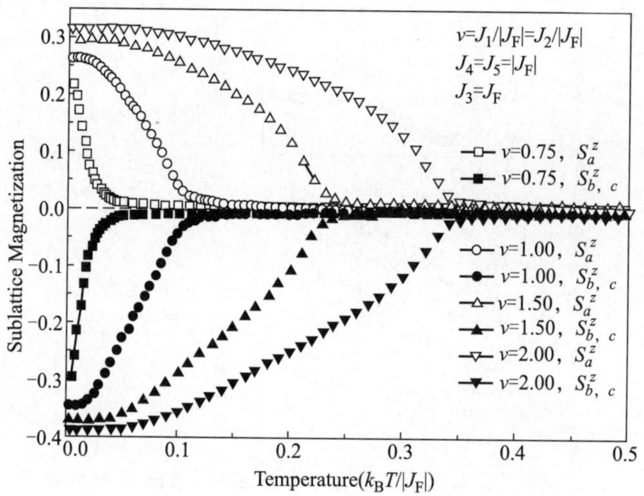

图 5.31 系统子晶格磁化强度随温度的变化。参数为：$J_4=J_5=|J_F|(>0)$，$J_3=J_F(<0)$；参数比值 $\nu(=J_1/|J_F|=J_2/|J_F|)=0.75$，1.00，1.5 和 2.0

系统磁化强度和温度的乘积 χT 随温度的变化如图 5.32 所示。由图可见，随着 ν 的增大，$\chi T_{\min}$ 值增大，并向高温区移动，可见 ν 值的增大，将有利于系统亚铁磁性的增强和稳定性。这就是说，实验中合成该类材料时，提高二聚化有利用该系统亚铁磁相的形成。

再来分析亚铁磁链在二聚化形成后的自旋排列。双自由基分子和相邻的单自由基分子二聚化后，形成了双分子集团，如图 5.33。而双分子集团的形成，

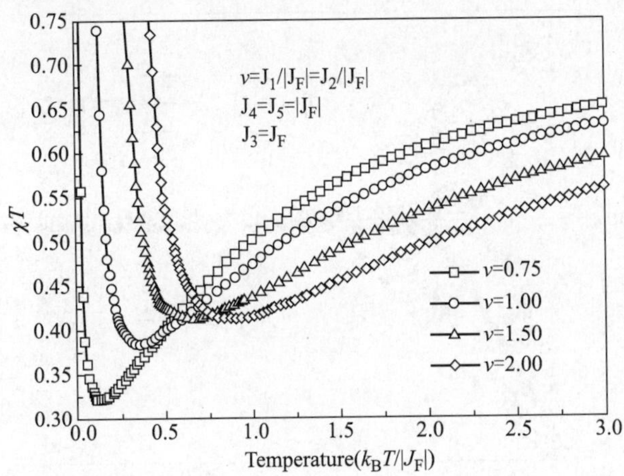

图 5.32　系统子晶格磁化率与温度的乘积随温度的变化。参数为：$J_4 = J_5 = |J_F|(>0)$，$J_3 = J_F(<0)$；参数比值 $\nu(=J_1/|J_F| = J_2/|J_F|) = 0.75$，1.00，1.50 和 2.00

使得双分子的净自旋为 $S = 1/2$，即形成有效自旋值为 1/2 的超分子。分子集团内反铁磁作用越强，二聚化超分子的净自旋值越趋向于 $S = 1/2$，这样提高了系统的磁性，从而也提高了居里温度。

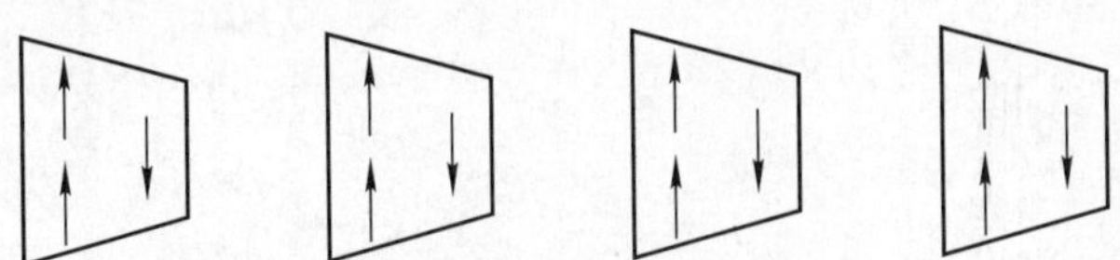

图 5.33　分子间二聚化形成后，亚铁磁菱型链上电子的自旋排列

（4）三聚化对系统亚磁性的影响

三聚化是指双自由基分子一个侧基、单自由基分子、以及另一个双自由基分子的一个侧基，由于反铁磁作用行成三自旋团簇，该情形下菱型链的拓扑结构如图 5.24(d) 所示。计算中参量为 $J_1 = J_5$，$J_2 = J_4 = |J_3|$，$J_3 = J_F(<0)$；参数比值 $\gamma(=J_1/|J_F| = J_5/|J_F|) = 0.1$，0.5，1.0 和 1.5。子晶格的磁化强度 $\langle S_a^z \rangle$，$\langle S_b^z \rangle$ 和 $\langle S_c^z \rangle$ 随温度的变化见图 5.34。由图可知，随着三聚化的加强，系统的居里点向高温区移动，且当 γ 很小时，子晶格的磁化强度将很快降为零，系统磁性变弱；当 γ 降为零时，系统降变为自旋为 1/2 的一维反铁磁链，由于自旋的反铁磁相互作用，系统几乎不显示磁性。

系统磁化强度与随温度的乘积 χT 随温度的变化如图 5.35 所示。计算结果

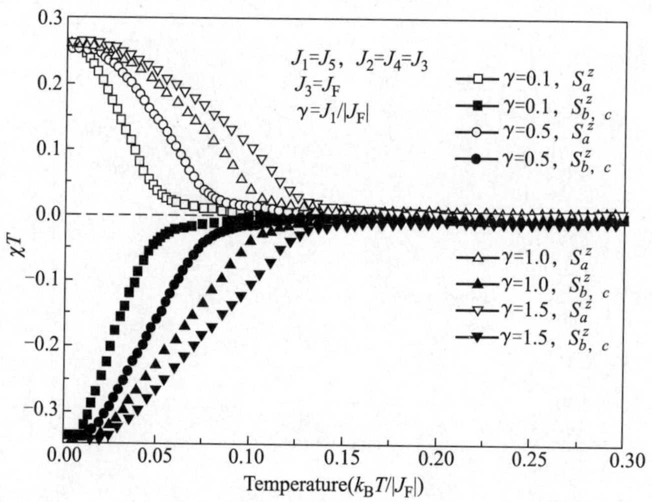

图 5.34 系统子晶格磁化强度随温度的变化。参数为：$J_1=J_5$，$J_2=J_4=|J_3|$，$J_3=J_F(<0)$；比值 $\gamma(=J_1/|J_F|=J_5/|J_F|)=0.1$，0.5，1.0 和 1.5

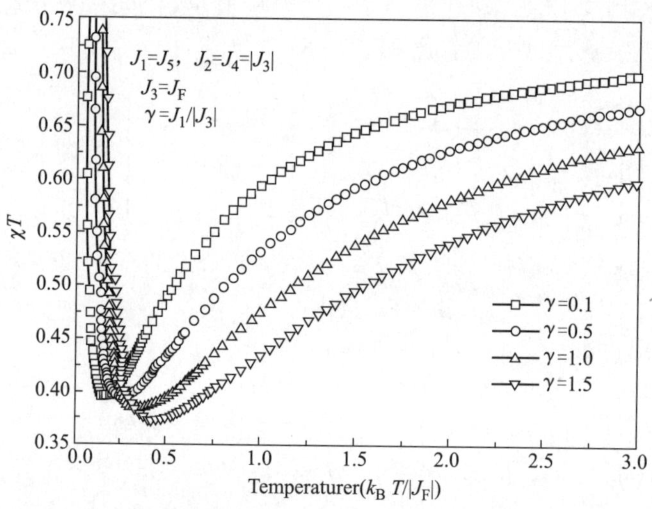

图 5.35 系统子晶格磁化率与温度的乘积随温度的变化。参数为：$J_1=J_5$，$J_2=J_4=|J_3|$，$J_3=J_F(<0)$；参数比值 $\gamma(=J_1/|J_F|=J_5/|J_F|)=0.1$，0.5，1.0 和 1.5

和图 5.26 类似，即随之三聚化增大，即自旋的反铁磁作用的加强，$\chi T_{\min}$ 值减小，并向高温区移动。可见，三聚化的形成有利于系统亚铁磁的形成，并有利于提高居里温度。如同前面的讨论一样，亚铁磁菱型链内的自旋排列如图

5.36 所示。由于三聚化，每个方框内将形成了自旋值为 $S_{eff}=1/2$ 的超分子。

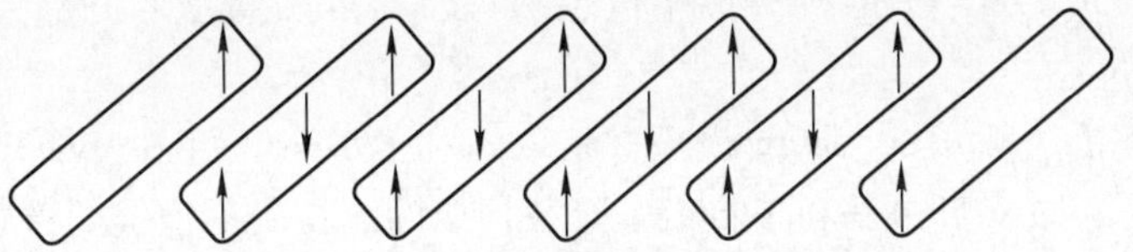

图 5.36　三聚化形成后菱型链内自旋排列

(5) 外磁场对系统亚铁磁性的影响

最后，讨论系统的亚铁磁性在外场下的行为。序参量为 $J_1=J_4$，$J_2=J_5=|J_3|$，$J_3=J_F(<0)$，$J_1=0.8|J_F|$；而外场选取为 $h=0.00$，0.05，0.10 和 0.15，计算结果如图 5.37。由图可见，当外场为 0 时，χT 曲线在接近零温区时发散，并随温度的升高，χT 曲线迅速降低，当温度约为 0.43 k_BT/$|J_F|$时，出现极小值，随后随温度的升高，χT 值增大并趋近一极值。在较弱的外场下，χT 曲线随温度的变化行为和零温下有很大的差别。因为弱外场将打开一个能隙，当温度较低时，χT 曲线随温度的降低，迅速降低，而后在低温区 0.24 k_BT/$|J_F|$附近呈现一个尖锐的小峰。随着外场的增大，低温区尖锐的峰被压

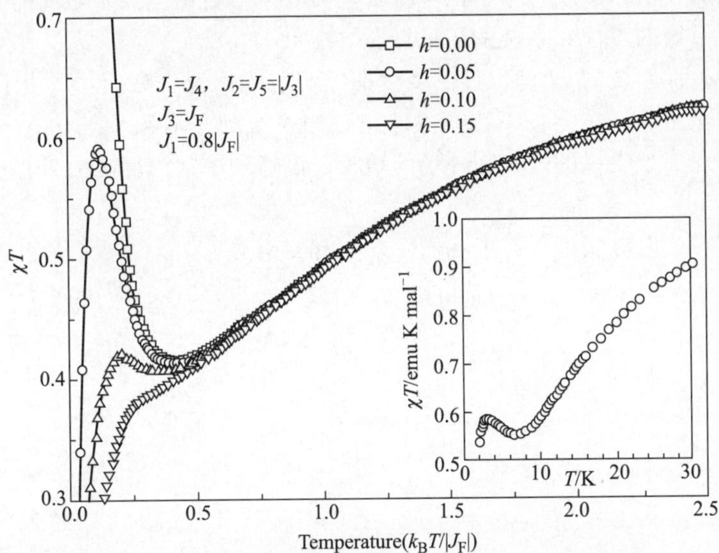

图 5.37　量子自旋系统子晶格磁化率与温度的乘积在不同外场与温度的变化规律。参数为：$J_1=J_4$，$J_2=J_5=|J_3|$，$J_3=J_F(<0)$，$J_1=0.8|J_F|$；外场取为 $h=0.00$，0.05，0.10 和 0.15

制，并向高温区移动。随着外场继续增大，低温区尖锐峰消失，在温度为 $0.43\ k_B T/|J_F|$ 处，χT 曲线的最小值也消失，而后随温度的升高，χT 曲线由零线性增大。

以上基于一般 Heisenberg 模型，采取格林函数理论并在 Tyablikov 解耦近似的框架下，对双自由基和单自由基交替构成的亚铁磁菱型链的磁学性质进行了研究，结果表明：

（1）亚铁磁链菱型链分子的反铁磁相互作用是形成亚铁磁链的主要原因，全对称的反铁磁作用的加强，将有利用提高磁性系统的居里点，并提高亚铁磁性的稳定性；

（2）反铁磁作用的对称性增强，有利于形成基态自旋为 $S=0$ 的自旋对，使系统具有抗磁性，这不但降低磁性系统的居里点，而且不利于磁性系统的自发磁化；因此实验上合成类似的有机分子磁性材料时，应尽量降低反铁磁作用的对称性。

（3）近邻的双自由基分子和单自由基分子基的二聚化，导致形成有效自旋值为 1/2 的超分子，并提高了磁性材料的居里温度。在实验上合成这类纯有机亚铁磁性材料时，需要考虑二聚化对系统的影响。

（4）双自由基分子、单自由基分子、另一个双自由基分子之间的三聚化有利于提高系统的磁性和系统的居里点。

（5）磁性系统的 χT 随温度的变化曲线都表现出亚铁磁行为。并且，χT 随温度的变化曲线，在零场下出现最小值，当系统处于有限外场中，χT 曲线在低温区出现一个尖锐的峰，随外场的增大，该峰和中间温度区的最小值都逐渐消失。

本章有关内容还可以参考我们发表的有关论文[29-35]。

参 考 文 献

[1] 蔡建华，龚昌德，姚希贤，孙鑫，李正中，吴萱如，等．量子统计的格林函数理论．北京：科学出版社，1982

[2] 王怀玉．凝聚态物理的格林函数理论．北京：科学出版社，2008

[3] Hartmut Hang，Antti - Pekka Jauho. Quantum kinetics in transport and optics of semiconductors. Spring - Verlag，1996

[4] S. V. Tyablikov. Ukrain：Math. Zh，11，287（1959）

[5] M. Hamedoun，Y. Cherriet. Phys. Rev. B63，172402，(2001)

[6] Herbeart B. Callen，Physical review，V130，N3，(1963)

[7] K. H. Lee，S. H. Liu. Physical review，V159，N2，(1967)

[8] R. Tahir - Kheli and D. Ter Haar. Phys. Rev. 127，88（1962）

[9] J. Kondo，K. Yamaji. Prog. Theor. Phys. 47，807（1972）

[10] D. Shiomi，M. Nishizawa，K. Sato，T. Takui，K. Itoh，H. Sakurai，A. Izuoka，T. Sugawara. J. Phys. Chem. B，101，3342(1997)

[11] Y. Hosokoshi，K. Katoh，Y. Nakazawa，H. Nakano，K. Inoue. J. Am. Chem. Soc. 123，7921 (2001)

[12] T. Kanaya，D. Shiomi，K. Sato，et al.. Polyhedron 20，1397(2001)

[13] C. Kaneda，D. Shiomi，K. Sato，T. Takui，. Polyhedron 22，1809(2003)

[14] S. Hase，D. shiomi，K. Sato，T. Takui. Polyhedron，20，1403(2001)

[15] D. Shiomi，M. Nishizawa，K. Kamiyama，S. Hase，T. Kanaya，K. Sato，T. Takui. Synthetic Metal，121，1810(2001)

[16] K. Maisinger，U. Schollwock，S. Brehmer，H. J. Mikeska，S. Yamamoto. Phys. Rev. B 58，R5908（1998）

[17] K Swapan，S. Ramasesha，D. San，et al.. Phys. Rev. B 55，8894（1997）

[18] H. Kikuchi，Y. Fujii，M. Chiba，S. Mitsudo，T. Idehara，T. Tonegawa，K. Okamoto，T. Sakai，T. Kuwai，H. Ohta. Phys. Rev. Lett，94，227201（2005）

[19] K. Takano，K Kubo，H. Saburagi. J. Phys. C8，6405（1996）

[20] K. Okamoto，T. Tonegawa，M. Kaburagi. J. Phys. C 15，5979（2003）

[21] H. Kikuchi，Y. Fujii，M. Chiba，et al.. Physica B，329，967（2003）

[22] K. Okamoto，T. Tonegawa，M. Kaburagi. J. Phys. C 11，10485（1999）

[23] M. Oshikawa，M. Yamanaka，I. Affeck. Phys. Rev. Lett. 78，1984（1997）

[24] A. Honecker，A. Läuchli. Phys. Rev. B 63，174407，(2001)

[25] N. N. Bogolyubov and S. V. Tyablikov. Sov. Phys. - Dokl. 4 589（1959）

[26] S. V. Tyablikov. Methods in the quantum theory of magnetism. New York：Plenum，1967

[27] P. Frobrich，P. J. Jensen，P. J. Kuntz. Eur. Phys. J. B，13，477，(2000)

[28] P. Frobrich，P. J. Jensen，P. J. Kuntz，et al.. Eur. Phys. J. B，18，579，(2000)

[29] H. H. Fu，K. L. Yao，et al.. Physical Review B，73，1.4454（2006）

[30] H. H. Fu, K. L. Yao, et al.. Physics Letters A, 358, 443 - 447 (2006)
[31] K. L. Yao, Y. C. Li, et al.. Physics Letters A, 346, 209 (2005)
[32] H. H. Fu, K. L. Yao, et al.. J. Chem. Phys. 128, 114705 (2008)
[33] H. H. Fu, K. L. Yao, et al.. J. Phys. Chem. A 112, 6205 (2008)
[34] H. H. Fu, K. L. Yao. J. Chem. Phys. 129, 134706 (2008)
[35] H. H. Fu, K. L. Yao. Physics Letters A, 358, 443(2006)

第六章 低维有机多铁系统及其量子调控

6.1 低维有机量子磁体

6.1.1 有机铁电体

铁电体在一定转变温度下有自发电极化。它们通常由一些很复杂的微结构的铁电畴构成，这些铁电畴具有不同的极化方向，可以通过外电场调控。一般来说，这类材料具有高度绝缘性，因为其能带结构显示出很大的能隙[1]。本章主要关注有机铁电体，因为相对于无机铁电物质而言，有机铁电体质量轻、柔韧性好且无毒性，更有利于分子器件的集成化和小型化。通常，铁电现象的微观机理起源于三种类型：有序－无序型、位移型和质子传递型[2,3]。有序－无序型指化合物中的分子或离子集团本身携带电偶极子，在顺电态时是杂乱无序排列的，而在铁电态时电偶极矩方向排列一致。北京大学高松课题组合成了三维手性金属甲酸盐有机铁电化合物[NH_4][$Zn(HCOO)_3$][4]，即属于有序－无序型，其中 NH_4^+ 离子携带电偶极子，在 191 K 经历着顺电－铁电相变。对位移型铁电体，其分子或离子集团并不需携带电偶极子，而是正负离子中心产生相对位移引起自发铁电极化。典型的有机铁电体如偏二氟乙烯 PVDF[5]，F 和 H 原子产生相对位移将导致铁电序的出现，它已在分子器件设计上得到应用，比如铁电电容器、铁电二极管和铁电场效应管[6]。第二类是位移型铁电体。2010 年 3 月，日本人 Tokura[7] 课题组合成了给体－受体有机电荷转移复合物 TTF－BA 晶体，他们从实验上观测到了铁电相变行为，属于位移型有机铁电体，如图 6.1 所示。有限温度下，TTF－BA 晶体基本上是完全电离的，且每个离子带自旋－1/2，TTF 给体(D^+)和 BA 受体(A^-)分子的堆积方式可被看作是一维反铁磁 Heisenberg 链，由于自旋－晶格耦合产生二聚化使得沿链方向产生电偶极子，从而产生铁电序。第三类质子传递型，Tokura 利用有机酸合成了超分子铁电体，质子的集体运动产生铁电极化，在室温以上铁电性都存在[8]。

因此，对有机铁电体进行理论上的研究，不仅对凝聚态物理和材料学科有着重要的科学意义，而且对分子器件设计的物理调控也是十分必要的。

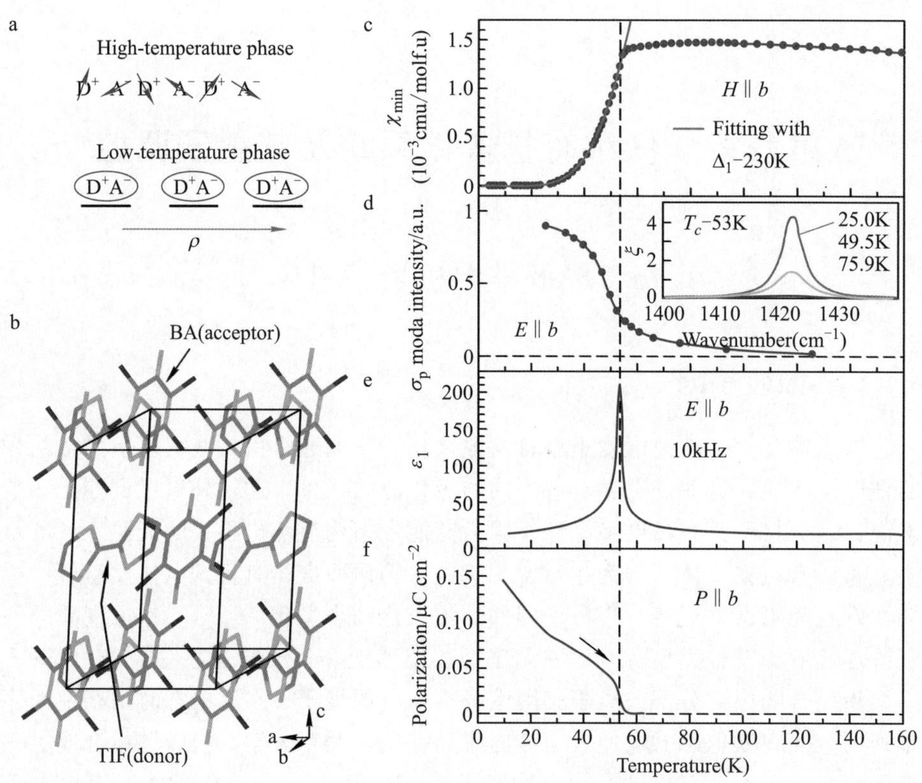

图 6.1　(a) TTF－BA 高温和低温相离子给体(D^+)和受体(A^-)混合堆积示意结构图，箭头、下划线和椭圆体分别代表自旋－1/2、二聚体和单重态，P 表示电极化，(b) TTF－BA 晶体结构，(c) 磁化率－温度变化关系的测量，(d) 温度依赖的标准谱重，(e) 介电常数，(f) 自发电极化

6.1.2　自旋梯子模型

近年来，自旋梯子受到理论和实验物理学家的广泛关注和研究，不仅因为它们存在人们感兴趣的量子临界特性，而且还存在丰富的热力学行为。磁性自旋梯子是由自旋链(链内耦合强度为 J_P)通过链间梯阶的(Rung)的耦合 $J_\perp$ 桥连而形成的量子自旋系统。这些模型体系引起人们极大的兴趣主要有两点原因：(1) 它与轻掺杂二维反铁磁体的高温超导体相关；(2) 其物理性质与链(leg)的数目有关，假设自旋梯子体系有 m 条链，当 m = 偶数时，自旋激发存在能隙；当 m = 奇数时，不存在能隙，其行为与单链一样[9,10]。我们感兴趣的是双链(two－leg)自旋梯子，因为实验上合成了许多不同链间耦合强度 $J_\perp$ 的化合

物，其磁性行为已经得到广泛研究。双链自旋梯子存在两个磁化平台：一个是磁化强度 $M=0$ 平台，发生在磁场 $h<h_c$（$h_c=E_g$，E_g 为能隙大小）；另一个平台产生于饱和的铁磁相区，磁场 $h>h_s$。因此可以利用外磁场逐渐关闭能隙，诱导磁有序行为。Kanek 等人合成了纯有机铁磁性自旋梯子模型 π－共轭聚合物 poly(9, 10－anthryleneethynylene)[11]。实验上合成的绝大部分都是全反铁磁型（$J_{\parallel}>0$，$J_{\perp}>0$）的自旋梯子模型有机化合物，因为这类化合物中磁场可以诱导自旋液体和 Luttinger 液体相变，隐藏着丰富的物理内涵。当 $J_{\perp}>J_{\parallel}$ 时，被认为是强梯阶（Strong－rung）自旋梯子模型，实验上合成的化合物有 $Cu_2(C_5H_{12}N2)_2Cl_4$[10]、Cu(2, 3－dimethylpyrazine)Br_2[12] 和 $(Hpip)_2CuBr_4$[13]，并已探测到其中的自旋液体和 Luttinger 液体相。另外，$J_{\perp}=J_{\parallel}$ 时被称之为等方性的自旋梯子，其模型化合物 $(Ca, La)_{14}Cu_{24}O_{41}$[14] 和 Cu(quinoxaline)$Br_2$[15] 实验上也被成功合成，它们都显示出典型的反铁磁性，并伴随着有能隙的激发。然而，到目前为止，仅有三种 Cu 的卤化盐被认为是强梯阶梯子系统：$(C_5H_9NH_3)_2CuBr_4$[16]、$(2, 3-DmpyH)_2CuBr_4$[17] 和 (DMA)(35DMP)$CuBr_4$[18]，其中每个 Cu^{2+} 携带自旋 －1/2 通过 Br…Br 桥连，如图 6.2 所示。

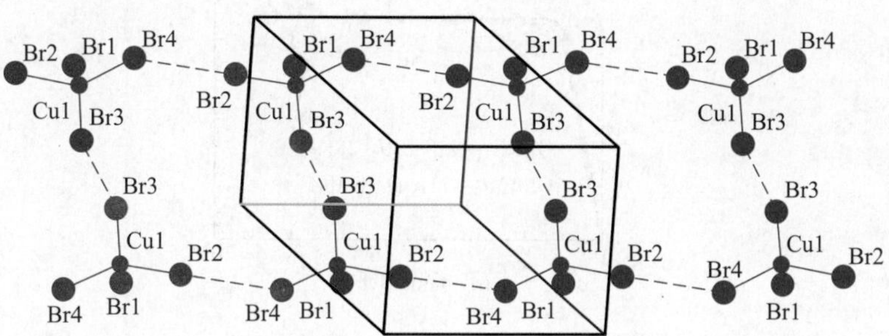

图 6.2　Strong－leg 梯子化合物 (DMA)(35DMP)$CuBr_4$ 模型图解[18]

6.1.3　一维三聚化(trimer)链

量子自旋系统中，磁化平台是一种非常普遍的现象。磁化平台与磁激发谱中的能隙有关。为了理解磁化平台的物理本质，有必要探索能隙是怎样产生和变化的。比如 $M=0$ 磁化平台的出现说明系统拥有自旋－单重基态，且基态与激发态之间存在能隙，典型的例子为自旋梯子模型[13,14]和自旋－派尔斯体系[19]。实验上通过测量磁化率在低温下的指数衰减行为，就可以得出能隙的大小。但是，当 M 为有限值的磁化平台出现时，不借助理论计算，仅从实验上测量有限温度下各种物理量，并不能确定能隙是否存在。当体系能隙较大时，实验上常用非弹性中子散射、电子自旋共振和拉曼散射等测量手段来估算能隙大小。如果仅作磁化曲线测量，这并不能确定能隙的大小，还需要理论上的帮助。根据 OYA 理论[20]，中间磁化平台的出现存在一个必要非充分条件：$n(S-m)=$整数，其中 n 为基态的周期，S 为自旋，m 为平均每个格点的磁化强度。实验上，Hase 课题组合成了三聚化链的化合物 $Cu_3(P_2O_6OH)_2$[21] 和 $Cu_3(P_2O_6OD)_2$[22]，观测到了 1/3 磁化平台，如图 6.3 所示。因此，对于呈现 1/3 磁化平台的三聚化链，$n=3$，$S=1/2$ 和 $m=1/6$。理论上 Gu 等人[23]利用转移矩阵重整化群(TMRG)方法研究了三聚化链的热力学性质，得到了比热双峰结构。此外，Hida[24]利用密度矩阵重整化群(DMRG)技术研究了三聚化链含次近邻耦合引起阻挫效应的量子相变，发现了有限尺寸下丰富的量子相，可以利用典型的 $M-H$ 磁化曲线描述。

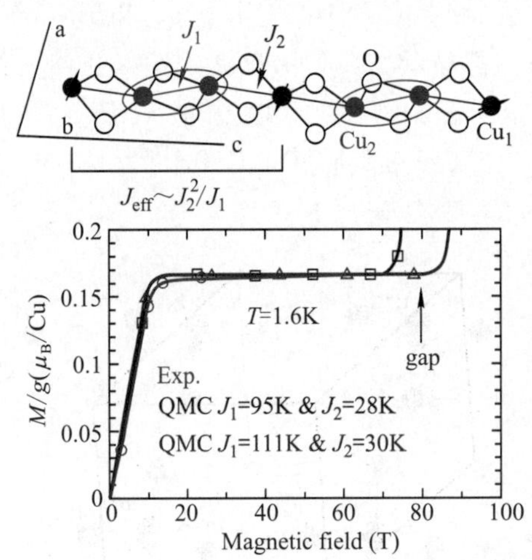

图 6.3 上平面为化合物 $Cu_3(P_2O_6OD)_2$ 一维三聚化链结构，下平面为实验测量的 $M-H$ 磁化曲线，呈现出 1/3 磁化平台[22]

对于含有三自旋耦合作用的自旋 $-1/2$ XX 链，人们研究了它的量子相变、输运性质、量子态转移、纠缠及动力学性质等[25-30]。此外，Zvyagin 和 Skorobagat'ko[31]研究了含三自旋耦合作用的二聚化自旋 $-1/2$ XX 链的量子相变性质。然而，三聚化链中存在多自旋耦合，这将引起量子阻挫而导致量子相变，并在各种不同的量子相区呈现量子纠缠、磁学和热力学现象，也是令人很兴趣的。

6.1.4 有限温度下的纠缠熵

量子多体系统中关于量子关联的测量在凝聚态和量子信息领域是一个非常

热门的话题。理解纠缠在系统的态中怎样分布就可以对量子关联做正确评定。在自旋系统中，纠缠熵是一种很好的工具来描述量子相变特性。一个系统可以分为 A 和 B 两个部分，纠缠熵可以被用来量度这两部分之间的纠缠[32]。取刃矢 $|\psi\rangle_{AB}$属于 $H=H_A\otimes H_B$。根据施密特分解，对于任何纯的双向态我们总可以找到两组正交矢$\{|\varphi_i\rangle_A\}$和$\{|\phi_j\rangle_B\}$以至于态$|\psi\rangle_{AB}$可以写成，

$$|\psi\rangle_{AB} = \sum_i \alpha_i |\varphi_i\rangle_A |\phi_i\rangle_B \tag{6-1}$$

其中 α_i 称之为施密特系数，它是大于零的实数。其实，施密特分解就是初始态系数矩阵的对角化。因而，纠缠熵可以写成施密特系数平方的形式，

$$S_A = S_B = -\sum_i \alpha_i^2 \log\alpha_i^2 \tag{6-2}$$

可以根据系统每部分约化密度矩阵写成，

$$S_A = S(\rho_A) = -tr(\rho_A \log_2 \rho_A) \tag{6-3}$$

其中，

$$\rho_A = tr_B(|\psi\rangle_{AB}\langle\psi|_{AB}) = \sum_i \alpha_i^2 |\phi_i\rangle_B\langle\phi_i|_B \tag{6-4}$$

很容易发现 $S_A=S_B$。因此，A 与 B 之间的关联等同于 B 与 A 之间的关联。

这里，我们主要讨论近邻双格点与系统剩余部分的纠缠熵。有限温度下，为了与热力学熵作比较，Sirker[33] 和 Sørensen[34] 等人的定义：

$$S^{ent} = -Tr[\rho_{i,j}\ln(\rho_{i,j})] \tag{6-5}$$

近邻双格点的约化密度矩阵 $\rho_{i,j}$在标准基矢$\{|\uparrow\uparrow\rangle,|\uparrow\downarrow\rangle,|\downarrow\uparrow\rangle,|\downarrow\downarrow\rangle\}$下表示为[45]：

$$\rho_{i,j} = \begin{pmatrix} \langle P_i^\uparrow P_j^\uparrow\rangle & \langle P_i^\uparrow \sigma_j^-\rangle & \langle \sigma_i^- P_j^\uparrow\rangle & \langle \sigma_i^- \sigma_j^-\rangle \\ \langle P_i^\uparrow \sigma_j^+\rangle & \langle P_i^\uparrow P_j^\downarrow\rangle & \langle \sigma_i^- \sigma_j^+\rangle & \langle \sigma_i^- P_j^\downarrow\rangle \\ \langle \sigma_i^+ P_j^\uparrow\rangle & \langle \sigma_i^+ \sigma_j^-\rangle & \langle P_i^\downarrow P_j^\uparrow\rangle & \langle P_i^\downarrow \sigma_j^-\rangle \\ \langle \sigma_i^+ \sigma_j^+\rangle & \langle \sigma_i^+ P_j^\downarrow\rangle & \langle P_i^\downarrow \sigma_j^+\rangle & \langle P_i^\downarrow P_j^\downarrow\rangle \end{pmatrix} \tag{6-6}$$

其中，$P^{\uparrow\downarrow}=\frac{1}{2}(1\pm\sigma^z)=\frac{1}{2}\pm S^z$ 和 $\sigma^\pm=\frac{1}{2}(\sigma^x\pm i\sigma^y)=S^x\pm iS^y$，以及 σ 为泡利矩阵。

假定整个体系由 A、B 两个子系统组成，根据吉布斯理论，子系统 A 的热力学熵表示为，

$$S_{th} = -tr(\rho\ln\rho) \tag{6-7}$$

其中，$\rho=\mathrm{e}^{-H_A/T}/Z$ 为热密度矩阵，H_A 为 A 部分的哈密顿量。有限温度下的纠缠熵 $S^{ent}=-Tr[\rho_A\ln(\rho_A)]$是从整个系统 A + B 混合态开始且相应于热密度矩阵 $\mathrm{e}^{-(H_A+H_B)/T}/Z$，然后对子系统 B 区域求迹获得约化密度矩阵 ρ_A。显然，热力

学熵 S_{th} 独立于子系统 A 与 B 的耦合，而纠缠熵 S^{ent} 依赖于子系统 A 与 B 的耦合。低温时，子系统 A 与 B 之间耦合较强，因此纠缠熵不同于热力学熵。高温时，子系统 A 与 B 之间耦合很弱，纠缠熵与热力学熵一致，如图 6.4(a)所示。在一维 $S=1/2$ 反铁磁链中，A 部分为近邻的两个格点，链的剩余部分为子系统 B，温度较高时，Sirker 等人采用 TMRG 方法从约化密度矩阵出发获得纠缠熵 $S^{ent}=S_{th}=2\ln(2S+1)=2\ln 2$，如图 6.4 (b)所示。因此，有限温度下纠缠熵可以很好地探索自旋系统低温的相变性质，例如自旋-派尔斯相变和铁电相变。

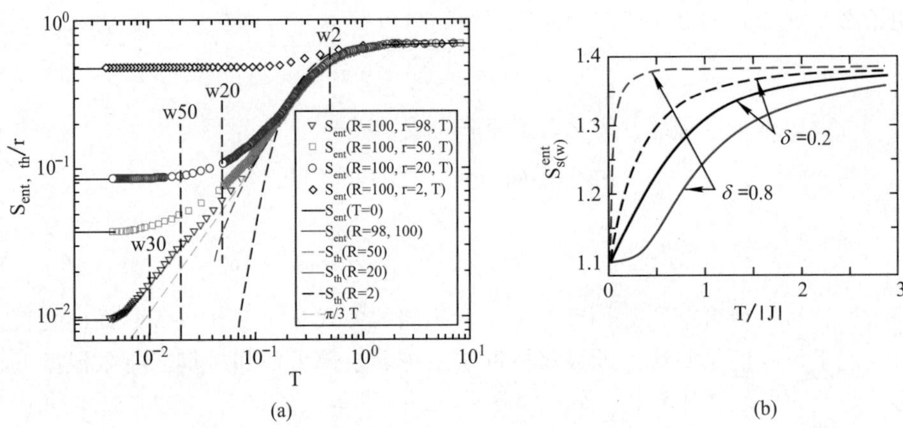

图 6.4 (a) 系统尺寸大小不同时纠缠熵与热力学熵的比较[34]；(b) 一维反铁磁链中近邻双格点纠缠熵随温度的变化关系[35]

6.1.5 有能隙和无能隙的低激发行为

最简单的磁性团簇是二聚体：一种统一的磁性离子对[36]。若二聚体内为反铁磁耦合，那么在低温时将形成自旋单重态，即各个方向自旋磁矩的投影为零。这种单重态和三重激发态之间将打开一个能隙，能隙的形成使得整个磁性系统在低温时显示出无磁特性。在一维交错相互作用自旋链(J 和 αJ)中，自旋能隙同样存在。当 $\alpha\to 0$ 时，整个链就由一组无相互作用的二聚体组成。然而，有许多化合物包括整数自旋链(Haldane 链)或者自旋梯子，其基态都是单重态，并保持平移不变性。系统所处的这种态被称之为自旋液体[37]，如图 6.5 所示，磁化率在低温处呈指数形式衰减到零：$\chi\to e^{-\Delta/k_BT}$。

同样，比热在低温处指数地衰减到零，也标志着自旋液体行为[38,39]。

根据在线性响应理论的格林-久保公式，零频响应时热输运系数热权重表示为，

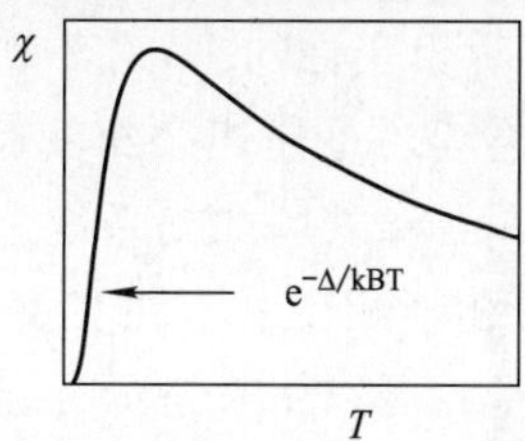

图 6.5　典型的自旋液体行为的温度依赖的磁化率曲线，来源于文献[37]

$$D_{th} = \frac{\pi\beta^2}{ZN}\sum_{\substack{n,m\\E_n=E_m}} e^{-\beta E_n} \left| \langle n \mid j_{th} \mid m \rangle \right|^2 \tag{6-8}$$

其中j_{th}为能流密度。它能够很好地描述自旋系统是有能隙还是无能隙的低激发行为。低温区，热权重依然成指数衰减到零，表明系统为有能隙激发[40]。然而，在一维反铁磁链中，比热在低温区与温度呈线性关系，这是一种无能隙的自旋液体，通常被称之为 Tomonaga - Luttinger 液体[39,41]。此情形下，磁化率在低温处衰减到有限值。与比热类似的是，热权重在低温区随温度变化呈线性关系[42]，如图 6.6 所示，也标志着无能隙的低激发行为。另外，根据 Zotos[43]和 Sologubenko[44]，零温时：(a) $D_{th}=0$ 标志着热绝缘体；(b) $D_{th}>0$ 表示理想的热导体。这意味前者有能隙存在，后者无能隙。

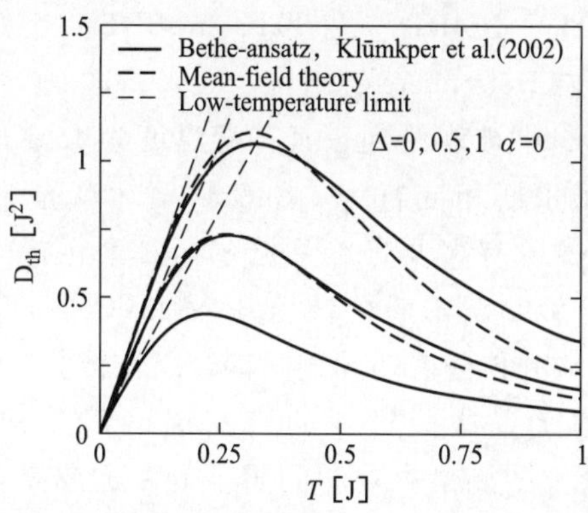

图 6.6　准一维自旋链中不同各向异性情况下热权重随温度的变化关系，低温极限下温度的线性关系表明无能隙的低激发行为，来源于文献[42]

6.2　低维有机量子自旋系统的自旋 - 派尔斯相变

本节将利用量子统计的格林函数理论，研究一维有机聚合链状化合物与晶格耦合而产生的自旋－派尔斯相变性质[19]。有效弹性常数是一个内禀因素，它决定自旋－派尔斯相变是连续还是非连续相变。转变温度 T_{SP} 与标志磁化率极大值的温度 T_{max} 是一致的。当将磁场加到系统上时，它使得转变温度 T_{SP} 和 T_{max} 减小，并且使得自旋－派尔斯相变从二级相变过渡到一级相变。双格点热纠缠熵也是一个很好的物理量，可以用来指示自旋－派尔斯相变。此外，存在标志着能隙消失的临界温度，这个临界温度低于转变温度 T_{SP}。说明在有能隙的二聚化相内存在一个无能隙的自旋－派尔斯相。同样，链间耦合会驱使自旋－派尔斯相变从二级相变到一级相变的过渡，但是足够强的链间耦合作用会破坏掉自旋－派尔斯二聚化行为。

6.2.1 自旋－派尔斯相变

如上所述，低维量子磁体由于其基本的量子属性，很受关注。尤其令人感兴趣的是这些系统的基态处于单重态。在这些低维系统中，存在着一些有意义的特性，比如磁化平台现象、磁化率和比热的双峰结构等，特别是存在自旋－派尔斯相变。自旋－派尔斯相变是低维自旋系统中观测到的一类非常有趣的现象。在低维功能分子材料中，如果发现存在自旋－派尔斯行为，那么它就会对外界参数例如温度、磁场和压强响应而显示出开关特性。另外，实验上通过无序参杂也观测到了自旋－派尔斯行为与奈尔序共存[45-46]。自旋－派尔斯相变最早在有机化合物 TTF－CuBDT[47] 和 TTF－AuBDT[48] 中观测到，这些化合物呈现出一维线性反铁磁 Heisenberg 链结构。后来，这种自旋－派尔斯相变同样在有机物 p－CyDOV[49] 中被观测到，其转变温度为 15 K。当然，在无机材料中也发现了自旋－派尔斯相变行为。$CuGeO_3$[50,51] 就是第一例，转变温度为 14 K。其应变情况下的磁有序及自旋－派尔斯二聚化行为可用第一性原理研究[52]。第二类无机自旋－派尔斯材料是 α'－$NaVO_3$[53]，其转变温度约 33 K，它呈现出一维的磁结构并伴随着弱的链间耦合。在转变温度附近，比热呈现出一个 λ 型的尖峰。然而，这些材料的转变温度都非常低。对有机聚合物 BBDTA－$InCl_4$[54] 磁化率的测量中观测到了自旋－派尔斯行为。在这种有机聚合物中，带有自旋的阳离子 $BBDTA^+$ 桥连近邻的阴离子 $InCl_4^-$，形成一维的配合物链，强的反铁磁耦合只发生在阳离子之间，其转变温度约为 108 K。随着温度降低，磁化率在 170 K 附近显示具有一个极大值的峰。并且，链间硫原子有一个较弱的链接。考虑弱的链间耦合也许是有必要的。Ren[13] 等人利用 $[Ni(dmit)_2]^-$ 块体合成了分子自组装的自旋梯子模型化合物，观测到自旋－派尔斯相变温度大约为 100 K。同时，他们还利用 $[Ni(mnt)_2]^-$ 作为磁性中心合成了一系列准一维量子磁性链系统，这些系统都是自旋 1/2 体系，其平面几何结构和堆积方式都是通过分子间反铁磁耦合形成的[56]。因此，在反铁磁量子自旋链中，当磁弹耦合引起晶格二聚化时，自旋－派尔斯相变就会发生。事实上，准一维化合物[IBzPy][Ni(mnt)$_2$]和[4′－CH3BzPy][Ni(mnt)$_2$][57]的转变温度更高，可达 120 K、155 K 和 180 K。此外，化合物[RBzPy][Ni(mnt)$_2$][59]的转变温度为 184 K 和 112 K。在这些化合物中通过加压强可以提升转变温度，而非磁性掺杂则抑制转变温度[58]。

理论上，自旋－派尔斯相变机制可用一维自旋 1/2 反铁磁链模型与三维声子耦合来描述。事实上，这种自旋－派尔斯相变的序参量，是沿着链方向磁性中心交错的位移。这些位移能够使得近邻自旋之间产生交错的交换耦合作用，从而引起单重基态与三重激发态之间能隙的打开。由于量子涨落，即使在基态，一维理想系统也不会存在长程磁有序。为了进一步理解自旋－派尔斯相变，以及研究内部和外部因素的影响，这里首先对一维反铁磁链与三维声子的耦合模型，采用绝热近似处理。根据 Sirker[33] 和 Sørensen[34] 等人的定义，利用格林函数理论计算双格点的热纠缠熵和磁化率，来确认自旋－派尔斯相变。通过研究有限温度的纠缠熵和二聚化序参量随温度的变化关系，来描述和确定有限阶的自旋－派尔斯相变，这里，温度是控制相变的参数。

6.2.2 理论模型和方法

在绝热近似下，考虑声子耦合的一维反铁磁链自旋哈密顿量写成如下：

$$H = 2J\sum_i \left[(1+\delta) S_{2i} S_{2i+1} + (1-\delta) S_{2i+1} S_{2i+2} \right] + \frac{1}{2} NK\delta^2 \qquad (6-9)$$

$\delta(>0)$是依赖温度的二聚化参量，在转变温度以上会消失。$J(>0)$是反铁磁交换耦合，N 是沿链方向自旋格点数目，K 是有效弹性常数。采用 Jordan－Wigner（JW）变换，

$$S_{2i}^+ = S_{2i}^x + iS_{2i}^y = a_{2i}^+ \prod_{j=1}^{i-1} (1 - 2a_{2j}^+ a_{2j})(1 - 2b_{2j+1}^+ b_{2j+1})$$

$$S_{2i+1}^+ = S_{2i+1}^x + iS_{2i+1}^y = b_{2i+1}^+ \prod_{j=1}^{i-1} (1 - 2a_{2j+2}^+ a_{2j+2})(1 - 2b_{2j+1}^+ b_{2j+1})$$

$$S_{2i}^z = a_{2i}^+ a_{2i} - \frac{1}{2}$$

$$S_{2i+1}^z = b_{2i+1}^+ b_{2i+1} - \frac{1}{2}$$

整个模型被映射到一个有相互作用无自旋的费米子系统。因此，哈密顿量(6－9)式写成，

$$H = J\sum_i \Big\{ (1+\delta)(a_{2i}^+ b_{2i+1} + h.c) + (1-\delta)(b_{2i+1}^+ a_{2i+2} + h.c)$$

$$+2(1+\delta)\left(a_{2i}^{+}a_{2i}-\frac{1}{2}\right)\left(b_{2i+1}^{+}b_{2i+1}-\frac{1}{2}\right)+2(1-\delta)$$

$$\left(b_{2i+1}^{+}b_{2i+1}-\frac{1}{2}\right)\left(a_{2i+2}^{+}a_{2i+2}-\frac{1}{2}\right)\bigg\}+\frac{1}{2}NK\delta^{2} \tag{6-10}$$

采用多体的量子统计的格林函数理论来处理该系统。格林函数理论已在第五章中介绍。

单粒子的谱函数可表述为，

$$A(k,\omega)=-\frac{1}{\pi}\mathrm{Im}[g(k,\omega)] \tag{6-11}$$

相应的态密度表示为：

$$N(\omega)=\frac{1}{N}\sum_{k}A(k,\omega) \tag{6-12}$$

考虑磁场的影响，可以将塞曼能项 $H_B=-g\mu_B B\sum_i(S_{2i}^z+S_{2i+1}^z)$ 添加到哈密顿量(6-8)式中。事实上，磁场扮演了化学势或费米能级的角色。每个原胞的约化磁化强度和磁化率可表示为：

$$M=\frac{1}{N}\sum_i(\langle S_{2i}^z\rangle+\langle S_{2i+1}^z\rangle),\qquad \chi=\frac{\partial M}{\partial B} \tag{6-13}$$

内能可通过哈密顿量的热力学平均表示，

$$E=\langle H\rangle \tag{6-14}$$

因而，自由能可通过内能的积分形式表达，

$$F(T)=E(0)-T\int_0^T\frac{E(T')-E(0)}{T'}\mathrm{d}T' \tag{6-15}$$

通过自由能对二聚化参数 δ 取极小值(一阶导数为零，二阶导数大于零)，以及利用由谱定理得到的关联函数，可获得一套自洽的积分方程组。这些方程组可以数值求解。将一组关联函数和二聚化参数组成的初始参量，代入自洽方程组中，得到一组新的结果。当近邻两次结果差值小于给定值如 10^{-12} 时，认为结果收敛，停止迭代；否则迭代继续进行。

基态的量子纠缠熵，通常通过 DMRG 方法计算得到，它是一个很好的物理量，可以用来判断量子相变。进一步，有限温度的纠缠也可以通过 TMRG 演算来指示量子相变[61-62]。利用量子统计的格林函数方法计算双格点的热纠缠熵，来研究有限温度下的自旋-派尔斯相变。双格点的热纠缠熵定义为[33]，

$$E_t=-Tr[\rho_{i,j}\ln(\rho_{i,j})] \tag{6-16}$$

可通过近邻双格点的约化密度矩阵 $\rho_{i,j}$ 得到。在标准基失{ $|\uparrow\uparrow\rangle,|\uparrow\downarrow\rangle,|\downarrow\uparrow\rangle,|\downarrow\downarrow\rangle$ }下，双格点约化密度矩阵表示为[61-63]：

$$\rho_{i,j} = \begin{pmatrix} \langle P_i^{\uparrow} P_j^{\uparrow} \rangle & \langle P_i^{\uparrow} \sigma_j^{-} \rangle & \langle \sigma_i^{-} P_j^{\uparrow} \rangle & \langle \sigma_i^{-} \sigma_j^{-} \rangle \\ \langle P_i^{\uparrow} \sigma_j^{+} \rangle & \langle P_i^{\uparrow} P_j^{\downarrow} \rangle & \langle \sigma_i^{-} \sigma_j^{+} \rangle & \langle \sigma_i^{-} P_j^{\downarrow} \rangle \\ \langle \sigma_i^{+} P_j^{\uparrow} \rangle & \langle \sigma_i^{+} \sigma_j^{-} \rangle & \langle P_i^{\downarrow} P_j^{\uparrow} \rangle & \langle P_i^{\downarrow} \sigma_j^{-} \rangle \\ \langle \sigma_i^{+} \sigma_j^{+} \rangle & \langle \sigma_i^{+} P_j^{\downarrow} \rangle & \langle P_i^{\downarrow} \sigma_j^{+} \rangle & \langle P_i^{\downarrow} P_j^{\downarrow} \rangle \end{pmatrix} \tag{6-17}$$

这里，$P^{\uparrow\downarrow} = \frac{1}{2}(1 \pm \sigma^z) = \frac{1}{2} \pm S^z$ 和 $\sigma^{\pm} = \frac{1}{2}(\sigma^x \pm i\sigma^y) = S^x \pm iS^y$，以及 σ 为泡利矩阵。这些矩阵元就是一些关联函数，代表着热力学平均，很容易由格林函数理论计算得到。定义两种双格点热纠缠熵：E_{t1}，表示两个近邻自旋由强的键$(1+\delta)$连接；E_{t2}，表示两个近邻自旋由弱的键$(1-\delta)$连接。

下面计算有限温度下的热纠缠熵、磁化率、谱函数和态密度，并做分析和讨论；进一步探索温度－磁场诱导的相图；将得到的理论结果和有机聚合物 BBDTA－$InCl_4$ 和其他自旋－派尔斯材料实验观测到的数据作比较。最后，考虑弱的链间耦合作用对自旋－派尔斯相变的影响。

6.2.3　外磁场下单链自旋－派尔斯相变

首先分析反铁磁 Heisenberg 模型的相图，如图 6.7 所示。从图里可以看出，只要温度足够低，不管弹性常数 $K/2J$ 大小，二聚化相总是存在的，这是因为磁性能的获得抑制了弹性能。相边界表明，在有限温度下，只有当弹性常

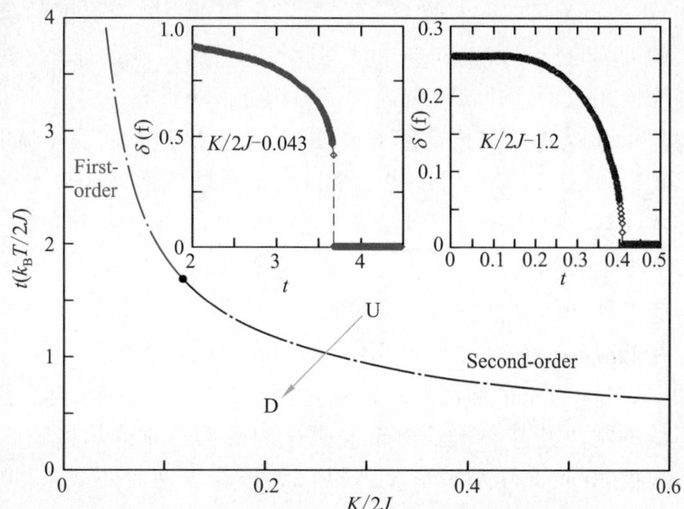

图 6.7　反铁磁自旋－派尔斯链的相图：约化温度 t 对有效弹性常数 $K/2J$，红色线和蓝色线分别描述一级和二级自旋－派尔斯相变：反铁磁统一相到二聚化相转变；插图显示了不同弹性常数情况下二聚化参量随温度的演化

数 $K/2J$ 小于一定的临界值，二聚化才发生。当 $K/2J>0.12$ 时，从无能隙的统一反铁磁相到有能隙的二聚化相的转变为二级相变；当 $K/2J<0.12$ 时为一级相变。这些相变可以很容易地从插图中看出。例如 $K/2J=0.043$ 时，二聚化参数 δ 随温度的演化，在转变点处表现出不连续的行为，$K/2J=1.2$ 时表现出连续行为。在临界温度 T_{SP} 以下，δ 不为零且随温度降低逐渐增加，表明系统处于自旋－派尔斯相；而在零温时，静态晶格扭曲通过磁性能和弹性能的平衡来获得。获得的相图和 Sirker 等人通过 TMRG 方法获得的基本一致[33]。

Fujita 等报道了一维有机配位聚合物 BBDTA－$InCl_4$ 存在较高的转变温度，为 108 K。在这种化合物中，近邻的阳离子 $BBDTA^+$ 之间存在较强的反铁磁耦合作用。对于实际材料 BBDTA－$InCl_4$，设置参数 $2J=277$ K 和有效弹性常数 $K/2J=1.2$，目的为了与实验结果作比较。图 6.8 描述了热纠缠熵和磁化率随温度的变化关系。由图可见，存在一个临界温度 $T_{SP}=113.3$ K($t=0.409$)，基本上与实验上观测值 108 K 一致(如图 6.8(b)中的插图所示)。转变温度以上，二聚化参量 δ 消失，并且热纠缠熵 E_{t1} 和 E_{t2} 简并($E_{t_1}=E_{t_2}$)，因为统一的反铁磁链近邻自旋之间由均等的化学键链接。E_{t1} 和 E_{t2} 随温度升高而增加，因为热涨落抑制了磁有序而增强了纠缠熵。当温度足够高时，热纠缠熵就会趋于常数 2ln2，等同于平均每个原胞的热力学熵[34]。然而，转变温度以下，E_{t1} 和 E_{t2} 会产生明显的分歧($E_{t_1}>E_{t_2}$)。并且在转变温度以下，随着温度的降低，E_{t1} 增加而 E_{t2} 减小。这种行为可以这样解释：在二聚化相里，随着温度的降低，由强化学键连接的近邻自旋形成的纠缠单重态变得越来越明显，而弱化学键连接的近邻自旋却恰恰相反，这种情况就导致了整个链由单重态的二聚体组成，这些二聚体由弱的化学键连接起来。图 6.8(b)显示了磁化率随温度降低而增加，大约在 161.8 K($t=0.584$)左右出现一个极大值且较宽的峰，与实验上观测到的 170 K 基本一致。这些特性反映了低维磁性材料的反铁磁特征。更进一步，磁化率在转变温度 113.3 K 处陡然减小，并急剧地减小至零，表明低激发态与基态之间有能隙存在。这种行为与实验上对有机物 TTF－CuBDT 观测的现象一致。然而，在低温时，有机聚合物 BBDTA－$InCl_4$ 磁化率的测量结果显示出反常行为，如图 6.8 (b)中的插图所示，磁化率不是逐渐地降低，而是在 50 K 以下随温度降低急剧地升高。这是由于顺磁性的磁性杂质或晶格缺陷存在造成的。另外，根据 Ren[57] 等人的实验结果，对于具有两种不同有机配体 4′－CH3Bz－4－RPy^+ 的化合物[4′－CH3Bz－4－RPy][$Ni(mnt)_2$]，其交换耦合作用分别为 166 K 和 42 K。我们调整有效弹性常数为 $K/2J=0.23$ 和 0.043，以与实验结果作比较。图 6.9(a)显示了磁化率在转变温度 $T_{SP}=1.09\times166$ K $=$ 180.94 K 处连续地骤变，与实验上观测到的 182 K 基本吻合，如插图所示。不

连续的骤变发生在 $T_{SP}=3.68\times42\ \mathrm{K}=154.56\ \mathrm{K}$，也与实验上观测到的 155 K 一致，如图 6.9(b)所示。这些自旋－派尔斯相变分别为二级和一级相变。对于这两种化合物，转变温度 T_{SP} 与 T_{max} 一致。在图 6.9 的插图里，实验上磁化率的测量在低温处显示出很小的顺磁性尾巴，是由于磁性杂质造成的结果。为了进一步研究磁场对有机聚合物 BBDTA－$InCl_4$ 的影响，我们在图 6.10 中绘出了不同磁场下，热纠缠熵与磁化率随温度的变化关系曲线。

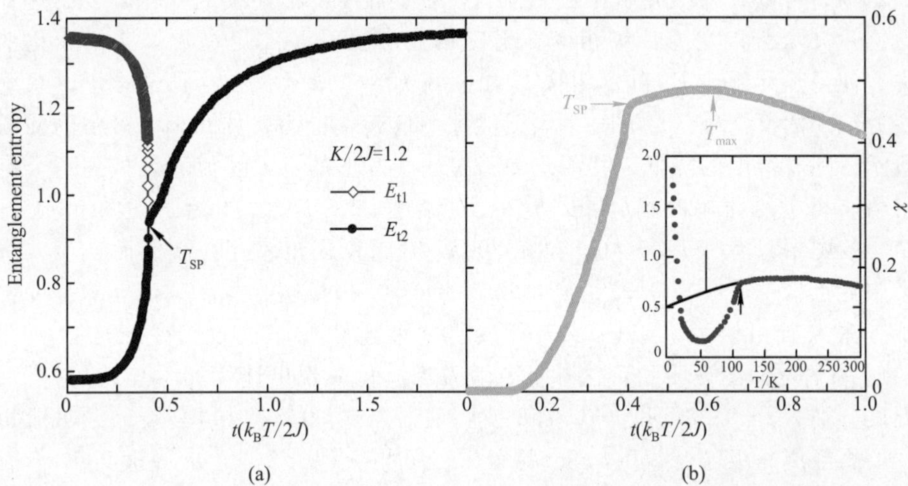

图 6.8　(a) 双格点的热纠缠熵随温度的变化；(b) 磁化率随温度的变化，插图为实验上对有机聚合物 BBDTA－$InCl_4$ 测量的 $\chi-T$ 曲线，来源于文献[54]

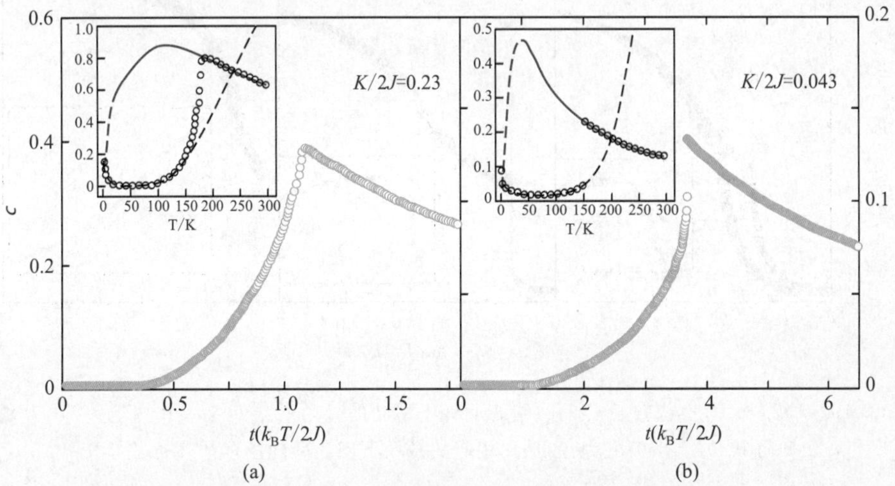

图 6.9　对温度依赖关系的磁化率变化曲线：(a) $K/2J=0.23$；(b) $K/2J=0.043$；插图为实验结果，来源于文献[57]

从图 6.10(a)中，可以看到，随着磁场增强，自旋－派尔斯转变温度向低温区移动，与实验上对无机化合物 $CuGeO_3$ 观测的结果定性地一致。在弱的磁场下，这些自旋－派尔斯相变均为二级相变。在转变温度以下，随着磁场的增强，较强的化学键连接的双格点热纠缠熵减小，而由弱化学键连接的却增大。因此，由于磁场引起的磁性能的损失，可以看作是弱化学键连接的双格点热纠缠熵的获得。同时，磁化率的极大值也向低温处移动。进一步增大磁场，可以看到纠缠熵和磁化率均在转变温度处不连续地变化，表明这种自旋－派尔斯相变为一级相变。当磁场足够强时，自旋－派尔斯二聚化消失，使得热纠缠熵 E_{t1} 和 E_{t2} 相等，如图 6.10(c)所示。在这种情形下，系统变为统一的反铁磁链，它显示出无能隙的低激发行为，如 6.10(c)中的插图所示，随着温度的降低，其磁化率经过一个圆形的极大峰值后衰减到一个有限值。相应的约化磁场 h ($g\mu_B B/2J$) 对温度 t ($k_B T/2J$) 的相图如图 6.11 所示。从图中只有当 $t<0.409$ 和 $h<0.57$ 时二聚化相才存在。然而，存在一个临界点(t_c，h_c) = (0.27，0.415)。当 $t<0.409$，若 $t>t_c$($t<t_c$)，这种自旋－派尔斯相变为二级(一级)相变。这种连续或非连续相变行为已在图 6.11 中的上插图证明了：化参量 δ 随磁场演化表现出连续和不连续的行为，温度分别为 $t=0.386$ 和 $t=0.158$ 换句话，当 $h<0.57$ 时，自旋－派尔斯相变要么经历一级相变($h>h_c$)，要么为二级相变($h<h_c$)，如图 6.11 中下插图所示。

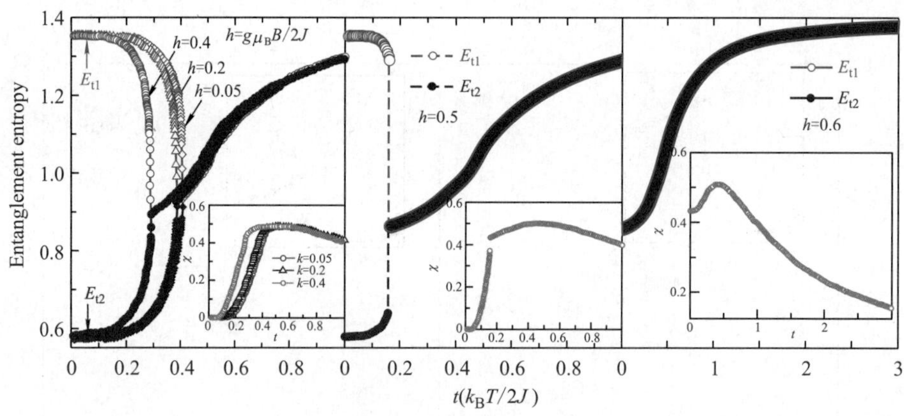

图 6.10　$K/2J=1.2$ 时温度依赖的热纠缠熵处于不同的磁场下：(a) $h=0.05$，0.2 和 0.4，(b) 0.5，(c) 0.6；插图是在相应的磁场下磁化率随温度的变化关系

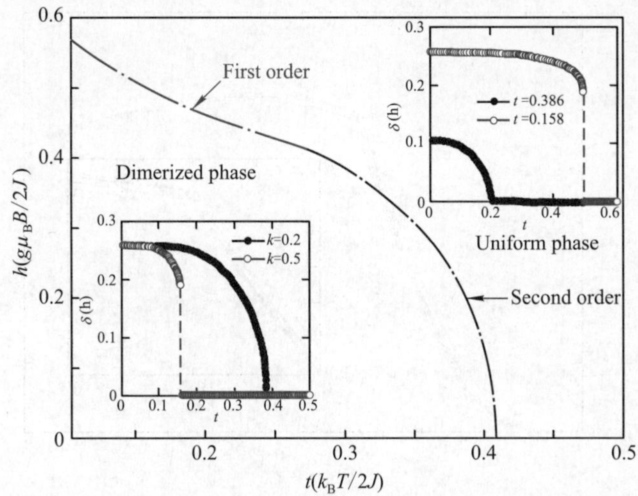

图 6.11　$K/2J=1.2$ 时 $h-t$ 相图；下插图为 $h=0.2$ 和 0.5 时二聚化参量 δ 随温度的变化关系，上插图为 $t=0.386$ 和 0.158 时磁场依赖的二聚化参量 δ 的关系曲线

6.2.4　弱的链间耦合对自旋－派尔斯相变的影响

对于有机聚合物 BBDTA－$InCl_4$，其一维反铁磁链结构是由 N－N 原子的桥连而产生的。根据文献[54]中图 1(b)所示，双链之间的硫原子有一个很弱的、单一的接触，因此，应当考虑链间弱的耦合作用对自旋－派尔斯相变的影响。这里，我们主要聚焦在双链耦合形成的交错二聚化的自旋梯子模型[19]，其哈密顿量表示如下：

$$H=\sum_i\left[\sum_{j=1,2}J_{i,j+1}(j)S_{i,j}\cdot S_{i+1,j}+2J_\perp S_{i,1}\cdot S_{i,2}\right]+\frac{1}{2}NK\delta^2 \quad (6-18)$$

其中，$J_{i,i+1}(j)=2J[1+(-1)^{i+j}\delta]$是沿链方向的有效耦合作用，$2J_\perp$是沿梯阶方向的交换耦合作用，$N$ 为总的自旋数目。计算程序类似于上面对单链的处理过程，我们仍然可以得到一套关于二聚化参量的自洽方程组。对于不同的链间耦合作用，$\alpha(J_\perp/J)$磁化率随温度的变化关系曲线如图 6.12 所示。随着 α 增强，转变温度 T_{SP} 减小而 T_{max} 增大。当 $\alpha=0.3$ 时，$T_{SP}=109.4$ K（$t_{SP}=0.395$）和 $T_{max}=167$ K（$t_{max}=0.602$）与实验值更加接近（分别为 108 K 和 170 K）。因而，考虑弱的链间耦合是合理的。

为了进一步确定能隙的大小，计算了态密度的谱函数 $A(k,\omega)$，如图 6.13 所示。费米能级处于处 $\omega=0$。$\omega\leqslant0$ 和 $\omega>0$ 的谱类似于光电子发射谱及反光电子发射谱，它们可以通过去掉或增加一个费米子而产生。在零温下(如

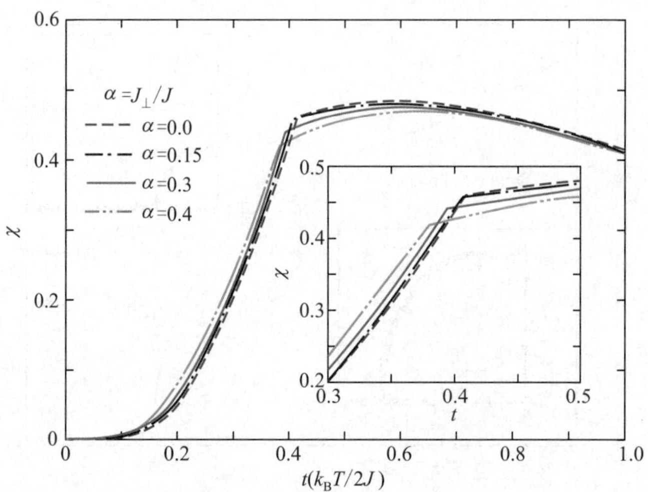

图 6.12 $K/2J=1.2$ 时，对于不同的链间耦合强度 $\alpha(J_\perp/J)=0$，0.15，0.3 和 0.4，磁化率随温度的变化关系；插图为转变温度处磁化率 - 温度关系的放大部分

图 6.13(a)所示)，谱显示出四个峰，但在元激发谱交汇处 $k=\pi/2$，只显示了两个峰。因此，很容易地看出两支较低的能带被费米子填充满，而两支较高的却空着，显示出具有能隙的自旋液体相。其态密度直接显示出能隙大小为 $\Delta(0)=0.636\times277$ K $=176.2$ K，与 BCS 理论期望的 191 K 基本接近。比值 $2\Delta(0)/k_Bt_{SP}$ 为 3.22，比起有机自旋 - 派尔斯化合物(TTF - CuBDT 和 TTF - AuBDT 分别为 3.53，3.7)，更接近无机自旋 - 派尔斯材料 $CuGeO_3$ 的值(3.43)。因此，比起传统的有机自旋 - 派尔斯材料，有机聚合物 BBDTA - $InCl_4$ 的特性更趋向于无机自旋 - 派尔斯材料，它由平面分子堆积而成。众所周知，双链自旋梯子就是一个呈现自旋液体行为的良好模型，其元激发谱中存在着能隙。根据 Chitov[55] 等人对反铁磁交错二聚化双链自旋梯子模型的研究，在二聚化 - 梯阶耦合作用(δ，α)平面内存在一条量子临界线，标志着系统处于无能隙的三重态。从而，在有限温度下，考虑链间耦合与热涨落的联合效应，标志着能隙消失的一个临界温度应该存在。这一理论预言在图 6.13(b)中得到了证实，$t=0.389$ 时能隙消失。谱显示了三个峰、四个峰和两个峰，表明了能带出现部分简并。其中三峰谱结构中的一个峰座落在费米能级上，反映了由于热涨落引起的相当一部分三重态的占据。这意味着适当的热涨落将冲洗掉能隙，湮灭掉自旋液体行为。进一步升高温度，能隙将被重新打开，如图 6.13(c)所示。当温度达到转变点 $t_{SP}=0.395$ 时，谱仅显示两个峰，表明能带是二重简并的，系统将进入统一的反铁磁相。

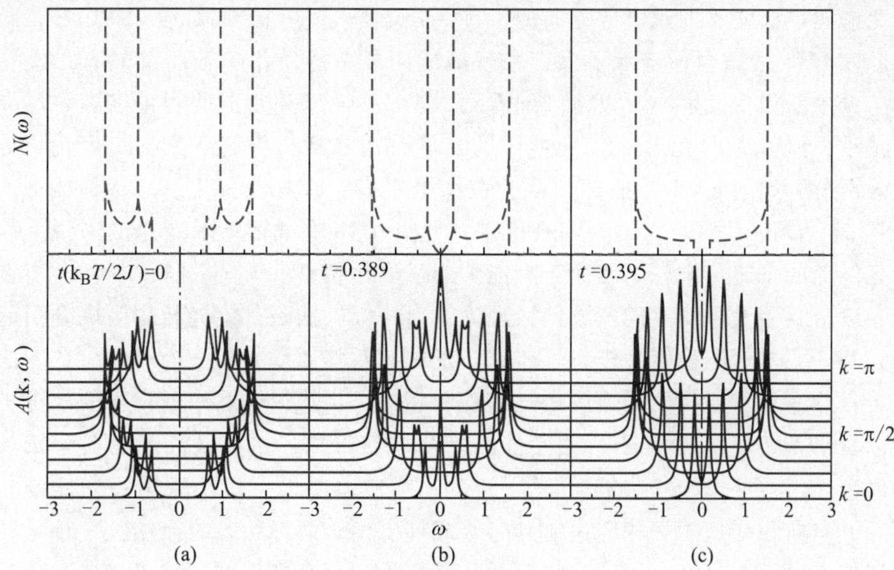

图 6.13　$K/2J=1.2$ 和 $\alpha=0.3$ 时态密度和谱函数：(a) $t=0$，(b) $t=0.389$ 和 (c) $t=t_{SP}=0.395$

根据能隙方程和二聚化参量的自洽方程，我们可以得到标志能隙关闭温度 t_G 和转变温度 t_{SP}，这些临界温度可以通过设置参数 $\Delta\to 0\,(t\to t_G)$ 和 $\delta\to 0\,(t\to t_{SP})$ 分别得到。$t-\alpha$ 相图如图 6.14 所示。若链间耦合足够强，二聚化会消失，

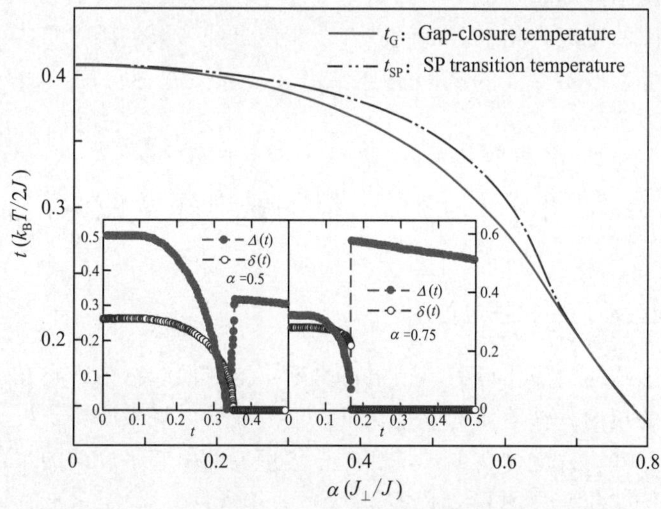

图 6.14　$K/2J=1.2$ 时 $t-\alpha$ 相图：红色线和蓝色线分别表示能隙关闭的温度和自旋－派尔斯相变温度，插图描述了 $\alpha=0.5$ 和 0.75 是能隙和二聚化参量随温度的变化关系

表明链间耦合能够抑制沿链方向的自旋－声子耦合。当链间耦合 $\alpha\to 0$ 时，临界温度 t_G 和 t_{SP} 重合，暗示了系统被解耦成两条单链，伴随着仅仅只有二级自旋－派尔斯相变发生。可以清晰地看到，当 $\alpha<0.65$ 时尽管临界温度随 α 增大而减小，但 t_{SP} 总是比 t_G 大。无能隙的自旋－派尔斯相将有能隙的二聚化相分成两部分，如图 6.14 左插图所示，在那里仅有二级相变发生。然而，当 $\alpha>0.65$ 时，t_G 和 t_{SP} 重合，发生一级相变，如图 6.14 右插图所示。总的来说，一种无能隙的自旋－派尔斯相居于有能隙的二聚化相里。

以上利用量子统计的格林函数理论，对一维反铁磁自旋链与晶格耦合引起的自旋－派尔斯不稳定性进行了研究。发现有效弹性常数是一个内禀参数，决定着自旋－派尔斯相变是连续还是非连续相变。从热纠缠熵和磁化率的计算中可以看出，转变温度 T_{SP} 和 T_{max} 与实验结果基本一致。考虑外加磁场时，磁场的增强使得转变温度 T_{SP} 减小，与 $CuGeO_3$[39] 实验结果一致。磁场同样能使自旋－派尔斯相变从二级相变过渡到一级相变。由于两种状态的存在：一种是转变温度 T_{SP} 以下有能隙的二聚化相，另一种是 T_{SP} 以上统一的反铁磁相，从而具有较高转变温度的一维自旋－派尔斯材料可以被用作分子开关。可以利用压强和磁场双重手段调控，因为压强提升转变温度而磁场降低转变温度。另外，考虑弱的链间耦合作用，发现 T_{SP} 和 T_{max} 与实验结果更接近，能隙大小与 BCS 理论的期望值符合。因此，考虑弱的链间耦合是合理的。除此之外，从比值 $2\Delta(0)/k_B T_{SP}$ 可以看出有机聚合物 BBDTA－$InCl_4$ 的特性更接近无机自旋－派尔斯材料。态密度和谱函数显示出一个低于 T_{SP} 临界温度存在，表明一种无能隙的相居于有能隙的二聚化相中。链间耦合会驱使自旋－派尔斯相变从二级相变过渡到一级相变，但足够强的链间耦合作用会破坏掉这种自旋－派尔斯二聚化行为。

6.3　一维有机量子磁体的铁电序及磁电耦合

6.3.1　自旋驱动的有机铁电体

类似于铁磁体的磁化行为，铁电体呈现出电滞回线行为，它在一定程度上受剩余极化的扭曲。铁电体的电极化可以通过反转电场来改变其极化方向。由于其独特的特性，铁电体在电子学和光学应用方面引起了广泛的兴趣，例如铁电电容器、场效应管、二极管以及光电开关等[64,65]。本章开始时谈到，铁电相变可分为无序－有序、位移型、质子传递型三种类型。对于无序－有序型铁电相变，最典型的例子就是 $NaNO_2$，其中 NO_2^- 具有电偶极矩，自发极化就起源于这些携带电偶极子的离子，它们的重新定位就导致铁电序的产生。在铁电态里，偶极矩是有序存在的，并没有彼此相互抵消；而电偶极子位型的无序将是顺电态产生的原因。当自发极化起源于带不同电荷离子的相对位移时，被称之为位移型极化[66]。在这种情况下，结构的不稳定性是产生晶格扭曲的先决条件。除了无序-有序及位移型铁电相变外，氢键中质子的运动也会产生铁电序[67]。这类铁电体就是质子传递型铁电体，它显示出无序-有序及位移型的特点以及它们之间的相互耦合。

很多晶体显示铁电性，但是自旋驱动的铁电体很少被探测到。对于自旋驱动的铁电现象有两种情况：一种是反对称交换耦合作用引起的，通常为由自旋-轨道耦合引起的 DM 作用。这种铁电序产生于非共线的螺旋磁结构中[68-70]；另一种是对称交换耦合作用引起的，无自旋-轨道耦合的交换收缩行为，这在实验上对一维 Ising 模型化合物 Ca_3CoMnO_6 的研究中得到证实[66]。Kagawa[71]等人合成了给体-受体有机电荷转移复合物 TTF-BA 晶体，他们从实验上观测到了铁电相变行为。有机电荷转移复合物 TTF-BA 的铁电相变是由于自旋-派尔斯的不稳定性引起的。因此，具有自旋-派尔斯不稳定性的一维 D^+A^- 链是获得铁电体的一条有效途径，其相变性质和介电性可以通过化学和物理手段来调控[72-74]。对有机电荷转移复合物的研究已成为近年来的研究热门。

为了更深入研究铁电相变及磁电效应，我们提出了一个量子自旋模型来描述一维有机 D^+A^- 电荷转移复合物，这种复合物中每个离子均带有电荷和自旋自由度，其电荷、自旋和晶格的相互耦合对自发极化的出现起了至关重要的作用。主要目标，是寻求一种描述有机 D^+A^- 电荷转移复合物的方法，这将有利于寻找新的有机铁电晶体。利用格林函数理论计算电极化强度和介电常数；电滞回线的获得证明铁电性的存在；而铁电相变的特性可由电极化强度和介电常数随温度和磁场的变化关系所描述。

6.3.2　理论模型和公式

根据图 6.1 中 D^+ 和 A^- 分子的堆积结构，在外加磁场和电场下，一维有机量子磁体与晶格耦合的自旋哈密顿量可写为：

$$H = \sum_i J_{i,i+1}\boldsymbol{S}_i \cdot \boldsymbol{S}_{i+1} - g\mu_B \boldsymbol{H} \cdot \sum_i \boldsymbol{S}_i - \boldsymbol{E} \cdot \sum_i q\boldsymbol{u}_i + \frac{K}{2}\sum_i \boldsymbol{u}_i^2 \tag{6-19}$$

其中，$J_{i,i+1} = J[1 + (-1)^i \lambda \boldsymbol{e}_0 \cdot (\boldsymbol{u}_i + \boldsymbol{u}_{i+1}) + (-1)^i \eta(\phi_i - \phi_{i+1})]$ 为有效海森堡交换耦合作用，受离子位移 $\boldsymbol{u}_i$（对于 D^+ 和 A^- 符号是相反的）和电势 ϕ_i（通过常数 λ 和 η）调节[119]。$J>0$ 表示反铁磁耦合，$\boldsymbol{e}_0$ 是沿链方向的单位矢量，g

为朗德因子，μ_B 为玻尔磁子，$\boldsymbol{H}$ 是磁场垂直于链，$\boldsymbol{E}$ 是电场平行于链，q 是电荷态(对于 $D^+ q>0$ 而对于 $A^- q<0$)，K 是有效弹性常数具有很大的值以确保很小的离子位移，而刚性点阵要求 $K\to\infty$。因此，自发极化可以通过下式得到，

$$\boldsymbol{P}_i = q\boldsymbol{u}_i \tag{6-20}$$

经过 Jordan - Wiger 变换后，哈密顿量变为，

$$\begin{aligned} H = \frac{J}{2}\sum_i \Big\{ &(1+\alpha+\eta\Delta\phi)(a_{2i}^+ b_{2i+1} + h.c) + (1-\alpha-\eta\Delta\phi) \\ &(b_{2i+1}^+ a_{2i+2} + h.c) + 2(1+\alpha+\eta\Delta\phi)\left(a_{2i}^+ a_{2i} - \frac{1}{2}\right)\left(b_{2i+1}^+ b_{2i+1} - \frac{1}{2}\right) \\ &+ 2(1-\alpha-\eta\Delta\phi)\left(b_{2i+1}^+ b_{2i+1} - \frac{1}{2}\right)\left(a_{2i+2}^+ a_{2i+2} - \frac{1}{2}\right)\Big\} \\ &- g\mu_B H\sum_i (a_{2i}^+ a_{2i} + b_{2i+1}^+ b_{2i+1} - 1) - NE(P_1+P_2) - \frac{NK}{2q^2}(P_1^2+P_2^2) \end{aligned} \tag{6-21}$$

其中，$\Delta\phi = \phi_i - \phi_{i+1}$，$\alpha = \frac{\lambda}{|q|}(P_1+P_2)$，$P_1 = |q\boldsymbol{u}_{2i}|$ 和 $P_2 = |q\boldsymbol{u}_{2i+1}|$。

电极化率 χ_e 表示为，

$$\chi_e = \frac{\partial P}{\partial E} \tag{6-22}$$

从而可以获得相对介电常数，

$$\varepsilon_r = 1 + \chi_e \tag{6-23}$$

采用格林函数运动方程对哈密顿量求解，这在第五章中已详细阐述。此外，在久保线性响应理论里，标志着零频响应的热传导系数的物理量 - 热权重 D_{th}，定义为[64,66]，

$$D_{th} = \frac{\pi\beta^2}{ZN}\sum_{\substack{n,m \\ E_n=E_m}} e^{-\beta E_n} |\langle n|j_{th}|m\rangle|^2 \tag{6-24}$$

其中 j_{th} 为能流密度。事实上，D_{th} 是一个很好的物理量来描写一维自旋系统有能隙和无能隙的低激发行为。

下面，计算磁化率、电极化强度、介电常数、热纠缠熵、谱函数和态密度、磁化强度和热权重等物理量、分析铁电 - 顺电相图，并将理论与实验结果作比较。同时，还将讨论其磁电特性。

6.3.3 有机量子磁体中铁电序的产生

在下面讨论中，设置 $J=180$ K 作为能量单位。为了与实验结果作比较，

设定参数 $\lambda=4.2$，$\eta=1/\sqrt{2}$和 $K=400/3$。如图 6.15 所示，在整个温区范围内，可以清晰地看到铁电相变，这与实验上对有机电荷转移复合物 TTF－BA 观测结果一致。图 6.15(c)显示出在转变温度 $T_c=55.4$ K 以下，宏观的铁电极化出现，和实验观测值 53.3 K 接近。在铁电相变转变点处，TTF－BA 结构从空间群 $P\bar{1}$ 变化到群 $P1$。当温度 $T\to 0$ 时，电极化强度 $P\sim 0.133\ \mu\text{C cm}^{-2}$，接近实验值 $\sim 0.15\ \mu\text{C cm}^{-2}$。然而，转变温度 T_c 以上，电极化消失，显示顺电特性。这种情况下，一维有机链将恢复 D^+ 和 A^- 离子的中心对称性，处于无极化的状态，从而导致有效位移消失。

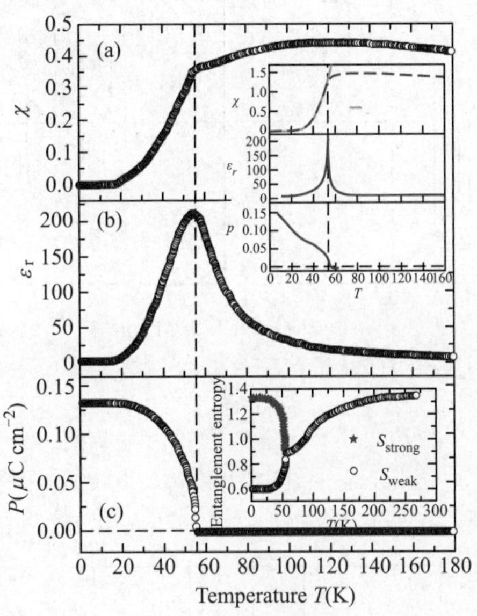

图 6.15　(a) 温度依赖的磁化率，(b) 介电常数，(c) 电极化强度；图(c) 中的插图为热纠缠熵随温度的变化，上面的插图为实验结果来自于文献[71]

铁电相可由电极化(P)－电场(E)电滞回线行为证实，如图 6.16(a)所示。当 $T>T_c$ 时，$P-E$ 曲线表现出正常的顺电行为，以零矫顽力的形式单调变化。随着温度降低，当温度越过 T_c 时，描述铁电特性的电滞回线打开。尽管 $P-E$ 电滞回线与实验略有差别，但它们的形貌足以证实铁电特性的存在。得到的 $P-E$ 电滞回线，与 Wang[75] 等人研究铁磁薄膜得到的 $M-H$ 磁滞回线非常相似。为了进一步证实铁电相变，还计算了双格点的热纠缠熵 $S_{i,j}=-Tr[\rho_{i,j}\ln(\rho_{i,j})]$，如图 6.16(c) 中插图所示。高温时，$S_{strong}=S_{weak}$。温度足够高时，其值接近 2ln2，与每个原胞的热力学熵一致。随着温度降低，S_{strong} 和 S_{weak} 在 T_c 以下出现分歧，表明系统伴随着铁电性产生，进入纠缠的二聚化－单重态。事实上，除了介电常数的峰值区较实验结果宽些外，其形状和大小与实验观测基本一致，并且介电常数在转变温度 $T_c = 55.4$ K 急剧增加，如图 6.15(b)所示。这个特征就是铁电相变的信号。同时，在图 6.15(a)中，磁化率随温度降低逐渐增加，出现一个较宽的极大值范围，反映了低维磁性材料反铁磁性的特点。此外，磁化率在转变温度 T_c 处陡然减小并迅速降为零，暗示了低激发态中自旋能隙的存在。所有这些特征说明：低温时，系统不仅由单重态的二聚体组成，而且有自旋 - 晶格耦合诱导的铁电序发生。

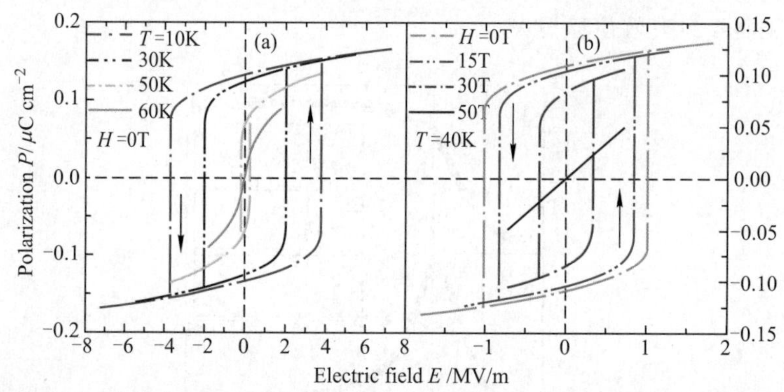

图 6.16 (a) $H = 0$ T 时不同温度下 $P - E$ 电滞回线，(b) $T = 40$ K 时不同磁场下 $P - E$ 电滞回线

为了确定单重态 - 三重态能隙大小，可以计算态密度和谱函数，如图 6.17 所示。化学势处在 $\omega = 0$ 处。很明显，谱显示出两个峰，它们关于 $\omega = 0$

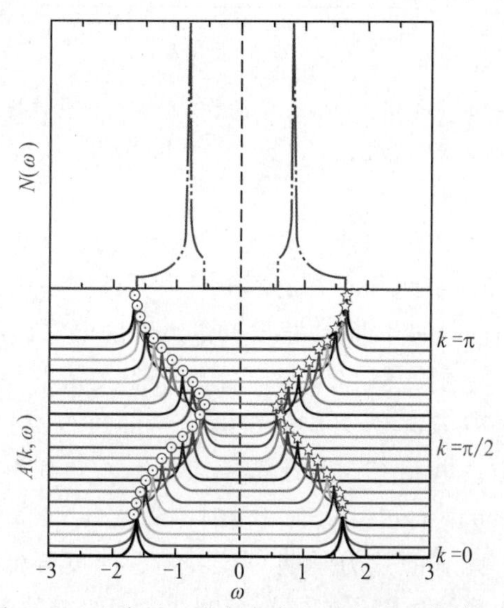

图 6.17 上半平面为态密度；下半平面为谱函数

对称，反映了粒子－空穴对称性。可以很清晰地看到一支较低被填满的能带和一支较高空着的能带，呈现为具有自旋能隙的自旋液体相。其态密度图给出能隙的大小：$\Delta_s = 2 \times 0.5791 \times 180\ \mathrm{K} \approx 208.5\ \mathrm{K}$，与低温时从 $\chi \propto \exp(-\Delta_s/k_B T)$ 中得到的估计值 230 K 基本一致。尽管 $\Delta_s/k_B T \approx 3.77$ 比实验值 4.3 小，但它非常接近有机自旋－派尔斯材料的值（TTF－CuBDT 和 TTF－AuBDT 分别为 3.53，3.7）[47,48]，这表明铁电相变机制是由自旋－派尔斯不稳定性引起的。

6.3.4　磁电耦合效应

众所周知，没有中心对称的磁性材料将会显示磁电效应，也就是说，磁场可以诱导电极化强度的改变，反之，电场也可以诱导磁化强度的改变[76]。为了与实验测量作比较，首先给出不同温度下的 $M-H$ 曲线，如图 6.18 所示。转变温度 T_c 以下，在临界磁场 H_c 处出现一个尖端奇异点，显示出 $M-H$ 曲线的非线性特性。然而，由于小的 M 值以及 $H > H_c$ 时 $M-H$ 曲线外推线性地穿过坐标原点，加上转变温度以上 $M-H$ 曲线的线性行为，暗示了临界磁场 H_c 或转变温度 T_c 以上反铁磁作用的存在。而且，磁化强度的一阶导数 $\mathrm{d}M/\mathrm{d}H$ 在临界磁场 H_c 处显示一个尖锐的极大值（如图 6.18(a) 所示），表示二聚化－单重态的崩溃。事实上，磁场能够破坏单重态，伴随着铁电性二聚化及单重态－三重态能隙的消失，系统进入 Luttinger 液体相。这些铁电相变都属于二级相变。如果继续降温，一级铁电相变将会发生，如图 6.18(c) 所示。随着磁场的增加，电极化强度 P 明显地减小，支撑了二聚化－单重态内磁电耦合效应的存在。转变温度 T_c 以下随着温度降低，电极化强度 P 增强，反映了热涨落与弹性能的竞争。在低温下，在临界磁场 H_c 处，电极化强 P 突然降为零，标志一级铁电相变。不过，当 $T \to T_c$ 时，在临界磁场 H_c 处电极化强度 P 缓慢连续地降为零，标志二级铁电相变。当 $T > T_c$ 时，P 基本上消失，恢复顺电统一堆积方式。不管是从磁场依赖的磁化强度 M 和电极化强度 P，还是从温度依赖的磁化率 χ 和介电常数 ε_r，都可以构建标志铁电－顺电相变的 $H-T$ 相图，如图 6.18(d) 所示。只有当 $H < 77.8\ \mathrm{T}$ 和 $T < 55.4\ \mathrm{K}$ 时二聚化铁电相才存在。此外，存在一个临界点 $(T_0, H_0) \approx (34\ \mathrm{K}, 43\ T)$，标志 $H-T$ 曲线曲率符号的改变，且将一级相变和二级相变清晰地分开。另外，图 6.18(b) 描述了电场诱导磁化强度的改变，随着电场增强、磁化强度 M 减小，暗示磁电耦合存在于铁电相内。回到图 6.16(b)，磁电效应同样在 $P-E$ 电滞回线中被观测到。固定温度低于转变温度 T_c，当磁场 $H > H_c$ 时，电极化强度 P 随磁场变化基本上是线性关系，是一种典型的顺电态。$H < H_c$ 时，磁场越低，电滞回线变得越大越清晰，可以确定铁电序的存在。这意味着磁场破坏铁电二聚化－单重态，因为塞

曼劈裂抑制了自旋－晶格耦合。另一方面，可以利用磁场来调控矫顽电场，这种手段不仅可以保护介电层，而且可以减小矫顽电压来降低实验操作的困难性。在平行于介电层方向加一磁场，这样可以减小矫顽电场，从而减小矫顽电压，如图 6.16(b)所示。

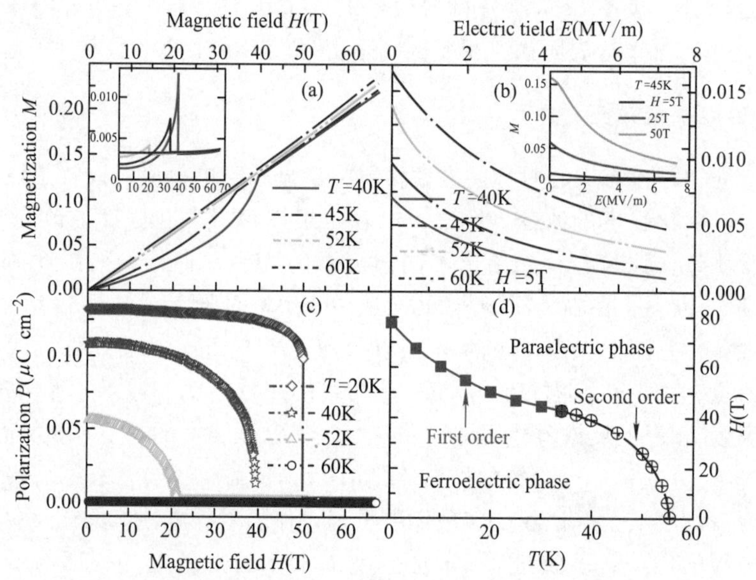

图 6.18　(a)和(c)分别为不同温度下磁场依赖的磁化强度和电极化强度，(b) $H=5$ T 时不同温度下磁化强度随电场的变化关系，(d) $H-T$ 相图；图(a)中插图为磁化强度的一阶导数，图(b)中插图为 $T=45$ K 时不同磁场下电场依赖的磁化强度

不同磁场和电场下磁化率和热权重随温度的变化关系曲线，如图 6.19 所示。从图 6.19(a)中可以看出，当 $H<H_0$ 时，磁化率在转变温度 T_c 处连续地减小，而 T_c 随磁场的增强移向低温区，与实验上测量自旋－派尔斯材料的行为定性地一致。这种行为同样被温度依赖的热权重所证实，如图 6.19(c)所示。插图显示了标志铁电相变的介电常数的峰值同样移向低温处。事实上，这些铁电相变都为二级相变。但是，当磁场越过 H_0 时，在转变温度 T_c 处磁化率、热权重和介电常数不连续地减小，预示着一级铁电相变发生。而且，介电常数在中间温区显示出一个较宽的峰，这个峰随磁场的增强被压平，意味着系统内短程反铁磁关联的形成。转变温度 T_c 以下，当 $T\to0$ 时磁化率和热权重都成指数形式衰减到零，证明其为有能隙低激发行为。磁场足够强时，二聚化－单重态坍塌，使得系统进入统一反铁磁相，伴随着无能隙的三重态激发，其磁化率经过一个圆形极大值后衰减到有限值，如图 6.19(a)所示。这种情况下，

低温时热权重显示出温度的线性关系，如图 6.19（c）所示，标志着无能隙的 Luttinger 液体行为[38]。而且，介电常数明显地减小到一个很小值，其变化几乎与温度无关，暗示了顺电特性。

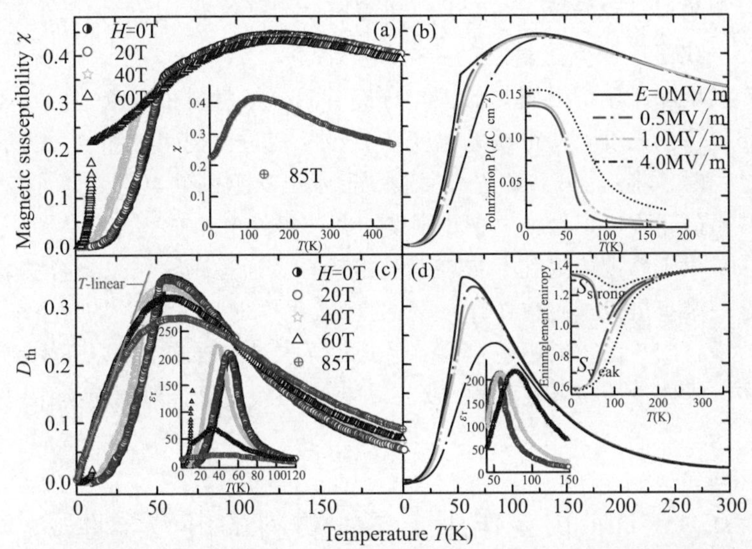

图 6.19　温度依赖的磁化率(a) 不同磁场下，(b) 不同电场下；温度依赖的热权重：(c) 不同磁场下，(d) 不同电场下；(a) 中插图为磁场足够高时磁化率 - 温度曲线，(c) 中插图为不同磁场下介电常数 - 温度变化关系；(b)和(d)中插图分别为不同电场下温度依赖的电极化强度、热纠缠熵和介电常数

图 6.19 (b)中的插图表示，随着电场增强 P 增大，电场使得铁电相变变成一种连续过渡行为，因为静电能的获得较自旋 - 晶格耦合占主导地位。同样，从图 6.19 (b)中可以清晰地看到，电场的出现将磁化率中的转变点抹匀了。同时，磁化率在低温区以指数形式衰减到零，这是由于自旋能隙的存在。有趣的是，铁电序过渡行为的形貌可以基本上由介电常数的峰位置以及热纠缠熵 S_{strong} 的局域极小值来描述，如图 6.19(d)插图所示。同样地，图 6.19(d)中热权重的尖端奇异性同样被电场抹匀，变成圆形的峰，其峰值对应的温度和变化行为与介电常数一致。因此，热权重是一种很好的物理量，描述铁电体的连续过渡行为。类似于磁化率的行为，热权重在低温区经过一个极大值的圆形峰，归结于三重激发态，然后呈指数形式衰减到零，暗示了有能隙的低激发行为[64]。

总之，从实验结果出发，我们提出一个理论模型，来描述一维自旋 - 派尔斯不稳定性的给体 - 受体有机电荷转移复合物 TTF - BA 的铁电性。利用格林函数理论研究了交换收缩诱导的铁电相变性质。自旋-声子耦合及弹性常数是内禀因素，决定着转变温度、自旋能隙和电极化强度大小，理论计算与实验结果一致。比值 Δ_s/k_BT 接近有机自旋-派尔斯材料，表明潜在的铁电相变机制是自旋-派尔斯不稳定性。同时，热纠缠熵也可以作为一种有用的工具来探测铁电相变。我们还研究了潜在的磁电耦合特性。一方面，考虑磁场加到系统时，转变温度随磁场增强而降低，与自旋-派尔斯材料中观测到的现象一致。磁场减小电极化强度，使得铁电相变从二级相变过渡到一级相变。另一方面，当打开电场时，将获得 P-E 电滞回线，显示出典型的铁电序。此外，发现电场能够减小磁化强度但增强电极化强度，并使得铁电相变呈现出一种连续过渡行为，这是由于静电能战胜了自旋-晶格耦合。通过理论结果结合实验分析，可以断定一维有机量子磁体 TTF-BA 的二聚化铁电相变，主要归因于交换收缩，也就是自旋-派尔斯不稳定性。因此，寻求具有自旋-派尔斯不稳定性的有机给体-受体电荷转移复合物，是一种新的路线去设计对称交换作用驱动的铁电体。

6.4　DM 相互作用下多铁材料的电磁学性质

本节研究一维电荷转移复合物中 DM 相互作用对铁电性和磁学性质的影响。其中铁电性是由于对称交换收缩机制产生的，DM 作用会对磁有序产生影响进而也影响电极化。均匀的 DM 相互作用会减小二聚化，并且随着 DM 相互作用的加强，诱导出的电极化强度降低，磁化平台变窄，转变温度降低。这可以由能隙的减小来解释。另一方面，将对与格点间距离相关的交错 DM 相互作用的影响作讨论。结果表明：存在一个临界点，在临界点两侧，DM 相互作用对电极化，转变温度和磁学行为有不同的影响。

6.4.1　引言

DM 相互作用[77,78]是超交换作用和自旋轨道耦合作用的联合效果，而且对自旋阻挫起作用。DM 相互作用在解释一维反铁磁的电子自旋共振实验中起了相当重要的作用[79,80]。此外，DM 相互作用还对磁学材料的动力学性质做了修正[81,82]，并且可以用来解释一些物理学行为的[83,84]。

两个自旋之间的 DM 相互作用形式比较复杂，可以表示成 $\boldsymbol{D}\cdot(\boldsymbol{S}_i\times\boldsymbol{S}_j)$。显然，DM 相互作用的 D 矢量不仅大小会变化，而且其方向也会改变，解析地处理不太容易。Jafrai 等人通过应用量子重整化群和精确对角化方法，研究了含有 DM 相互作用的伊辛模型的相图和纠缠熵[85]。Soltani 等人对含有 DM 相互作用的铁磁和反铁磁伊辛链的性质也进行了讨论。他们发现在铁磁链中会有变磁量子相变出现[86]。对于交错 DM 相互作用，Yang 等人分析了自旋派尔斯海森堡链的基态能量，但是没有考虑铁电和磁学性质[87]。

众所周知，在自旋驱动的多铁体系中，磁序和电极化强度是紧密相关的。因此，DM 相互作用不仅会影响磁学性质，还会改变电极化行为。本节基于一维多铁模型，研究 DM 相互作用对磁学和电学性质的影响，并对其中潜在的磁电效应进行讨论[88]。

6.4.2 理论模型和方法

当存在 DM 作用时，一维多铁材料的模型哈密顿量可以有如下形式：

$$\begin{aligned}H = &\sum_i J[1 + (-1)^i\lambda(|\boldsymbol{u}_i| + |\boldsymbol{u}_{i+1}|) + (-1)^i\eta(\phi_i - \phi_{i+1})]\\ &\boldsymbol{S}_i \cdot \boldsymbol{S}_{i+1} - \boldsymbol{E}_i \cdot \sum_i q_i\boldsymbol{u}_i - g\mu_B\boldsymbol{H}\cdot\sum_i \boldsymbol{S}_i + \frac{K}{2}\sum_i \boldsymbol{u}_i^2\\ &+ \sum_i \boldsymbol{d}(1 + (-1)^i\tau|\boldsymbol{u}_i|)\cdot(\boldsymbol{S}_i \times \boldsymbol{S}_{i+1})\end{aligned} \tag{6-25}$$

其中前四项分别表示有效海森堡交换作用、电场能、塞曼能以及晶格弹性能，最后一项表示 DM 作用项。D 矢量表示为 $\boldsymbol{d}(1+(-1)^i\tau|\boldsymbol{u}_i|)$，当 $\tau=0$ 时，为均匀 DM 作用，与格点的位移无关；当 $\tau\neq0$ 时为交错 DM 作用，与格点的位移有关。D 矢量的方向可以是复杂的，为了简化计算，对 D 矢量取 z 方向。经过与上面所述类似的 JW 变换，哈密顿量可以变为下面的形式：

$$\begin{aligned}H = &\frac{J}{2}\sum_i\Big\{(1+\alpha+\eta\Delta\phi)(a_{2i}^+b_{2i+1} + h.c) + (1-\alpha-\eta\Delta\phi)(b_{2i+1}^+a_{2i+2} + h.c)\\ &+ 2(1+\alpha+\eta\Delta\phi)\left(a_{2i}^+a_{2i} - \frac{1}{2}\right)\left(b_{2i+1}^+b_{2i+1} - \frac{1}{2}\right)\\ &+ 2(1-\alpha-\eta\Delta\phi)\left(b_{2i+1}^+b_{2i+1} - \frac{1}{2}\right)\left(a_{2i+2}^+a_{2i+2} - \frac{1}{2}\right)\Big\}\\ &- NE(P_1 + P_2) - g\mu_B H\sum_i(a_{2i}^+a_{2i} + b_{2i+1}^+b_{2i+1} - 1) + \frac{NK}{2q^2}(P_1^2 + P_2^2)\\ &+ d_z[(1+\gamma P_1)(a_{2i}^+b_{2i+1} - b_{2i+1}^+a_{2i}) + (1-\gamma P_1)(b_{2i+1}^+a_{2i+2} - a_{2i+2}^+b_{2i+1})]\end{aligned} \tag{6-26}$$

其中，$\gamma = \frac{\tau}{|q|}$，$\Delta\phi = \phi_i - \phi_{i+1}$，$\alpha = \frac{\lambda}{|q|}(|q_{2i}\boldsymbol{u}_{2i}| + |q_{2i+1}\boldsymbol{u}_{2i+1}|) = \frac{\lambda}{|q|}(P_1 + P_2)$，定义 $Q_1 = -\langle b_{2i+1}^+a_{2i}\rangle$ 和 $Q_2 = -\langle b_{2i-1}^+a_{2i}\rangle$。

求解哈密顿量(6－26)时，利用格林函数运动方程方法，采用周期性边界条件。自由能的计算可以通过计算对配分函数的对数得到：

$$F = -k_B T\ln(Z) \tag{6-27}$$

通过自由能对电极化强度 P 取极小值，以及谱定理求得的关联函数，构造一套自洽的方程组，并采用数值的方法来求解。

每个单胞的磁化强度 M 计算式为：

$$M = \frac{1}{N}\sum_i (\langle S_{2i}^z\rangle + \langle S_{2i+1}^z\rangle) \tag{6-28}$$

磁化率可以通过磁化强度对磁场求微分得到：

$$\chi = \frac{\partial M}{\partial H} \tag{6-29}$$

相对介电常数 ε_r 为

$$\varepsilon_r = 1 + \chi_e = 1 + \frac{\partial P}{\partial E} \tag{6-30}$$

纠缠熵是一种可以判断量子相变的物理量。双格点纠缠熵可以通过双格点约化密度矩阵 ρ_{ij} 来得到，纠缠熵可以表示为

$$S_{ij} = -Tr[\rho_{ij}\ln(\rho_{ij})] \tag{6-31}$$

双格点约化密度矩阵 ρ_{ij} 的矩阵元可以由一些关联函数来表示，代表热力学平均，可以通过格林函数理论计算得到。定义格点 $2i$ 和 $2i+1$ 与外界的纠缠熵为 S_1，格点 $2i+1$ 和 $2i+2$ 与外界的纠缠熵为 S_2。

并协度可以定义为：

$$C = \max(0, \lambda_1 - \lambda_2 - \lambda_3 - \lambda_4) \tag{6-32}$$

其中，λ_1，λ_2，λ_3，λ_4 是以降序排列的矩阵 $\tilde{\rho}_{ij}\rho_{ij}$ 的本征值的平方根。而 $\tilde{\rho}_{ij}\rho_{ij}$ 有：

$$\tilde{\rho}_{ij} = (\sigma_i^y \otimes \sigma_j^y)\rho_{ij}^*(\sigma_i^y \otimes \sigma_j^y) \tag{6-33}$$

其中，σ_i^y 是泡利矩阵的 y 分量。ρ_{ij}^* 是约化密度矩阵的复数共轭。并协度为零意味着非纠缠态，并协度为 1 则对应于完全纠缠的态。定义格点 $2i$ 和 $2i+1$ 的并协度为 C_1，格点 $2i+1$ 和 $2i+2$ 的并协度为 C_2。

在下面的计算中，取 $J=180$ K 为能量单位，计算不同 DM 作用下的电极化强度、磁化强度、磁化率、纠缠熵、并协度以及能带结构，并分别讨论均匀 DM 作用和交错 DM 作用对铁电和磁学性质的影响。

6.4.3 均匀 DM 作用的电学和磁学性质

图 6.20 (a) 给出不同大小的均匀 DM 相互作用下的电滞回线。DM 作用较小时，电滞回线打开，体系处于铁电态。当 DM 作用增大至 $d_z=2.0$ 时，电滞回线关闭，体系由铁电态转变为顺电态，二聚化链转变为均匀链。由图 6.21

(b)可以看出，能谱包含两条分支，两条分支关于费米能级对称，而且费米能级以下的一支由费米子填满，费米能级以上的分支为空占据。两支能带的间隔对应为单重基态和三重激发态之间的能隙，与二聚化变为均匀链所需的能量有关。随着 d_z 的增加，单重态和三重态之间的能隙减小，也就是说由自旋液体相(铁电态)转变为无能隙的 Luttinger 液体相(顺电态)所需要克服的能量变小。随着 DM 作用的增大，$2i$ 格点的正电荷离子和 $2i+1$ 格点的负电荷离子之间的单重态被破坏，晶格的二聚化被压制。当 DM 作用足够大，以致使单重态崩溃时，晶格二聚化消失，自旋能隙关闭，铁电态消失。

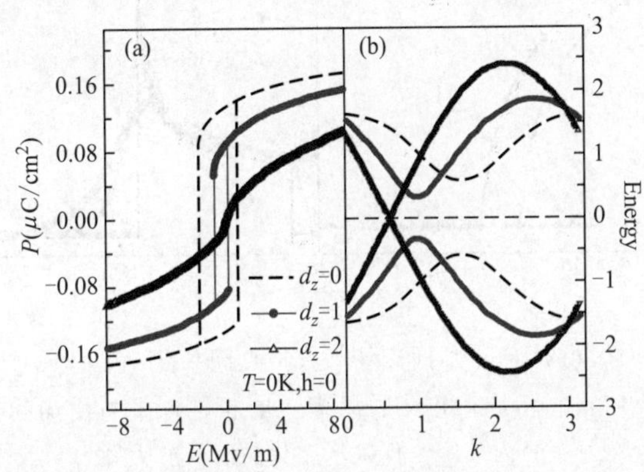

图 6.20　$T=0$ K，无外磁场时，不同的均匀 DM 作用下(a) $P-E$ 曲线；(b) 能谱与波矢的变化关系

此外，磁场和温度也会影响相变，以 $d_z=1$ 的均匀 DM 作用为例。随着温度的升高和磁场的加强，体系会发生铁电态到顺电态的相变。从图 6.22(a)图可以看出，施加磁场时，$2i$ 和 $2i+1$ 格点间(强键)的关联减小，而 $2i+1$ 和 $2i+2$ 格点间(弱键)的关联增大。这是因为施加外磁场时，损失的磁场能使弱键的关联增大，强键和弱键之间的差异减小。图 6.21(c)表明随着磁场的加大，电极化强度减小。这是由于磁场能压制了二聚化程度，进而减小电极化强度。这也展示了潜在的磁电效应的一个调控手段，即通过磁场来调节电极化强度的大小。在高温时，热涨落起主要作用，导致电极化强度和格点之间关联几乎与外加磁场的大小无关。由图 6.21(b)和(d)的对比可以看到，磁学相的量子临界点与磁化率曲线的奇异位置对应。在 0 - 磁化平台消失以及饱和磁化强度出现的磁场处，磁化率曲线有一个突变。在温度为 40 K 时，磁化平台消失，对应磁化率在低磁场下平缓的变化，突变消失。

图 6.22 给出不同均匀 DM 相互作用下磁化曲线和磁化率对温度的依赖关系。随着 DM 作用的增大，0 - 磁化平台收缩，对应 0 - 磁化平台宽度的转变磁

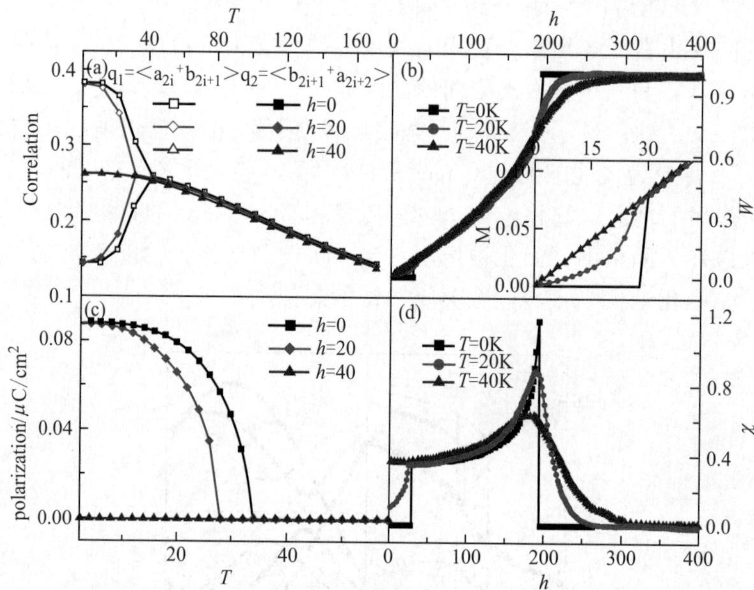

图 6.21 $d_z=1$ 时，(a)和(c)不同磁场下，格点间关联函数和电极化强度随温度的变化关系；(b)和(d)不同温度下，磁化强度和磁化率与磁场的依赖关系。图(b)内插图为低磁场磁化曲线的放大图

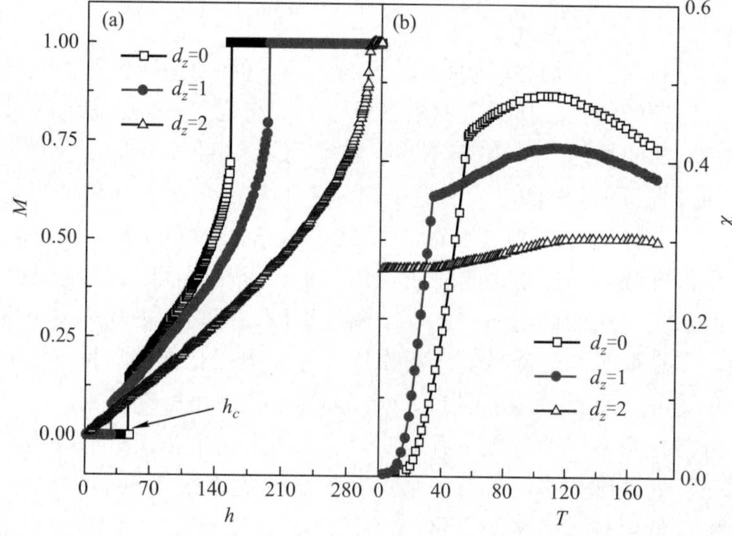

图 6.22 不同均匀 DM 作用下：(a) $M-h$ 曲线；(b) 磁化率随温度的变化关系

场减小。当 $d_z=2$ 时，单态完全被破坏，磁化平台消失。通过磁化率的温度依赖关系可以得到转变温度，并且，随着均匀 DM 作用的加强，转变温度下降。可见，均匀 DM 作用会使转变磁场和转变温度都降低。

图 6.23(a)给出了不同均匀 DM 作用下的磁场-温度相图。可以发现：d_z 由 0 变为 1 时，铁电相的范围缩小，转变磁场和转变温度都降低。从图 6.23(b)电极化强度与温度的依赖关系可以确认转变温度随 DM 的变化。随着 DM 作用的增大，电极化强度减小，克服晶格的二聚化所需要的能量比较小，因此需要较低的转变温度。当 $d_z=2$ 时，二聚化完全消失，电极化强度为零。

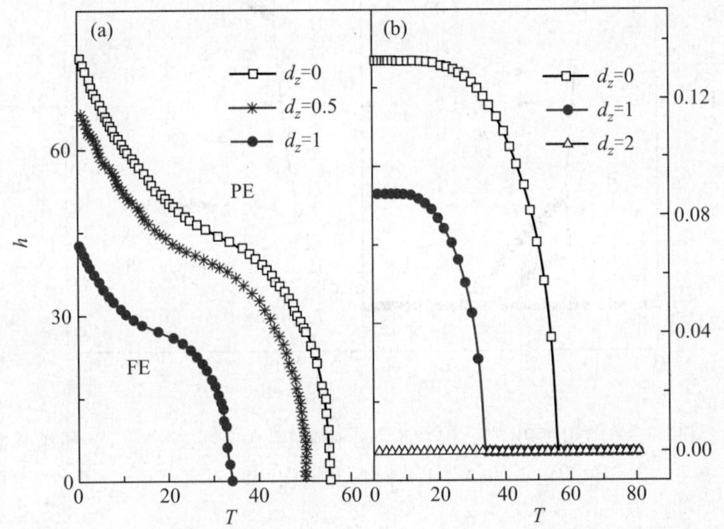

图 6.23　不同均匀 DM 作用下：(a) $h-T$ 相图；(b) 电极化强度随温度的变化关系

为了进一步描述转变温度随均匀 DM 作用的变化关系，下面计算在不同 DM 作用下，并协度和纠缠熵与温度的依赖关系。并协度是在 0 与 1 之间变动的，描写两粒子之间的纠缠。并协度越大，反映两粒子之间的纠缠越大。从图 6.24(a)可以看出，低温时单胞内两个格点的并协度(C_1)比单胞间两个格点的并协度(C_2)大，随着温度的升高，单胞内的并协度降低，而单胞间的并协度变化不大，但总体来说两个并协度之间的差别减小，也就是说单胞内的两个格点和单胞间的两个格点之间的纠缠趋于一致。温度升高至一定值，热涨落能够破坏二聚化，使链趋于均匀，两个并协度相同，该温度即转变温度。由图还可以发现 DM 作用比较大时，两个并协度之间的差别比较小，要达到均匀链所需要的能量比较小，即转变温度比较小。类似的结论，也可以从纠缠熵的分析获得。低温时，单胞内两个格点的纠缠熵比相邻单胞间两格点的纠缠熵要小，反

映 $2i$ 和 $2i+1$ 格点组成的系统与外界系统的纠缠，不同于 $2i+1$ 和 $2i+2$ 格点组成的系统与外界系统的纠缠，即两个双格点系统是不同的，这时二聚化存在。两个系统双格点纠缠熵之间的差别减小，表明二聚化程度减弱。图 6.24(b)可以看到 DM 作用比较大时，纠缠熵差别较小，转变温度较低。与图 6.23(a)中相图的温度范围随 DM 增大而缩小的结果一致。

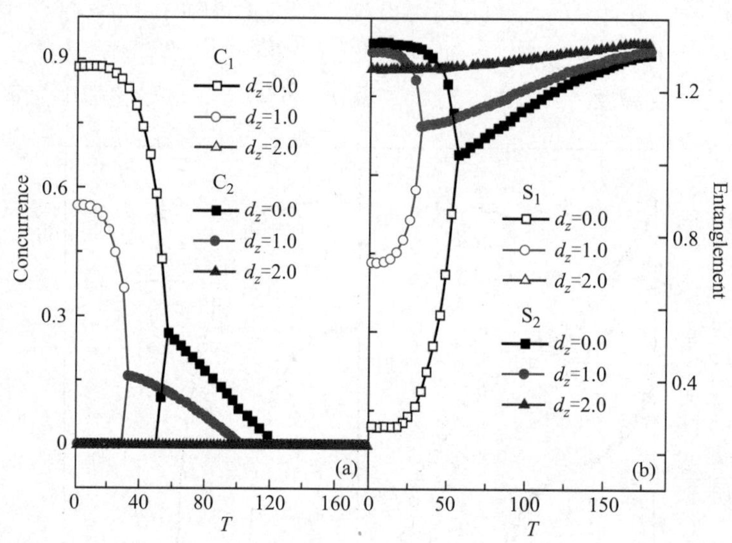

图 6.24 不同均匀 DM 作用下，(a) 并协度随温度的变化关系；(b) 纠缠熵随温度的变化关系。其中单胞内 $2i$ 和 $2i+1$ 格点的并协度和纠缠熵为 C_1，S_1，单胞间 $2i+1$ 和 $2i+2$ 格点的并协度和纠缠熵为 C_2，S_2

6.4.4 交错 DM 作用的电学和磁学性质

对于交错 DM 相互作用，单胞内(格点 $2i$ 与 $2i+1$)的作用可以表示为 $d_z(1+\gamma P_1)$，单胞间(格点 $2i+1$ 与 $2i+2$)的作用可以表示为 $d_z(1-\gamma P_1)$。交错系数 γ 表示 DM 作用与格点距离的关系。从图 6.25(a)内插图可以看到，有一个临界参数 γ_C。在 $d_z=1$ 时，$\gamma_C=4.97$。当参数小于临界参数时，交错 DM 作用会减弱二聚化；当大于临界参数时，会加强二聚化。这种行为可以通过能谱函数来解释。

对于大于临界参数的情况，单态 - 三态之间的能隙相对于没有 DM 作用的能隙增大，而对小于临界参数的情况，能隙减小。此外，通过比较不同交错系数下的电极化强度与温度的依赖关系(图 6.25(a))，可以看到当参数比较大时，体系需要更高的温度来克服弹性能，也就是说，转变温度更高；而在参数

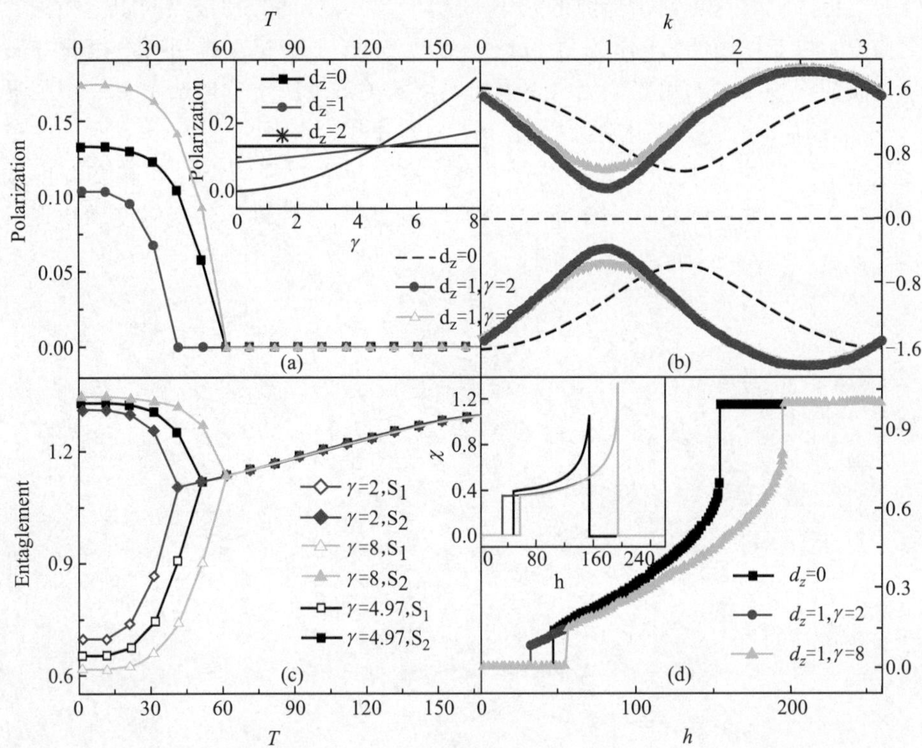

图 6.25　不同交错 DM 作用下，(a)和(c)为电极化强度和纠缠熵与温度的依赖关系；图(b)为能谱与波矢 k 的变化关系；(d)磁化强度随磁场的变化关系。图(a)内插图为电极化强度随交错系数的变化关系；图(d)内插图为磁化率与磁场的依赖关系

较小时，电极化强度较小，转变温度较低。由纠缠熵与温度的关系(如图 6.25(c)所示)，可以看出，参数减小时，单胞内格点的纠缠熵增大，而单胞间相邻格点的纠缠熵减小，两个纠缠熵彼此靠近，二聚化程度减弱，反之，在参数较大时，两个纠缠熵远离，二聚化加强，转变温度更高。在温度很高时，极化强度变为零，纠缠熵趋于一致，体系变为均匀链。至于磁学性质(图 6.25(d))，通过与无 DM 作用下的磁化强度和磁化率比较，可以看到，在 $\gamma > \gamma_C$ 时，0 - 磁化平台加宽，而 $\gamma < \gamma_C$ 时，0 - 磁化平台变窄。

总之，以上使用格林函数的方法，研究了一维电荷转移复合物中 DM 相互作用对铁电和磁学性质的影响。讨论了两种不同的 DM 相互作用。一种是均匀的 DM 相互作用，另一种是和格点间距离有关的交错 DM 相互作用，表示为 $\boldsymbol{d}(1+(1-)^{i}\tau\,|\,\boldsymbol{u}_i\,|\,)=\boldsymbol{d}(1+(-1)^{i}\gamma P)$。对于均匀 DM 作用，随着 DM 相互作用的加强，铁电相被压制，诱导的电极化强度降低和 0 - 磁化平台变窄，而且

转变温度降低。这可以由能隙的减小来解释。另一方面，和格点间距离相关的交错 DM 相互作用的影响也作了讨论。结果表明，DM 相互作用对电极化和磁学性质的影响由 DM 相互作用与格点间距离的关系来决定。参数 γ 有一个临界点 γ_C，在临界点，二聚化程度与无 DM 相互作用时相同；当 $\gamma > \gamma_C$ 时，电极化强度增大，转变温度升高，磁化平台变宽。反之，则电极化和转变温度减小，磁化平台变窄。这些结果将会对设计多铁材料、控制其转变温度和物理学行为提供理论指导。

参 考 文 献

[1] N. A. Hill. J. Phys. Chem. B104, 6694(2000)

[2] S. Horiuchi, R. Kumai and Y. Tokura. J. Mater. Chem. 19, 4421(2009)

[3] S. Horiuchi and Y. Tokura. Nat. Mater. 7, 357(2008)

[4] G. C. Xu, X. M. Ma and L. Zhang, et al. . J. Am. Chem. Soc. 13, 9588(2010)

[5] R. C. G. Naber, C. Tanase and P. W. M. Blom, et al. . Nat. Mater. , 4, 243(2005)

[6] R. C. G. Naber, K. Asadi and P. W. M. Blom, et al. . Adv. Mater. , 22, 933(2010)

[7] F. Kagawa, S. Horiuchi and M. Tokunaga, et al. . Nat. Phys. 6, 169(2010)

[8] S. Horiuchi, R. Kumai and Y. Tokura. Angew. Chem. Int. Ed. 46, 3497(2007)

[9] B. Frischmuth, B. Ammon and M. Troyer. Phys. Rev. B54, R3714(1996)

[10] G. Chaboussant, Y. F. Revurat and M. H. Julien, et al. . Phys. Rev. Lett. 80, 2713 (1998)

[11] T. Kaneko, T. Makino and H. Miyaji, et al. . J. Am. Chem. Soc. 125, 3554(2003)

[12] B. M. Wells, C. P. Landee and M. M. Turnbull, et al. . J. Mol. Cat. A: Chem. 228, 117 (2005)

[13] Ch. Rüegg, K. Kiefer and B. Thielemann, et al. . Phys. Rev. Lett. 101, 247202, (2008)

[14] M. Windt, M. Grüninger and T. Nunner, et al. . Phys. Rev. Lett. 87, 127002(2001)

[15] C. P. Landee, A. Delcheva and C. Galeriu, et al. . Polyhedron, 22, 2325 (2003)

[16] R. D. Willett, C. Galeriu and C. P. Landee, et al. . Inorg. Chem. 43: 3804 – 3811

[17] A. Shapiro, C. P. Landee and M. M. Turnbull, et al. . J. Am. Chem. Soc. , 129, 952(2007)

[18] F. Awwadi, R. D. Willett and B. Twamley, et al. . Inorg. Chem. 47, 9327, (2008)

[19] L. J. Ding, K. L. Yao and H. H. Fu. Phys. Chem. Chem. Phys. , 11, 11415(2009);
L. J. Ding, K. L. Yao and H. H. Fu. Chem Phys Chem 11, 3291(2010);
L. J. Ding, K. L. Yao and H. H. Fu. J. Mater. Chem, 21, 449(2011);
L. J. Ding, K. L. Yao and H. H. Fu. Phys. Chem. Chem, 13, 328(2011)

[20] M. Oshikawa, M. Yamanaka and I. Affleck. Phys. Rev. Lett. 78, 1984(1997)

[21] M. Hase, M. Kohno and H. Kitazawa, et al. . Phys. Rev. B73, 104419(2006)

[22] M. Hase, M. Matsuda and K. Kakurai, et al. . Phys. Rev. B76, 064431(2007)

[23] B. Gu, G. Su and S. Gao. Phys. Rev. B73, 134427(2006)

[24] K. Hida. J. Phys. : Condens. Matter. , 19, 145225(2007)

[25] I. Titvinidze, G. I. Japaridze. Eur. Phys. J. B32, 383(2003)

[26] P. Lou, W. C. Wu and M. C. Chang. Phys. Rev. B70, 064405(2004)

[27] J. F. Zhang, X. H. Peng, D. Suter. Phys. Rev. A 73, 062325(2006)

[28] M. F. Yang. Phys. Rev. A71, 030302(R)(2005)

[29] P. Lou, J. Y. Lee. Phys. Rev. B74, 134402(2006)

[30] T. Krokhmalskii, O. Derzhko and J. Stolze, et al. . Phys. Rev. B77, 174404(2008)

[31] A. A. Zvyagin and G. A. Skorobagat'ko. Phys. Rev. B73, 024427(2006)

[32] J. I. Latorre and A. Riera. J. Phys. A: Math. Theor. 42, 504002(2009)

[33] J. Sirker, A. Herzog and A. M. Oles, et al.. Phys. Rev. Lett. 101, 157204(2008)
[34] E. S. Sørensen, M. S. Chang and N. Laflorencie, et al.. J. Stat. Mech. P08003(2007)
[35] O. F. Syljuasen. Phys. Rev. A 68, 060301(R)(2003)
[36] A. N. Vasil'ev, M. M. Markina and E. A. Popova. Low Tem. Phys. 31: 203(2005)
[37] F. Mila. Eur. J. Phys. 21, 499(2000)
[38] L. J. Ding, K. L. Yao and H. H. Fu. ChemPhysChem, 11, 3291(2010)
[39] T. Hong, Y. H. Kim and C. Hotta, et al.. Phys. Rev. Lett. 105, 137207(2010)
[40] E. Orignac, R. Chitra and R. Citro. Phys. Rev. B67: 134426(2003)
[41] H. Manaka, Y. Hirai and Y. Hachigo, et al.. J. Phys. Soc. Jpn., 78, 093701(2009)
[42] F. Heidrich - Meisner, A. Honecker and D. C. Cabra, et al.. Phys. Rev. B 66, 140406(R)(2002)
[43] X. Zotos and P. Prelovšek. Phys. Rev. Lett. 92, 067202(2004)
[44] A. V. Sologubenko, T. Lorenz and H. R. Ott, et al.. J. Low Temp. Phys., 147: 387(2007)
[45] C. Martin, M. Hase and K. Hirota, et al.. Phys. Rev. B56, 3173(1997)
[46] T. Masuda, A. Fujioka and Y. Uchiyama, et al.. Phys. Rev. Lett., 80, 4566(1998)
[47] J. W. Bray, H. R. Hart and Jr., L. V. Interrante, et al.. Phys. Rev. Lett. 35, 744, (1975)
[48] I. S. Jacobs, J. W. Bray and H. R. Hart, et al.. Phys. Rev. B14: 3036(1976)
[49] K. Mukai, Y. Shimobe and J. B. Jamali, et al.. J. Phys. Chem. B103: 10876(1999)
[50] M. Hase, I. Terasaki and K. Uchinokura. Phys. Rev. Lett. 70, 3651(1993)
[51] M. Miljak, M. Herak and A. Revcolevschi, et al.. Europhys. Lett., 70, 369(2005)
[52] A. Filippetti and V. Fiorentini. Phys. Rev. Lett., 98, 196403(2007)
[53] D. K. Powell and J. W. Brill. Phys. Rev. B. 58, 2937(1998)
[54] W. Fujita, K. Awaga and R. Kondo, et al.. J. Am. Chem. Soc., 128, 6016(2006)
[55] G. Y. Chitov and B. W. Ramakko. Phys. Rev. B 77, 224433(2008).
[56] X. M. Ren, Q. J. Meng and Y. Song, et al.. Inorg. Chem., 41, 5686(2002)
[57] Z. F. Tian, H. B. Duan and X. M. Ren, et al.. J. Phys. Chem. B 113, 8278(2009)
[58] X. M. Ren, T. Akutagawa and S. Nishihara, et al.. J. Phys. Chem. B109, 16610, (2005)
[59] X. M. Ren, S. Nishihara and T. Akutagawa, et al.. Chem. Phys. Lett., 439: 318(2007)
[60] A. Oosawa, T. Ono and H. Tanaka. Phys. Rev. B 66, 020405(R)(2002)
[61] Y. C. Li and S. S. Li. Phys. Rev. B 66, 78, 184412(2008)
[62] Z. Y. Sun, K. L. Yao, W. Yao, et al.. Phys. Rev. B77, 014416(2008);
Z. Y. Sun, B. Luo, K L. Yao, et al.. Phys. Rev. B80, 094412(2009)
[63] X. G. Wang. Phys. Rev. A66, 034302(2002)
[64] R. C. G. Naber, C. Tanase and P. W. M. Blom, et al.. Nat. Mater., 4, 243 (2005)
[65] R. C. G. Naber, K. Asadi and P. W. M. Blom, et al.. Adv. Mater., 22, 933(2010)
[66] Y. J. Choi, H. T. Yi and S. Lee, et al.. Phys. Rev. Lett., 100, 047601(2008)
[67] J. Fujioka, S. Horiuchi and F. Kagawa, et al.. Phys. Rev. Lett., 102: 197601(2009)
[68] H. Katsura, N. Nagaosa and A. V. Balatsky. Phys. Rev. Lett., 95, 057205(2005)

[69] S. Park, Y. J. Choi and C. L. Zhang, et al. . Phys. Rev. Lett. , 98, 057601(2007)

[70] Y. Tokura and S. Seki. Adv. Mater. , 22, 1554(2010)

[71] F. Kagawa, S. Horiuchi and M. Tokunaga, et al. . Nat. Phys. , 6, 169(2010)

[72] M. H. Lemée – Cailleau, M. Le Cointe and H. Cailleau, et al. . Phys. Rev. Lett. , 79, 1690 (1997)

[73] S. Horiuchi and R. Kumai. J. Am. Chem. Soc. , 120, 7379(1998)

[74] S. Horiuchi, Y. Okimoto and R. Kumai. Science, 229, 229(2003)

[75] H. Y. Wang , S. U. Jen , J. Z. Yu. Phys. Rev. B73, 094414(2006)

[76] M. Fiebig. J. Phys. D 38, 123(2005)

[77] I. Dzyaloshinsky. Journal of Physics and Chemistry of Solids. 4, 241(1958)

[78] T. Moriya. Physical Review. 120 (1), 91(1960)

[79] I. Affleck, M. Oshikawa. Physical Review B. 60, 1038(1999);
M. Oshikawa, I. Affleck. Physical Review Letters. 82, 5136(1999)

[80] K. Y. Povarov, A. I. Smirnov, O. A. Starykh, et al. . Physical Review Letters, 107, 037204 (2011)

[81] A. Ghosh. The European Physical Journal B. 82, 19 (2011)

[82] O. Derzhko, T. Verkholyak, T. Krokhmalskii, et al. . Physical Review B. 73 (21): 214407 (2006)

[83] M. Kargarian, R. Jafari, A. Langari. Physical Review A. 2009, 79 (4): 042319

[84] X. Z. Lu, M. H. Whangbo, S. Dong, et al. . Physical Review Letters. 2012, 108, 187204

[85] R. Jafari, M. Kargarian. Physical Review B. 78, 214414(2008)

[86] M. R. Soltani, S. Mahdavifar, A. Akbari, et al. . Journal of Superconductivity and Novel Magnetism. 23, 1369(2010)

[87] Z. Yang. Journal of Physics: Condensed Matter. 14, L199(2002)

[88] S. L. Wang, R. X. Li, K. L. Yao, et al. . Appl. Phys. Lett. 103, 132911(2013);
B. Luo, J. Liu, K. L. Yao, et al. . Phys. Lett. A , 377, 2428(2013)

第七章　有机分子磁体的自旋量子输运特性

7.1　引　　言

分子尺度的电荷/自旋输运是一个量子非平衡态的问题，并且电子-电子及电子-声子相互作用对输运都有影响，因此在实验和理论上对分子器件的研究都具有一定的挑战性。由于分子结构的复杂性及多样性，由单个分子组成的电路也可以具有丰富的物理特性，如整流效应[1,2]、电流放大[3]、场调制现象[4]、巨磁电阻现象[5,6]、库仑阻塞[7]和近藤效应等等[8,9]。根据这些性质可以制备具有相应功能的分子电子器件，例如分子开关、分子导线、分子整流器、分子传感器及分子储存单元等。近年来，由于扫描隧道显微镜(STM)、自组装(SAM)技术的发展，使分子器件的实验和理论研究得到迅速的发展。为了深入描写磁性分子系统的输运特性，可以用理论模拟来弥补测量的不足。如今对分子尺度系统的自旋输运模拟已经相当可靠，即通过模拟可以确定系统的真实行为。Reed 等人于 1997 年实现了对苯硫醇分子的电学测量[10]，证明了有机分子具有导电性，揭示出分子器件巨大的潜在应用前景。2001 年，Guo 的研究组用密度泛函理论计算分子的电子结构，并利用非平衡态格林函数(NEGF)方法，把宏观导线作为自能计入分子的哈密顿量，计算碳纳米管的电导曲线[11]。这一将密度泛函理论和非平衡态格林函数相结合的方案，基本上奠定了分子纳米器件量子输运的第一性原理的计算框架。

本章基于已经合成的分子固体磁性材料，研究有机磁性分子器件的自旋输运特性，以及分子的电子结构，电荷、轨道和自旋极化之间的关系，考虑环境(电极)对自旋输运性质的影响，并对有机自旋阀、自旋过滤效应和磁阻效应等进行研究。同时讨论三明治结构的有机磁性分子器件的负微分电阻现象，探索有机磁性分子在自旋电子学中的应用，以期为实验上制备新型分子自旋电子器件提供重要的理论依据。我们首先构建模型，通过建立开放性的两端体系，利用密度泛函理论与非平衡态格林函数相结合的软件(Atomistix Toolkit，简称 ATK)寻找分子器件的最佳接触条件；然后弛豫、优化电极-中心有机磁性分子-电极构成的分子器件模型的几何结构，特别是考虑电极和有机磁性分子材料的界面结构及相互作用；最后对自旋输运进行研究。

7.2　金属反铁磁体 $Fe(thiazole)_2Cl_2$ 的电子结构和输运性质

7.2.1　以分子磁体 $Fe(thiazole)_2Cl_2$ 作为两电极系统的输运模型

自从 1998 年第一个有机自旋电子器件被报道以后，用有机材料做自旋电子学器件引起了人们的广泛关注。有机自旋电子学是一门用有机材料调解或控制自旋偏转信号的新兴研究领域。自旋电子学器件要求材料具有较高的自旋极化率，近年来半金属磁体输运性质的研究吸引了新的研究兴趣，因为它们在费米能级处只有一个电子自旋通道从而显示将近 100% 的自旋极化。传统的半金属磁体都是无机材料，但有机分子铁磁体 P-NPNN 具有半金属性[12]，并且发现高分子化合物 $Fe(thiazole)_2Cl_2$ 的基态是具有金属性的反铁磁体，然而亚稳态的铁磁相却具有半金属性质[13]。

为了在隧穿或金属导电的输运中寻找大的磁阻效应，这里以二卤化物 Cl 做桥配体的分子基磁体 $Fe(thiazole)_2Cl_2$ 为例，研究其量子输运性质。$Fe(thiazole)_2Cl_2$ 的分子结构如图 7.1 (a)所示。输运系统模型如图 7.1 (b)所示，整个理论模拟系统从左到右被分为三个部分：左端电极、中心散射区和右端电极。因为 $Fe(thiazole)_2Cl_2$ 是一个金属的反铁磁体并且具有半金属性的亚稳基态，非常适合做电极，为了使电极与中心散射去的晶格常数相匹配，一个很好的办法就是用 $Fe(thiazole)_2Cl_2$ 本身做电极来研究其输运性质。如果电极与散射区的材料相同，电极原子的电子密度受中心散射区原子的散射相对来说比较小，并且电极与散射区的耦合比较强，这就可能产生有意义的量子输运性质，比如负微分电阻(NDR)。这里使用一个原胞 $Fe(thiazole)_2Cl_2$ 做电极，并且电极是半无限大的，右电极可以沿着输运方向 z 扩展到 $z=+\infty$，左电极可以沿着输运方向 z 扩展到 $z=-\infty$。为了确保计算相对于系统长度的收敛性，选择散射区 $Fe(thiazole)_2Cl_2$ 原胞的长度从两个原胞至四个原胞。输运系统在横向的 x 和 y 方向具有 17.909×14.870 $\mathring{A}^2$ 周期性。

7.2.2　分子基磁体 $Fe(thiazole)_2Cl_2$ 的自旋输运特性

相邻两个分子的自旋方向可以是平行的(铁磁态)或反平行的(反铁磁态)，磁场能够使分子的自旋态发生偏转。根据总能量的计算，$Fe(thiazole)_2Cl_2$ 的基态是反铁磁性的，用 ATK 软件计算出的反铁磁态与铁磁态的能量差大约是 -0.4964 eV/分子，与用 Wien2k 计算的结果一致。

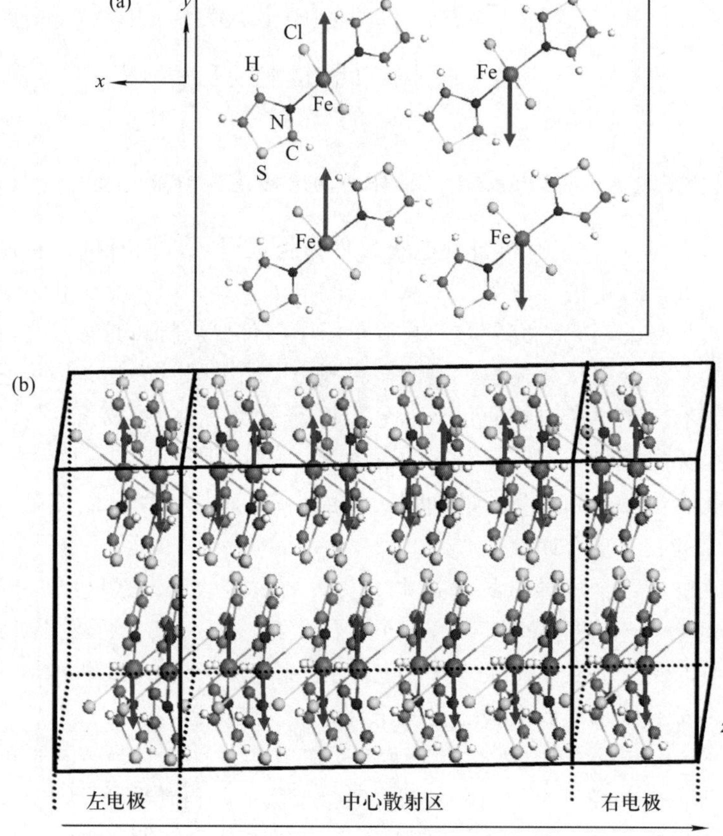

图 7.1 分子磁体 Fe(thiazole)$_2$Cl$_2$ 的分子结构和研究其输运性质的两电极系统的结构(电流沿 z 轴方向)

图 7.2 给出了 Fe(thiazole)$_2$Cl$_2$ 两电极输运系统的反铁磁态和铁磁态的自旋极化的态密度和能带结构。结果显示如下特性：1）亚稳态的铁磁相的态密度和能带结构显示出自旋向上的电子有一个能隙，自旋向下的电子穿过了费米面，说明亚稳态的铁磁相具有半金属特性；2）基态反铁磁相的态密度和能带结构的自旋向上和自旋向下的电子都穿过了费米面，因此反铁磁态具有金属的特性；3）反铁磁相和铁磁相在费米面处的态密度都具有非常尖锐的峰，并且费米面处的能带非常平坦，说明费米面处的电子是局域的。

图 7.3 是铁磁态和反铁磁态在中心散射区具有两个原胞((a)和(c))及四个原胞((b)和(d))时的电流-电压($I-V$)曲线和零偏压时的输运谱。结果表明，电流的大小与散射区的长度有关，当散射区的长度大于两个原胞时，电导

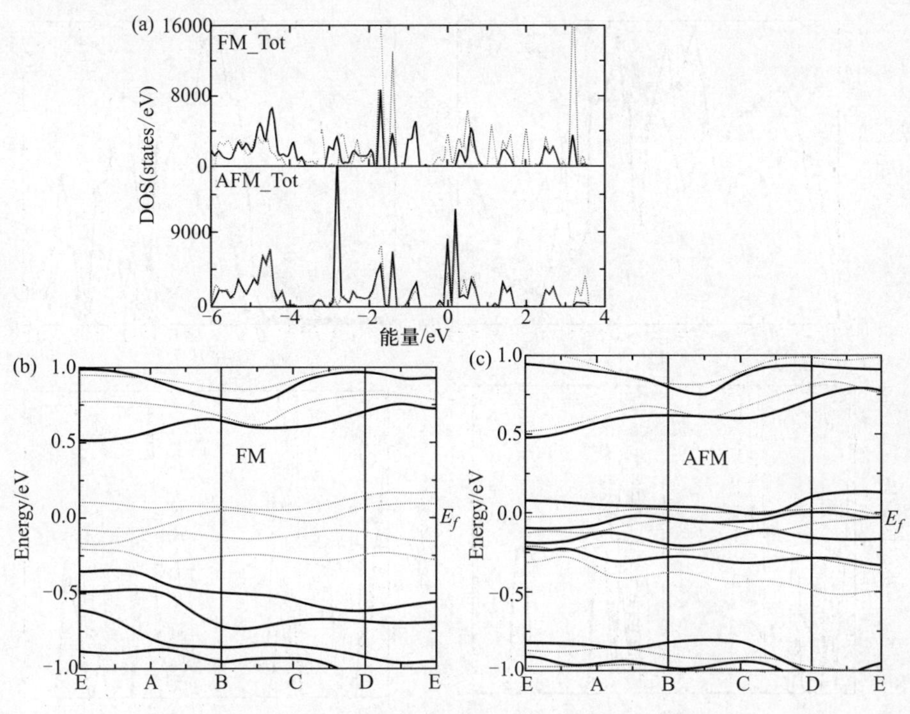

图 7.2　两电极系统的态密度(a)及能带图(b)和(c)
(其中实线表示自旋向下，虚线表示自旋向上)

在低偏压下被抑制了，并且阈值电压达到 0.26 V。当电压较高时显示出负微分电阻(NDR：即随着电压升高，电流下降了)现象，此特性对电子器件的应用是重要的。当电压大于 0.34 V 时，电导震荡非常剧烈。NDR 和电导的震荡反映了态密度在费米面处的特征，如图 7.2 所示。根据 $I-V$ 曲线，定义磁阻(MR)率：$R_{\mathrm{MR}}=(I_{\mathrm{FM}}-I_{\mathrm{AFM}})/I_{\mathrm{AFM}}$，此处 $I_{\mathrm{FM,AFM}}$ 分别表示铁磁相和反铁磁相的总电流。当电流在零偏压下消失时，用平衡电导来定义 R_{MR}。在零偏压下 R_{MR} ~286%，显示了非常好的磁阻效应。不同偏压下的 R_{MR} 不同，在有些偏压下甚至变成了负值。希望能够利用 R_{MR} 的这一特性，根据偏压调整电流的符号和大小，从而在自旋电子学中得到应用。

图 7.4 (a)和(b)是铁磁相和反铁磁相的自旋电流。对于半金属性的铁磁相来说，由于自旋向下和自旋向上的输运通道的性质不同：自旋向下的输运通道是金属性的，而自旋向上的输运通道是半导体性的，使自旋向下的电流($I\downarrow$)比自旋向上的电流($I\uparrow$)大很多。图 7.4 (c)和(d)中输运谱显示，对自旋向上的通道，电子的输运主要是通过量子隧穿效应。自旋溅射系数 η 由自旋

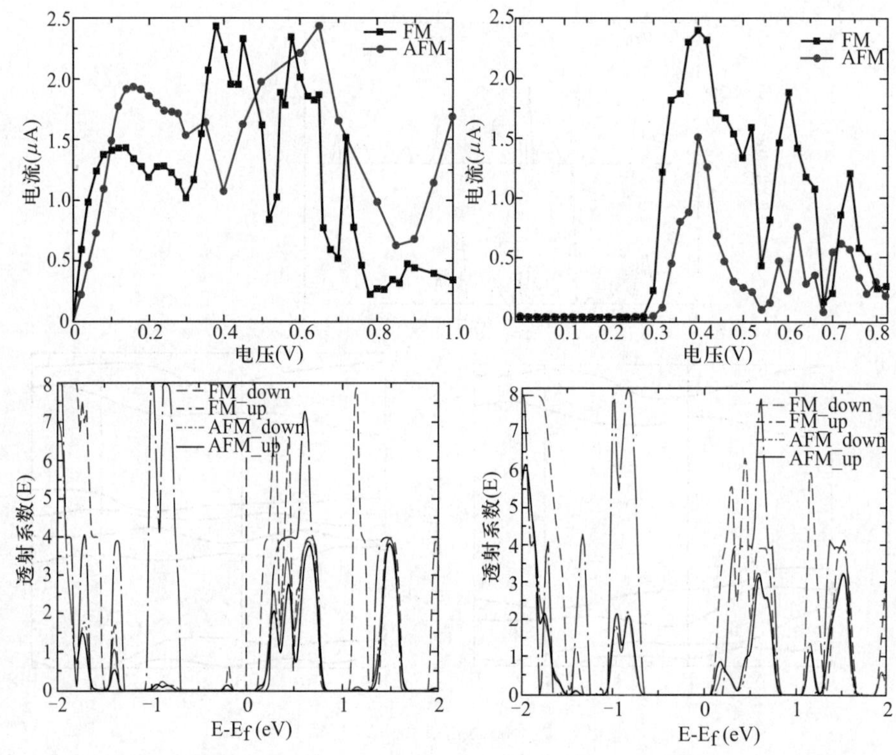

图 7.3 电极系统的铁磁态和反铁磁态的在中心散射区具有两个原胞((a)和(c))及四个原胞((b)和(d))的电流－电压($I-V$)曲线和零偏压时的输运谱

电流定义为 $\eta = (I\downarrow - I\uparrow)/(I\downarrow + I\uparrow)$(图 7.4(a)的插图)。当电压为零时，电流也为零。对于铁磁相来说，η 在所有偏压下都大于 16%，在零偏压下是 95%，当电压升至 0.58 V 时，η 达到 99.5%。当散射区的长度扩展到三个或者四个原胞时，η 在所有偏压下都几乎等于 100%。这些现象说明 Fe(thiazole)$_2$cl$_2$ 可以作为一个有效的自旋过滤器的自旋溅射源。对于反铁磁相，由于两电极系统结构的对称性，自旋向上的电流与自旋向下的电流几乎是相等的。

对半金属性的铁磁相，自旋流和自旋溅射系数的震荡，可以用不同偏压下的输运关联系数($T_\sigma(E, V_b)$)(图 7.4(c)和(d))来解释。电流由输运谱在输运窗口范围内积分得到。从图中可以看出，散射区长度不同的两电极系统的输运谱图，具有相似的特性。因为态密度和能带的局域性，$T_\sigma(E, V_b)$具有很多尖锐的峰。对输运有贡献的自旋向上和自旋向下的通道，在费米面的上下处都有，因此自旋向上和自旋向下的输运通道，来自于散射区的最高占据分子轨道

(HOMO)和最低未占据分子轨道(LUMO)。费米面处的 $T_{\sigma}(E, V_b)$ 在自旋向上的输运通道中几乎消失；然而其在自旋向下的输运通道中有尖锐的峰，并且比自旋向上中的 $T_{\sigma}(E, V_b)$ 大很多，从而引起 $I\downarrow$ 随着电压的增加而增加，同时 $I\uparrow$ 几乎消失。由图可见，当偏压达到 0.34 V 时，自旋向下的输运通道在费米面处有一个比较大的共振峰。此共振峰随着电压的升高偏移到费米面以上了，使铁磁态的电流产生了大幅震荡。对于反铁磁态来说，由于器件结构的对称性，自旋向上和向下的 $T_{\sigma}(E, V_b)$ 几乎是相等的。

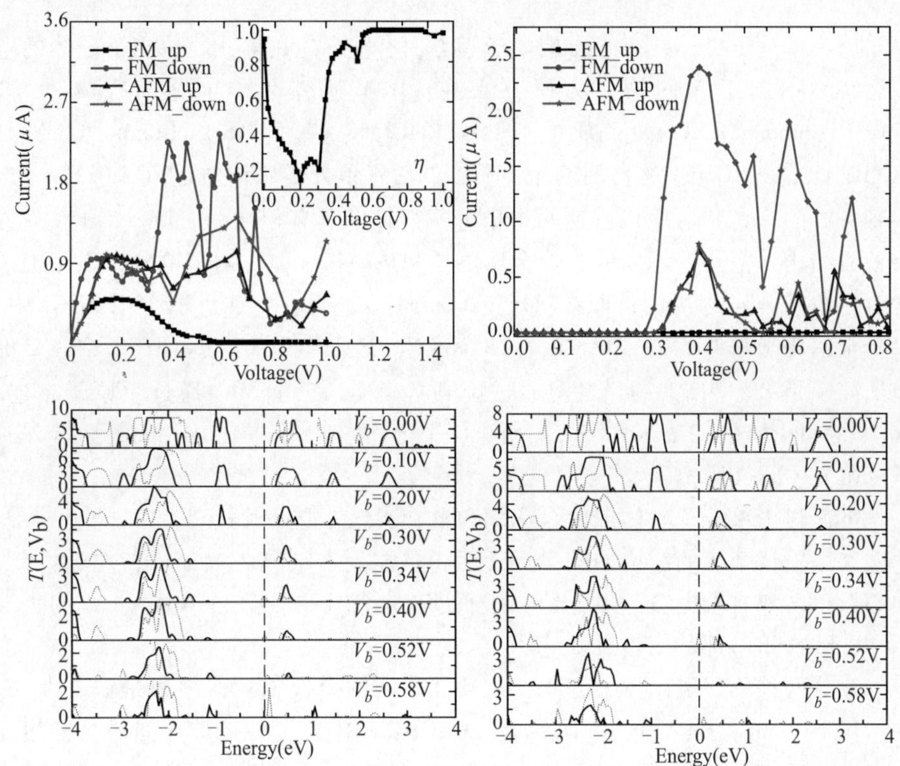

图 7.4　两电极系统的铁磁态和反铁磁态在中心散射区具有两个原胞((a)和(c))及四个原胞((b)和(d))时的自旋电流和不同偏压下铁磁态的输运谱，图(a)中的插图是散射区具有两个原胞时的自旋溅射系数(其中实线表示自旋向下，虚线表示自旋向上)

以上采用密度泛函理论与非平衡态格林函数相结合的方法，研究了含有过渡金属 Fe 的分子基磁体 Fe(thiazole)$_2$cl$_2$ 的自旋输运性质。结果显示 Fe(thiazole)$_2$cl$_2$ 是一个金属反铁磁体，并且具有半金属性的铁磁亚稳态。由于铁磁相的自旋向下和自旋向上的输运通道的性质不同：自旋向下的输运通道是金属性的，而自旋向上的输运通道是半导体性的，使铁磁相自旋向下的电流($I\downarrow$)比自旋向上的电流($I\uparrow$)大很多，铁磁相的自旋流显示：Fe(thiazole)$_2$cl$_2$可以做自旋阀器件和纳米自旋电子器件的自旋溅射源。而且 $I-V$ 曲线具有负微分电阻现象，负微分电阻是由于窄的态密度引起的。计算结果还显示，Fe(thiazole)$_2$cl$_2$ 具有负磁阻效应。

7.3 由单分子磁体组成的分子自旋阀和自旋过滤器

因为单分子磁体在分子自旋电子学方面有重要应用前景，单分子磁体的电输运特性引起了人们的极大研究兴趣。本节研究两个单分子磁体，(1) [$Mn_3Ni(hmp)_3O(N_3)_3(C_7H_5O_2)_3$]·$2CHCl_3$ 和 (2) [$Mn_3Zn(hmp)_3O(N_3)_3(C_3H_5O_2)_3$]·$2CHCl_3$的自旋输运性质，然后将单分子磁体通过巯基(SH－)连接到一维的 Au(001)电极。这两个单分子磁体，具有相同的[Mn_3XO_4]$^{6+}$立方烷核心结构，但具有不同的二价金属离子和羧酸盐配体。两个单分子磁体中都含有三角形排列的 Mn^{III}；而在[$Mn_3Ni(hmp)_3O(N_3)_3(C_7H_5O_2)_3$]·$2CHCl_3$中，二价金属离子是 Ni；在[$Mn_3Zn(hmp)_3O(N_3)_3(C_3H_5O_2)_3$]·$2CHCl_3$ 中，二价金属离子是 Zn。$Mn^{III}-M^{II}$之间通过烷氧基相连，三个 Mn^{III}通过氧原子相连，其余的配体是 $3hmp^-$，$3N_3^-$ 和 3 个配羧酸盐，其中 hmp^- 是 2－pyridinemethanol 阴离子。

下面讨论单分子磁体产生自旋阀和自旋过滤效应及其机理。

整个输运系统的结构如图 7.5 所示，从左到右被分为三部分：左端电极、中心散射区和右端电极。单分子磁体通过巯基(SH－)吸附在 4 Å×4 Å 的一维 Au 电极的(001)面的空位处。

在这两种单分子磁体中，$Mn^{III}-Mn^{III}$之间的交换相互作用都是铁磁性的；在[$Mn_3Ni(hmp)_3O(N_3)_3(C_7H_5O_2)_3$]·$2CHCl_3$ 中，$Ni^{II}-Mn^{III}$之间的交换相互作用是反铁磁的，加磁场时 Ni^{II}的自旋会翻转为与 Mn^{III}平行的状态。当单分子磁体吸附在电极上时，[$Mn_3Ni(hmp)_3O(N_3)_3(C_7H_5O_2)_3$]·$2CHCl_3$ 的反铁磁与铁磁间的能量差值是 74 meV。

图 7.6 给出了在不同门势(V_g)和偏压下这两个单分子磁体的自旋电流－和电流－电压($I-V$)曲线。

由于这两个单分子磁体在电流方向上的结构稍微有些不对称，因此在正负偏压下的电流也有些不对称。并且电流受门势的影响也很大，对于单分子磁体(SMM1)[$Mn_3Ni(hmp)_3O(N_3)_3(C_7H_5O_2)_3$]·$2CHCl_3$，当门势($V_g$)增加时，电导下降了；对于单分子磁体(SMM2)[$Mn_3Zn(hmp)_3O(N_3)_3(C_3H_5O_2)_3$]·

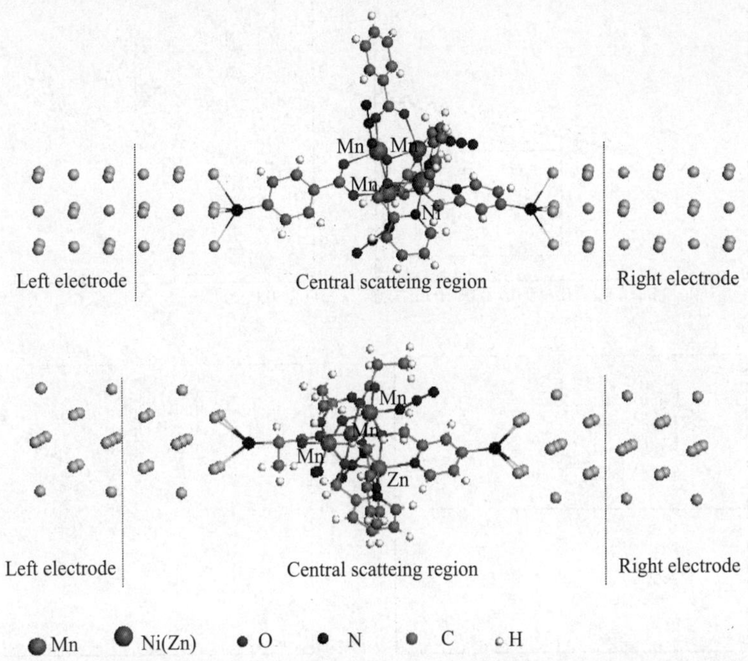

图 7.5　单分子磁体两电极系统的结构图，(a)[$Mn_3Ni(hmp)_3O(N_3)_3(C_7H_5O_2)_3$]·$2CHCl_3$；(b)[$Mn_3Zn(hmp)_3O(N_3)_3(C_3H_5O_2)_3$]·$2CHCl_3$

$2CHCl_3$，当门势(V_g)增加时，电导却增加了。从图 7.6(a)中可以看出，单分子磁体(SMM1)[$Mn_3Ni(hmp)_3O(N_3)_3(C_7H_5O_2)_3$]·$2CHCl_3$ 铁磁态的电流比反铁磁态的电流要小，因此单分子磁体(SMM1)[$Mn_3Ni(hmp)_3O(N_3)_3(C_7H_5O_2)_3$]·$2CHCl_3$ 可以做分子自旋阀器件。根据 $I-V$ 曲线，我们定义了单分子磁体(SMM1)[$Mn_3Ni(hmp)_3O(N_3)_3(C_7H_5O_2)_3$]·$2CHCl_3$ 的磁阻率 $MR(\%)=100\times[I_{AP}-I_P]/I_P$(图 7.6 (a)中的插图)。这里 I_P 和 I_{AP} 分别表示在相同的电压下铁磁态和反铁磁态的电流。在 0 偏压下，$R_{MR}\sim132\%$；当电压增加到 0.062 伏特时，R_{MR} 达到最大值 272%，显示了非常好的磁阻效应，因此单分子磁体(SMM1)[$Mn_3Ni(hmp)_3O(N_3)_3(C_7H_5O_2)_3$]·$2CHCl_3$ 非常适合制作成纳米尺度的自旋电子学器件。

在这两个单分子磁体中，电流随着电压的增加是非线性地增加的，并且电流随着电压几乎是阶梯状地增加的。但是，阶梯状的电流仅出现在单分子磁体(SMM1)[$Mn_3Ni(hmp)_3O(N_3)_3(C_7H_5O_2)_3$]·$2CHCl_3$ 中自旋向上的铁磁态、自旋向下的反平行态，以及单分子磁体(SMM2) $Mn_3Zn(hmp)_3O(N_3)_3(C_3H_5O_2)_3$]·$2CHCl_3$ 中自旋向下的电流中。单分子磁体(SMM1)[Mn_3Ni

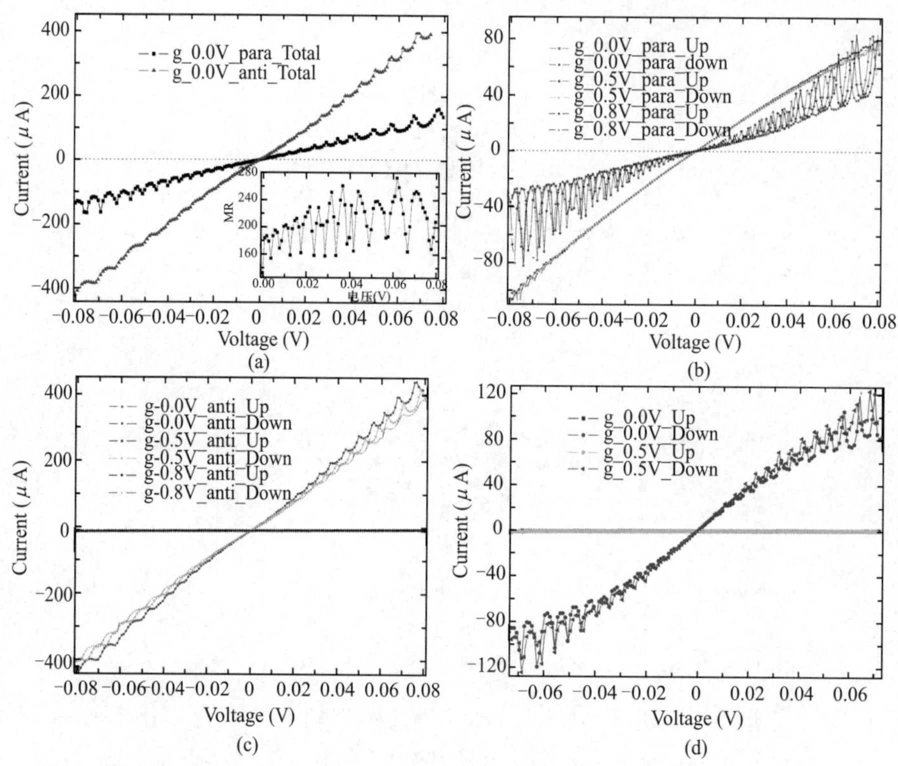

图 7.6　在不同的门势下单分子磁体(SMM1)[$Mn_3Ni(hmp)_3O(N_3)_3(C_7H_5O_2)_3$]·$2CHCl_3$(a)(铁磁态和反铁磁态)和(b)(铁磁态)及(c)(反铁磁态)及单分子磁体(SMM2)[$Mn_3Zn(hmp)_3O(N_3)_3(C_3H_5O_2)_3$]·$2CHCl_3$(d)的自旋电流-电压和电流-电压曲线

$(hmp)_3O(N_3)_3(C_7H_5O_2)_3$]·$2CHCl_3$ 中铁磁态自旋向下的电流，和反铁磁态自旋向上的电流，以及单分子磁体(SMM2)$Mn_3Zn(hmp)_3O(N_3)_3(C_3H_5O_2)_3$]·$2CHCl_3$ 中自旋向上的电流，几乎是线性地增加的，这表明，阶梯状的电流，是由于分离的分子能级和窄的态密度引起的，而不是库伦阻塞现象。

为了进一步研究 $I-V$ 曲线中的电流震荡现象，图 7.7 给出了 0 偏压下的自旋极化输运谱 $T(E)$和两电极系统的态密度（DOS)图。图 7.7 表明 $T(E)$和 DOS 有很强的关联性。DOS 和 $T(E)$都有很多尖锐的峰，并且 DOS 和 $T(E)$中峰的位置是相对应的，它们都出现在相同的能量位置，电子通过这些输运峰，从一端电极输运到另一端电极，也就是说，这些峰是通过分子态的共振输运峰。在外加偏压下，由于分子轨道随着外加偏压而偏离了费米面，从而使这些分子轨道对应的输运峰，也随着外加偏压而发生了偏移。同时为了研究 DOS

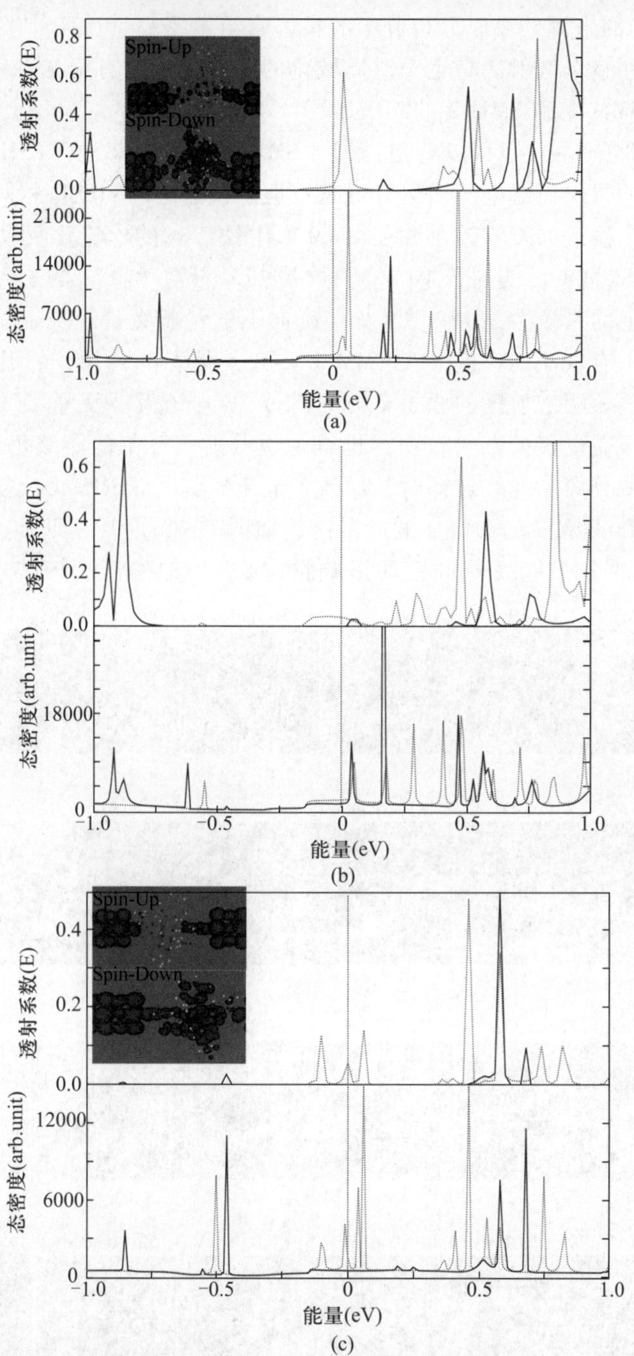

图 7.7　SMM 1 的铁磁态(a)和反铁磁态(b)及 SMM 2 (c)零偏压下的自旋极化输运系数和态密度(其中实线表示自旋向下，虚线表示自旋向上)

和 $T(E)$ 中峰的来源，可以分析分子的投影自洽哈密顿量(MPSH)。一般来说，只有 MPSH 在整个散射区是完全退局域化的才对输运谱有贡献。图 7.8 (a) ~ (d)给出了 SMM 1 和 SMM 2 的 MPSH。

从图 7.8 (a) ~ (d)可以看出：(1) SMM 1 反铁磁态的 MPSH 绝大多数都是退局域化的，因而对电子输运有贡献；但是铁磁态的 MPSH 相对来说局域性较强，对电子输运的贡献较小，使 SMM 1 中铁磁态的电流比反铁磁态的电流小；(2) 仅 SMM 1 反铁磁态中的量子数是 173，174 和 177 的态，SMM 1 铁磁态中自旋向上的量子数是 182，以及自旋向下的量子数是 171 和 175 态，在一端的 S 原子上有较小的密度，在 SMM 1 和 2 其他态的 S 原子，几乎无电荷密度分布。这些表明散射区的原子态与电极 Au 原子态几乎无重叠，使中心散射区的分子能级受电极的影响较弱，也就是说散射区分子的能级仍然是分离的，电子通过这些分离的能级隧穿时，导致了电流的震荡。SMM 1 反铁磁态自旋向下的 MPSH 和 SMM 2 的 MPSH 的能量谱，如图 7.8(e)和(f)所示。此图显示了中心散射区的分子能级受电极的影响情况。当外加偏压和门势电压增加时，

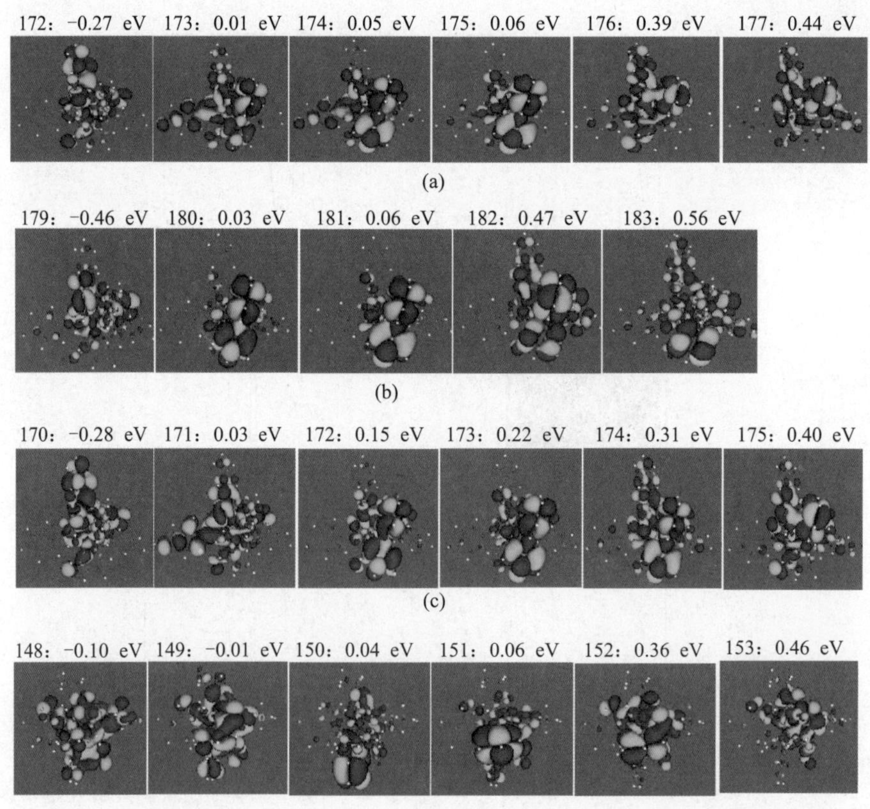

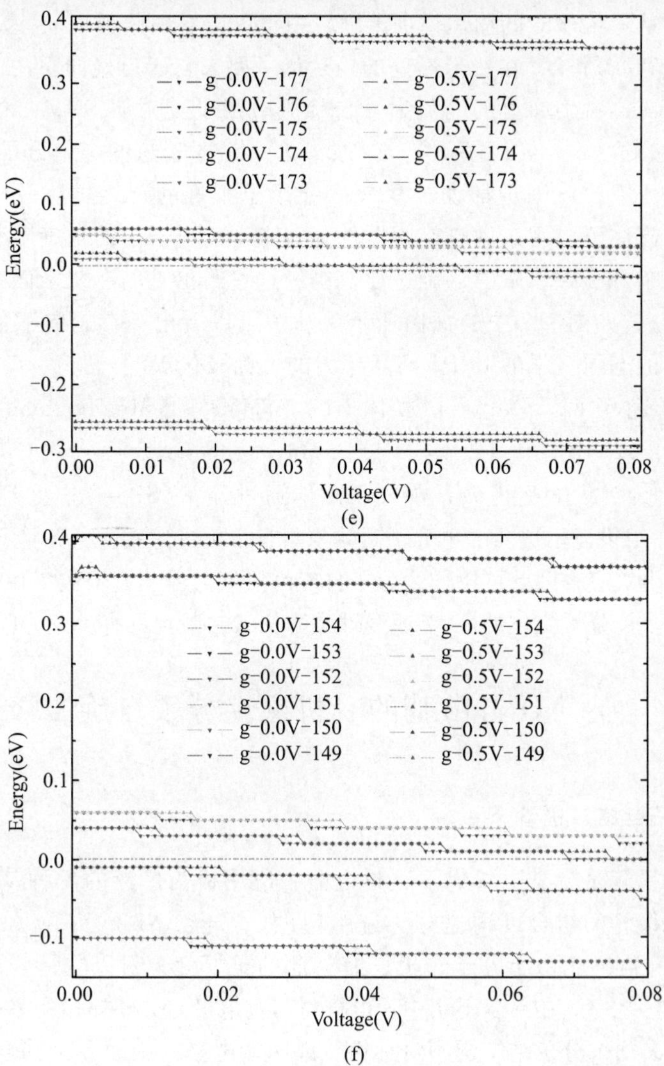

图 7.8　SMM 1 中反铁磁态自旋向下(a)及铁磁态自旋向上(b)和自旋向下(c)，及 SMM 2 (d)的 MPSH，(e)和(f)分别是 SMM 1 反平行态自旋向下和 SMM 2 的 MPSH 对应的能量谱

MPSH 的能量位置发生了移动，使输运谱峰的位置也产生了移动。分子能级的变宽，使输运谱峰也变宽，使费米面处输运谱权重增加，对电流贡献加大。阶梯状和震荡的电流，原因也是在电压增加时，由于与电极耦合，分子能级拓宽和偏移而导致的。

从图 7.6 (c)和(d)中可以看出，SMM 1 反铁磁态及 SMM 2 自旋向下的电流($I\downarrow$)，都要比自旋向上的电流($I\uparrow$)大，说明 SMM 1 和 2 都可以做分子自旋阀器件。从零偏压时的输运谱(图 7.7)中也可以看到此种现象。对于 SMM 1 的反铁磁态和 SMM 2，在费米面处的输运谱主要来自于自旋向下的电子，使自旋向下的电流比自旋向上的电流大。自旋溅射因子 η 对于 SMM 1 的反铁磁态和 SMM 2 定义为 $\eta = (I\downarrow - I\uparrow)/(I\downarrow + I\uparrow)$，对于这两个单分子磁体来说，在所有的偏压下，此因子都大于 92%，显示了很好的自旋过滤效应，因此这两个单分子磁体可以用来做自旋阀器件和纳米自旋电子学的自旋溅射源。为了阐明这两个单分子磁体中的自旋过滤机制，这里给出它们在费米面处的局域态密度(LDOS)，如图 7.7 中的插图所示。从中可以看出，自旋向下的态明显的比自旋向上的态强。强的 LDOS 暗示了大的自旋极化流。

上面研究了两个单分子磁体(1)(SMM1) $[Mn_3Ni(hmp)_3O(N_3)_3(C_7H_5O_2)_3]\cdot 2CHCl_3$ 和 (2)(SMM2) $[Mn_3Zn(hmp)_3O(N_3)_3(C_3H_5O_2)_3]\cdot 2CHCl_3$ 的自旋极化输运性质，单分子磁体通过巯基(SH－)连接到一维的 Au(001)电极。结果显示这两个单分子磁体都具有自旋过滤效应，并且 SMM 1 还具有较大的磁阻效应，因此可以作为分子自旋阀器件。由于量子隧穿和窄的态密度性质，这两个单分子磁体的 $I-V$ 曲线都是阶梯状，并且具有负微分电阻现象。

7.4 含 NO 自由基的有机磁性分子自旋二极管

7.4.1 分子自旋二极管

分子二极管是分子电子数字逻辑电路中应用极为广泛的一种基础元器件。通过分子二极管的组合可构建分子逻辑门(如，与(AND)门，或(OR)门，和异或(XOR)门)。正由于分子二极管有如此的重要性，所以它是分子电子学研究的重要内容之一。在单分子结中，电极材料及电极与分子连接的方式对电流有很大的影响。如果分子结结构不对称性，或两端电极与中间分子耦合强度不同，那么，当其被加上方向相反(正向和负向)的电压时，流过的电流也不同，从而具有二极管或整流器的效应。自旋二极管 (spin diode)是一种类似于普通 p－n 结的自旋电子学器件，不同之处在于，它不是用电子、空穴这两种电荷，而是用相同电荷的自旋向上、向下的电子作为多数和少数载流子。在方向相反(正向和负向)的偏压下，相同电荷的自旋向上和向下这两种自旋态的电流是不对称的，同时整个体系的自旋流在正负偏压下也是不对称的，结果产生自旋二极管效应。

自旋二极管/整流器可以基于非磁性的分子或炭碳纳米管通过非对称的非磁性/磁性结构的电极相连接，但是这种自旋二极管/整流效应往往较弱。这里用含有 NO 自由基的纯有机磁性分子，连接在对称的非磁性电极上，从而实现了比较强的二极管/整流效应。结果表明，自旋整流率达到了100%。并且有些磁性分子结还同时具有自旋和电荷重整效应。在磁性分子结中，应用电子自旋代替电荷，有望作为复合功能的器件，如开关、自旋二极管/整流器和自旋阀等。

7.4.2　有机磁性分子与电极的链接方式对输运性质的影响

把磁性自由基分子与Au电极相连时，考虑两种自由基分子：一种是空间不对称的双自由基分子5-bromo-2，4-dimethoxy-1，3-phenylenebis（分子1）；另一个是空间对称的三自由基分子2，4-dimethoxy-1，3，5-benzenetriyltris（分子2）。自由基分子通过巯基连接在4 Å×4 Å的一维Au电极，并且S原子吸附在Au（001）面的空位处，当S原子吸附到Au表面上时，巯基上的H原子自动被去掉了。因为金属-分子的链接方式对金属/分子/金属结的输运特性影响很大，对于每个分子考虑四种不同的连接的方式。图7.9（a）和（e）中的分子结是自由基分子与电极的弱耦合系统（Au-1a-Au（a）和Au-2e-Au（e）），它的末端是H原子，因此，中心散射区的分子与电极Au的耦合很弱。图7.9（b）和（f）分子结是强耦合的系统（（Au-1b-Au（b）和Au-2f-Au（f）），在这两种分子结中，末端的H原子被巯基替代，分子通过巯基上的S原子与Au电极相连，因此中心散射区的分子与电极耦合比较强。在图7.9（c）和（g）中（Au-1c-Au（c）和Au-2g-Au（g）），每个分子只有一端连接了一个苯环，末端仍然是通过巯基与Au电极相连。在图7.9（d）和（h）中（Au-1d-Au（d）和Au-2h-Au（h）），分子的两端都加上了苯环，并且苯环通过巯基上的S原子与Au电极相连。

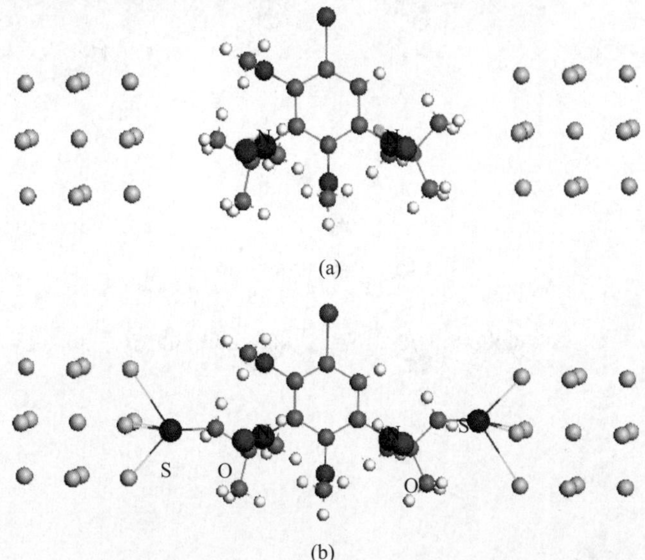

(a)

(b)

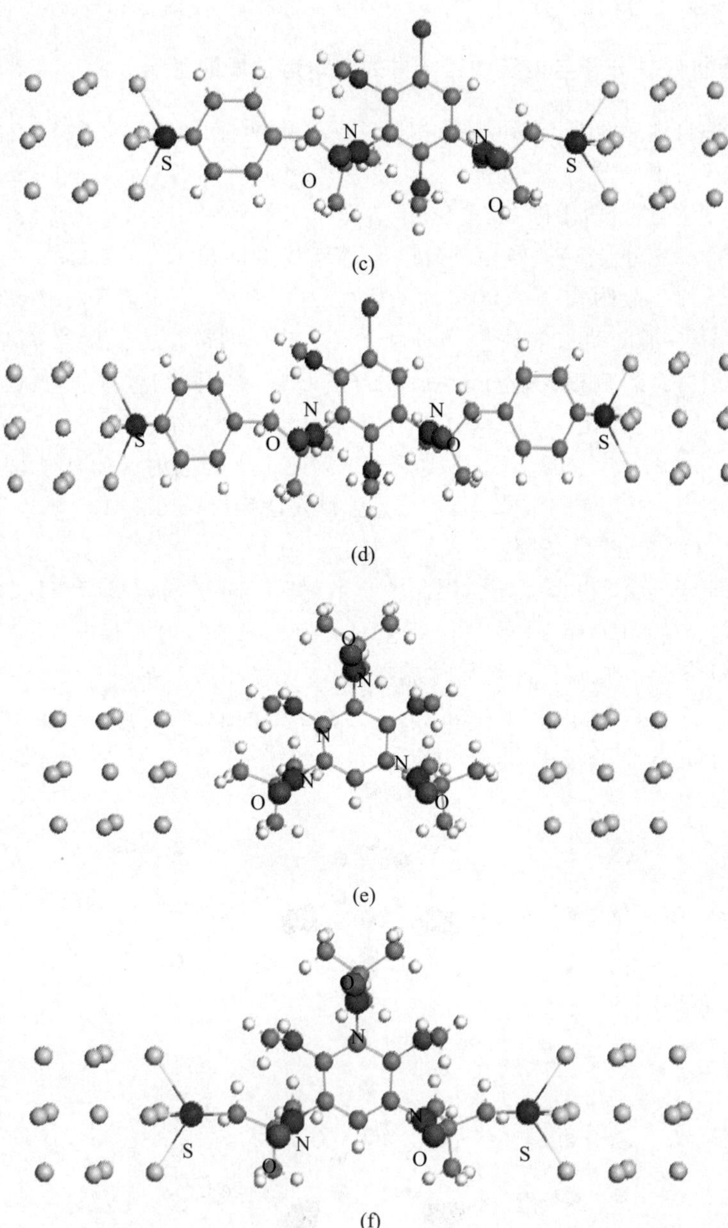
S
N
O
N
S
O
(c)
N
S
O
N
O
S
(d)
O
N
N
N
N
O
O
(e)
O
N
S
N
N
S
O
O
(f)

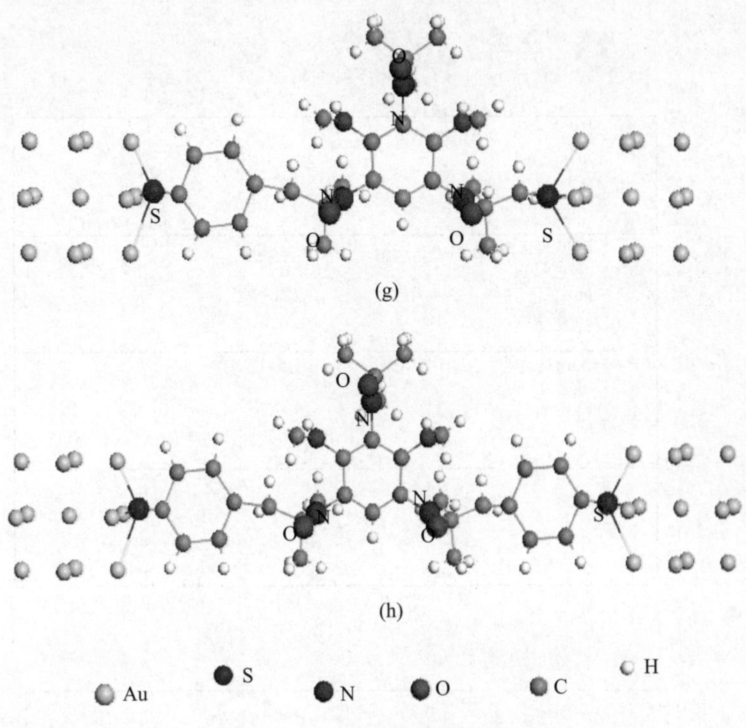

图 7.9　两电极系统示意图

分子 1 和 2 中 NO 自由基上的自旋可以处于平行态或反平行态，磁场能够使自由基上的自旋发生翻转。自由基分子 1 处于基态时的两个 NO 自由基的自旋方向相反，使其基态是自旋单态。自由基分子 2 的基态是个自旋三重态和自旋阻挫态，处于等边三角形两边两个顶角处的自由基的自旋方向相反，但是处于等边三角形中间顶角处的自由基处于自旋阻挫态，它可以与任意一端的自由基自旋方向相同。

图 7.10 给出了分子 1 和 2 在不同分子结中的电流－电压($I-V$)曲线。电流的大小明显与中心散射区分子的长短及电极与分子耦合的强弱有关，当中心散射区的分子变长时，隧穿电流下降，同时弱耦合分子结中的电流也小于强耦合分子结中的电流。在弱耦合的分子结 Au－1a－Au 和 Au－2e－Au 中，平行态和反平行态的自旋向上与自旋向下的电流，大小几乎相等，并且电流几乎是线性增长的。此结果表明由于弱耦合的因素，弱耦合分子结中分子分离的能级，受 Au 电极的能带在偏压下的扭曲而带来的影响很小，电子在非共振隧穿的过程中是线性的。弱耦合分子结中的非共振隧穿，还可以从不同偏压的输运谱来进行分析(图 7.11)。对于强耦合的分子结，输运谱在费米面处有一个非常

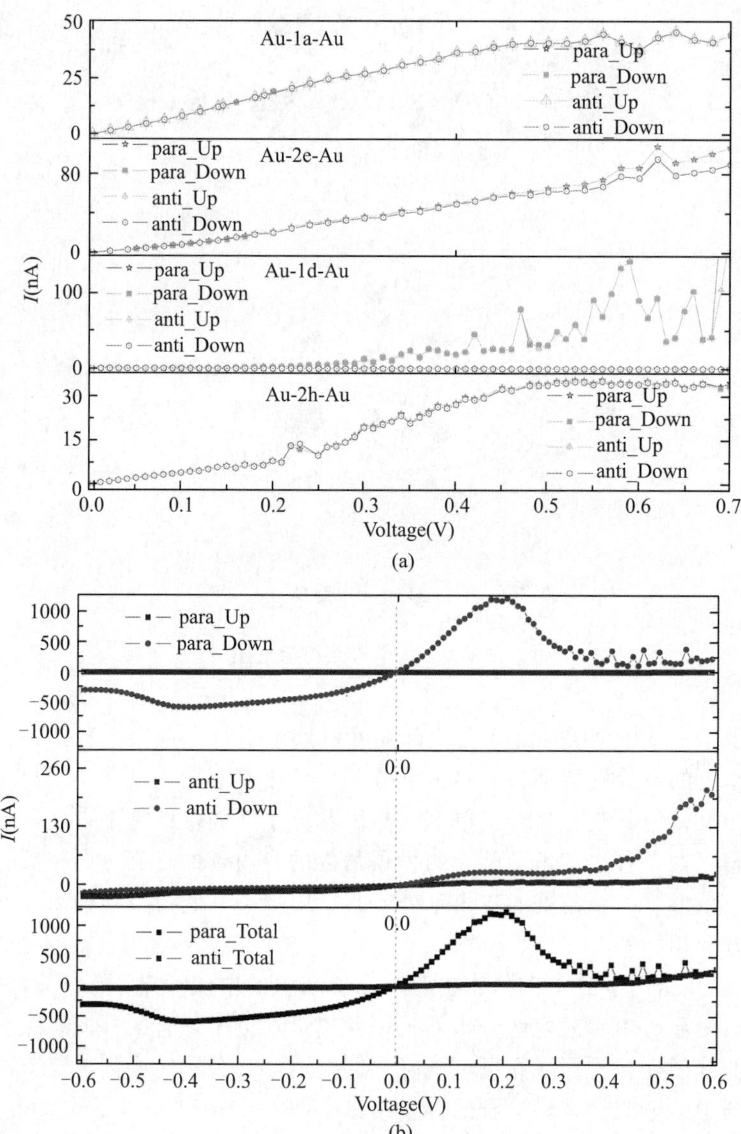

Au-1a-Au
para_Up
para_Down
anti_Up
anti_Down
Au-2e-Au
Au-1d-Au
Au-2h-Au
I(nA)
Voltage(V)
(a)
para_Up
para_Down
anti_Up
anti_Down
para_Total
anti_Total
I(nA)
Voltage(V)
(b)

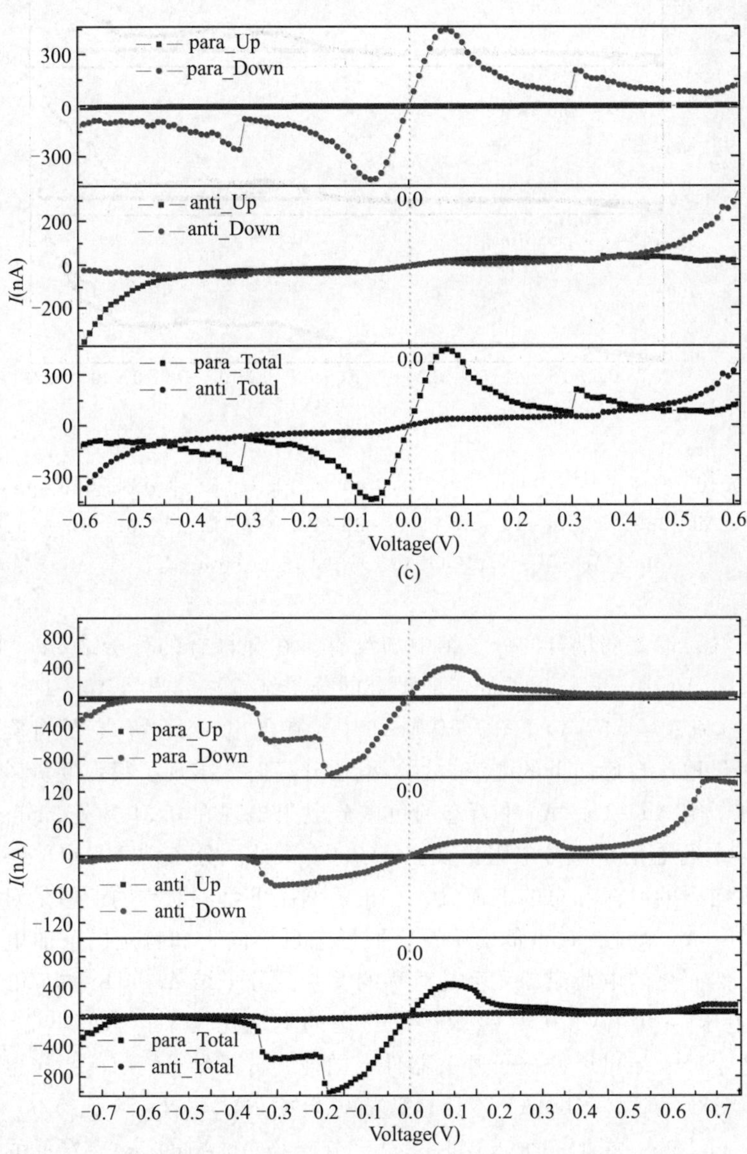

para_Up
para_Down
anti_Up
anti_Down
para_Total
anti_Total
I(nA)
Voltage(V)

(c)

(d)

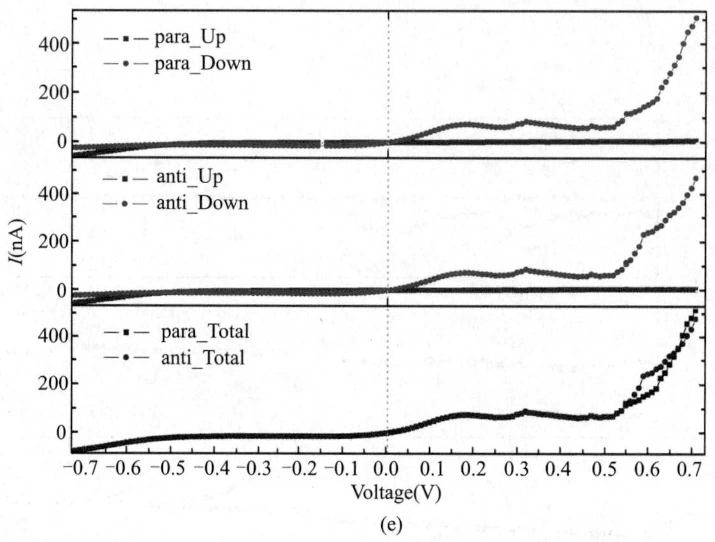

图 7.10 分子结平行态和反平行态的 $I-V$ 曲线图。(a) 中分别是 Au－1a－Au，Au－2e－Au，Au－1d－Au 和 Au－2h－Au 的 $I-V$；(b) Au－1b－Au；(c) Au－2f－Au；(d) Au－1c－Au；(e) Au－2g－Au

大的共振峰，但是弱耦合的分子结中却没有。在强耦合的分子结 Au－1b－Au 和 Au－2f－Au 中，其输运不同于弱耦合的分子结：在分子结 Au－1b－Au（图 7.10（b））和 Au－2f－Au（图 7.10（c））中，在低电压下平行态的自旋向下的电流，明显地比自旋向上的电流大。当电压升高时，出现了很强的负微分电阻特性，分子结 Au－1b－Au 平行态的负微分电阻出现在 0.21 V 处，分子结 Au－2f－Au 平行态的负微分电阻出现在 ± 0.07 V 处。分子结 Au－1b－Au 反平行态自旋向下的电流和总的电荷流，在正负偏压下是不对称的；但是对于分子结 Au－2f－Au 来说，在正负偏压下反平行态自旋向上和自旋向下的电流是不对称的，然而总的电荷流却几乎是对称的。并且分子结 Au－1b－Au 和 Au－2f－Au 在电压[－0.4 V，0.4 V]范围平行态的电流比反平行态的电流大很多，表明这两个分子结可以做分子开关器件。同样，分子结 Au－1c－Au 也具有开关效应。分子结 Au－2f－Au 还具有负的磁阻率 $R_{MR}=(I_{para}-I_{anti})/I_{anti}$。当只在分子 1 和 2 的一端加一个苯环时，对于分子结 Au－1c－Au，在低的正向和负向偏压下，自旋向下的电流比自旋向上的电流大，并且在 0.13 V 和 －0.18 V 处发现负微分电阻现象（图 7.10（d））。分子结 Au－1c－Au 反平行态自旋向下的电流，及分子结 Au－2g－Au 平行态和反平行态自旋向下的电流，比自旋向上的电流大很多（图 7.10（d）和（e）），并且当电压升高时，正负偏压下的电流是不对称的。由于自由基分子 2 的自旋阻挫和自旋三重态的基态特性，分子结 Au－2g－Au 的平行态与反平行态的电流几乎相等。分子结 Au－1b－Au，Au－1c－Au 和 Au－2f－Au 的开关率 $S=(G_{\text{para}}^{\uparrow}+G_{\text{para}}^{\downarrow})/(G_{\text{anti}}^{\uparrow}+G_{\text{anti}}^{\downarrow})$分别是 21.41，22.23 和 5.09。然而，当在分子 1 和 2 的两端各加一个苯环时(Au－1d－Au 和 Au－2h－Au 分子结)，当电压升高时，分子结 Au－1d－Au 的平行态和反平行态自旋向下的电流，大于自旋向上的电流，但是，此分子结平行态与反平行态的电流几乎是相等的，分子结 Au－2h－Au 自旋向上和自旋向下的电流也几乎都是相等的。

图 7.11(a)－(e)给出了弱耦合的分子结 Au－1a－Au，Au－2e－Au，及强耦合的分子结 Au－1b－Au，Au－1c－Au 和 Au－2f－Au 在不同偏压下的 $T_\sigma(E, V_b)$。从图中可以看出，对于强耦合的分子结，输运谱在费米面处有一个非常强的共振峰，但是弱耦合的分子结在低偏压下却没有，当电压升高时在费米面处才有一个非常弱的峰。此结果表明在强耦合的分子结中，电子的输运通过共振隧穿；但是在弱耦合的分子结中，电子的输运通过非共振隧穿。分子结 Au－1b－Au，Au－1c－Au 和 Au－2f－Au 的自旋平行态，在费米面处的 $T_\sigma(E, V_b)$的主要来自于自旋向下的态，使自旋向下的电流比自旋向上的电流大。因此这三个分子结能够作为分子自旋阀和自旋过滤器件。当电压增加到使自旋向下的电流达到最大值时，费米面处的输运谱峰随着电压增加逐渐减小，使处于输运窗口中的输运谱对电流的贡献的权重减小，产生了负微分电阻现象。对于弱耦合的系统 Au－1a－Au 和 Au－2e－Au 分子结，由于电子的线性

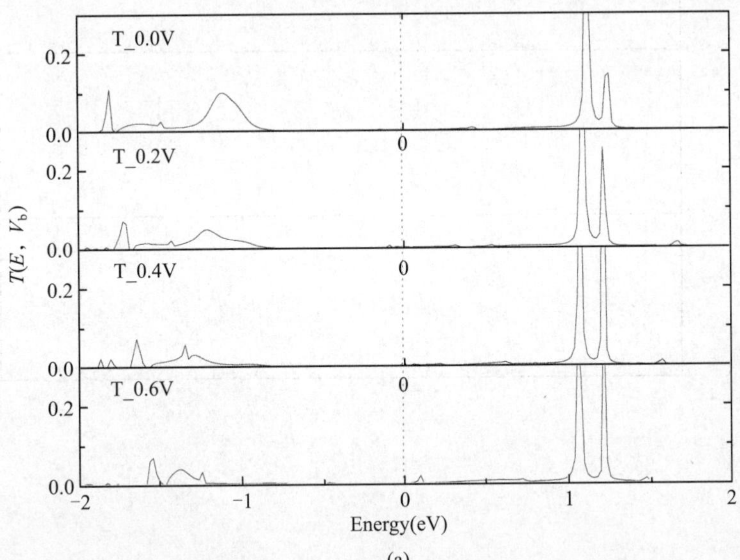

(a)

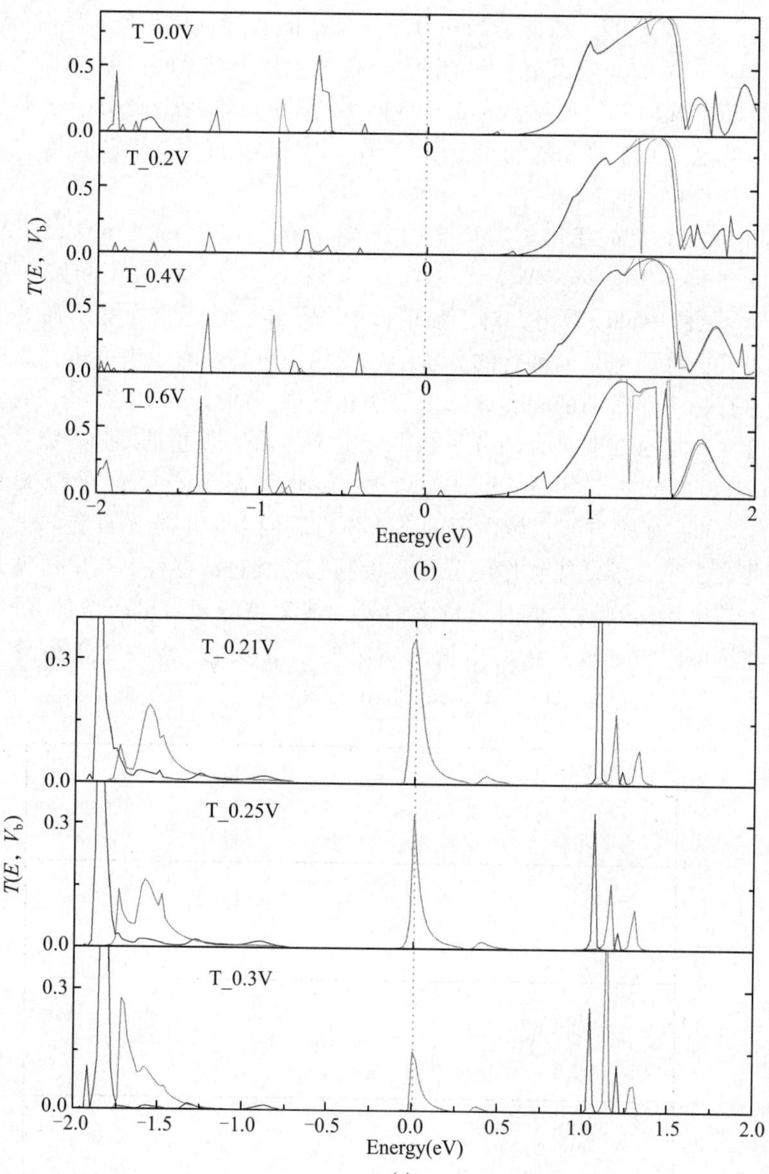
T_0.0V
T_0.2V
T_0.4V
T_0.6V
$T(E, V_b)$
Energy(eV)
T_0.21V
T_0.25V
T_0.3V
$T(E, V_b)$
Energy(eV)

(b)

(c)

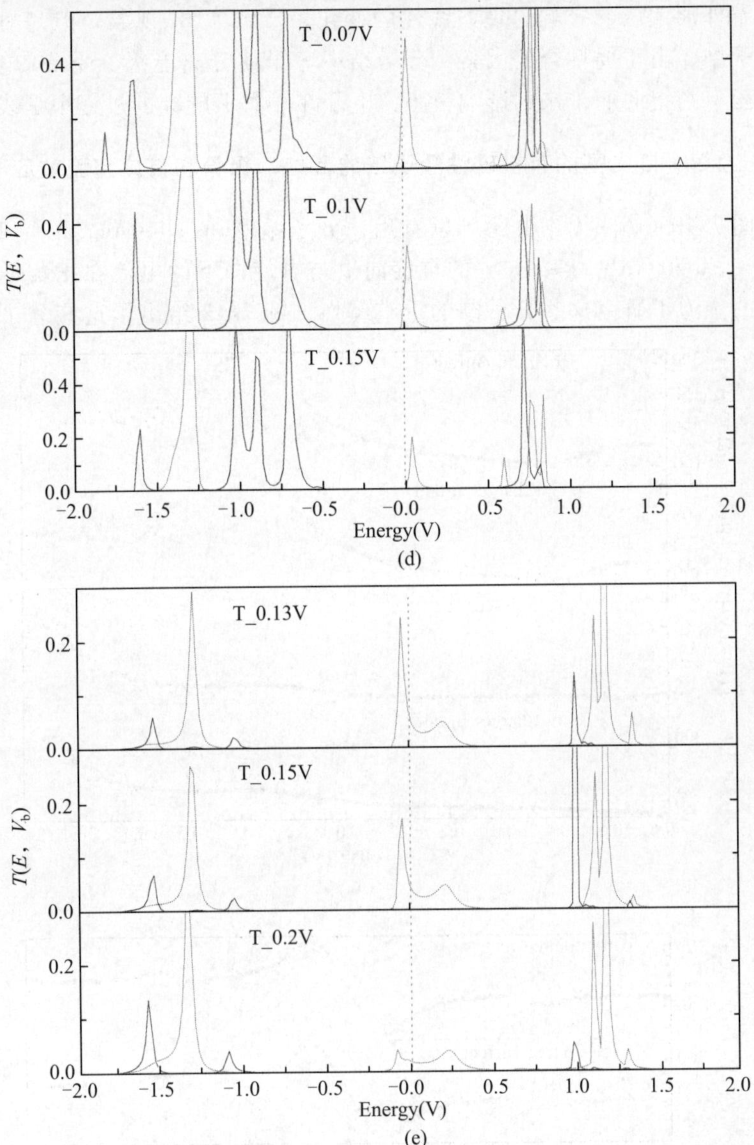

图 7.11　分子结 Au－1a－Au(a)，Au－2e－Au(b)，及 Au－1b－Au(c)，Au－2f－Au(d)和 Au－1c－Au(e)的自旋平行态在不同能量下的输运谱，其中实线表示自旋向下，虚线表示自旋向上

非共振隧穿，使电流几乎是线性增加的。因此负微分电阻的存在，可以通过中心散射区的分子与电极耦合的强弱来解释。主要原因是，在强耦合的分子结中，由于分子本征态的对称性破缺相受外加偏压的影响，使分子与电极的耦

合，随着外加偏压的影响出现非线性的变化，导致 NDR 现象。但是对于弱耦合的分子结，由于弱耦合的因素，分子结中分子的分离能级，受 Au 电极的能带在偏压下的扭曲而带来的影响很小，电子在非共振隧穿的过程中是线性的。

7.4.3 含 NO 自由基的有机磁性分子结的自旋二极管和自旋整流效应

从图 7.10（b）-（e）中还可以看出，分子结 Au-1b-Au，Au-2f-Au，Au-1c-Au 和 Au-2g-Au 中的自旋向上与自旋向下的电流在正负偏压下是不对称的。为了研究这些分子结的重整特性，图 7.12 给出了这些分子结的电

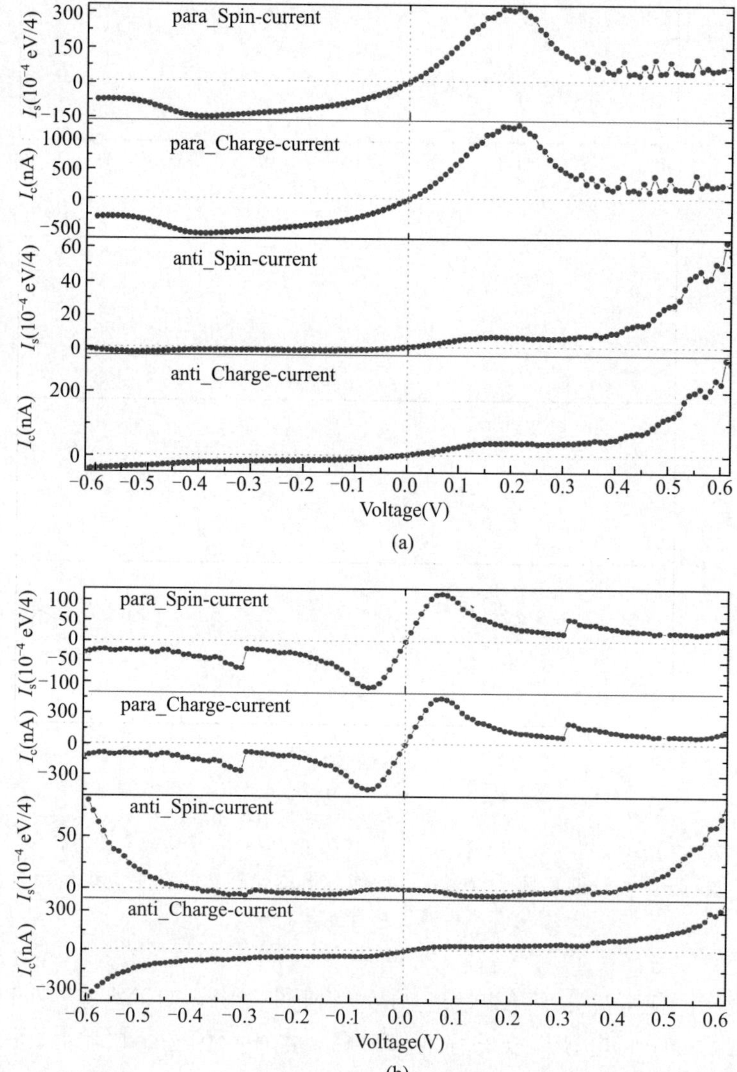

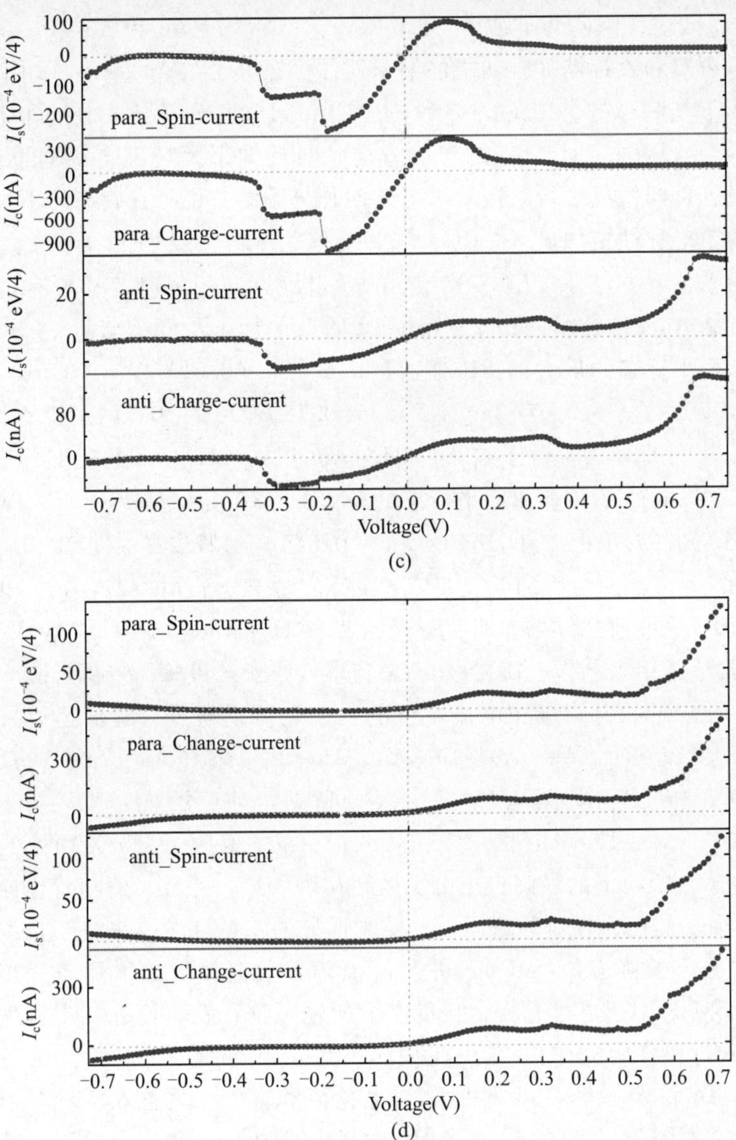

图 7.12　分子结(a) Au－1b－Au junction；(b) Au－2f－Au junction；(c) Au－1c－Au junction；(d) Au－2g－Au 平行态和反平行态时的电流重整率(CC)和自旋流重整率(SC)

荷流(CC) $I_c = I_\uparrow + I_\downarrow$ 和自旋流 SC $I_s = (\eta/2e) \times (I_\downarrow - I_\uparrow)$，这里 $I_\downarrow$ 和 $I_\uparrow$ 分别表示自旋向上与自旋向下的电流。从图 7.12 可以看出，分子结 Au－1b－Au 和 Au－1c－Au 的反平行态、分子结 Au－2g－Au 的平行态和反平行态的自旋流(SC)和电荷流(CC)在较高的正向和负向偏压下都是不对称的，产生了 SC

和 CC 重整效应，因此分子结 Au－1b－Au，Au－1c－Au 和 Au－2g－Au 能够应用在电逻辑和磁存储复合功能的纳米器件。在分子结 Au－2f－Au 中，CC 在正负偏压下是对称的，即 $I_c(-V)=I_c(V)$，因此此分子结不具有 CC 重整效应；但是当电压翻转时，SC 的自旋方向从自旋向上翻转到自旋向下的状态，这种二极管可叫做反平行二极管。对这四种分子结来说，自旋流的不对称性比电荷流的不对称性更加显著。CC 重整率定义为 $RR=-I_c(V)/I_c(V)$，SC 重整率定义为 $SRR=-I_s(V)/I_s(-V)$，当 SC 自旋方向相反时，SRR 有可能是负的。分子结 Au－1b－Au 和 Au－1c－Au 的反平行态及分子结 Au－2g－Au 的平行态和反平行态的最大的 RR 分别是 6.6（$-I_c(0.61)/I_c(-0.61)$），40.1（$-I_c(0.67)/I_c(-0.67)$），7.1（$+(0.71)/I_c(-0.71)$）和 6.5（$-I_c(0.32)/I_c(-0.32)$）。分子结 Au－1b－Au 和 Au－1c－Au 的反平行态及分子结 Au－2g－Au 的平行态和反平行态的最大的 SRR 分别是 40.5（$-I_s(0.61)/I_s(-0.61)$），97.0（$-I_s(0.64)/I_s(-0.64)$），127.2（$-I_s(0.51)/I_s(-0.51)$）和 127.7（$-I_s(0.51)/I_s(-0.51)$）。对于分子 Au－2f－Au，SRR 几乎等于 －1.0。这些研究结果表明，分子结 Au－1b－Au、Au－1c－Au 和 Au－2g－Au 非常适合用来制作电荷二极管/整流器及自旋二极管/整流器件。

这些分子结的自旋流和电流重整的机制也可以通过自旋输运谱来进行解释。分子结 Au－1b－Au，Au－1c－Au，Au－2f－Au 和 Au－2g－Au 反平行态的输运谱 $T_\sigma(E, V_b)$ 如图 7.13（a）－（d）所示。对于分子结 Au－1b－Au（图 7.13（a））和 Au－2g－Au（图 7.13（d）），在正的偏压下，费米面处的输运峰主要来自于自旋向下的最高占据分子轨道（HOMO），并且峰值随着正向偏压的增加而增加；然而，在负的偏压下，费米面处的输运峰主要来自于自旋向下的最低未占据分子轨道（LUMO），并且峰值随着负向偏压的增加而减小。从图 7.13（a）和（d）中还可以看出，自旋向上的输运谱在费米面处几乎消失了，使电荷流（CC）和自旋流（SC）在正向偏压下比在负向偏压下的大，从而分子结 Au－1b－Au 和 Au－2g－Au 同时具有电荷流和自旋流重整效应。对于分子结 Au－1c－Au（图 7.13（c）），费米面处的输运峰在正向和负向偏压下都主要来自于自旋向下的 HOMO，但是在费米面处正向偏压的输运峰要大于负向偏压下的输运峰，产生 CC 和 SC 重整的特性。对于分子结 Au－2f－Au（图 7.13（b）），在零偏压下，费米面处自旋向上和自旋向下的输运峰发生了交叠，但是当加上外偏压时，这两个峰分离了，当正向偏压增加时，费米面处的输运谱峰主要来自于自旋向下的 HOMO，只有很小的一部分来自于自旋向上的 LUMO，使正向偏压下自旋向下的电流比自旋向上的电流大；但是在负向偏压下，费米面处的输运谱峰主要来自于自旋向上的 HOMO 并且有很小的一部分来自于自旋向下的 LUMO，使负向偏压下自旋向上的电流大于自旋向下的电流；并且自旋向下的输运谱峰与自旋向上的输运谱峰对称，使正负偏压下的电流是对称的，但是当电压相反时，自旋流的大小相等，方向却相反。这里我们使用非磁性的电极连接到磁性的分子两端实现了 CC 和 SC 重整，并且重整效率到达了 100。结论是：分子结 Au－1b－Au，Au－1c－Au 和 Au－2g－Au 的电流和自旋流的重整效应来自于分子结构的不对称性和分子的共轭长度的影响。由于分子结构的对称性，在分子结 Au－2f－Au 中没有发现 CC 重整效应。

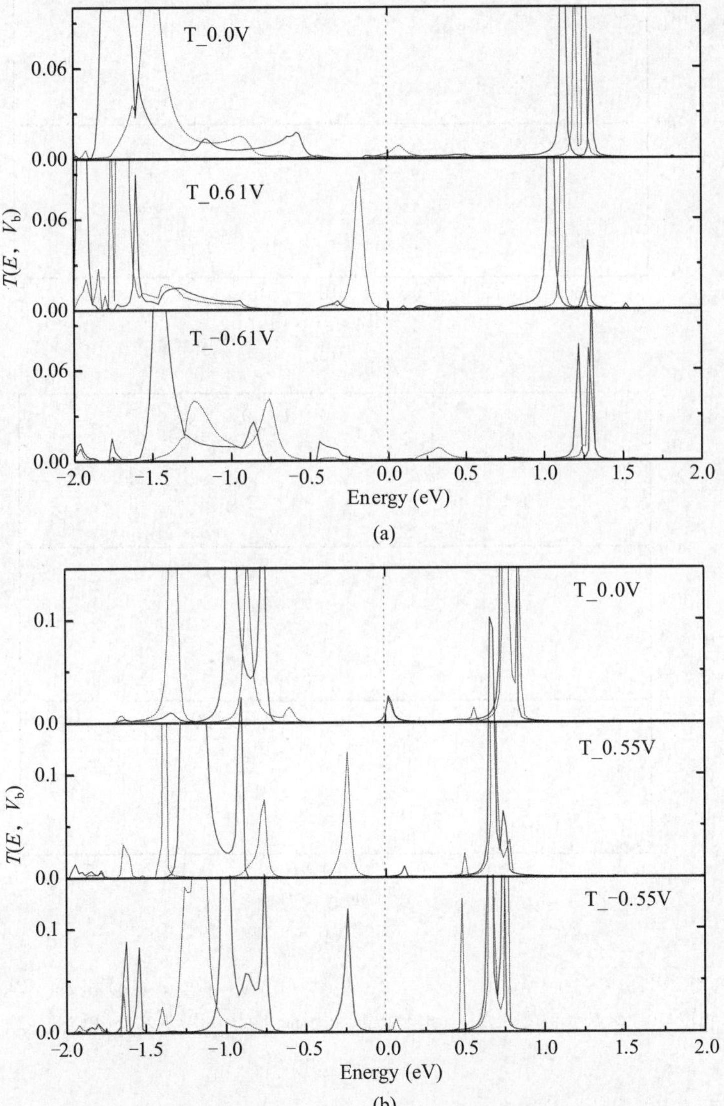

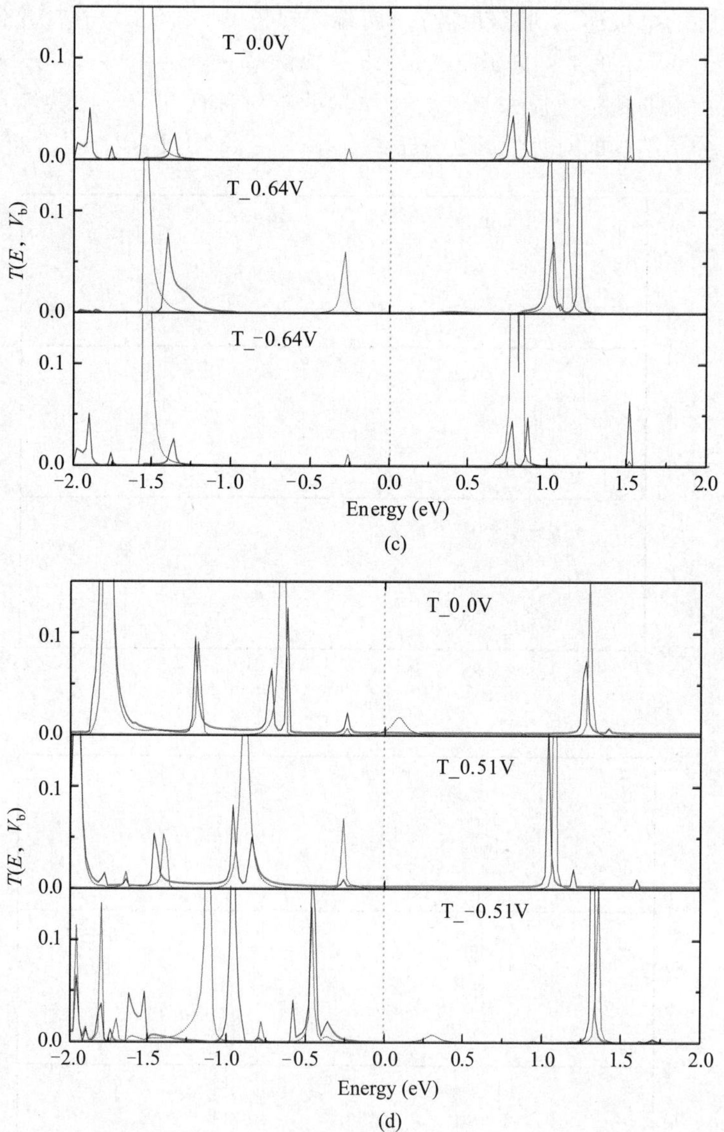

图 7.13 分子结 Au－1b－Au(a)，Au－2f－Au(b)，Au－1c－Au(c)和 Au－2g－Au(d)的反平行态的输运谱。其中实线表示自旋向下的，虚线表示自旋向上的

7.5　有机金属磁性分子器件的负微分电阻效应

7.5.1　有机金属磁性分子器件

为了控制和操纵自旋，制作和合成磁性异质结器件是一个重要的研究热点。为达到调控的目的，人们致力于用磁性分子制作分子器件[14-20]。由于单分子结都是纳米尺度的，分子间的相互作用可以忽略。在这些分子结中，磁输运性质和材料的化学性质是密切关联的[21]。因此可以将含有单磁性分子的分子结制作成分子开关、分子自旋阀和分子自旋过滤器件。单分子输运预示着隧穿磁阻(TMR)可以在分子尺度范围内实现。并且在单分子尺度上，由于分立的能级和隧穿作用会出现新的物理现象，如负微分电阻(NDR)，其在分子器件的应用设计中具有许多优越性并且在实际的应用中具有巨大的潜力。对于负微分电阻产生的原因和物理机制，有不同的理论来解释 NDR 的来源，如：在弱耦合的分子结，结处原子窄的态密度特性可能引起 NDR[22-24]；也有研究表明外加偏压导致分子的电荷和构象的改变而产生 NDR[25]。在双量子阱[26]、超晶格[27,28]以及一维体系[29]中的 NDR 现象，用共振和非共振电子隧穿机理来解释比较合理。下面对磁性分子体系中发现的 NDR 效应进行深入研究。

7.5.2　含有二聚化的过渡金属 Cu 的分子器件的开关效应、自旋阀效应和负磁阻性质

考虑两个含有二聚化的过渡金属 Cu 的分子基磁体，分别是[$Cu_2(L_1)(hfac)_2$]·$3CH_3CN\cdot H_2O$ (1)和[$Cu_2(L_1)Cl_2$]·CH_3CN (2) (2，2′-bipyridine-3，3′-[2-pyridinecarboxamide])，并在每个分子基磁体中各选取一个磁性分子，分别命名为分子 1 和分子 2，每个分子都含有两个二聚化的 Cu^{II}，并且基态时二聚化的两个 Cu^{II} 离子之间具有弱的反铁磁相互作用。因为金属-分子的链接方式对金属/分子/金属结的输运特性影响很大，在这两个分子构成的分子结中都发现了非常强的负微分电阻现象。为了研究 NDR 产生的机理，对于每个磁性分子都考虑三种不同的连接的方式，如图 7.14 所示。一种是弱耦合的分子结(图 7.14 (a)和(d))，在此种分子结中，中心散射区的分子的末端是 H 原子，因此与电极的耦合较弱；另一种是强耦合的分子结，在此种分子结中，分子末端的 H 原子被巯基(-SH)取代，分子通过巯基上的 S 原子连接在一维的 Au(图 7.14 (b)和(e))或 Cu(图 7.14 (c)和(f))电极上，

并且 S 原子吸附在 Au 或 Cu(001)面的空位处。

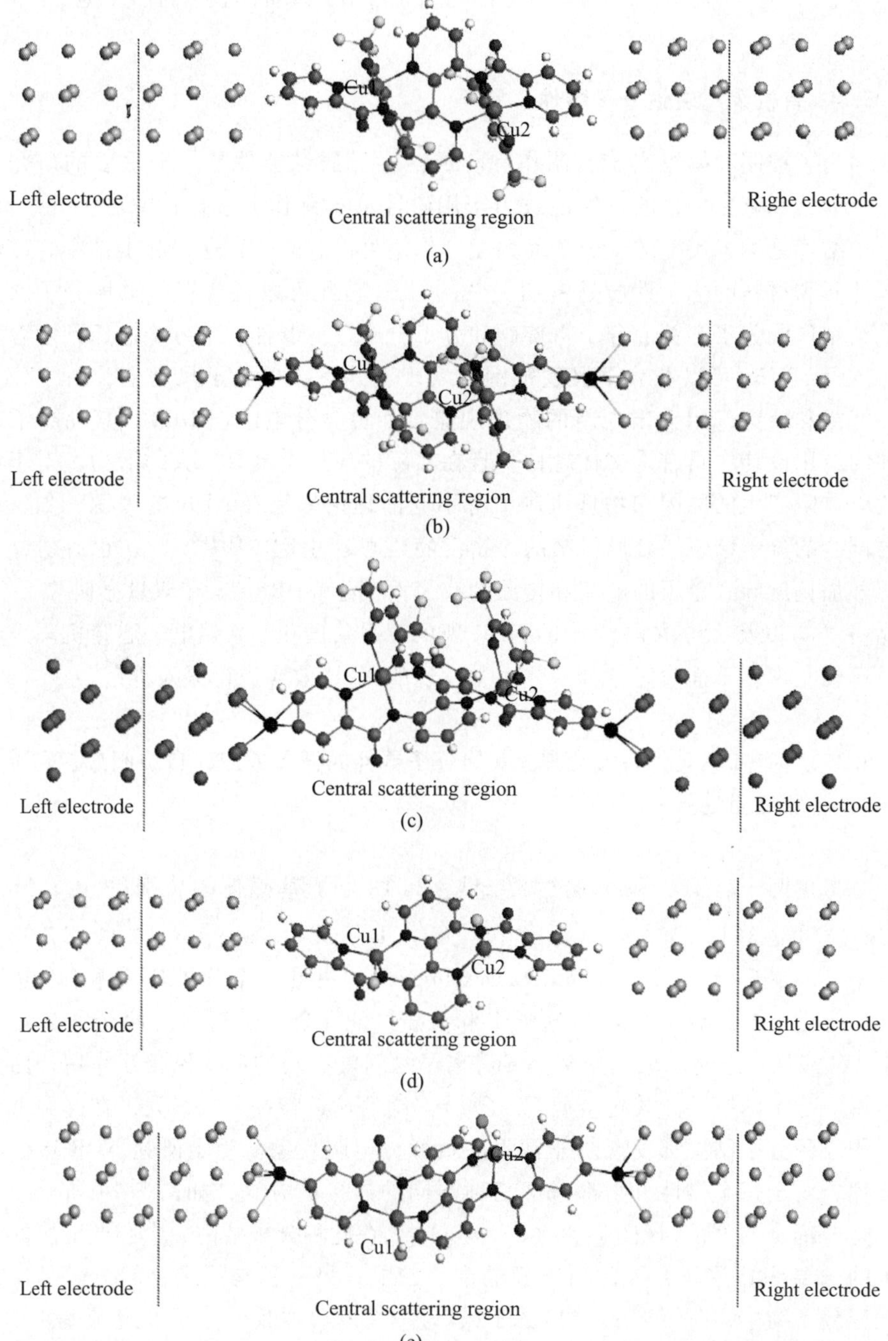

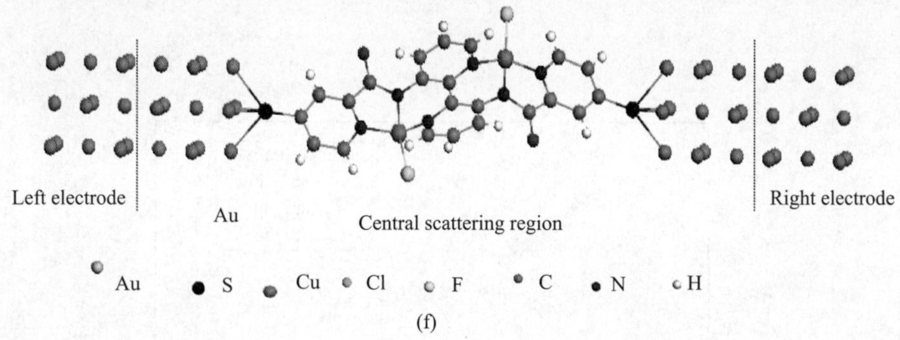

图 7.14　(a)-(c)分子 1 和(e)-(f)分子 2 两电极系统的模型

分子 1 和 2 中二聚化自旋中心 Cu 的自旋可以处于平行态或反平行态，磁场能够使磁性中心 Cu 上的自旋发生翻转。当分子吸附在 Au 电极上时，分子结 1 和 2 平行态和反平行态的自旋劈裂能分别是 4 meV 和 37 meV。

图 7.15 给出了分子 1 和 2 处于不同的分子结中时的 $I-V$ 曲线。由于散射区分子比较长，从而两电极间的距离比较远，电子输运的距离也比较长，受到的散射就比较多，在弱耦合的情况下，电流震荡的很剧烈。在强耦合的情况下，对于分子 1 来说，无论是用 Au 做电极还是用 Cu 做电极，在 0.4 V 以下，平行态的电流都比反平行态的电流大，从而表明分子 1 可以做分子开关器件，开关率 S 定义为：$S=(G_{para}^{\uparrow}+G_{para}^{\downarrow})/(G_{anti}^{\uparrow}+G_{anti}^{\downarrow})$，分子 1 以 Au 为电极的分子结的 S 是 5.76，以 Cu 为电极的分子结的 S 是 2.09；对于分子 2，以 Au 为电极的分子结的 S 是 5.41，以 Cu 为电极的分子结的平行态与反平行态的电极几乎相等；这些结果表明当加外加磁场时，可以改变分子的电导，并且电极不同时，同一个分子的 S 也不同，表示分子的输运受电极的影响很大。分子 1 无论是用 Au 做电极还是用 Cu 做电极，自旋平行态都几乎只有一个自旋方向的电子通过，说明分子 1 还可以做分子自旋阀和自旋过滤器件。对于分子 2，无论以哪种材料做电极，低压下两种自旋态 $\sigma=\uparrow,\downarrow$ 的电流都几乎相等。对于分子 1 和 2 来说，它们的分子几何构型和桥配体不同，并且两个二吡啶基平面的两面角，对于分子 1 和 2 来说分别是 38.7^{0} 和 44.2^{0}，使分子 1 和 2 的输运性质也不同，分子 1 可以做分子开关、分子自旋阀和自旋过滤器件，但是分子 2 仅能做开关器件。这说明分子结的电流对分子的构造非常敏感。

为了说明分子 1 的自旋阀和自旋过滤效应，图 7.16 给出了以 Au 做电极时其自旋三重态在费米面处，自旋向上和自旋向下的局域态密度(LDOS)。从图中可以看出，自旋向下的局域态密度明显的比自旋向上的局域态密度强，不同强度的局域态密度表明，这两个自旋态的电流不同，产生自旋阀和自旋过滤效应。

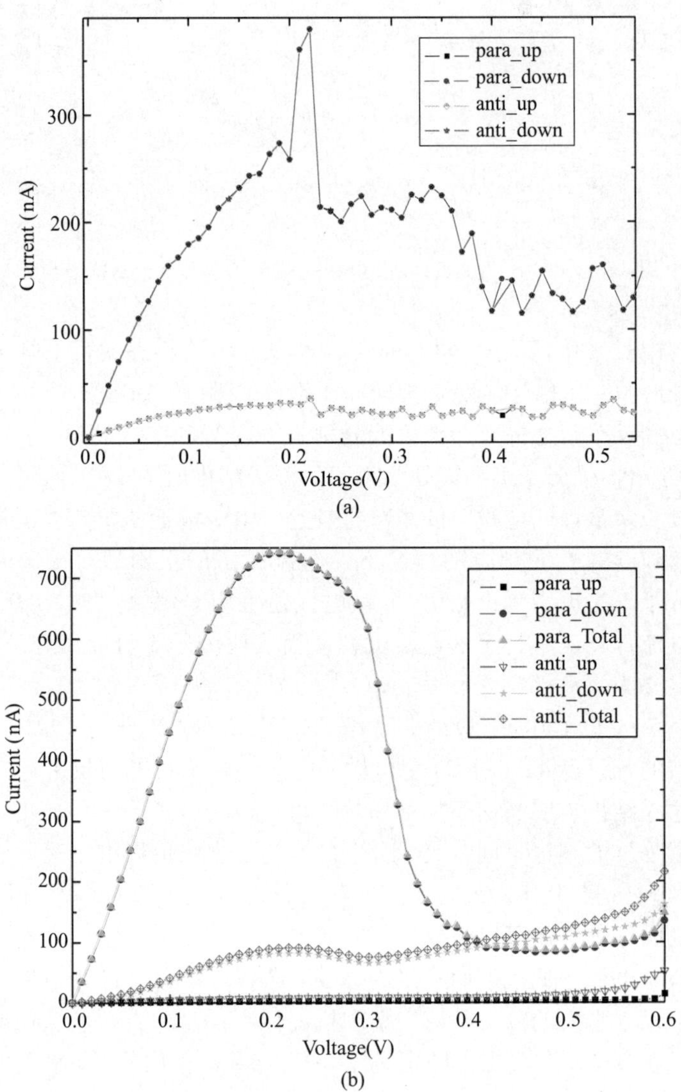
para_up
para_down
anti_up
anti_down
Current (nA)
Voltage(V)
para_up
para_down
para_Total
anti_up
anti_down
anti_Total
Current (nA)
Voltage(V)

(a)

(b)

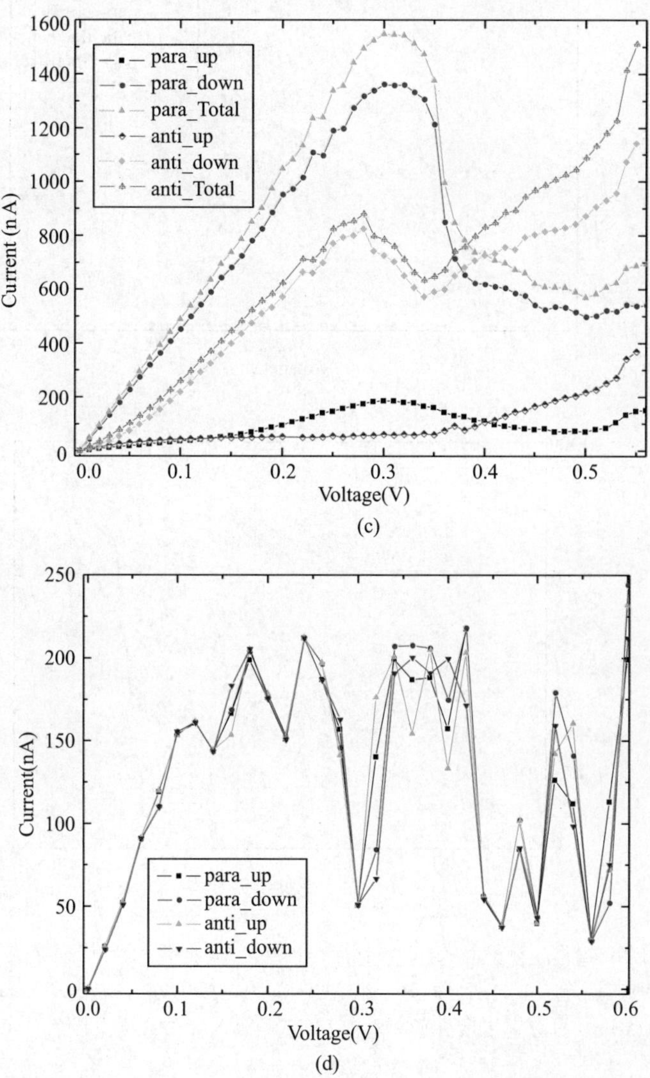

para_up
para_down
para_Total
anti_up
anti_down
anti_Total
Current (n A)
Voltage(V)
para_up
para_down
anti_up
anti_down
Current(nA)
Voltage(V)

(c)

(d)

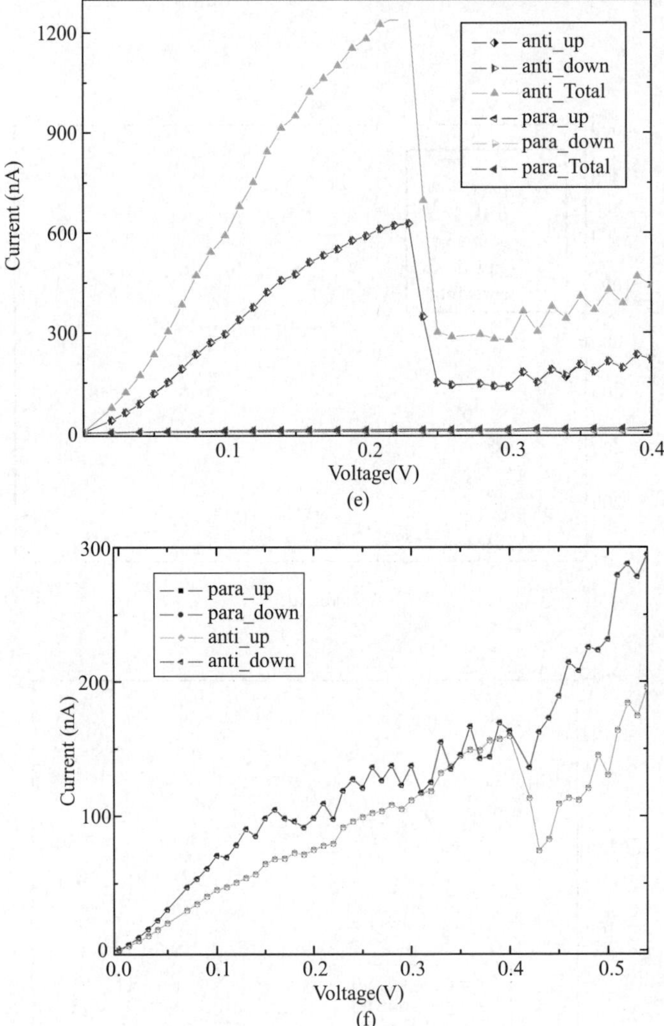

图 7.15 分子结处于自旋平行态和反平行态时的自旋向上和自旋向下的电流，(a)、(b)、(c)分别表示分子 1 弱耦合的分子结、以 Au 为电极的分子结以及以 Cu 为电极的分子结，(d)、(e)、(f)分别表示分子 2 弱耦合的分子结、以 Au 为电极的分子结以及以 Cu 为电极的分子结

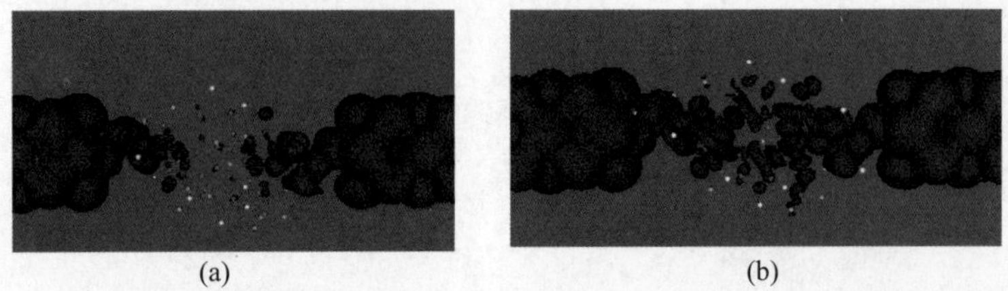

(a) (b)

图 7.16 分子 1 自旋三重态的局域态密度，(a) 表示自旋向上，(b) 表示自旋向下

根据 $I-V$ 曲线，可以定义分子 1 在不同电极下的磁阻 $MR=[I_P-I_{AP}]/I_{AP}$，如图 7.17 所示，其中 I_P，I_{AP}分别表示在相同的电压下平行态和反平行态的电流。当以 Au 做电极时，零偏压下的 $R_{MR}\sim475\%$，当电压升高到 0.1 V 时，R_{MR}达到了 1509%，随后随着电压的升高，磁阻却减小了，并且当电压升高到 0.41 V 时，R_{MR}变成了负值。以 Cu 为电极时，分子 1 的磁阻没有以 Au 为电极时的大，零偏压时 $R_{MR}\sim-40.1\%$，当电压升高到 0.1 V 时，R_{MR}达到了 176.4%，随后随着电压的升高而减小，当电压升高到 0.39 V 时，R_{MR}变成了负值。分子 1 的磁阻随着电压的变化规律，使分子 1 能够根据偏压调整电流的符号和大小，能够作为分子自旋阀。

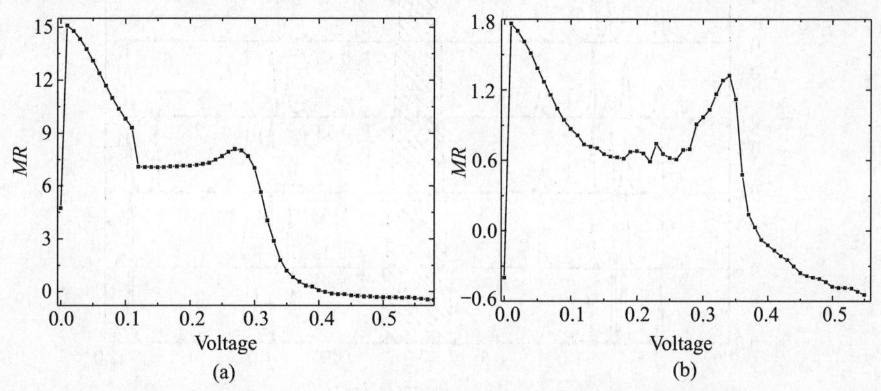

图 7.17　分子 1 以 Au 为电极(a)和以 Cu 为电极(b)时的磁阻

7.5.3　含有二聚化的过渡金属 Cu 的分子器件的负微分电阻性质

从图 7.15 中可以看出，分子 1 和 2 以 Au 为电极的分子结分别在大约 0.21 V 和 0.23 处都有明显的负微分电阻特性，并且分子 1 的 $I_{max}(0.21\ V)/I_{min}(0.47\ V)$是 8.56，分子 2 的 $I_{max}(0.23\ V)/I_{min}(0.3\ V)$是 4.54，分子 1 以 Cu 为电极的分子结在大约 0.33 V 处也有明显的负微分电阻特性，其 $I_{max}(0.33\ V)/I_{min}(0.5\ V)$是 2.73。为了研究负微分电阻特性的起源，这里给出了分子 1 和 2 以 Au 为电极及分子 1 以 Cu 为电极强耦合时不同偏压下的输运谱 $T_\sigma(E,V_b)$，如图 7.18 所示。

因为一维电极的量子化的子带的影响，$T_\sigma(E,V_b)$有很多尖锐的峰，这与别人用一维电极研究的结果一致[40,41]。从图中还可以看出，当电压增加到使电流达到最大值时，费米面处的输运谱逐渐减小了，使输运谱对电流的贡献的权重减少，出现电流随着电压的增加而减小的现象。从图 7.18 (b)中还可以看出，分子 2 费米面以上，离费米面最近的一个输运峰，随着电压的增加，向能量低处偏移，当电压达到 0.22 V 和 0.23 V 时，此峰穿过了费米面，并且在 0.23 V 时峰值达到最大，同时电流在 0.23 V 时也达到最大值。然后当电压达到 0.24 V 时，此峰偏移到费米面以下了，当电压低于 0.24 V 费米面以下时，第一峰变成了第二个峰，输运峰随着电压的偏移同样也会导致 NDR 现象。从图 7.18 (a)和(c)还可以看出，分子 1 在费米面处的输运谱主要来自于自旋向下

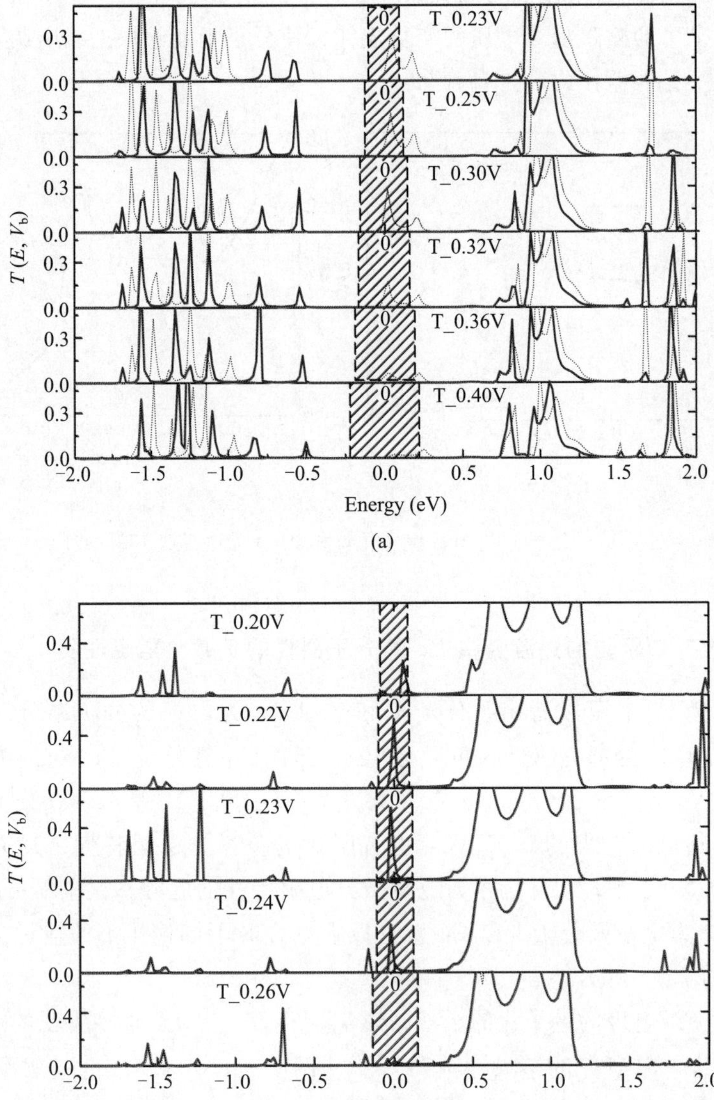

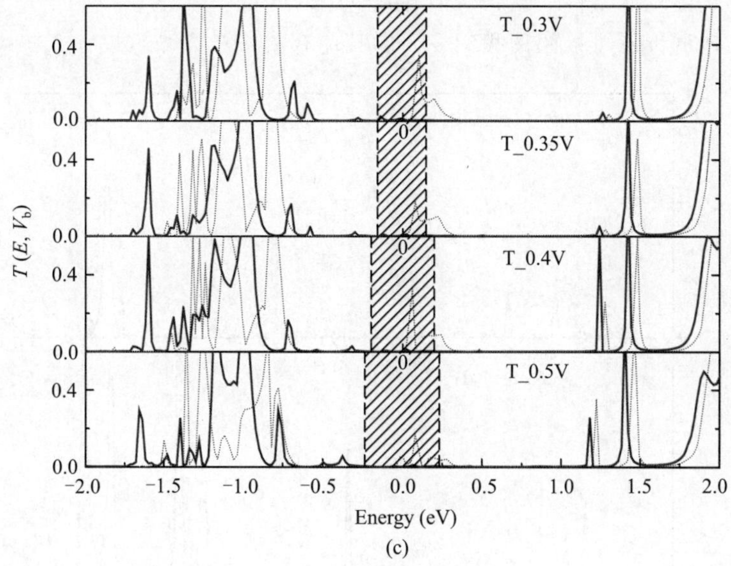

图 7.18　(a)、(b)、(c)分别表示分子 1 和 2 以 Au 为电极以及分子 1 以 Cu 为电极强耦合时不同偏压下的输运谱 T_σ(E, V_b)。(实线表示自旋向上的，虚线表示自旋向下的，图中阴影部分表示输运窗口)

的态，使自旋向下的电流比自旋向上的电流大。从图 7.18 (b)中还可以看出，分子 2 的反平行态，在费米面处的输运谱几乎是重叠的，并没有劈裂，使自旋向上的电流与自旋向下的电流大小相等(图 7.15 (d))。这些特征使分子 1 同时可以作为自旋阀与自旋过滤器件，但是分子 2 却不具有这些特性。

上面 7.3 节中研究以 NO 自由基为顺磁中心的纯有机分子基磁体，在弱耦合的分子结中(分子的末端是 H 原子)，电流几乎是线性增加而未发现 NDR 现象(图 7.10(a))，在输运谱中费米面处也未发现共振峰(图 7.11(a)和(b))，这表明由于纯有机分子中的非金属原子 P 轨道电子的局域性，在分子与电极没有通过 S 原子直接链接时，电极与分子几乎无相互作用，电极的能带随外加偏压而扭曲，对分子分离的能级影响较小，使电子在非共振隧穿过程中外加偏压的影响几乎是线性关系。本节研究以过渡金属 Cu 做顺磁中心的分子，弱耦合的分子结中也出现了负微分电阻特性。主要原因是由于 Cu 的 d 轨道电子的巡游性，使得即使分子没有通过 S 原子与电极相连，电极与分子也有较强的相互作用。从输运谱(图 7.19)也可以看出在弱耦合的分子结中，费米面处也有共振峰，表明分子与电极有较强的相互作用。当分子与电极有相互作用时，分子本征态的对称性破缺相受外加偏压的影响，会使分子与电极的耦合，随着外加偏压的影响出现非线性关系，从而导致 NDR 现象。

有兴趣的读者可以阅读我们发表的其他有关文章[30-37]。

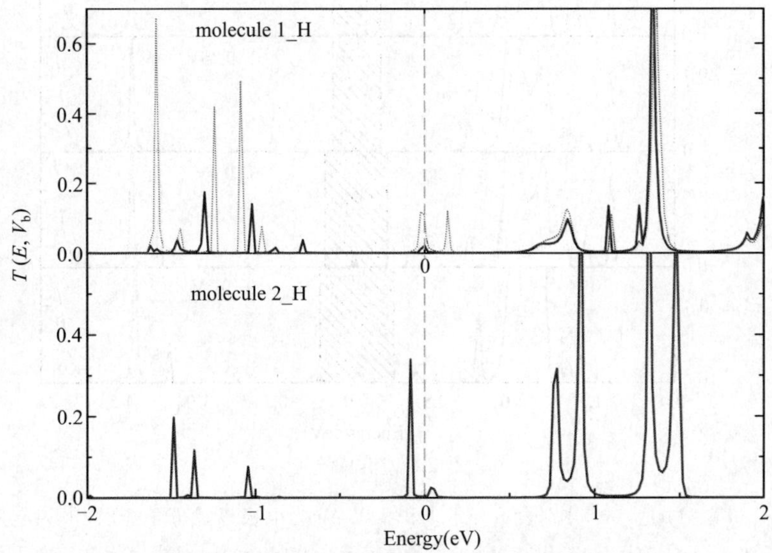

图 7.19 分子 1 和 2 弱耦合的分子结(末端是 H 原子)零偏压下的输运谱 $T_\sigma(E, V_b)$（实线表示自旋向上的，虚线表示自旋向下的）

参考文献

[1] Z. Yao, W. Postma, L. Balent. Nature, 402, 273(1999)

[2] R. M. Metzger, B. Chen, U. Hopfner, M. Lakshmikantham, D. Vuillaume, K. Tsuyoshi. , X. Wu, et al. . J. Am. Chem. Soc. 119, 10455(1997)

[3] C. Joachim, J. Gimzewski, R. Schlitle, C. Chavy. Phys. Rev. Lett. 74, 2102 (1995)

[4] Z. H. Xiong, D. Wu, Z. V. Vardeny, J. Shi. Nature, 427, 821 (2004)

[5] M. Ouyang, D. Awschalom. Science, 301, 1074(2003)

[6] W. J. Liang, M. P. Shores, M. Bockrath, et al. . Nature 417, 725 (2002)

[7] J. Park, A N Pasupathy, J. I Goldsmith, et al. . Nature, 417, 722(2002)

[8] A. D. Zhao, Q X Li, L. Chen, et al. . Science, 309 1542(2005)

[9] A. Aviram, M. Ratner. Chem. Phys. Lett. 29, 277(1974)

[10] M. A. Reed, et al. . Science 278, 252(1997)

[11] J. Taylor, et al. . Phys. Rev. B 63, 245407(2001)

[12] S. J. Luo, K. L. Yao. Phys. Rev. B 68, 214429 (2003)

[13] L. Zhu, K. L. Yao, Z. L. Liu. J. Chem. Phys. 131, 204702 (2009)

[14] Volodymyr V. Maslyuk, et al. . Phys. Rev. Lett. 97, 097201 (2006)

[15] L. P. Zhou, S. W. Yang, M. F. Ng, et al. . J. Am. Chem. Soc. 130 (12), 4023 (2008)

[16] R. Liu, S. H. Ke, Harold U, et al. . Nano. Lett. 5, 1959 (2005)

[17] R. Liu, S. H. Ke, Harold, et al. . J. Am. Chem. Soc. 128 (19), 6274 (2008)

[18] M. Koleini, M. Paulsson and M. Brandbyge. Phys. Rev. Lett. 98, 197202 (2007)

[19] Jin He, and Stuart M. Lindsay. J. Am. Chem. Soc. 127 (34), 11932 (2005)

[20] L. Senapati, R. Pati, S. C. Erwin. Phys. Rev. B76, 024438 (2007)

[21] M. A. Ratner. Mater. Today 5, 20 (2002)

[22] Y. Xue, et al. . Phys. Rev. B 59, R7852 (1999)

[23] N. D. Lang. Phys. Rev. B 55, 9364 (1997)

[24] I. -W. Lyo and Ph. Avouris. Science 245, 1369 (1989)

[25] J. Chen, M. A. Reed, A. M. Rawlett, et al. . Science 286, 1550 (1999)

[26] Chang L L, Esaki L, R. Tsu. Appl. Phys. Lett. 24, 593(1974)

[27] X. R. Wang, Q. Niu. Phys. Rev. B 59, R12755(1999)

[28] J. Wang, B. Sun, X. R. Wang, et al. . Appl. Phys. Lett. , 75, 2620(1999)

[29] X. R. Wang, Y. Wang, Z. Z. Sun. Phys. Rev. B 65, 193402(2002)

[30] L. Zhu, K. L. Yao, Z. L. Liu. Appl. Phys. Lett. 97, 202101 (2010)

[31] L. Zhu, K. L. Yao, Z. L. Liu. Appl. Phys. Lett. 96, 082115 (2010)

[32] L. Zhu, K. L. Yao, Z. L. Liu. J. Chem. Phys. 131, 204702 (2009)

[33] L. Zhu, Shiv N Khanna. J. Chem. Phys. 137, 164311 (2012)

[34] L. Zhu, Shiv N Khanna. J. Chem. Phys. 139, 064306 (2013)

[35] L. Zhu, K. L. Yao, Z. L. Liu. J. Magn. Magn. Mater. 344, 14 (2013)

[36] L. Zhu, K. L. Yao, Z. L. Liu. Chem. Phys. 397, 1 (2012)

[37] F. X. Zu, Z. L. Lin, K. L. Yao, et al. . Scientific Reports 4, 4838(2014)

第八章 石墨烯和石墨炔的自旋塞贝克效应和热自旋电子学

8.1 基于石墨烯纳米带的 ZGNR – H 和 ZGNR – H_2 新型异质结

自旋电子学关注的是电荷和自旋输运之间的关系。本章讨论一种新的电子学——热激发自旋电子学，它结合热电子学与自旋电子学的优势，主要致力于研究热与自旋输运之间的关系，以解决因为器件小型化所带来的散热问题，并且能够利用温差，产生和控制自旋流，用于构造新型低能耗器件[1-6]。热激发自旋电子学中一个重要物理效应就是自旋塞贝克效应[7-9]，即不需要外加偏压，只需要一定的温差，能够产生方向相反的自旋极化的电流。这个重要的发现引导人们着手寻找能产生自旋塞贝克效应的新材料，从而极大地推动了热激发自旋电子学的发展[10-13]。

由于较高的载流子迁移率，石墨烯的输运性质一直备受关注[14,15]。基于石墨烯制备的自旋过滤器、自旋阀和巨磁阻器件等[16-18]，都需要外加偏压，以研究偏压对电流和自旋流的影响。然而令人感兴趣的是，锯齿形(zigzag)边缘的石墨烯纳米带和异质结中，通过在源极和漏极施加一定的温差，能够产生热致自旋极化的电流[19]，这表明，建立基于石墨烯纳米带的热激发自旋电子学器件是可能的。本章就是寻找石墨烯纳米带异质结构中可能具有的优秀的热激发自旋电子学性质。

对于 zigzag 边缘的石墨烯纳米带，其边缘的碳有悬挂键存在，需要用原子或者基团进行钝化。一种常用的钝化方式是使用氢原子来钝化，因为制备石墨烯纳米带的反应过程常常存在于含氢的气体环境中，因此通过调节氢气气体的温度和压强，能够改变氢的化学势，从而控制边缘碳的悬挂键与氢原子的成键形式。边缘的碳与氢原子有两种不同的成键和杂化方式，一种是碳与一个氢原子相连接，即单氢钝化(ZGNR – H)，此时的碳是 SP^2 杂化的；还有一种是与两个氢原子相连接，即双氢钝化(ZGNR – H_2)，此时的碳是 SP^3 杂化的。考虑这样一种异质结构，即由 ZGNR – H 和 ZGNR – H_2 组成的异质结，如图 8.1 所示，其主体为宽度为 8 – ZGNR 的纳米带，左边边缘的碳原子只连接了一个氢原子，由于此时是 SP^2 杂化，氢原子与碳原子在同一平面上，并且 C－H 键与 C－C 键夹角为 120 度；右边边缘的碳原子连接了两个氢原子，由于此时是 SP^3 杂化，两个氢原子与碳并不位于一个平面，而是分列于平面上下。

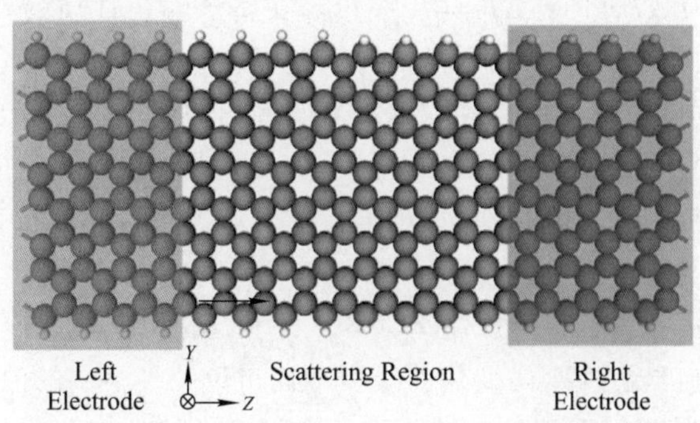

图 8.1　基于 ZGNR－H/ZGNR－H_2 异质结纳米带的热激发自旋电子学器件示意图

这种简单的异质结构，不需要精确的掺杂，在实验上比较容易控制．下面研究它的热激发自旋电子学效应[20]。

计算基于第一性原理的方法，使用 ATK 软件包。芯电子选用的是标准规范守恒(Norm－Conserving)赝势，交换关联函数选取的是局域密度近似 LDA (local density approximation)。电流由如下公式得到[21]：

$$I^{\uparrow(\downarrow)} = \frac{e}{h}\int_{-\infty}^{\infty}\{T^{\uparrow(\downarrow)}(E)[f_L(E,T_L) - f_R(E,T_R)]\}dE \qquad (8-1)$$

其中，$f_{L(R)}(E,\ T)$是左右电极的费米－狄拉克(Fermi－Dirac)分布，$T^{\uparrow(\downarrow)}(E)$是自旋分解的输运系数，定义为：

$$T^{\uparrow(\downarrow)}(E) = \mathrm{Tr}[\Gamma_L G^R \Gamma_R G^A]^{\uparrow(\downarrow)} \qquad (8-2)$$

其中，$G^{R(A)}$表示中心区格林函数，$\Gamma_{L(R)}$为左右电极的耦合矩阵。

8.2　铁磁性异质结 ZGNR－H 和 ZGNR－H_2 的自旋塞贝克效应

对于单氢钝化的石墨烯(ZGNR－H)，其基态为反铁磁绝缘态[22]，两边缘为自旋极化的反铁磁耦合，在一个有效的磁场中它能够被磁化，其边缘变成自旋极化的铁磁性排列[23]。8ZGNR－H 也有同样的性质。对于 8ZGNR－H_2，针对三种不同初始磁性排列情况，即无磁态、铁磁态和反铁磁态，三种状态下的电子能带结构和态密度(DOS)的结果表明，该纳米带是无磁性的，且不能被磁化。因此，整个异质结的磁性状态可以通过外加磁场来控制。

在图 8.1 所示结构的器件中，左右电极都是半无限的结构，中间为中心区，整个系统为一维器件，输运方向沿图 8.1 中所示的 z 方向。给定左右电极不同的初始温度，分别为 T_L 和 T_R，并且始终保证左电极温度 T_L 大于右电极温度 T_R，其温差为 ΔT，即：$\Delta T = T_L - T_R$。在整个输运性质的计算之中，没有加任何的偏压和电场，包括门电压一直固定为零。整个体系中，载流子浓度差异和自旋极化的电流仅仅由于左右电极之间的温差而产生。在自旋极化电流的计算结果中，对于无磁态和反铁磁态的系统，其费米能级附近的输运系数都非常小，几乎没有电流，所以我们讨论电流值时不考虑这两种状态，只研究铁磁态的情形，其磁场方向向上。

图 8.2a 所示为铁磁性异质结 ZGNR - H 和 ZGNR - H_2 纳米带中温差引起的电流随着左电极温度 T_L 的变化曲线。下面讨论三种不同的温差 ΔT 为 20 K、40 K 和 60 K 的情况。可以清晰地看到，在没有任何外加偏压的情况下，仅仅由于左右电极间存在的温差，就产生了系统中的电流，并且这个电流是自旋极化的。更重要的是，不管是在哪种温差 ΔT 情况下，自旋向上的电流始终都是正的，自旋向下的电流始终都是负的，即不同自旋极化取向的电流方向相反，这是一种明显的自旋塞贝克效应[24]。从自旋向上的电流曲线中可以发现，没有门槛温度的存在，从起始点 80 K 开始就有电流值，在很低的温度下，电流随着温度的 T_L 的升高迅速增大。同时，自旋向上的电流比自旋向下的电流值要大很多，所以需要特别计算电流的自旋极化率，计算式表达为：

$$SP(\%) = (|I_{up}| - |I_{down}|)/(|I_{up}| + |I_{down}|) \times 100 \qquad (8-3)$$

计算得到自旋极化率随 T_L 变化的曲线如图 8.2(b)所示。在较大范围的 T_L 区域中，自旋极化率都达到了 90% 以上，即使在室温下，也能达到 70% 左右。

图 8.2(c)所示为自旋极化的电流随 ΔT 变化的曲线，取 T_L 为 250 K、300 K 和 350 K 三种情况。正如所预料的那样，自旋向上的电流为正，自旋向下的电流为负，两种自旋取向的电流方向相反。令人感兴趣的是，在大多数区域，电流随着 ΔT 几乎线性增长。以自旋向上的电流为例：当 T_L 为 250 K 并且 ΔT 低于 160 K 时，电流与 ΔT 成正比，即 $I \sim \alpha\Delta T$，斜率约为 1.04 nA/K；当 T_L 为 300 K 和 350 K 时，斜率分别约为 1.09 nA/K 和 1.20 nA/K。这一结果表明，图 8.1 所示的异质结器件在室温下有明显的热激发自旋电子学效应，并且热致自旋极化的电流能够通过温差来大致估算。同时，当温差增大时，自旋极化率也随之几乎线性增大，如图 8.2(d)所示。需要说明的是，图中展示的较大的温差 ΔT 只是为了研究电流随 ΔT 变化的趋势。显然，自旋电流的数值比其他文献提高了一个数量级以上[19]。

此外，计算得到另外两种构型的自旋极化电流曲线：交换左右电极的温度

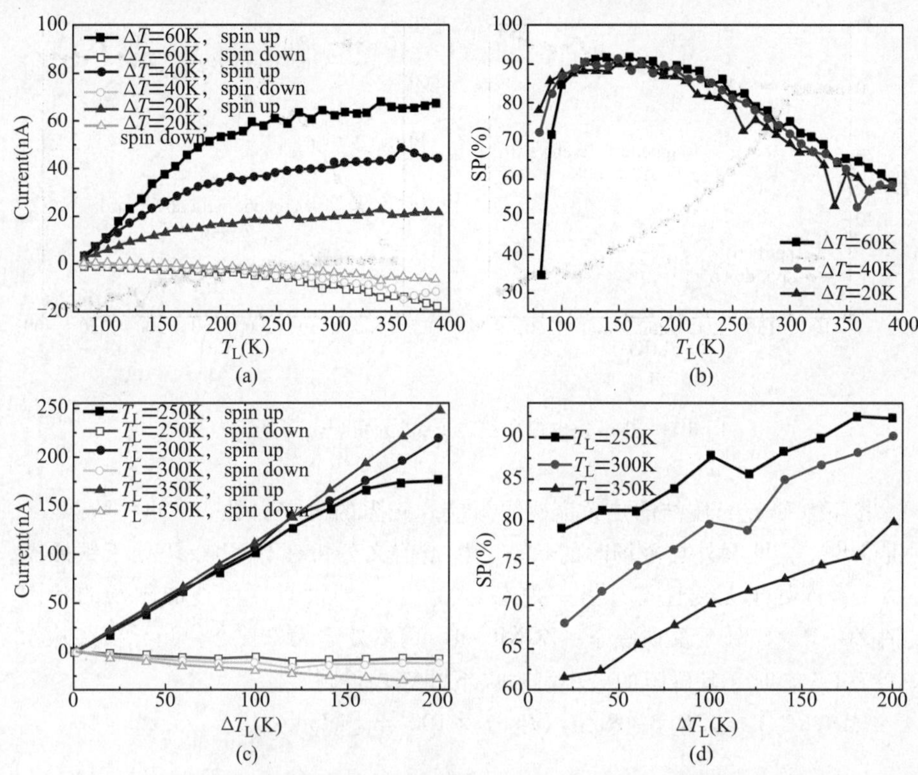

图 8.2　热致自旋极化的电流随着(a) T_L 和(c) ΔT 的变化曲线电流的自旋极化率随着(b) T_L 和(d) ΔT 的变化曲线

(即 $\Delta T<0$，图 8.3a 所示)和翻转磁场的方向(即施加向下的磁场，图 8.3b 所示)，只选取 $\Delta T=60$ K。在这两种构型下，得到了正的自旋向下的电流和负的自旋向上的电流，但是它们却有明显的差异。与图 8.2a 中 $\Delta T=60$ K 的曲线相比，图 8.3b 的曲线其总趋势与之大致相同，唯一不同的是自旋向上的电流与自旋向下的电流发生了互换。这样的结果很容易被理解：磁场方向的改变带来了磁化方向的改变，从而改变了多数自旋和少数自旋载流子的类型。图 8.3a 曲线与图 8.2a 中 $\Delta T=60$ K 的曲线相比，除了自旋向上和向下的电流相对 X 轴发生了翻转外，还出现了一个明显的门槛温度。门槛温度的出现，可能是因为左右两边电极费米－狄拉克分布中的化学势 μ 有所不同。门槛温度大约为 120 K 左右，非常低，并且随着温度的升高，其整体趋势和电流大小与图 8.2a 相比并无明显差别，对器件整体热激发自旋电子学效应的影响并不大。在下面的计算和分析中，忽略费米－狄拉克分布中的化学势 μ，以近似为零来处理。

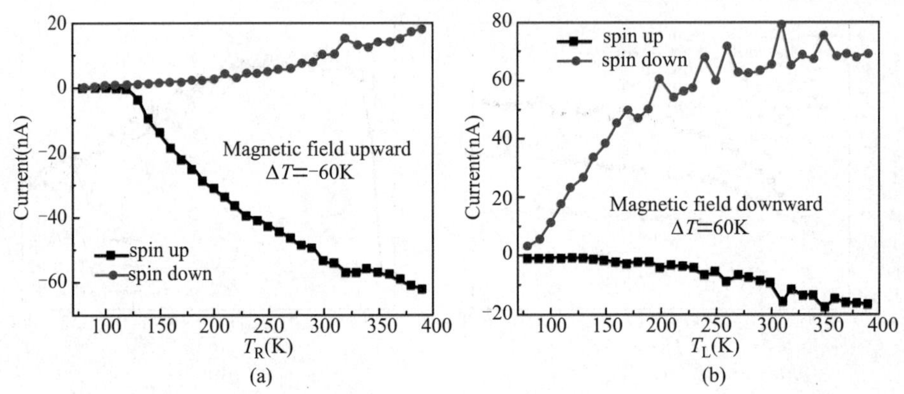

图 8.3　热激发电流曲线(a) ΔT 为负(b) 磁场反向

接下来研究异质结的热致庞磁阻效应。磁阻的研究主要基于两种状态：一种是 MS 态，即有外加磁场时的状态，根据前文分析，ZGNR－H 处于铁磁态，ZGNR－H_2 处于无磁性态；另一种态是 GS 态，即没有任何外加磁场的状态，此时 ZGNR－H 处于反铁磁态，ZGNR－H_2 仍然处于无磁性态。当异质结从 MS 态变为 GS 态时，其磁阻的大小可由以下计算式得到[25]：

$$MR(\%) = (R_{GS} - R_{MS})/(R_{MS}) \times 100 = [(I_{MS} - I_{GS})/I_{GS}] \times 100 \tag{8-4}$$

其中 I_{MS} 和 I_{GS} 分别是 MS 和 GS 两种状态下的总电流。

图 8.4a 所示为 GS 和 MS 两种状态时的总电流随 T_L 变化的曲线，依然考虑 ΔT 为 20 K、40 K 和 60 K 三种不同的情况。从图中可以发现，随着 T_L 升高，MS 态的总电流首先快速地增长，然后逐渐趋于一个稳定的状态，在室温下，依旧保持了很高的总电流大小。呈现出这样一种变化趋势的原因可以从自旋极化率来分析。当温度较低时，虽然自旋向上的电流与自旋向下的电流方向相反，但是由于自旋极化率非常高，自旋向上的电流远大于自旋向下的电流，所以总电流迅速增加。但是当温度升高到一定程度，自旋极化率逐渐降低，所以，最终总电流趋于稳定值。与此同时，GS 状态的总电流非常小，直至非常高的温度约 370 K 左右时，才略微增加。正因为 MS 和 GS 状态下电流值的巨大差异，使得器件中热致磁阻效应非常明显。

图 8.4(b)显示，当器件从 MS 态转变为 GS 态时，磁阻率可以由 T_L 来调节，并且在 80 K 到 360 K 温度范围内，其值都保持在 $10^6\%$ 以上，最终当温度升高至 390 K 时，降至 $10^3\%$。也就是说，在温度较大时($T_L > 250$ K)，磁阻大小受温差 ΔT 的影响不大，三种不同的 ΔT，其曲线几乎重合。另一方面，磁阻

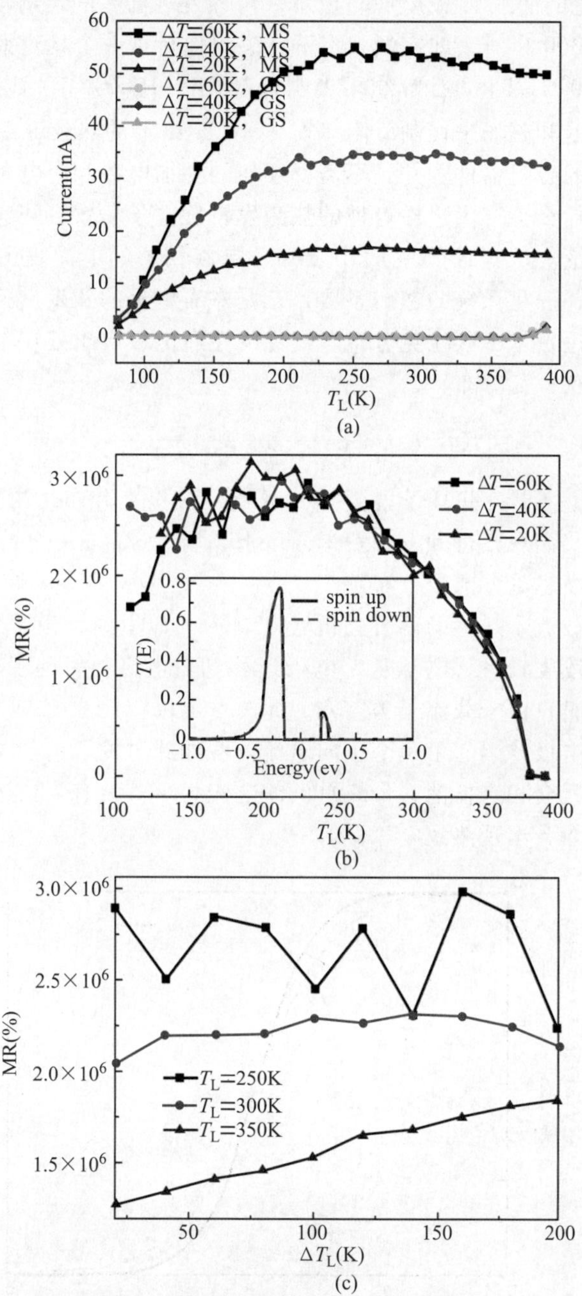

图 8.4 (a) MS 和 GS 两种状态下，总电流随 T_L 的变化曲线；(b) 热致磁阻随 T_L 的变化曲线；(c) 热致磁阻随 ΔT 的变化曲线。图(b) 中的插图表示的是 GS 状态下，异质结的输运谱

随温差 ΔT 变化的曲线如图 8.4(c)所示，可以发现温差的影响较小，尤其是在左电极温度为 300 K 时，即室温状态下，磁阻保持了一个相对平稳的状态，并且阻值在 $2\times10^6\%$ 以上。计算结果表明：ZGNR - H/ZGNR - H_2 异质结在室温下能够通过温差和磁场来控制磁阻，产生 $10^6\%$ 以上的热致庞磁阻，远超过了传统的金属基的磁阻器件，并且不需要任何的外加电场和门电压。

那么，为什么会产生这样有趣的热激发自旋电子学效应呢？现在对其机理来做相应的讨论。从等式(8-1)中可知，自旋相关的电流是由两个部分来一起作用决定的，一是系统的透射系数，二是左右电极的费米-狄拉克分布之差值。首先，讨论费米-狄拉克分布。器件的左右电极由于处在不同的温度，有不同的费米-狄拉克分布：

$$f(E,T)=\frac{1}{\exp[(E-\mu)/kT]+1} \tag{8-5}$$

其中，μ 是化学势并且设置为零。费米-狄拉克分布结果如图 8.5(a)所示。从此图中我们观察得到，在费米面以上，温度越高，电子分布越大；在费米面以下，温度越高，电子分布越小。

下面讨论载流子迁移的两种情况：在费米面以上时，由于载流子为电子，而左电极电子浓度较大，电子从左电极迁移到右电极，引起了一个负向电流；在费米面以下时，由于载流子为空穴，此时左电极空穴浓度较大，空穴也从左电极迁移到右电极，引起了一个正向电流。假如此时输运谱是关于费米面对称的，正负电流就会相互抵消，最终总的净电流为零。只有当输运通道关于费米面不对称时，才会出现热致电流。

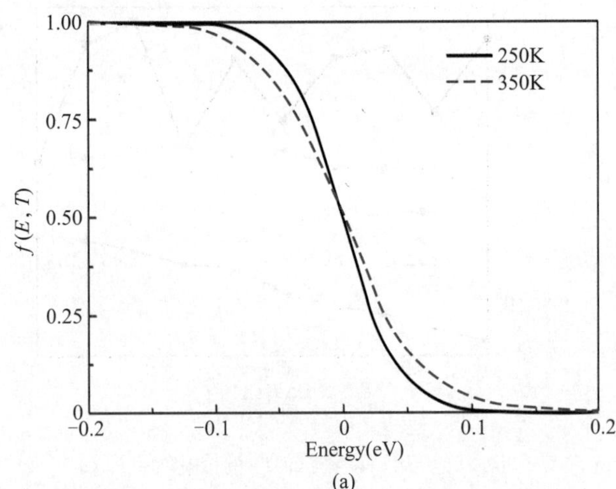

(a)

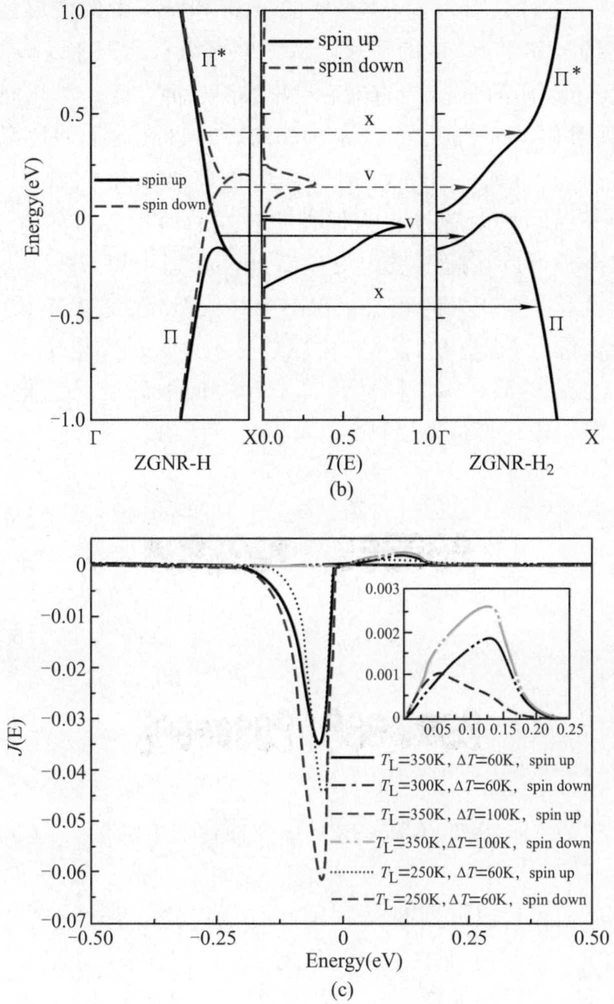

图 8.5 (a) 不同温度时的费米－狄拉克分布；(b) 左：左电极材料 ZGNR－H 的电子能带结构；中：器件输运谱；右：右电极材料 ZGNR－H_2 的电子能带结构；(c) 在几种不同的 T_L 和 ΔT 情况下的自旋极化的电流谱。插图为自旋向下电流谱的放大图

为了进一步研究载流子的输运过程，需要绘制左右电极 ZGNR－H 和 ZGNR－H_2 的电子能带结构，如图 8.5(b)所示。不管是左电极还是右电极，费米面附近只有 π 带和 π＊带出现。有文献指出[17]，在某能级处，对于某一自旋方向，当左右电极的能带其电子波函数对称性相匹配时，输运通道就是打开的；相反，当对称性不匹配时，输运通道就是关闭的。ZGNR－H 和 ZGNR－H_2 的 π 带和 π＊具有的带对称性[26]如图 8.6 所示。

图 8.6 中(a)(b)分别为 ZGNR－H 的 π 带和 π＊带的情形，(c)(d)分别为 $ZGNR-H_2$ 的 π 带和 π^* 带的情形。从图中可以看到，在以 yz 中平面镜像操作的情况，ZGNR－H 的 π 带为奇对称，π^* 带为偶对称；与此同时，$ZGNR-H_2$ 的 π 带为偶对称，π^* 带为奇对称。首先观察自旋向上的情况，图 8.5(b)中，当能级区间为[－0.3，0 eV]时，左电极能带为 π^* 带，即对称性为偶，右电极能带为 π 带，即对称性也为偶，此时左右两边能带的电子波函数是相匹配的，所以电子可以在此区域内发生跃迁，在图中以 V 表示，相应的自旋向上的输运谱就有一个较大的峰值；在图中其他部分，左右电极的能带要么都是 π 带，要么都是 π^* 带，所以其对称性总是不匹配的，电子无法跃迁，在图中以 X 表示，输运谱都是零。同样，对于自旋向下的情况与此类似，由于左右对称性的匹配，输运峰值落于[0，0.2 eV]范围内。

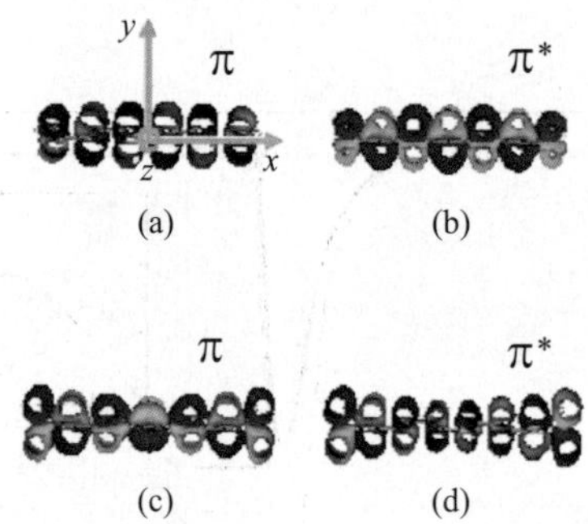

图 8.6　ZGNR－H 和 $ZGNR-H_2$ 的 π 带和 π^* 带 Γ 点波函数等位面图

基于上述原因，可以得到图 8.5(b)中间的自旋极化输运谱 $T(E)$。观察这个输运谱，发现一个很有趣的结果，所有自旋向上的输运通道都在费米面以下，所有自旋向下的输运通道都在费米面以上。由于自旋向上的载流子在费米面以下才能发生迁移，所以此时载流子为空穴，当费米－狄拉克分布与输运通道重叠时，产生了正的自旋向上的电流；自旋向下的载流子在费米面以上才能发生迁移，此时载流子为电子，当输运通道与费米分布重叠时，产生负的自旋向下的电流。于是，$ZGNR-H/ZGNR-H_2$ 异质结器件中会产生明显的自旋塞贝克效应。并且，自旋向上的输运峰离费米面非常近，在很低的温度下，费米－狄拉克分布都会与此输运峰重叠，这与图 8.2(a)中自旋向上的电流没有门槛温度结果相符。由于自旋向上的输运谱峰不仅离费米面近，而且其值大小比自旋向下的峰值要大很多，自旋向上的电流远远大于自旋向下的电流。

下面来定性分析一下自旋极化电流大小的变化。分别计算了三种不同的 T_L 和 ΔT 情况下自旋向上和自旋向下的电流谱，其定义式为：

$$J(E) = T(E)(f_L(E,T_L) - f_R(E,T_R)) \tag{8-6}$$

计算结果如图 8.5(c)所示。电流谱曲线对 X 轴进行积分得到的就是电流的大小，也就是曲线与 X 轴间的积分面积。以自旋向上的电流谱为例，当温差 ΔT 固定时(60 K)，T_L 为 250 K 的电流谱峰值虽然高于 T_L 为 350 K 的值，但 T_L 为 250 K 时的积分面积却要小于 350 K 的情况，因此，随着 T_L 的升高，电流值增大；当左电极温度 T_L 固定时，$\Delta T = 100$ K 的积分面积要远远大于 $\Delta T = 60$ K 的情形，电流随着 ΔT 的升高急剧上升。对于自旋向下的情况，其电流谱峰值非常小，相应的自旋向下的电流非常小。

热致庞磁阻现象产生的原因是，ZGNR – H/ZGNR – H_2 异质结中 GS 和 MS 两种状态的总电流 I_{MS} 和 I_{GS} 的巨大差值。由于左右电极的费米 – 狄拉克分布不变，其电流差异的根本来源是 MS 和 GS 状态下输运谱的较大差异。下面看 GS 状态时的输运谱。图 8.4(b)中插图就是 GS 状态下器件的输运谱图。从图中发现，自旋向上和自旋向下的输运谱几乎重合，费米面上下的峰值大约在 ±0.2 eV 左右。虽然费米面上下的输运谱是不对称的，但是其输运谱峰距离费米面较远，由图 8.5(a)中费米狄拉克分布的曲线可以看到，费米分布的范围是非常小的，只有当温度升高到一定程度，费米分布的范围扩大到 ±0.2 eV，与输运谱有重叠时，才渐渐开始产生电流。所以只有当左电极温度大约升高到 370 K 时，I_{GS} 曲线才慢慢开始上升。正是由于上述原因，才能在 ZGNR – H/ZGNR – H_2 异质结中得到完美的热致庞磁阻效应。

为了验证选取的交换关联函数 LDA(Local Density Approximation)是否准确，采用 GGA(Generalized Gradient Approximation)作为交换关联函数进行计算。计算目的是为了与前面的结论对比，所以只选择了 $\Delta T = 60$ K 的情况。

从图 8.7 中我们可以观察到，GGA 计算得到温差引起的自旋流的总变化趋势与 LDA 的结果是相近的，并且其值的数量级也都是相同的。GGA 计算同样得到了庞磁阻效应，并且磁阻的大小超过 $10^6\%$ 甚至达到 $10^7\%$，比 LDA 得到的结果要更高。所以，这些结果都能够证明，前面的结论不管用 LDA 还是 GGA 交换关联函数都能得到，是稳定和可靠的。

总之，基于 zigzag 边缘的石墨烯纳米带，可以设计、构造不同边缘钝化方式的异质结结构 ZGNR – H/ZGNR – H_2，结构简单并且易于实验上的实现。通过对其热激发自旋输运性质的研究，成功地获得了较理想的自旋赛贝克效应，得到了纯净的自旋流。同时还发现此异质结中的一个重要性质：热致庞磁阻效应。当器件从施加外磁场的状态，变化到不加磁场的状态时，由温差和磁场综合作用产生的磁阻大小达到 $10^6\%$ 以上，这一结果对研制基于石墨烯的高效率的热激发自旋磁阻器件也许是有价值的[20,27]。

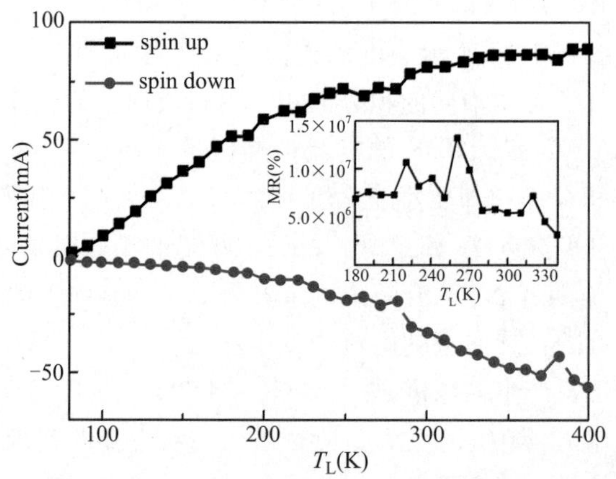

图 8.7 $\Delta T=60$ K 时使用 GGA 关联函数计算的自旋电流随 T_L 变化曲线图插入的图片的相应的磁阻变化

8.3 石墨炔纳米带的输运性质

8.3.1 6, 6, 12 型石墨炔的二维结构和电子性质

石墨烯具有极高的载流子迁移率和电导率。这一优秀电子性质来源于它独特的能带结构存在狄拉克点[28,29]。在狄拉克点处，石墨烯的导带和价带在费米面交于一点，所以说石墨烯是一种零禁带的半导体，也可以说是一种费米面处电子态密度为零的金属。狄拉克点的存在是六边形蜂窝结构石墨烯的重要性质，然而二维材料中出现狄拉克点的特征能带，与石墨烯的蜂窝结构或者是六边形对称的晶格都没有关系[30]。人们可以构造出一种新的结构，这种结构是基于石墨炔家族的，被命名为6，6，12 型石墨炔，如图 8.8(d)所示。

6，6，12 型石墨炔具有矩形的对称晶格，它的能带中，导带和价带在费米面上有两处或交于一点，或非常靠近，并且它们至少有一个方向是没有曲率的，都可以用狄拉克锥来描述。换句话说，非蜂窝状结构、非六边形对称的二维结构中，也能出现狄拉克点，这一结论让人非常惊喜。

至今为止，二维结构的碳的同素异形体中，石墨烯已经能够实现工艺上的制备与合成，但是一些其他的二维结构的碳的同素异形体的发展也受到关注。例如，石墨炔与石墨二炔，如图 8.8(b)(c)所示。理论上，它们可以通过两个碳原子的双键和三键单元来自下而上地合成。利用六炔基苯，在铜片的催化作用下发生偶联反应，可在铜表面上成功合成大面积碳的新的二维同素异形体——石墨二炔[31]。

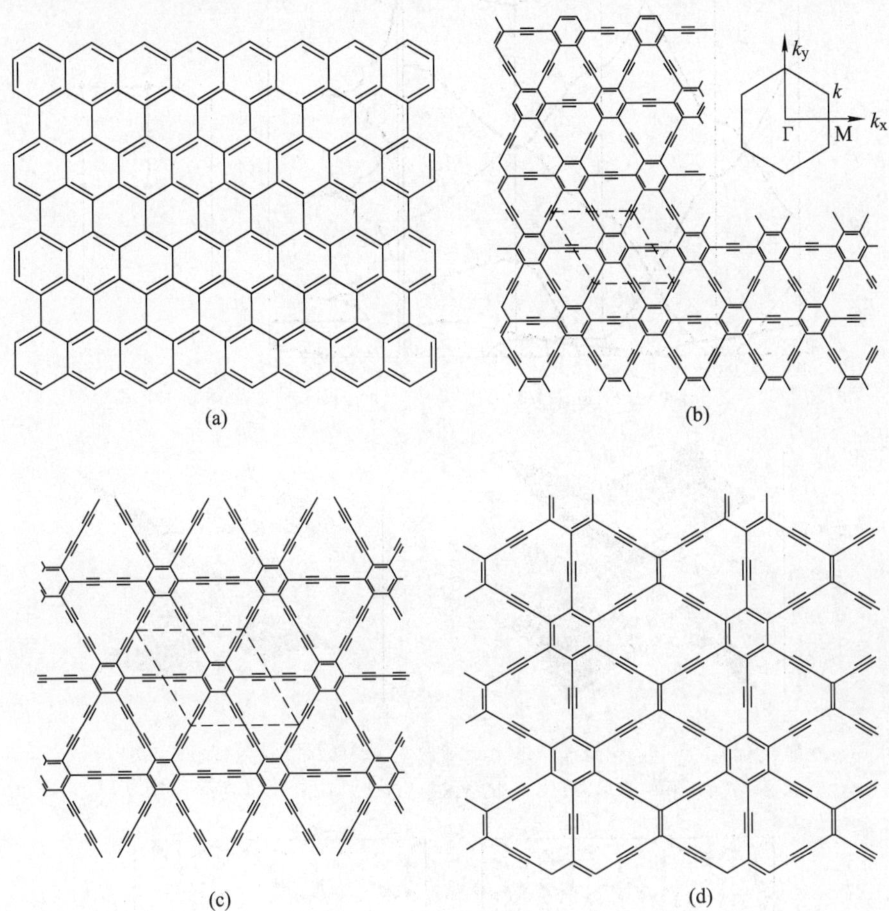

图 8.8 (a) 石墨烯；(b) 石墨炔；(c) 石墨二炔；(d) 6，6，12 型石墨炔结构示意图

对材料电子性质进行性质预测，一种可靠的方法就是第一性原理计算。使用这种方法计算得到的 6，6，12 型石墨炔的能带结构如图 8.9 所示[30]。6，6，12 型石墨炔与石墨烯不同，它没有六边形的对称性，而是一种矩形对称(pmm)，尽管如此，6，6，12 型石墨炔在布里渊区中呈现出两对即四个狄拉克点，将每对狄拉克点中的两种狄拉克点分别称为狄拉克点Ⅰ和狄拉克点Ⅱ。同一对的狄拉克点是有相互关联的，不同对的狄拉克点没有相互关联。两对狄拉克点中只有一对在图 8.9 中展示出来。两种狄拉克点的轨道分别位于不同的碳原子位上，从图 8.10 所示的电荷密度图上可以清楚地看出。

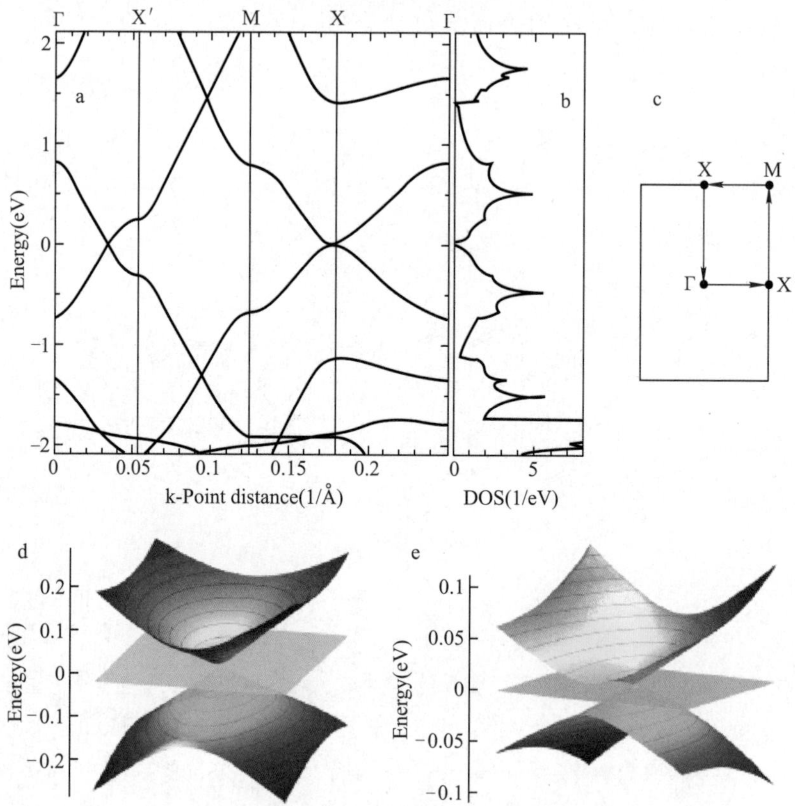

图 8.9 6，6，12 型石墨炔的电子结构[30]（a）能带结构；（b）态密度；（c）第一布里渊区；（d）狄拉克锥Ⅰ；（e）狄拉克锥Ⅱ

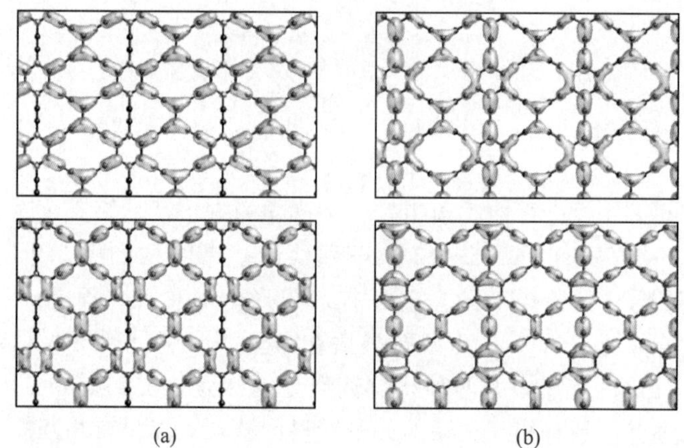

图 8.10 6，6，12 型石墨炔的轨道电荷密度在（a）狄拉克点Ⅰ；（b）狄拉克点Ⅱ处的分布

石墨烯不是拥有狄拉克锥的唯一二维结构，同时六边形的对称性也不是必要条件，矩形对称的6，6，12型石墨炔同样有狄拉克锥，并且不止一个。这种6，6，12型石墨炔结构载流子迁移率同样很高，并且与石墨烯相比，它的性能可能更独特。这是因为它具有石墨烯所没有的两个特点：各向异性和不等价的狄拉克点。

8.3.2　6，6，12型石墨炔纳米带的输运性质

已经知道6，6，12型石墨炔的二维结构，下面来具体研究6，6，12型石墨炔纳米带的电子性质和相关的输运性质。

将优化过的二维6，6，12型石墨炔沿着两个不同的方向X和Y来切割，如图8.11(a)所示。当沿着X方向切割时，得到了两种不同边缘的纳米带结构，一种是如图8.11(c)所示的有zigzag边缘的6，6，12型石墨炔纳米带，命名为NR－I；一种是如图8.11(d)所示的以苯环为边缘的6，6，12型石墨炔纳米带，命名为NR－II。同时，沿着Y方向裁剪了以苯环为边缘的6，6，12型石墨炔纳米带，命名为NR－III，如图8.11(b)所示。三种6，6，12型石墨炔纳米带其边缘的悬挂键都用氢原子来饱和，以增加结构的稳定性，防止悬挂

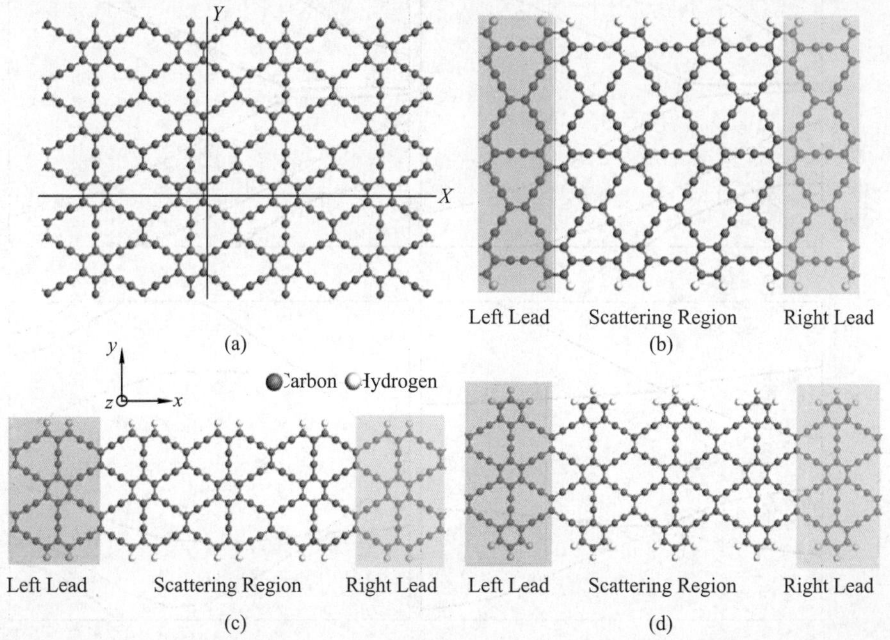

图8.11　(a) 6，6，12型石墨炔二维结构；(b) 6，6，12型石墨炔纳米带NR－I；(c) 6，6，12型石墨炔纳米带NR－II；(d) 6，6，12型石墨炔纳米带NR－III结构示意图

键与空气中的氧结合。对用氢饱和钝化后的6，6，12型石墨炔纳米带边缘的碳原子和氢原子进行几何优化，最终计算得到NR－I、NR－II和NR－III三种6，6，12型石墨炔纳米带的宽度分别为1.44 nm、1.87 nm和2.31 nm。

对6，6，12型石墨炔纳米带进行结构优化以及性质计算时，芯电子选用标准规范守恒赝势来描述，交换关联函数为广义梯度近似(LDA)[20,27]。选用单极化的基，截断能为150 Ry，k点的选取为(1，1，100)。在优化中，选取的收敛参数如下：总能量收敛到每个原子1×10^{-5} eV，公差为0.05 eV/Å。在切割纳米带时，z方向的真空层为15 Å，y方向保证各条6，6，12型石墨炔纳米带的真空层都大于15 Å。在计算电子性质时，DFT自洽循环的公差为10^{-4}eV，电流计算的积分网格为1×1。计算电输运性质时，构建了如图8.11(b)(c)(d)所示的器件结构，左右分别为半无限的电极，中间为散射区，输运方向沿着x方向，左右电极的温度都设置为300 K，即室温状态。

首先，计算上述NR－I、NR－II和NR－III三种6，6，12型石墨炔纳米带在无磁性状态下的能带结构，其结果如图8.12(a)(c)(d)所示。可以非常

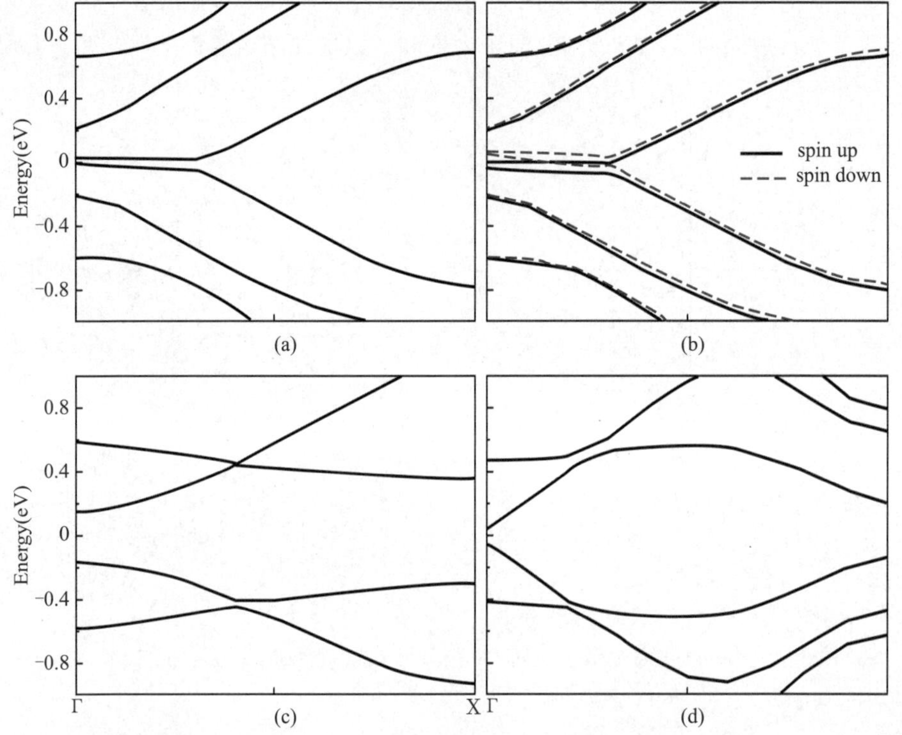

图8.12 (a)无磁性(NR)－I (b)铁磁性NR－I(c)无磁性(NR)－II (d)无磁性(NR)－III的能带结构图

明显地看到，NR－I 型纳米带的能带穿过了费米面，呈现出金属性；NR－II 和 NR－III 型纳米带都是直接带隙的半导体，其Γ点处的能隙分别为 0.34 6 eV 和 0.059 eV。然而，NR－III6，6，12 型石墨炔纳米带的带隙非常窄，电子很容易发生跃迁，从而表现出类金属的性质。所以，NR－II6，6，12 型石墨炔纳米带具有良好的半导体性，有应用前景。

下面考虑6，6，12 型石墨炔纳米带中的磁性，加入了初始的自旋，讨论三种构型的6，6，12 型石墨炔纳米带，在磁场中能否发生自旋极化。绘制出其自旋相关的能带结构，发现只有 NR－I 型石墨炔纳米带发生了自旋劈裂，如图 8.12(b)所示。同时，计算 NR－I 型纳米带在反铁磁状态时的能带结构和能量，发现 NR－I 型石墨炔纳米带在反铁磁时能量最低，是体系的基态，但是反铁磁状态没有发生自旋劈裂，其能带结构与无磁性状态相类似，如图 8.12(a)所示。对于 NR－II 型纳米带和 NR－III 型纳米带，无论初始设置为铁磁态还是反铁磁态，得到的能带结构都与无磁态相同，没有发生任何的自旋劈裂，这就是说，无磁态是 NR－II 和 NR－III 的基态，在磁场中也不会被磁化。

下面针对三种6，6，12 型石墨炔纳米带本身构建的器件，进行电输运性质的计算。在计算过程中，对三种6，6，12 型石墨炔纳米带初始的磁性构型都设置了平行构型(PC)和反平行构型(APC)。平行构型指的是，左右电极的自旋取向全部向上，即左右电极都施加方向向上的磁场；反平行构型指的是，左电极自旋取向向上，右电极的自旋取向向下，即左电极的磁场方向向上，右电极的磁场方向向下。基于这两种初始的磁性构型，计算得到三种6，6，12 型石墨炔纳米带在 PC 和 APC 状态下的自旋相关的输运，如图 8.13 所示。只有 NR－I 型石墨炔纳米带在这两种不同状态下，有完全不同的自旋极化的电流特征曲线，NR－II 型纳米带和 NR－III 型纳米带因为不会被磁场磁化，在这两种初始设定下，电流特征曲线完全相同，并且几乎没有自旋极化产生。

首先，对 NR－I 6，6，12 型石墨炔纳米带进行讨论，从图 8.13(a)所示的 PC 状态下 $I-V$ 曲线图中，可以观察到，自旋向上和自旋向下的曲线度关于原点对称，并且当外加电压小于 ±0.3 V 时，电流值迅速增长，然后增长变缓慢直至 0.5 V，从 0.5 至 0.8 V 表现出强烈的负微分电阻行为(NDR)；从 0.8 V 以后，电流重新恢复增长。为了更好地解释这种 $I-V$ 特性曲线的来源，下面绘制了 PC 状态下，NR－I 6，6，12 型石墨炔纳米带在费米面附近自旋分离的输运谱。

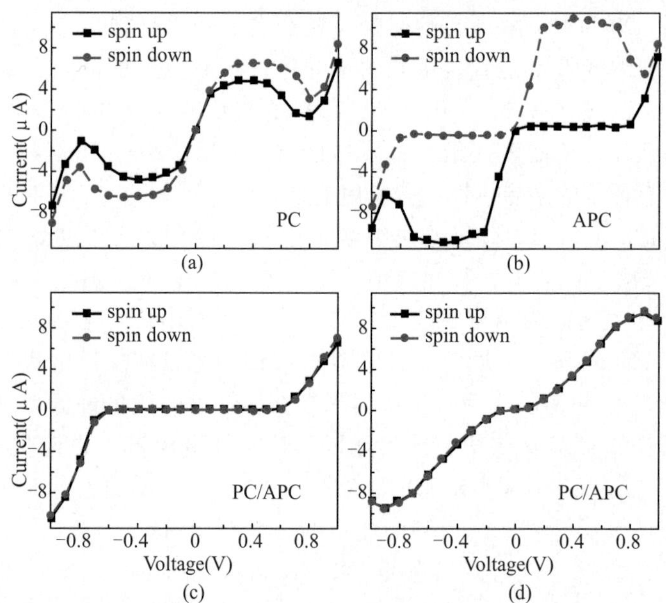

图 8.13 （a）PC 状态时的 NR－I 型纳米带；（b）APC 状态的 NR－I 型纳米带；（c）PC 和 APC 状态的 NR－II 型纳米带；（d）PC 和 APC 状态的 NR－III 型纳米带的自旋相关的输运 $I-V$ 曲线

图 8.14 中虚线范围内的区域$[V_L, V_R]$为偏压窗，输运谱只有落在偏压窗内时，对输运才有贡献，偏压窗内输运谱的积分面积对应的是电流大小。可以看到，零偏压下的费米面处，自旋向上和自旋向下的输运系数都是 1，所以 NR－I 型纳米带是金属性的。由于器件是对称结构，其 $I-V$ 曲线也是对称的，所以只分析加正向偏压的情况。当加了一个 0.1 V 的偏压时，偏压窗扩大，由于此时自旋向上和向下的输运系数都很大，为 1 左右，所以随着偏压窗的扩大，电流呈线性迅速增长，并且此时自旋向上和向下的电流差值不明显。值得注意的是，在加了 0.1 V 的偏压后，自旋向上的输运谱在费米面下能级 －0.07 eV 附近出现了一个零输运隙（Zero Transmission Gap，ZTG），但此时 ZTG 不在偏压窗范围内。随着偏压扩大到 0.2 V，ZTG 明显变宽，并进入偏压窗，同时，自旋向下的输运谱也在费米面上 0.1 eV 左右出现了明显的 ZTG。但是，自旋向下的输运谱 ZTG 要明显小于自旋向上的输运谱 ZTG，特别是在偏压窗内。所以此时自旋向下的电流已略微高于自旋向上的电流，并且由于偏压窗内输运谱积分面积的扩大，电流在继续上升，只是由于 ZTG 的存在，上升的斜率有所降低。当偏压继续增加到 0.3 V，自旋向上和自旋向下的 ZTG 都迅速扩大，电流的上升更加缓慢。到 0.4 V 时，虽然此时偏压窗口在不断扩大，

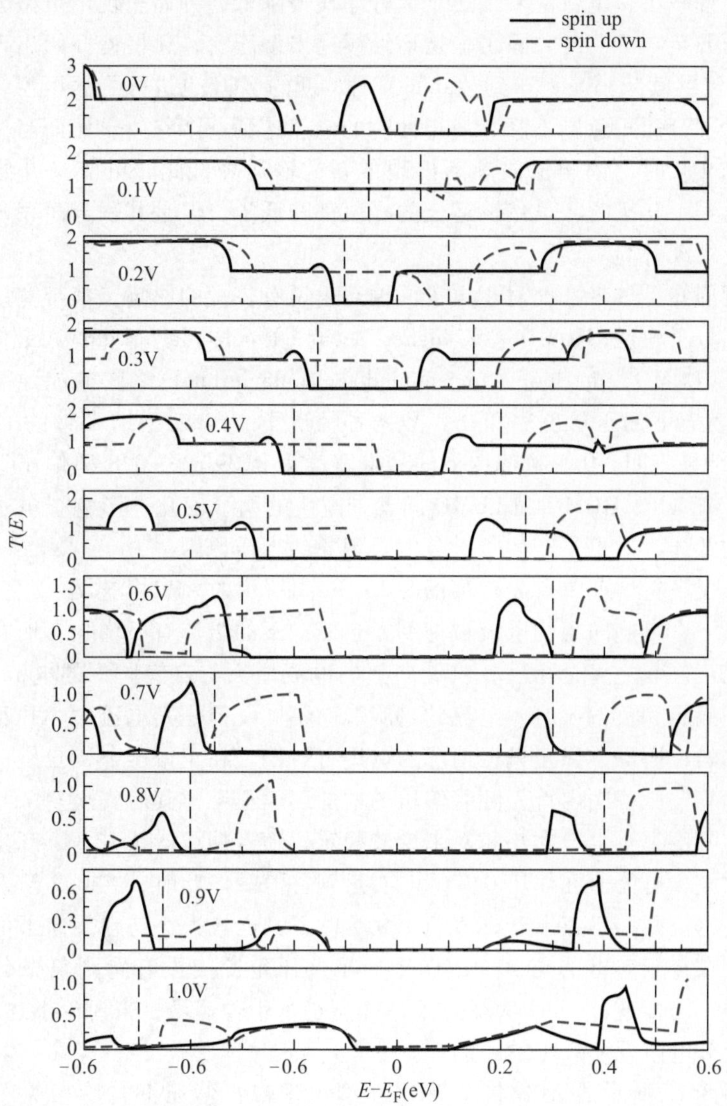

图 8.14　PC 状态 NR－I 型纳米带正偏压下自旋相关的输运谱

但是较大 ZTG 已经使得此时的电流无法继续增大，在 0.5 V 左右，电流几乎处于一个稳定的状态。但是此时，偏压窗内自旋向下的输运谱积分面积明显大于自旋向上的输运谱积分面积，所以自旋向下的电流要明显高于自旋向上的电流。偏压升至 0.6 V 时，费米面以下自旋向上的输运谱已退出偏压窗以外，费米面以上自旋向下的输运谱也退出了偏压窗，此时，偏压窗内输运谱的积分面积开始慢慢减小，电流随着偏压增大开始慢慢降低，开始呈现出负微分电阻现象。偏压升至 0.7 V 时，除了输运谱继续退出偏压窗，还慢慢开始出现了新的 ZTG，电流继续减小。偏压到达 0.8 V 时，新的 ZTG 也进入了偏压窗，偏压窗内输运谱积分面积急剧下降，使得此时的电流达到一个谷值。然而当偏压继续上升至 0.9 V 时，偏压窗内渐渐出现了新的输运峰，此时电流又开始逐渐增大。最后到 1.0 V 时，虽然输运谱的峰值都降低了，但是其积分面积却渐渐增大，电流继续升高。

众所周知，禁带宽度对于电子的输运来说有较大的影响，禁带宽度指的是最高占据分子轨道(HOMO - the highest occupied molecular orbital)和最低未占据分子轨道(LUMO - the lowest unoccupied molecular orbital)之间的能隙。我们计算了 PC 状态下偏压 0.5 V 和 0.8 V 两种情况下 NR - I 型纳米带的 HOMO 和 LUMO，结果表明，0.5 V 偏压下的禁带宽度为 0.09 eV，0.8 V 偏压下的禁带宽度为 0.27 eV。HOMO 和 LUMO 间禁带宽度的明显变化，影响了电子从价带到导带的跃迁，这也是产生负微分电阻现象的本质原因。

对于反平行情况，首先观察图 8.13(b)中所示的 APC 状态 $I-V$ 特征曲线。在正偏压下，自旋向上的电流被抑制，自旋向下的电流有所增强；而在负偏压下，情况正好与之完全相反，自旋向上的电流增大，自旋向下的电流被抑制。虽然加正偏压和负偏压时，电流的自旋取向不同，但是其电流大小几乎是关于原点对称的，所以，以正偏压情况为例进行讨论。在正偏压下，自旋向下的电流在 0.2 V 偏压范围内首先随着偏压的增加迅速上升，其后直至 0.7 V 时，电流变化的幅度都不大，大小相对来说较稳定。随着偏压继续升高，产生了负微分电阻效应，电流值在偏压 0.9 V 左右达到谷值。但此时，在 0.9 V 左右，自旋向上的电流开始迅速上升，直至 1.0 V 时，其电流大小与自旋向下的电流相差无几。在自旋向上的电流中，图中所示偏压范围内没有看到负微分电阻现象。下面，同样通过 APC 状态的 NR - I 型纳米带输运谱，来讨论上述 I - V 曲线和负微分电阻现象产生的原因。

从图 8.15 所示的 APC 状态 NR - I 型纳米带正偏压下自旋相关的输运谱中，反平行状态 0 偏压时的输运谱与平行状态的 0 偏压输运谱有非常大的差异。PC 状态下，呈现金属性，而 APC 状态下，呈现出半导体的性质，在费米面处有一个明显的零输运隙(ZTG)。当为之施加一个正向偏压 0.1 V 时，自旋向上的零输运隙(ZTG)迅速扩大，超出偏压窗，造成偏压窗内没有任何自旋向上的输运通道，所以自旋向上的电流非常小；但与此同时，自旋向下的输运谱不仅 ZTG 消失，并且在偏压窗内出现了一个明显的透射峰，使得此时自旋向下的电流值迅速增大。偏压增大到 0.2 V 时，自旋向上的 ZTG 继续扩大，在偏

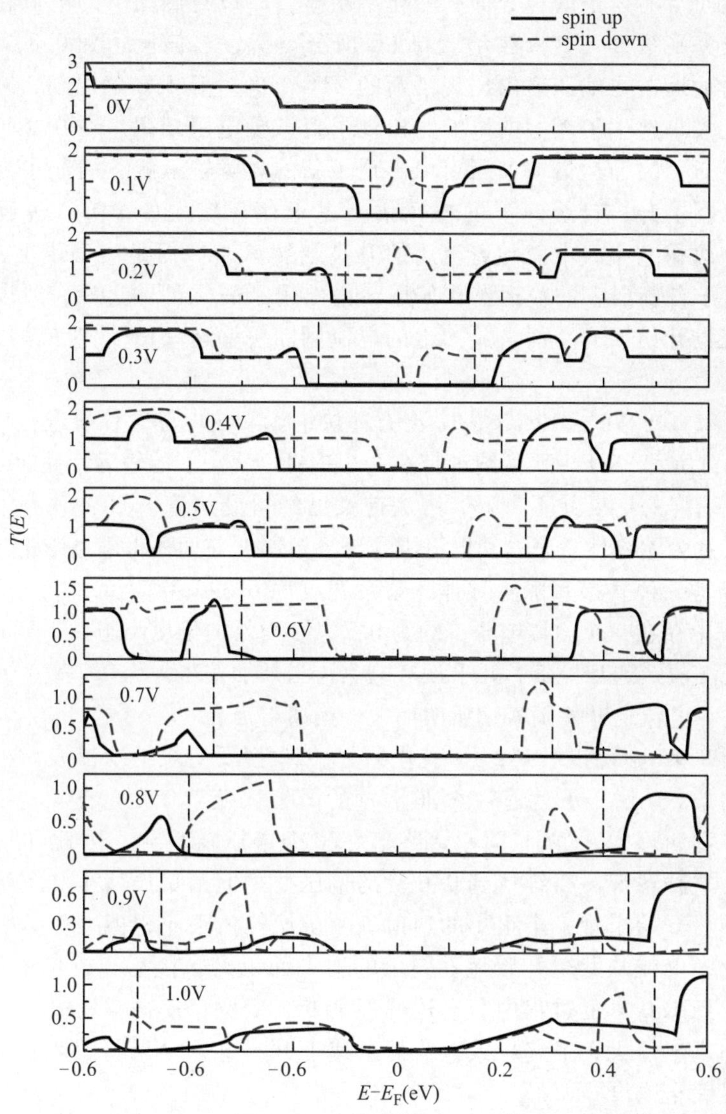

图 8.15　APC 状态 NR－I 型纳米带正偏压下自旋相关的输运谱

压窗中依然没有任何自旋向上的输运通道。其实，对于自旋向上的输运，在小 0.8 V 时，由于透射峰都落在偏压窗口外，对自旋向上的电流基本上无太大贡献。但是对于自旋向下的电流，在 0.3 V 时，在偏压窗内出现了一个明显的 ZTG，所以此时，虽然偏压窗口扩大，但是自旋向下的电流变化不明显。从 0.3 V 直至 0.7 V，偏压窗在不断扩大，但是 ZTG 也越来越大，偏压窗内自旋向下输运谱的积分面积变化不明显，所以自旋向下的电流在这段区域内，较为平缓，无太大波动。与 PC 情况类似，当偏压达到 0.8 V 时，自旋向下的输运谱在偏压窗内出现了新的 ZTG，这一新 ZTG 的出现，对自旋向下的电流大小产生了较大的影响，出现了负微分电阻现象。在 0.9 V 的偏压下，自旋向上的输运谱在偏压窗内出现了新的较宽输运峰，引起了自旋向上电流的急剧上升；自旋向下的输运谱，由于存在较大的 ZTG，输运峰值较窄，积分面积减小，电流随着电压的升高继续减小。但是当偏压上升到 1.0 V 时，由于自旋向下的输运谱在偏压窗内出现了较宽的输运峰，所以自旋向下的电流也开始回升，而自旋向上的电流则随着输运峰的变宽和偏压窗的扩大而迅速上升。

接下来，对 NR – II 6，6，12 型石墨炔纳米带的电输运性质进行讨论。由图 8.13(c)所示，NR – II 型纳米带在 PC 和 APC 状态下的输运特性曲线是完全相同的。这样的结果并不奇怪，因为前文已经得到结论，NR – II 型纳米带在磁场中依然为无磁性状态，其电流不受磁场控制。前面还得到过结论，NR – II 型纳米带是一种直接带隙半导体，禁带宽度为 0.346eV，NR – II 型纳米带的 $I-V$ 曲线中存在一个门槛电压，约为 0.7 V。当外加偏压小于 0.7 V 时，由于价带电子无法跃迁到导带，几乎没有电流；当外加偏压大于 0.7 V 时，发生电子的跃迁，电流也开始随着偏压的增大，迅速增强。

从图 8.16 中可以看到，NR – II 6，6，12 型石墨炔纳米带表现出很强的半导体性质，0 偏压下就有一个非常宽的 ZTG，随着偏压的逐渐上升，ZTG 的宽度也逐渐增大，并且 ZTG 始终落在整个偏压窗口内，因此几乎没有电流产生。这种情况一直维持到 0.6 V 的偏压处。但当偏压增至 0.7 V 时，偏压窗内慢慢开始出现一个很小的透射峰，虽然峰值很小，但是依然引起了电流的变化，电流从此刻开始随着偏压的增大而上升。随后，当偏压从 0.7 V 继续增大到 1.0 V 的过程中，输运峰逐渐变高变宽，使得偏压窗内的输运谱积分面积迅速增大，最终导致电流的迅速上升。这一结果与图 8.13(c)观察到的结果完全吻合

最后，再来看看 NR – III 6，6，12 型石墨炔纳米带的输运性质。与 NR – II 纳米带相同，NR – III 型纳米带也是无磁性的。如图 8.13(d)所示，NR – III 型纳米带的电流值远远大于 NR – I 和 NR – II。它有一个很小的门槛电压，因为它的带隙非常小，只有 0.059eV，所以表现出类金属的性质。电流随着偏压的增大成线性增长，直至 0.9 V，然后也出现了负微分电阻现象，在 1.0 V 时，电流大小略微有所下降。

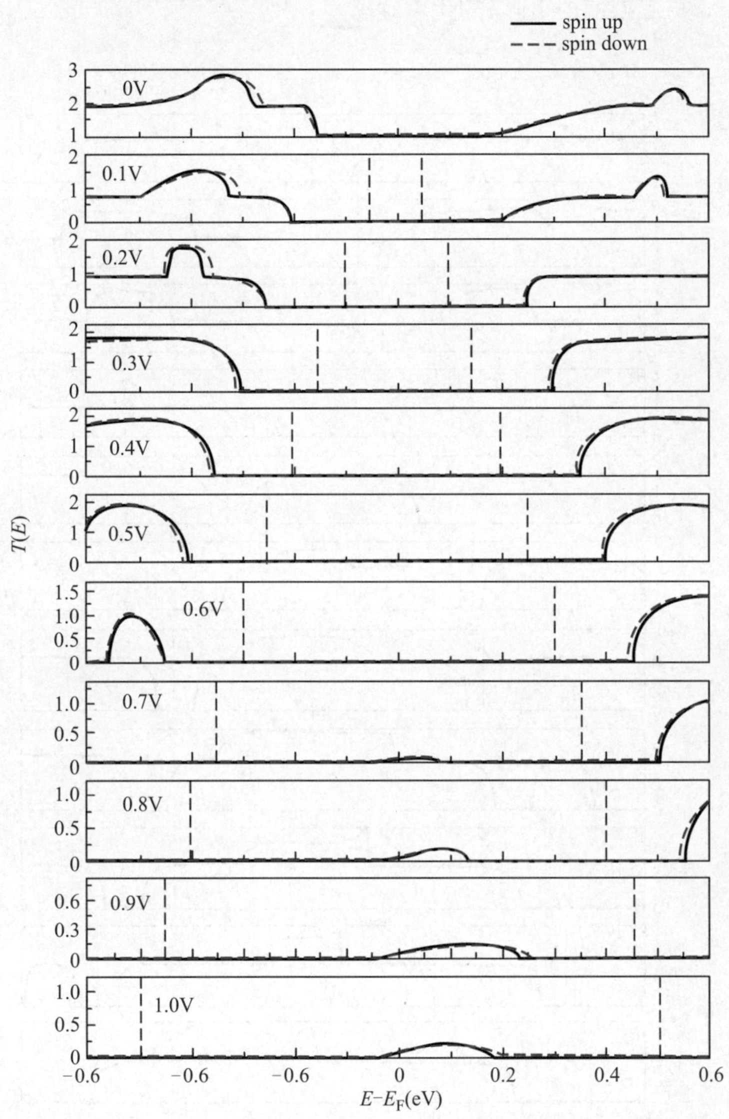

图 8.16　NR－II 型纳米带正偏压下的输运谱

从图 8.17 中可以看到，0 偏压下的 NR－III 6，6，12 型石墨炔纳米带在费米能级处有一个很小的 ZTG，本征态为半导体。但是在加了一个很小的偏压 0.1 V 后，费米面处就出现了一个明显的输运峰，随着偏压的逐渐变大，这个输运峰迅速变高变宽，并且始终在偏压窗口内，因此引起了电流的迅速增大，直至 0.9 V。电压变化到 1.0 V 时，输运峰发生了退化，其峰宽变小，积分面积也减小，引起电流的下降和 NDR 效应。

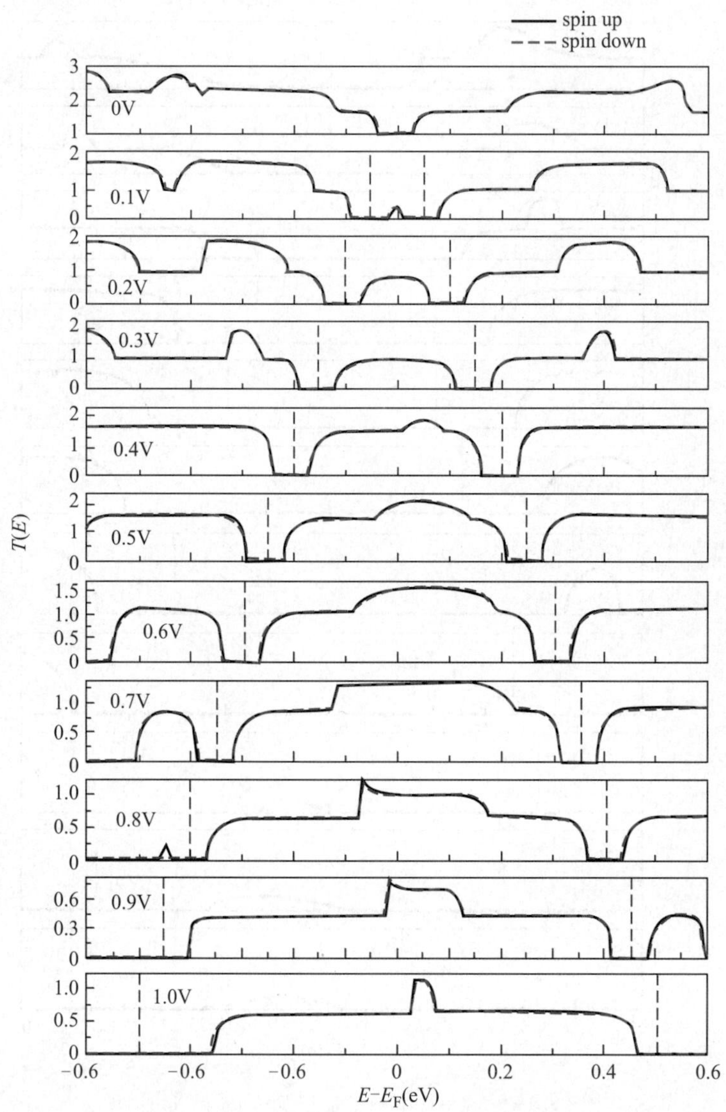

图 8.17 NR－III 型纳米带正偏压下的输运谱

值得说明的是，对于 APC 的构型，更加严谨的研究应该考虑其非线性的自旋极化，如图 8.18 所示[23]。但是非线性的自旋对于共线自旋输运性质的影响非常小，所以非线性自旋极化的输运特征曲线应该与共线性的自旋极化输运基本一致。同样，对于下节中对 6，6，12 型石墨炔纳米带异质结器件输运性质的计算中，也采用相同的处理方法。

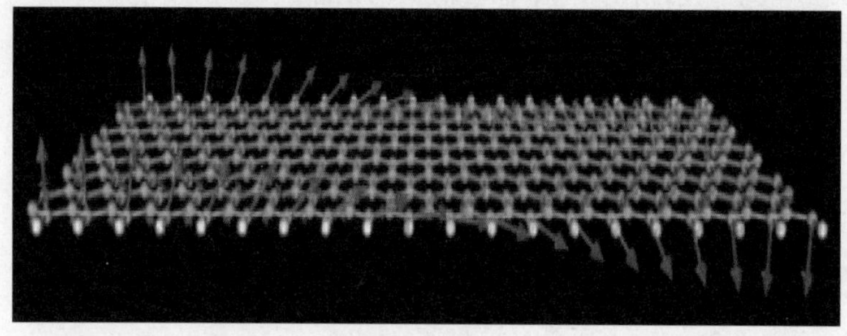

图 8.18　左右电极反平行(APC)时石墨烯中的非线性自旋极化

8.4　石墨炔纳米带异质结

8.4.1　石墨炔纳米带的金属－半导体异质结

由于6，6，12 型石墨炔纳米带不同的切割方向和不同的边缘有完全不同的性质，可以基于上述几种6，6，12 型石墨炔纳米带设计具有不同功能的电子器件。首先构造一种金属－半导体异质结，散射区的长度我们选择了三种，目的是为了研究散射区长度对输运性质的影响。首先看到如图 8.19 所示的器件中，其中心区包含了两个左电极原胞和两个右电极原胞，正中心为界面，此时器件的中心区长度为 3.73 nm。图 8.20 所示的器件，中心区增加了一个左电极原胞和一个右电极原胞，此时的中心区长度扩大为 5.60 nm。图 8.21 所示的

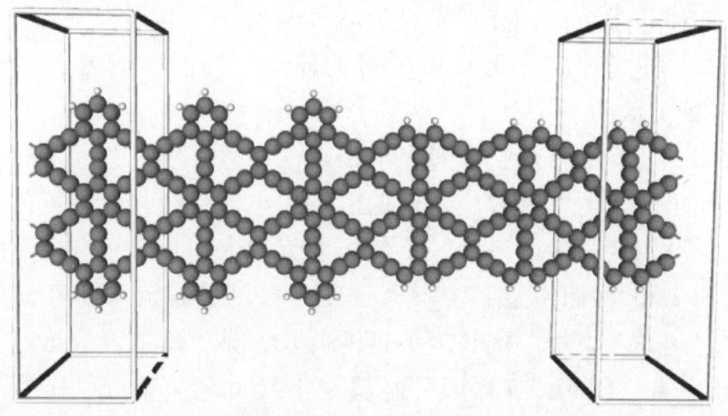

图 8.19　中心区由两个左电极原胞和两个右电极原胞构成的金属－半导体异质结，中心区长度为 3.73 nm

器件，中心区分别有四个左右电极原胞，长度增加为 7.47 nm。与前文类似，结构中左右电极是半无限的。下面对应三种不同的中心区长度，分别对其电荷输运和自旋输运性质做研究，并讨论中心区长度对于输运性质的影响。

图 8.20　中心区由三个左电极原胞和三个右电极原胞构成的金属 - 半导体异质结，中心区长度为 5.60 nm

图 8.21　中心区由三个左电极原胞和三个右电极原胞构成的金属 - 半导体异质结，中心区长度为 7.47 nm

对以上三种异质结构，分别研究无磁性与有磁性两种状态下的输运性质。在无磁状态时，我们研究了器件中电荷的输运，绘制了电流随电压变化的曲线，如图 8.22 所示。

从图 8.22 中，可以看到，此基于 6，6，12 型石墨炔纳米带的金属 - 半导体异质结表现出明显的整流效应，正偏压下的电流值明显大于负偏压下的电流值。随着中心散射区长度的增加，正偏压电流增大，负偏压电流下降，整流率变大。在图 8.22 的插图中绘制了不同长度中心区的整流率随着偏压变化的曲线。从图中看到，随着中心区长度的逐渐变长，整流率的峰值迅速升高，其最大值达到 10 左右。因此，这样一种金属 - 半导体异质结可以作为一个整流二极管器件，并且，中心区长度为 7.47 nm 时，整流效应最强。

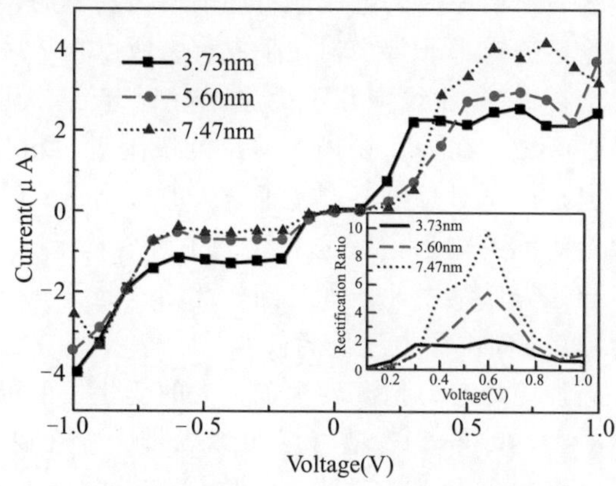

图 8.22　在无磁状态下，三种不同长度金属－半导体异质结的输运 IV 曲线插图为此异质结的整流率

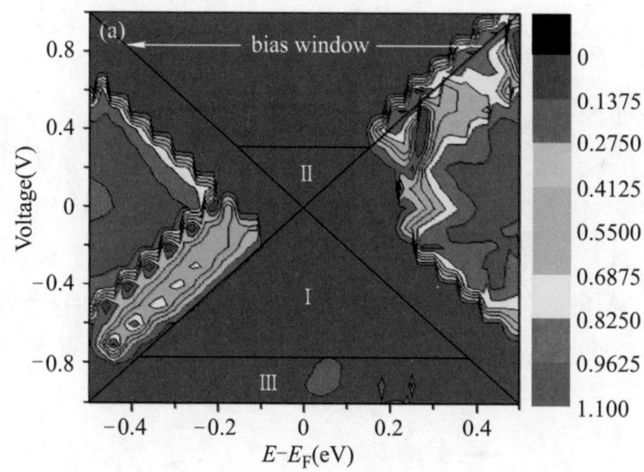

图 8.23　中心区长度为 7.47 nm 的金属－半导体异质结电流输运系数随能级 E 和偏压变化的二维图谱

下面，从无磁状态下金属－半导体异质结随能级 E 和偏压变化的二维曲线图来分析整流效应的产生原因。图 8.23 所示为中心区长 7.47 nm 时的情形，图中两条交叉的对角线所围成的区域就是偏压窗，同上文的分析，只有在偏压窗内的输运谱才是对输运有贡献的。首先讨论正偏压下的情况。在正偏压下，当偏压小于 0.3 V 时，偏压窗内几乎没有输运通道，对应着图中所示的Ⅱ区域。所以相应地在图 8.22 中，当正向偏压小于 0.3 V 时，几乎无法观察到电流值。当偏压大于 0.3 V 时，输运谱逐渐进入偏压窗，并且随着偏压的增加，

输运通道也越来越多，所以相应的电流值也逐渐增大。下面再看负偏压，负偏压下整个Ⅰ区域的输运通道都非常少，几乎没有，所以在Ⅰ区域，也就是负向偏压小于0.8 V时，在 $I-V$ 曲线中几乎无法观察到电流。但是当负向偏压大于0.8后，也就是Ⅲ区域，在偏压窗内，费米能级附近，出现了一个输运峰，虽然其峰值不大，但是还是对总电流产生了很大的影响，此时负向电流逐渐增强。正是由于这种不对称的输运谱特征曲线，在这个基于6，6，12型石墨炔纳米带的金属－半导体异质结中才能观察到如此明显的整流效应，其正方向门槛电压约为0.3 V，负方向击穿电压约为0.8 V。

当为整个器件施加磁场时，情况发生了很大的变化。由于器件的左电极为以苯环为边缘的 NR－Ⅱ6，6，12型石墨炔纳米带，它在磁场中也是无磁性的，所以器件的左电极这一半是无磁状态；器件的右电极为 zigzag 边缘的 NR－Ⅰ6，6，12型石墨炔纳米带，它在磁场中是铁磁性的，所以器件的右电极这一半是铁磁性状态的。下面，绘制出磁场中此金属－半导体异质结的自旋极化的输运特征曲线。

从图8.24中，可以观察到几个非常有趣并且有用的现象。首先，这个器件具有整流效应，正向偏压的电流大小远远大于负向偏压的电流，其自旋相关的电流的整流率如图8.25(b)所示。自旋向上的电流整流率非常高，并且随着中心散射区长度的增加，整流率增强；自旋向下的电流在负偏压下的值要大于正偏压下的值，它具有负整流效应。但是由于电流大小差距不明显，整流率很低，这里未画出自旋向下的负整流率。其次，电流发生了明显的自旋极化现象，特别是在正偏压下，中心区5.60 nm和7.47 nm长的纳米带异质结的自旋极化率几乎都接近90%(见8.25(a))，这是一个非常高的极化率；负偏压下

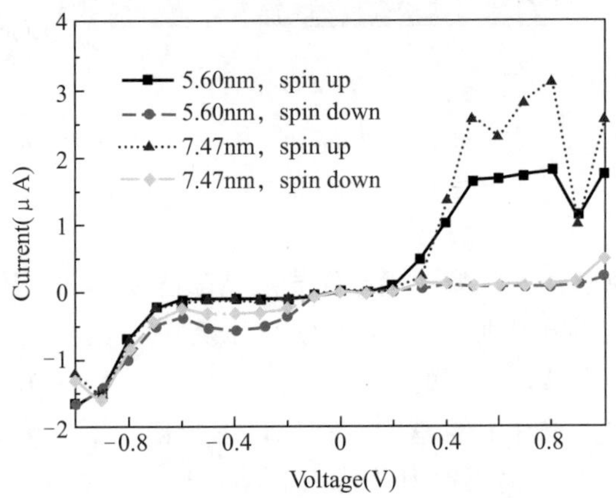

图8.24 在磁性状态下，两种不同长度金属－半导体异质结的自旋极化电流曲线

的自旋极化率较小，这里没有绘制出来。所以，通过这样的设计，可得到一种可以获得单一自旋流的二极管器件，实现了用电压调控得到单方向、单自旋取向的电流。最后，还有一个有趣的现象就是负微分电阻现象。在正偏压下，自旋向上的电流曲线中我们都观察到了 NDR 现象并且对于中心区较长的 7.47 nm 情况，NDR 效应出现了两次。下面同样以 7.47 nm 的情况为例，分析上述自旋流特征。

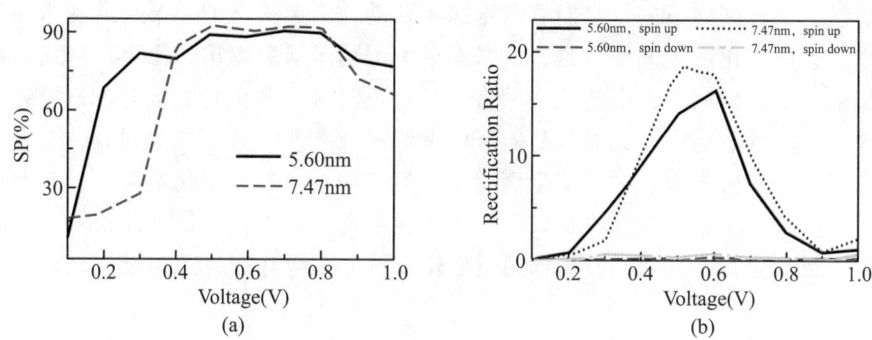

图 8.25 磁性状态下 (a)自旋极化电流的自旋极化率 (b)自旋相关的整流率

图 8.26 所示为磁性状态下自旋向上的输运谱，图中，交叉的对角线同样为偏压窗，将加磁场后自旋向上的输运谱与未加磁场时的输运谱图 8.23 相比较，对于负偏压的情况，两者非常类似。当负偏压值在 0.8 V 以内时，偏压窗内几乎没有输运通道，电流基本被抑制。当负偏压值增大到 0.8 V 后，由于费米面附近输运峰的出现，导致电流值明显增大。在正偏压下，输运谱的移动非

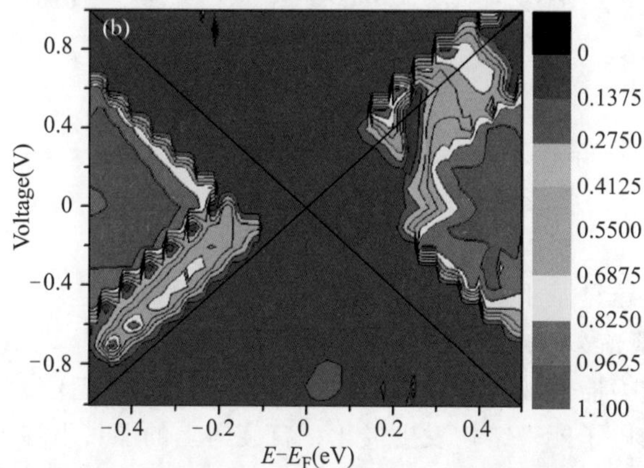

图 8.26 中心区长度为 7.47 nm 的金属 - 半导体异质结自旋向上输运系数随能级 E 和偏压变化的二维图谱

常明显，加磁场后，自旋向上的导带逐渐向费米能级靠近，使得更多的输运通道进入了偏压窗，从而使自旋向上的电流值明显升高；自旋向上的价带略微远离费米面，但是由于它本来就在偏压窗外，对输运性质几乎没有影响。在 0.6 V 和 0.9 V 的正向偏压下，有两个明显的 ZTG 进入了偏压窗，使此时的电流值降低，产生了 NDR 效应。

图 8.27 所示为自旋向下的输运谱。将图 8.27 与图 8.23 做对比后发现，加磁场后，自旋向下的价带向着费米面在移动，自旋向下的导带远离费米面而移动。这样变化产生的结果是，费米面以上的输运通道移出偏压窗，从而造成了正偏压下自旋向下的电流几乎没有，只有正向偏压升至 0.8 V 时，偏压窗内出现了很小的输运峰，此时自旋向下的电流略微有所上升。与此同时，在费米面以下，虽然价带也在向着费米面移动，但其输运谱能级变化不明显，只有很小一部分进入了偏压窗口，所以负偏压下自旋向下的电流值依然非常小，只有当负偏压大于 0.8 V 后，费米面附近的输运峰起主导作用，此时反向电流才大幅升高。

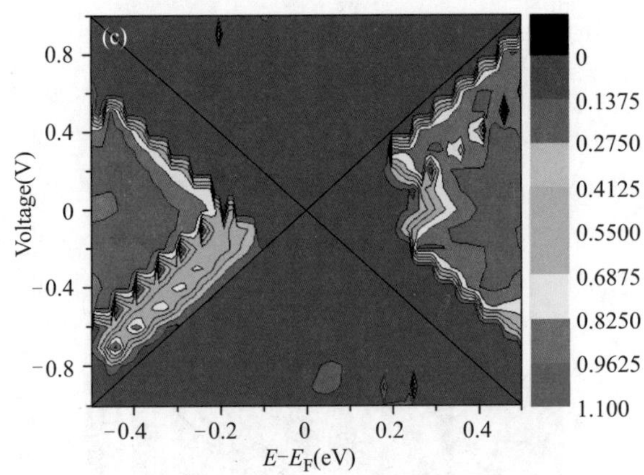

图 8.27　中心区长度为 7.47 nm 的金属 - 半导体异质结自旋向下输运系数随能级 E 和偏压变化的二维图谱

综上所述，这种基于 6，6，12 型石墨炔纳米带的金属 - 半导体异质结有明显的二极管整流效应，正向电流导通，反向电流截止，整流率最高达到 18.8。同时，当为器件加入有效强度的磁场时，右电极转变为铁磁态，自旋向上和自旋向下的电子能带结构发生极化，自旋向上的能带下移，自旋向下的能带上移（如图 8.12b 所示），由于器件的输运与左右电极的能带结构紧密相连，从而导致整个器件的输运通道发生改变，使自旋向上和自旋向下的输运特征曲线完全不同，自旋极化率更是高达近 90%。所以在磁场下，器件不仅保留了二极管效应，还有自旋过滤效应，其正向导通的电流可以基本被认为是较为纯净的自旋流。因此，通过磁场与电场的综合作用，能够得到单向纯净的自旋流，自旋取向与磁场方向相同。

8.4.2　石墨炔纳米带的金属 - 半导体 - 金属结

我们还利用6，6，12 型石墨炔纳米带构造了一种金属 - 半导体 - 金属结，器件的结构如图 8.28 和 8.29 所示，中心区分别由四个和六个 NR - II 6，6，12 型石墨炔纳米带原胞构成，同时中心散射区的左右两端分别接了一个电极的原胞作为缓冲层，使输运计算结果更加准确。两种不同结构的中心散射区长度分别为 5.60 nm 和 7.47 nm。

图 8.28　中心区由四个 NR - II 型纳米带原胞构成的金属 - 半导体 - 金属结器件，中心区长度为 5.60 nm

图 8.29　中心区由六个 NR - II 型纳米带原胞构成的金属 - 半导体 - 金属结器件，中心区长度为 7.47 nm

在 NR - I 6，6，12 型石墨炔纳米带与 NR - II 型纳米带构成的金属 - 半导体 - 金属异质结中，由于左右电极都是 NR - I 型纳米带，在磁场中是铁磁性的，可以用磁场方向来调控电极的磁化方向，所以选择了两种不同的磁性构型：两边电极磁化方向平行状态(PC)和两边电极磁化方向反行状态(APC)，中心区为 NR－II 型纳米带，是没有磁性的。分别在 PC 和 APC 这两种不同的状态下，我们计算其自旋相关的输运特性曲线。

图 8.30 为金属－半导体－金属结器件中，平行和反平行状态下，自旋极化的 $I-V$ 曲线图，首先观察 PC 状态，由于左右电极磁化方向都是向上的，所以不管是正偏压还是负偏压，自旋向上的载流子散射较小，自旋向上的电流要明显大于自旋向下的电流。由于平行状态下，器件相当于一个完全左右对称的结构，此时输运 IV－曲线也是关于原点完全对称的。与此同时，不管是自旋向上还是自旋向下的电流，在偏压 ±0.8 V 附近都发生了明显的负微分电阻效应，这主要是因为电极材料 NR－I 6，6，12 型石墨炔纳米带的输运特性所导致的。同时可以看到，中心区长度对于这种金属－半导体－金属结器件的输运特性影响并不是十分明显。下面以 5.60 nm 的中心区长度为例，通过金属－－导体－金属结器件的二维输运谱图，更加直观地分析输运特征曲线变化的原因。

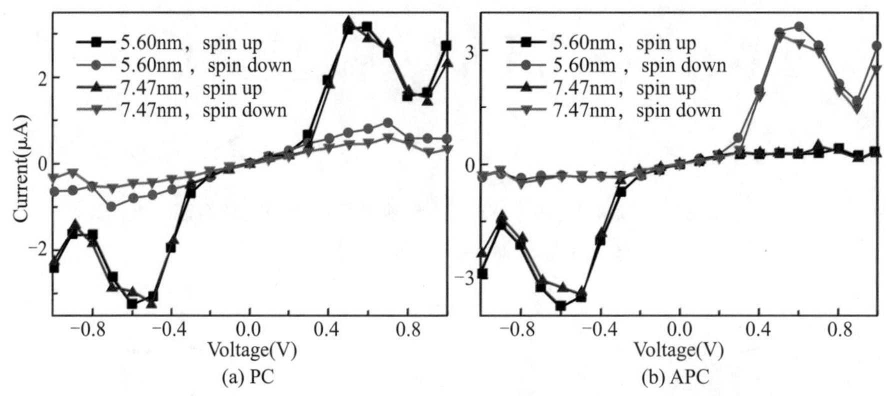

图 8.30 金属－半导体－金属结器件中，自旋极化的 $I-V$ 特性曲线
（a）平行状态；（b）反平行状态

首先考虑自旋向上的情形。图 8.31 中，交叉的对角线中间的区域为输运谱的偏压窗，由于输运谱也是关于零偏压完全对称，只需要看正偏压时的情况。当正偏压小于 0.3 V 时，对应于图中的 I 区域，此时偏压窗内几乎没有透射峰的存在，自旋向上的电流很小。但当正向偏压大于 0.3 V 时，大量的输运通道进入偏压窗，使得此时的电流迅速增大，所以 0.3 V 也是此金属－半导体－金属结器件的门槛电压。但是当偏压继续增大到 0.8 V 左右时，输运峰值反而减小，最主要的是，一个清晰的 ZTG 进入了偏压窗，使得此时自旋向上的电流减小，发生 NDR 效应。

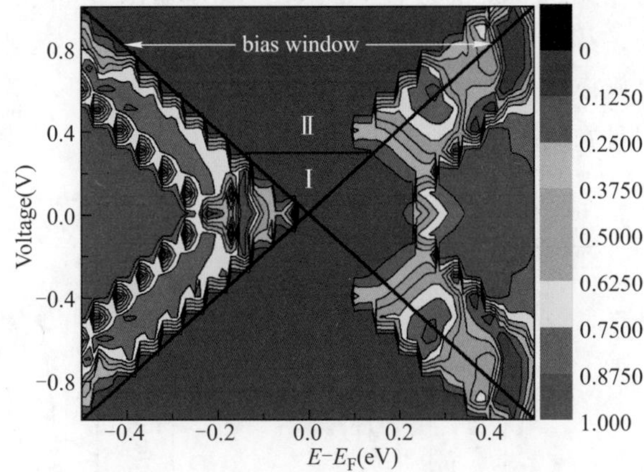

图 8.31　平行状态下，金属 - 半导体 - 金属结自旋向上输运系数随能级 E 和偏压变化的二维图谱

对于自旋向下的输运情况，由图 8.32 可以看到，偏压窗内几乎看不到明显的输运峰，只有在费米面以下，有非常少的输运通道进入了偏压窗。但是，这有限的输运通道对于电流的贡献非常小，所以自旋向下的电流远远小于自旋向上的电流，在一定偏压下，有较高的自旋极化率，如图 8.33(a)所示。由于正负偏压下，自旋流完全对称，所以只绘制了正偏压下的自旋极化率，自旋极化率首先随着偏压的升高而上升，在大约 0.5 V 的偏压下达到峰值，接下来随着偏压的继续上升，自旋极化率略微有所下降，直至 0.8 V 后，自旋极化率再

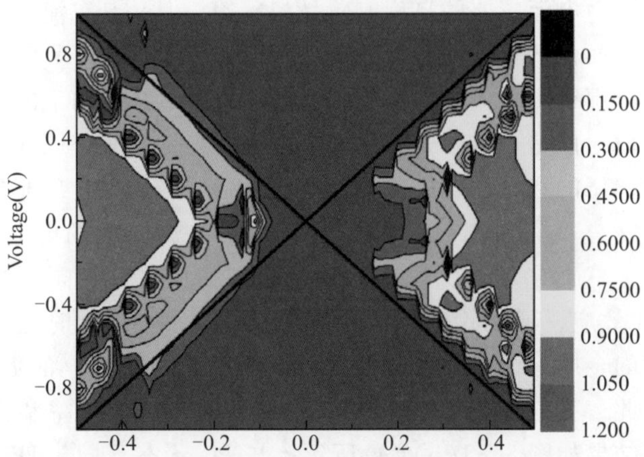

图 8.32　平行状态下，金属 - 半导体 - 金属结自旋向下输运系数随能级 E 和偏压变化的二维图谱

次迅速上升。对比 5.60 nm 和 7.47 nm 这两种不同的中心区长度，可以发现，中心区长度越长，其自旋极化率越高。因此在 PC 状态下，这种异质结器件可以作为一个高自旋极化率的双向自旋过滤器，在正负偏压下都得到与磁化方向相同自旋取向的自旋流。

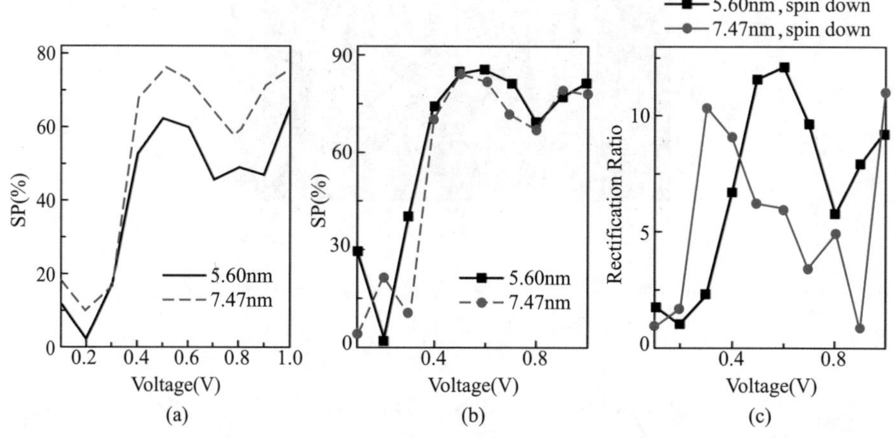

图 8.33　(a) 平行状态下自旋极化率随偏压变化的曲线；(b) 反平行状态下自旋极化率随偏压变化的曲线；(c) 反平行状态下自旋向下电流的整流率曲线

下面讨论反平行(APC)状态下的 $I-V$ 曲线。如图 8.30(b)所示，由于此时左右电极的磁化方向相反，所以在正偏压下，自旋向下的电流要远远大于自旋向上的电流；而在负偏压下，自旋向上的电流远远大于自旋向下的电流。虽然在正负偏压下，电流主要的自旋取向是相反的，但是其电流大小却是关于零偏压对称的。下面仅分析正偏压下的情况。当偏压小于 0.2 V 时，自旋向上和自旋向下的电流都很小，但是当偏压超过 0.2 V 后，自旋向上的电流依然维持一个非常小的值，但是自旋向下的电流却迅速上升，直至偏压 0.6 V 处达到峰值。其后随着偏压的增大，自旋向下的电流开始下降，呈现出非常明显的负微分电阻效应。在整个正偏压[0, 1 V]范围内，自旋向上的电流始终非常小，几乎无法发现。然而当偏压为负时，情况恰好相反，自旋向上的电流迅速增大，出现 NDR 效应，但是其自旋向下的电流始终很小。同时还可观察到，不同中心区长度的金属－半导体－金属结器件，对其自旋极化的 $I-V$ 曲线影响并不明显。因此，我们计算了上述 APC 情况下的自旋极化率和自旋向下电流的整流率，其结果如图 8.33(b)(c)所示。与 PC 状态不同，APC 状态下的自旋极化率受中心散射区长度的影响并不大，都接近 90%。

图 8.34 和图 8.35 所示为自旋向上与自旋向下的输运谱，对于自旋向上的

输运谱，在正偏压偏压窗内几乎没有任何输运通道，从而造成正偏压下，自旋向上的电流非常小，并且随着偏压的增大，自旋向上电流值依然保持不变；在负偏压下，当电压值在 -0.2 V 以内时，由于此区域没有输运通道，所以此时电流很小，但当负向的偏压大小超过 0.2 V 后，导带和价带大量的输运通道进入负偏压的偏压窗，此时电流随着偏压值迅速上升。在负偏压大小为 0.8 V 时，由于导带和价带中各有一个 ZTG 进入了偏压窗，所以此时的电流反而降至一个谷值。对于自旋向下的输运谱，其情形与自旋向上的刚好完全相反。

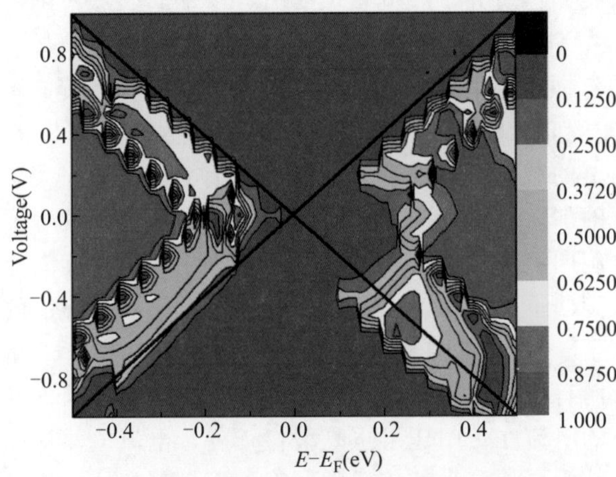

图 8.34　反平行状态下，金属 - 半导体 - 金属结自旋向上输运系数随能级 E 和偏压变化的二维图谱

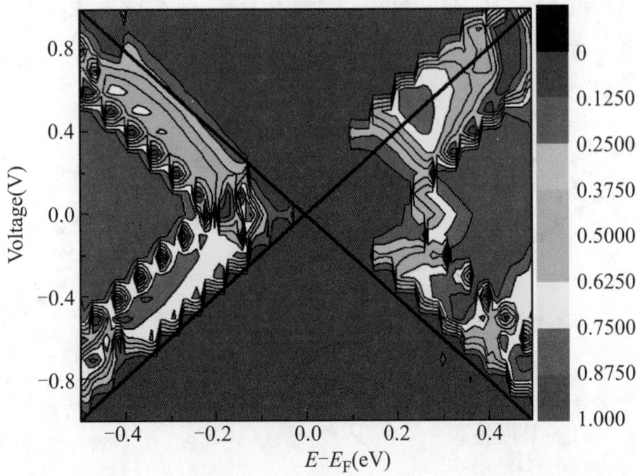

图 8.35　反平行状态下，金属 - 半导体 - 金属结自旋向下输运系数随能级 E 和偏压变化的二维图谱

由上述结果，可以得到结论，这种基于6，6，12型石墨炔纳米带的金属-半导体-金属结在左右电极磁化方向相反时，表现出非常有趣的输运特征：当左电极电压高于右电极时，得到自旋向下的自旋流；当右电极电压高于左电极时，得到自旋向上的自旋流。它不仅是一个自旋过滤器，更是一个双向自旋调节器，通过控制左右电极的磁场和电场，能够实现对电流大小和自旋取向的调控。这一性能表明，基于6，6，12型石墨炔纳米带的金属-半导体-金属结是今后研制新型的自旋电子学器件的有力竞争者之一。

与此同时，我们还研究了在0.1 V偏压下，此基于6，6，12型石墨炔纳米带的金属-半导体-金属结中电流随门电压变化的曲线图。分别在PC和APC两种不同的磁性构型下，对两种长度的自旋向上和自旋向下的电流绘制了其$I-V_{gate}$曲线图，如图8.36所示。在PC状态下，左右电极的磁化方向都向上，所以自旋向上的载流子容易透射，自旋向上的电流明显大于自旋向下的电流。随着门电压的加入，自旋向上和自旋向下的电流值都发生了变化。在正门压的作用下，自旋向上和自旋向下的电流都减小，并且自旋向上的电流值下降速度明显大于自旋向下的电流。在负门压的作用下，自旋向上的电流值迅速增大，但负门压升至-0.6 V时，自旋向上的电流达到饱和值，此时负门压若继续增大，电流反而有可能会减小，如图8.63(a)所示中心区长度为5.60 nm的情况。自旋向下的电流在负门压下也是缓慢下降，电流值保持在一个较小值的范围内，这与器件中自旋向下载流子的散射作用息息相关。值得一提的是，随着中心散射区长度的增加，自旋向上的电流虽然总的电流变化趋势基本不变，但是其电流大小整体增大，曲线发生明显的上移。这是因为中心区更长时，NR-II 6，6，12型石墨炔纳米带的原胞更多，整个器件的半导体性就越强，门势作用下的电流值就会越大。自旋向下的电流由于其值本来就很小，受中心

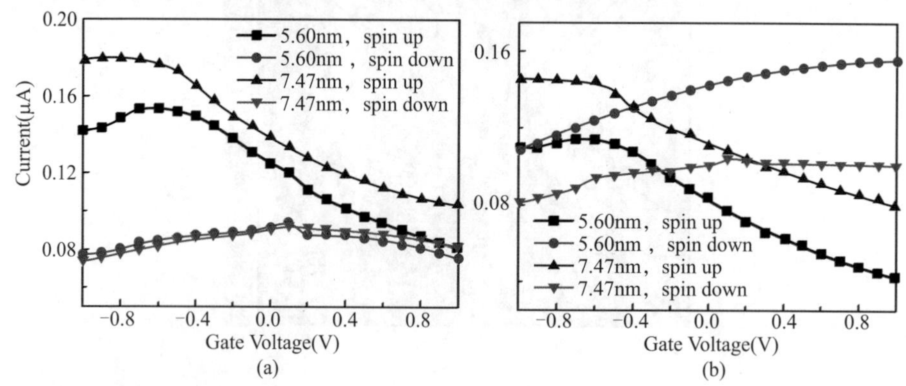

图8.36 金属-半导体-金属结器件中，门电压控制的自旋极化的$I-V_{gate}$特性曲线(a)平行状态；(b)反平行状态

区长度影响不大，几乎没有变化。

在 APC 状态下，由于左右电极磁化方向相反，此时的情况与 PC 情况相比有很大差异。首先，在负门压下，自旋向上的电流随负门势的增大而增大，但也是在 -0.6 V 的门势附近发生了饱和甚至下降；自旋向下的电流随负门电压值的增大而减小。在正门压下，自旋向上的电流随着门压的增大而减小，自旋向下的电流随着门压的增大而增大，并且在多数区域，自旋向下的电流要大于自旋向上的电流。同时，中心区长度的变化引起的 $I-V_{gate}$ 曲线的变化也非常有趣。当中心区长度由 5.60 nm 扩大到 7.47 nm 时，自旋向上的 $I-V_{gate}$ 曲线上移，自旋向下的 $I-V_{gate}$ 曲线下移，但都基本保持曲线整体趋势不变。基于上述结果，可得到由门电压控制的自旋极化的电流，该器件是一种典型的自旋场效应管器件。

8.5　基于 6，6，12 型石墨炔纳米带的热激发自旋电子学

热激发自旋电子学器件是一种低能耗高功效的环保型器件，我们还设计了基于 NR-I 6，6，12 型石墨炔纳米带的热激发自旋电子学器件，器件的结构如图 8.37 所示[36]。实际上，此热激发自旋电子学器件与前文中基于 NR-I 纳米带的自旋电子学器件(图 8.11c)的结构完全相同，唯一的区别在与，不再向左右电极施加偏压，而是给予左右电极一定的温度，左电极温度为 T_L，右电极温度为 T_R，并且始终保证左电极温度高于右电极，即 $T_L > T_R$，两电极之间的温差为 ΔT，即 $\Delta T = T_L - T_R$。在此器件的计算中，始终没有加任何的偏压，并且左右电极所加的磁场状态为 PC 状态，即左右电极磁化方向都是向上。下面通过非平衡态格林函数结合密度泛函理论，计算得到由温差产生的电流输运

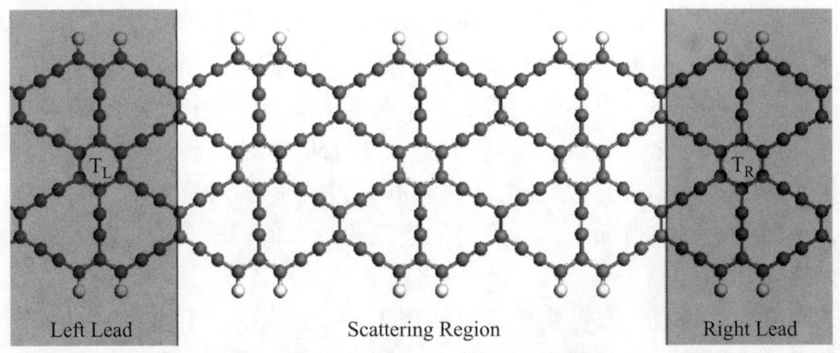

图 8.37　基于 NR-I 纳米带的热激发自旋电子学器件示意图

特性曲线。

从图 8.38(a)所示的 $I-T_L$ 曲线，可以明显看到，所有自旋向上的电流都是正的，所有自旋向下的电流都是负的，由于左右电极间的温差产生了方向相反的不同自旋取向的电流，这与 8.2 节所介绍的自旋塞贝克现象完全相符。换言之，6，6，12 型石墨炔纳米带中也存在自旋塞贝克效应，并且其热致电流大小要比石墨烯纳米带中的热致电流大 2 – 3 个数量级，这对于实验的探测来说，是一个非常好的结果；同时这种明显的热生电流效应、自旋塞贝克效应，也有利于研制基于 6，6，12 型石墨炔纳米带的热自旋电子学器件。

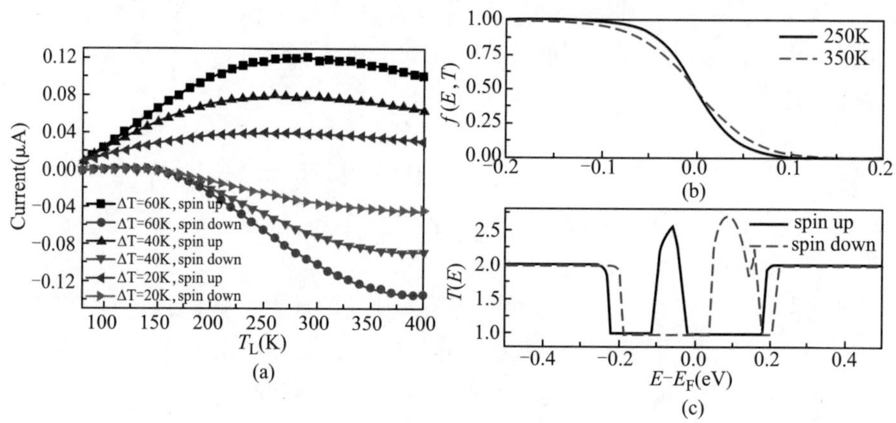

图 8.38 (a) 在三种不同 ΔT 温差下，热致自旋极化的电流随左电极温度 T_L 变化曲线；(b) 电极材料在不同温度下的费米狄拉克分布示意图；(c) 器件在零偏压下自旋极化的输运谱

下面仔细观察图 8.38(a)中的曲线变化。左电极温度 T_L 的变化范围是 80 K 到 400 K，在这个范围中，自旋向上的电流几乎没有门槛温度，随着 T_L 的上升，电流值迅速增大，直至 T_L 为 300 K 左右时，达到最大值，其后随着 T_L 继续升高，自旋向上的电流反而略微有所下降。与自旋向上情况不同的是，自旋向下的电流，存在一个明显的门槛温度，约为 150 K。当 T_L 小于 150 K 时，自旋向下电流大小变化不明显，但是当 T_L 大于 150 K 时，自旋向下的电流开始随着 T_L 的升高急速上升，并且大约在 400 K 左右时达到最大值。同时还可以发现，在同样的温差情况下，自旋向下电流的最大值要略微大于自旋向上电流的最大值。

下面简单分析自旋塞贝克效应和特征 $I-T_L$ 曲线的产生机制。由 8.2 节得知，自旋塞贝克效应的原理主要是费米 – 狄拉克分布和不对称的输运谱的共同作用。首先，观察电极在不同温度下的费米 – 狄拉克分布图，图 8.38(b)。由于左电极温度大于右电极温度，所以在左右电极中，载流子的浓度分布是不相同的。费米面以上的载流子即电子，从左电极扩散到右电极，形成了负的电子电流 I_e；费米面以下的载流子，即空穴，也是从左电极运动到右电极，形成了正的空穴电流 I_h。当费米面上下的输运通道关于费米面对称时，I_e 和 I_h 相互抵消，总电流即为零。只有当费米面上下的输运通道关于费米面不对称时，I_e 和 I_h 的大小才会有差异，也才会产生总的热致电流。接下来分析器件的零偏压输运谱，见图 8.38(c)。将自旋向上和自旋向下的输运谱分开来看。对于自旋向上的输运谱，费米面以下有明显的峰，输运通道明显多于费米面以上的输运通道，所以 $I_h > I_e$，得到方向为正的自旋向上的电流；对于自旋向下的输运谱，费米面以上有明显的峰，输运通道明显多于费米面以下的输运通道，所以 $I_e > I_h$，得到方向为负的自旋向下的电流。这也就充分解释了自旋塞贝克效应的产生机制。

我们知道，费米分布的范围是受温度影响的，而只有费米分布的范围与不对称的输运谱有重叠时，才会产生电流。在图 8.38(c)所示的输运谱中，自旋向上的输运峰与自旋向下的输运峰相比离费米面较近，当 T_L 为 80 K 时，自旋向上的输运峰边缘进入了费米分布的范围，所以此时就能够观察到自旋向上的电流；但自旋向下的输运峰却因为离费米面较远，没有进入费米分布的范围，此时几乎没有自旋向下的电流。只有当 T_L 升高至 150 K 左右时，由于费米分布范围的扩大，自旋向下的输运峰也逐渐进入此时费米分布区域中，从而自旋向下电流开始逐渐增大。这是自旋向下的热激发输运特性曲线中，门槛温度存在的原因。当 T_L 升高至 300 K 时，由于费米分布的范围越来越大，超过了自旋向上输运峰的左边缘(−0.1 eV 左右)，此时自旋向上的电流达到一个相对稳定的状态，并最终在费米分布范围超过 ±0.2 eV 时，由于输运谱变为完全对称，达到最终的稳定态。自旋向下的情况分析方法与自旋向上的完全相同，但有一点不同的是，自旋向下的峰值要明显高于并且宽于自旋向上的输运峰，所以其积分面积更大，最终达到稳定状态后，其自旋流大小要略微高于自旋向上的自旋流大小。

值得说明的是，在整个计算中，忽略了声子的影响，只考虑温差作用下电子的输运情况。计算目的不是准确地研究电流大小，而是预测并设计出有可能实现应用的热激发自旋电子学器件，为实验指引一个有意义的方向。获得这样明显的自旋塞贝克效应，表明 6，6，12 型石墨炔纳米带可以用来实现磁场和温度共同调控自旋流的器件。当电流方向是正时，表示此时得到的是自旋向上的电流；当电流方向是负时，表示此时得到的是自旋向下的电流。

上面 8.3、8.4、8.5 三节中，主要对 6，6，12 型石墨炔纳米带的结构和电子性质做了一个系统的研究，由于6，6，12型石墨炔纳米带拥有与石墨烯类似的狄拉克点，所以它的电输运性质也应该受到关注。研究发现，沿着不同切割方向得到的6，6，12型石墨炔纳米带，其电子性质完全不同，并且纳米带边缘结构对纳米带的输运性质的影响也非常大。Zigzag边缘的6，6，12型石墨炔纳米带呈现出金属性，并且在磁场中能够被磁化，成为铁磁态。苯环为边缘的6，6，12型石墨炔纳米带是一种直接带隙半导体，它始终保持无磁性态。对于这些纳米带，其本身的输运性质与能带结果也相互吻合，并且还发现了几种纳米带中的负微分电阻现象。

基于上述一系列6，6，12型石墨炔纳米带，设计出了由几种纳米带组合的异质结器件。其中有自旋电子学器件，也有热激发自旋电子学器件。自旋电子学器件中，依靠偏压、磁场的共同作用，设计了整流二极管、自旋过滤二极管、双向自旋流控制器等等。6，6，12型石墨炔是未来新型自旋电子学器件和热激发自旋电子学器件的有希望的候选者。

8.6 α型石墨炔纳米带的输运性质

8.6.1 α型石墨炔的结构和电子性质

本节研究同样具有狄拉克点，并且结构与石墨烯非常类似的α型石墨炔的电子性质。

α型石墨炔结构与石墨烯非常类似，同样具有六边形的蜂窝结构，如图8.39所示。与石墨烯不同的是，α型石墨炔中并不全是sp^2杂化的碳原子，而是同时含有sp和sp^2杂化的碳原子，并且由于sp杂化所产生的碳碳三键，会使α型石墨炔的性质与石墨烯相比发生变化。由于α型石墨炔结构的六边形边长

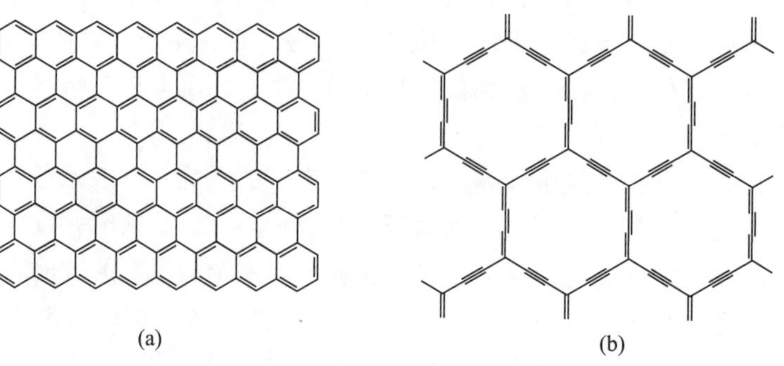

图8.39 （a）石墨烯的二维结构示意图；（b）α型石墨炔的二维结构示意图

较长，所以其结构稳定性要明显低于石墨烯，但是另一方面，α 型石墨炔结构中的孔隙比石墨烯更大，比石墨烯更利于用作储氢材料等[32,33]。

对 α 型石墨炔结构电子能带结构的研究结果表明(图 8.40)[30,35]，α 型石墨炔在布里渊区中有两处的价带与导带交于一点，由于对称性的缘故，这两点是完全等价的，所以图 8.40(a)只画出了一个点。费米面处的电子态密度是零(图 8.40(b))。导带与价带交汇的点就是狄拉克点，其特点与石墨烯非常相似，就连在布里渊区中的位置都有相同的 K 和 K' 点。

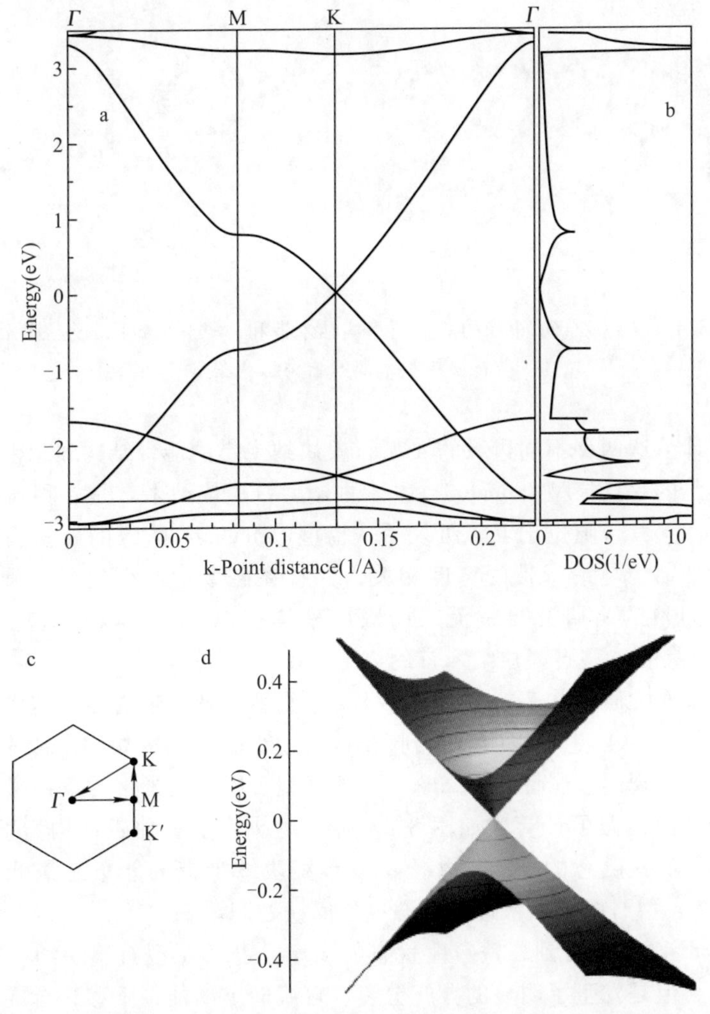

图 8.40　α 型石墨炔的(a) 能带结构；(b) 电子态密度；(c) 第一布里渊区；(d) 狄拉克锥

既然 α 型石墨炔有着和石墨烯非常类似的外形结构和电子结构，那么它的电输运性质又如何呢？这非常值得探讨。

8.6.2 α 型石墨炔纳米带的结构和电子性质

在构建 α 型石墨炔纳米带的时候也采用了和石墨烯相似的边缘处理方法，即 zigzag 边缘和 armchair 边缘，如图 8.41 所示[37]。两种纳米带边缘上的碳都用氢原子做了饱和，消除边缘上的悬挂键，使构建得到的 α 型石墨炔纳米带结构更加稳定。

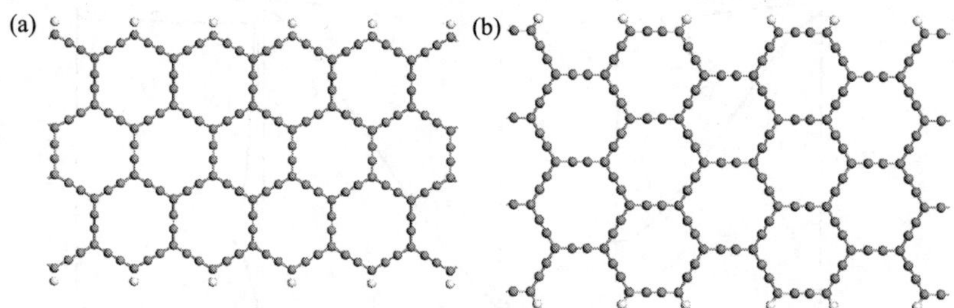

图 8.41 (a) Zigzag 边缘的 α 型石墨炔纳米带和；(b) Armchair 边缘的 α 型石墨炔纳米带的结构示意图

分别计算这两种不同边缘的 α 型石墨炔纳米带的能带结构和态密度，结果表明，构建的手扶椅型(armchair)边缘的 α 型石墨炔纳米带是一种典型的直接带隙半导体，其带隙位于 Γ 点处。手扶椅型(armchair)边缘的 α 型石墨炔纳米带，其能带结构与纳米带的宽度相关，并且在磁场中不会发生自旋极化[34]。由于我们的目的是研究自旋流，用磁场来调控电流，所以在这里就不进行 armchair 边缘的 α 型石墨炔纳米带的讨论了。

首先看看无磁性状态的 zigzag 边缘 α 型石墨炔纳米带的能带结构和态密度图(图 8.42)。从图中可以明显看到，zigzag 边缘 α 型石墨炔纳米带的能带与费米面相切，呈现出金属性。对 zigzag 边缘 α 型石墨炔纳米带的反铁磁态和铁磁态的能带结构也做了计算，如图 8.43 所示。计算了三种磁性构型下的能量，结果表明，反铁磁态的 zigzag 边缘 α 型石墨炔纳米带的能量是最低的，所以 zigzag 边缘 α 型石墨炔纳米带的基态也是反铁磁态。

由图 8.43 可以看到，铁磁性状态的 zigzag 边缘 α 型石墨炔纳米带依然是金属性的，但是发生了明显的自旋劈裂。自旋向上的能带下移，自旋向下的能带上移，产生了一个有效的磁矩。但是在反铁磁状态下，原本相切于费米面的导带和价带打开了一个带隙，呈现出窄禁带半导体性质。同时，自旋向上和自旋向下的能带完全重合，磁矩为零，没有发生自旋极化。

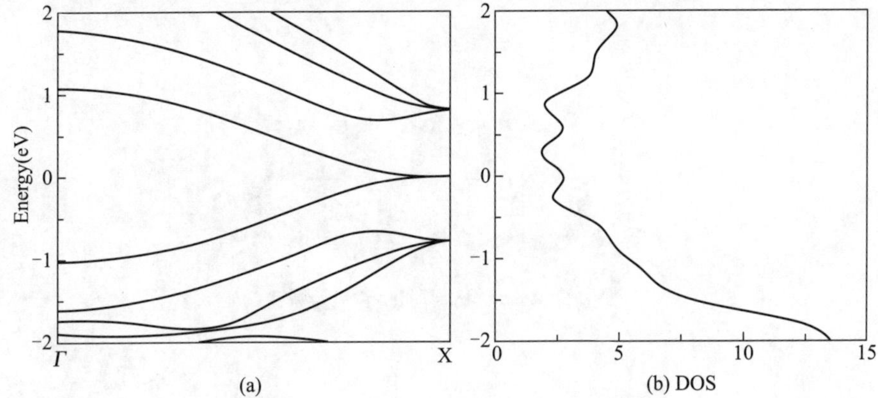

图 8.42　无磁状态 Zigzag 边缘 α 型石墨炔纳米带的(a) 能带结构；(b) 态密度

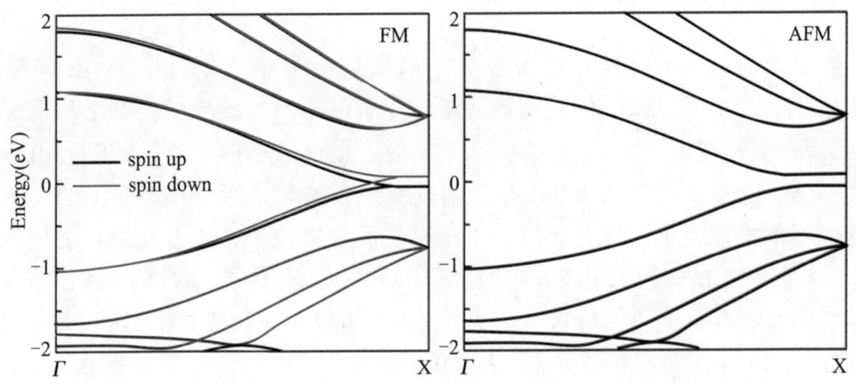

图 8.43　铁磁性态(FM)和反铁磁性态(AFM)的 zigzag 边缘 α 型石墨炔纳米带的能带结构

8.6.3　zigzag 边缘 α 型石墨炔纳米带输运性质

为了研究 zigzag 边缘 α 型石墨炔纳米带的输运性质，构建图 8.44 所示的双电极结构。左右分别为半无限的电极，施加不同的偏压，中间部分为中心散射区。

从前面的计算结果中已经知道，zigzag 边缘 α 型石墨炔纳米带的基态为反铁磁态，当施加一个有效的磁场时会转变为铁磁态。下面，分别模拟不加磁场和加磁场两种状态，对铁磁性和反铁磁性的 zigzag 边缘 α 型石墨炔纳米带的输运性质进行计算。

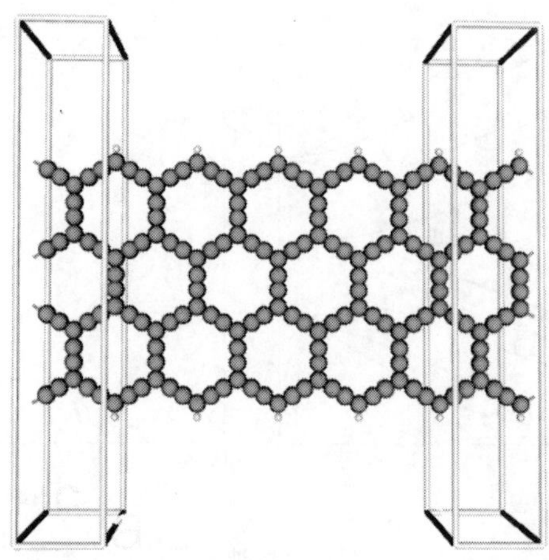

图 8.44 zigzag 边缘 α 型石墨炔纳米带输运性质计算的双电极结构示意图

铁磁态的 zigzag 边缘 α 型石墨炔纳米带呈现明显的金属特性(图 8.45)，一加电压就产生了电流，但是有趣的是，随着电压的继续增加，电流几乎维持不变，呈现台阶状，直至电压升至 0.7 V 时，电流才迅速增长。同时，由于铁磁性 zigzag 边缘 α 型石墨炔纳米带中自旋发生了劈裂，所以自旋向上的电流和自旋向下的电流发生了极化，但是由于系统的磁矩较小，所以此时自旋极化率很小。反铁磁态的 zigzag 边缘 α 型石墨炔纳米带由于是一窄禁带半导体，所以它的输运曲线中有一个门槛电压大约为 0.2 V，当偏压超过 0.2 V 后，电流增加，但同样出现了一段台阶状的电流，与 FM 情况类似。但是由于反铁磁态中没有磁矩，所以此时自旋向上的电流和自旋向下的电流完全重合，没有产生自旋极化。

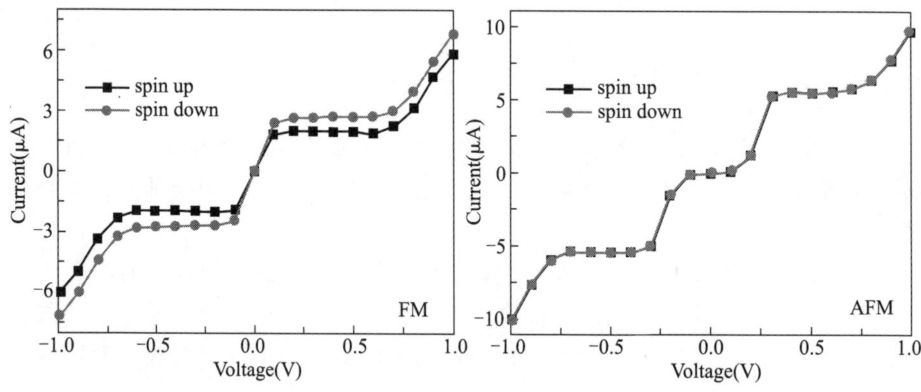

图 8.45 铁磁态(FM)和反铁磁态(AFM)的 zigzag 边缘 α 型石墨炔纳米带自旋相关的输运特性曲线

由于 zigzag 边缘 α 型石墨炔纳米带的输运性质能够受到磁场的影响，可以构建这样两种磁性构型来研究其输运性质：平行状态(PC)和反平行状态(APC)。这两种状态指的是在图 8.44 所示的两电极结构中，分别为两电极加磁场，中心区不加磁场，PC 态即左右电极磁场方向相同，这里方向取都为向上；APC 态即左右电极磁场方向相反，左电极向下，右电极向上。在这两种不同的磁性构型下，得到了完全不同的输运特征曲线。

平行态的输运特征曲线与图 8.46 所示的磁性状态 zigzag 边缘 α 型石墨炔纳米带的输运曲线基本相似，只是电流值略微有所下降，这是由于中心区的磁化所带来影响。所以 PC 状态的输运特征曲线比较符合我们的预料。较为奇特的是 APC 状态的输运曲线。我们看到，在正偏压下，自旋向下的电流随着偏压的增大迅速上升，在 0.2 V 左右达到一个平台值，然后随着电压的增大，电流大小几乎不变，反而略微有点下降，当电压升至 0.7 V 以上时，自旋向下的电流开始迅速增加。但是与此同时，自旋向上的电流始终保持为一个非常低的电流值，几乎观察不到，只有当偏压升至 0.7 V 以上时，电流值才开始增长，但是自旋向上的电流增长的速度非常快，到 1.1 V 时，已超过自旋向下的电流大小。当施加负电压时，情况刚好与正电压时相反。

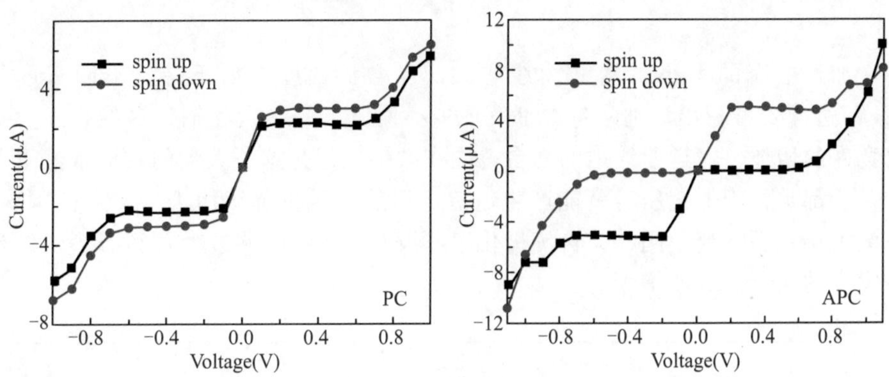

图 8.46　平行(PC)和反平行(APC)状态的的 zigzag 边缘 α 型石墨炔纳米带自旋相关的输运特性曲线

为了研究 zigzag 边缘 α 型石墨炔纳米带宽度对输运性质的影响，还构造了另外两种不同宽度的 zigzag 边缘 α 型石墨炔纳米带，与上面得到的结果做对比，如图 8.47 所示。

对于这两种较宽的 zigzag 边缘 α 型石墨炔纳米带，绘制其输运特征曲线，如图 8.48 所示。从图 8.48 中发现，随着 zigzag 边缘 α 型石墨炔纳米带宽度的增大，电流大小迅速增加，但是随着 zigzag 边缘 α 型石墨炔纳米带宽度的进一

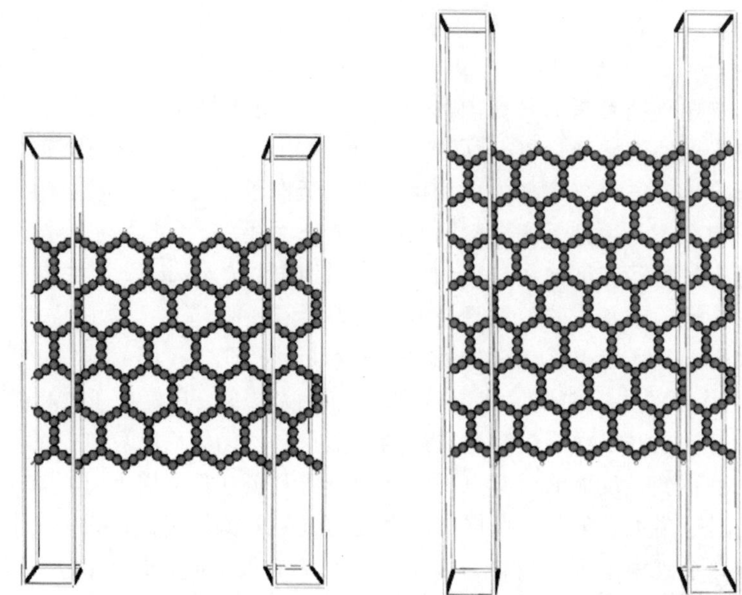

图 8.47 另外两种不同宽度 zigzag 边缘 α 型石墨炔纳米带的双电极结构图

分别为其命名：左图 6 - GNR，右图 8 - GNR

步增加，电流的大小虽然继续在增大，但增长幅度有所下降。不同宽度的 zigzag 边缘 α 型石墨炔纳米带中都发现了小偏压下的平台状输运曲线，虽然随着宽度的增加，输运曲线中的平台范围在减小，但是这一典型的效应依然十分明显。都是在刚加偏压时就能产生电流，但是电压再继续增大，一定范围内，电流大小几乎不变。同时，自旋极化率并没有因为 zigzag 边缘 α 型石墨炔纳米带宽度的增大而有所增大。

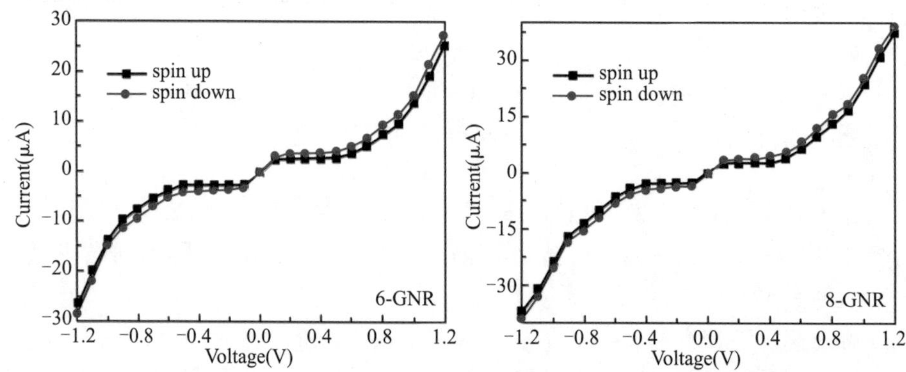

图 8.48 PC 状态下不同宽度 zigzag 边缘 α 型石墨炔纳米带的输运特征曲线

8.6.4　zigzag 边缘 α 型石墨炔纳米带的自旋电子学器件设计

由于 zigzag 边缘 α 型石墨炔纳米带有上述多种输运特性，可以利用它的输运性质，设计出一系列可行的自旋电子学器件。

对于两电极反平行的系统，可以作为一个双向自旋过滤器，也可以作为双向自旋二极管。当施加正偏压时，只产生自旋向下的电流，相当于自旋向下的电流导通，自旋向上的电流截止；当施加负偏压时，自旋向上的电流导通，自旋向下的电流截止。所以可以通过调控电压的方向，得到相对纯净的自旋流。另一方面，当注入的电流为纯净的自旋流时，器件又可以作为一个双向自旋二极管：当注入的电流为自旋向上时，器件相当于如图 8.49(a)所示负向导通的二极管；当注入的电流为自旋向下时，器件相当于如图 8.49(b)所示正向导通的二极管。这样的自旋二极管，在今后自旋电子学器件的使用中必不可少。

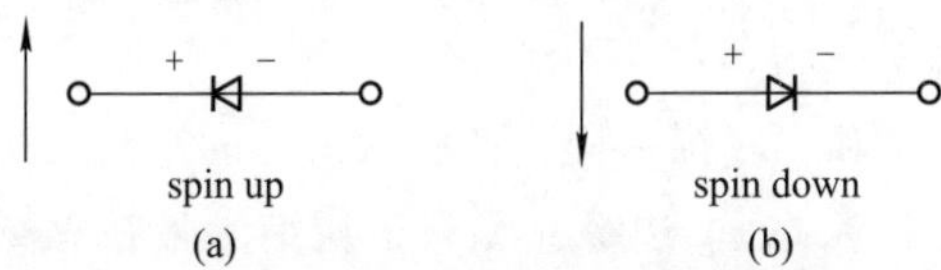

图 8.49　双向自旋二极管示意图

对于两电极磁化方向相同的系统，即 PC 系统，由于零偏压下，费米能级附近透射系数为 1，对电压的相应时间非常快，能立刻达到稳定的电流值，并且此电流值在 ±0.7 的偏压范围内保持不变，此电流值的大小可以由 zigzag 边缘 α 型石墨炔纳米带的宽度来调节。对于图 8.44 所示的 4GNR 的宽度来说，总电流大稳定值约为 5.2 μA。对于这样的输入输出性质，我们设想 PC 状态的 zigzag 边缘 α 型石墨炔纳米带可以作为一个有效的方波信号分子转换器。

方波信号是一种应用非常广泛的信号，它的高电平和低电平，可以作为数字逻辑信号的 1 与 0，是模拟信号与数字信号连接的重要桥梁。当输入信号为正弦波、三角波时，数字电路无法正常工作，必须将其转为方波。所以，信号从正弦波或者三角波转换成方波是一个非常重要的过程。

我们设想，在分子器件领域，可以使用磁性 PC 状态下的 zigzag 边缘 α 型石墨炔纳米带，在一定条件下实现正弦波或者三角波到方波的转换，如图 8.50 所示。输入信号为正弦电压信号，输出信号为方波电流信号，只需要保证输入信号 U_{max} 的值小于 0.7 V，得到的输出电流即为图中所示的方波信号。图 8.50 只是一个示意图，实际的输出信号当然不会是这么完美的方波。其一：输出电流信号的阶跃不会是瞬时的，不会如图所示这么完美；其二，台阶状输出的电流的值也不会如图所示的方波如此稳定。但从总体上来说，一个方波分子转换器的雏形已经初见端倪。

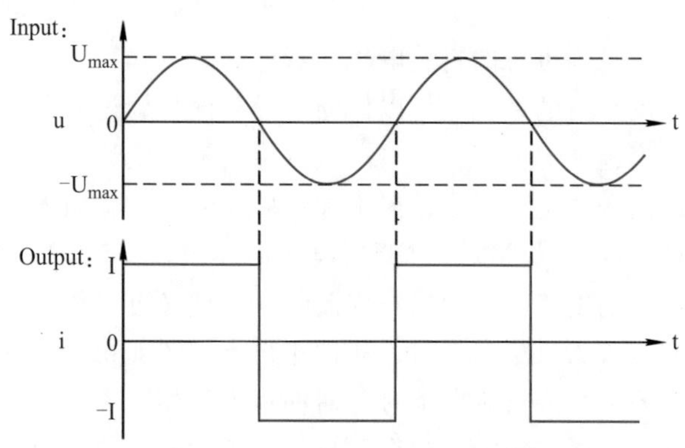

图 8.50 正弦波 - 方波转换示意图

总之，α 型石墨炔和石墨烯一样，拥有六角形的蜂窝结构和狄拉克点，它们的性质有很多相似之处。zigzag 边缘 α 型石墨炔纳米带在磁场中呈现自旋极化的金属性，其基态为反铁磁态。它比石墨烯更为突出的性质，是具有输出电流平台效应。通过调节左右电极的磁性，我们能够很好地调节自旋流的方向与大小，有可能基于 zigzag 边缘 α 型石墨炔纳米带设计出新型的自旋电子学器件如自旋过滤器，有可能利用 zigzag 边缘 α 型石墨炔纳米带，得到方波分子转换器的雏形。

8.7 双层石墨烯纳米带的输运性质

8.7.1 双层石墨烯的电子结构

双层的石墨烯在电场作用下，其能带可以打开一个带隙，并且这个带隙的宽度是可调的，如图 8.51 所示。通过门电压的调节，其能带中的带隙最大可达到 250 meV[36]。同时，由于双层石墨烯与单层石墨烯一样，具有极高的载流子迁移率，有突出的电输运性质，所以，双层乃至多层的石墨烯也被认为是未来电子学器件的有力竞争者之一[37]。

为了研究双层石墨烯的电子性质，构造如图 8.52 所示的两种不同堆积方式的二维双层石墨烯：AA 堆积和 AB 堆积。AA 堆积方式中，上层碳原子的 A 位置和下层碳的 A 位置正好相对，两层石墨烯完全重合；AB 堆积方式中，上层碳原子的 A 位置和下层碳原子的 B 位置正好重合。这两种不同的堆积方式中，由于层与层之间原子的相互作用，使得不同堆积方式的结构的层间距也不

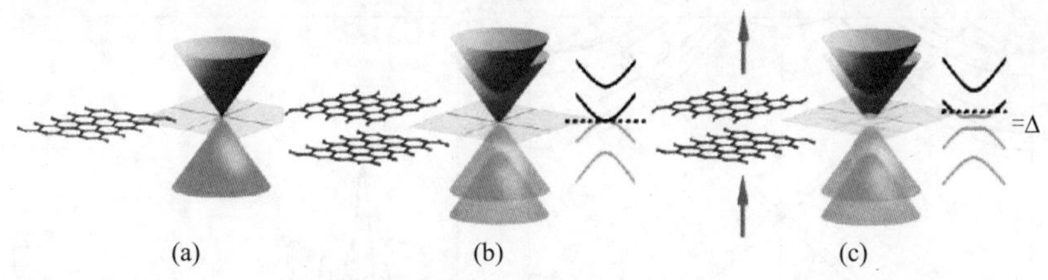

图 8.51　(a) 单层石墨烯 (b) 纯净的双层石墨烯 (c) 加垂直电场的双层石墨烯电子能带结构示意图[36]

尽相同。分别对两种不同堆积方式的层间距做了相应的优化，结果表明，AA 堆积方式的层间距为 3.55 Å 时，体系能量最低，处于最稳定状态；AB 堆积方式的层间距为 3.35 Å 时，体系能量最低，结构最稳定。总体来说 AB 堆积方式的双层石墨烯稳定性要明显优于 AA 堆积方式的双层石墨烯。

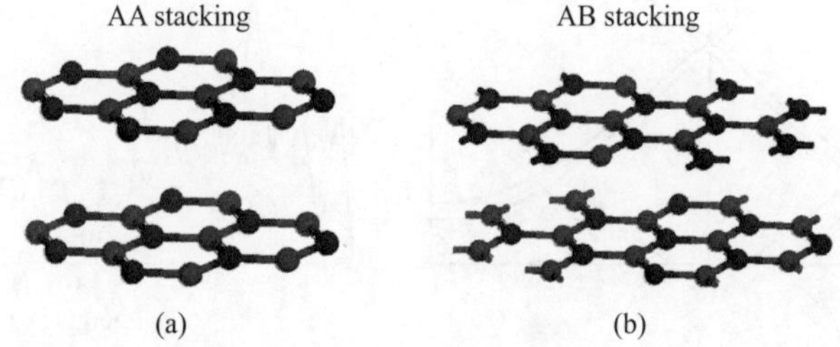

图 8.52　(a) AA 堆积和(b) AB 堆积的双层石墨烯结构示意图

针对 AA 和 AB 这两种不同的堆积方式，分别计算其电子能带结构和态密度，结果如图 8.53 所示。可以看到不管是 AA 堆积还是 AB 堆积的双层石墨烯都是没有能隙的，在 K 点附近几乎是各向同性的，斜率和单层石墨烯非常接近。层与层之间的耦合使得双层石墨烯的能带相互交叉，并且费米能从 K 点移动到了其邻近的两个点。对于 AB 堆积的双层石墨烯，层与层之间的耦合明显改变了单层石墨烯线性的能带特点，而且在 K 点形成了抛物线的能带，使得导带和价带有了更多的交叠，破坏了导带与价带的对称性。

对于 AA 堆积来说，即每层的 A 位置和 B 位置碳原子的磁矩方向相反，而层与层之间的同等位置的碳原子磁矩方向相反，即上层 A 位置碳原子与下层 A 位置碳原子有相反的磁矩。对于 AB 堆积来说，每层的 A 位置和 B 位置碳原子的磁矩方向相反，层与层之间相同位置的碳原子磁矩方向相同。这样的自旋态被称为层间反铁磁态。计算表明，AB 堆积的双层石墨烯的层间反铁磁态出现一个非常小的能隙，如图 8.54 所示。这使层间反铁磁态双层石墨烯具有研究价值。

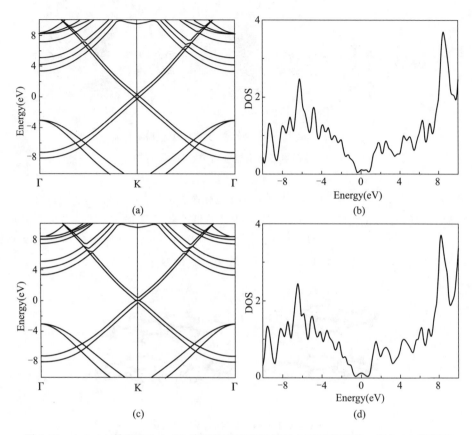

图 8.53 (a) AA 堆积和(c) AB 堆积的双层石墨烯的电子能带结构；(b) AA 堆积和(d) AB 堆积的双层石墨烯的电子态密度

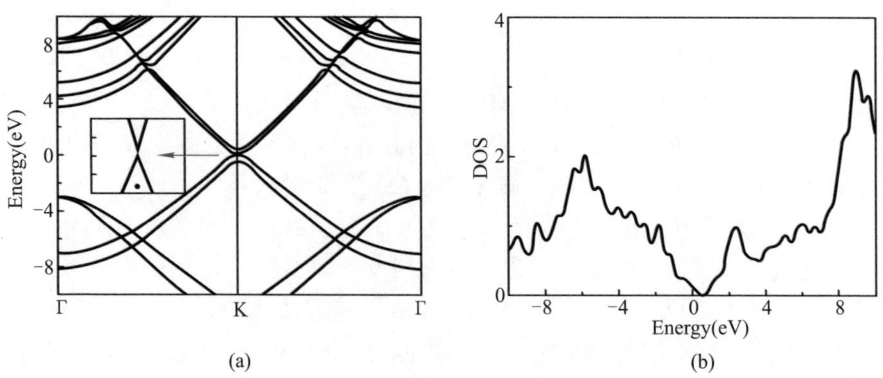

图 8.54 AB 堆积的双层石墨烯层间反铁磁态的(a) 电子能带结构和(b) 态密度

8.7.2　Zigzag 边缘双层石墨烯纳米带的输运性质

为了研究双层石墨烯层与层之间的耦合给输运性质带来的影响，构建如图 8.55 所示的双电极结构，每个电极为单层的石墨烯，中心散射区为双层石墨烯，每层为一个 zigzag 边缘的石墨烯纳米带。为了研究不同堆积方式对输运性质产生的影响，构建 AA 和 AB 两种不同堆积方式的双电极结构。AA 堆积方式中，选择的层间距为 3.55 Å；AB 堆积方式中，选择的层间距为 3.35 Å。同时，为了研究边缘氢化对双层石墨烯纳米带输运性质的影响，还构建了如图 8.56 所示的边缘氢化的双层石墨烯纳米带。

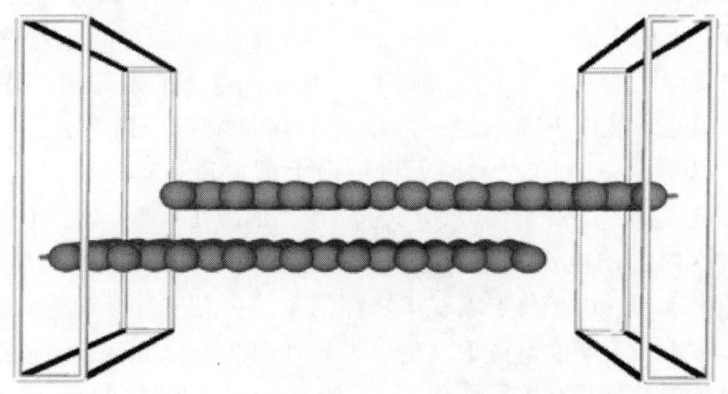

图 8.55　zigzag 双层石墨烯纳米带的双电极结构示意图

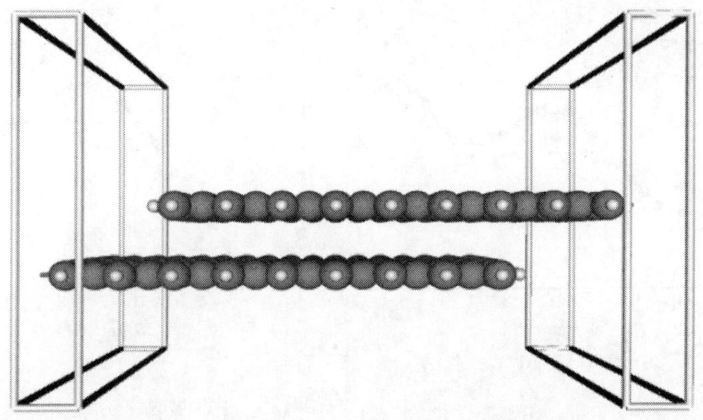

图 8.56　边缘氢化的 zigzag 双层石墨烯纳米带的双电极结构示意图

我们对以上体系的层间电输运性质做了相关计算。所取体系的基态为层间反铁磁态(LAF)，由于石墨烯纳米带在磁场中能够被磁化，转变为铁磁态，所以同时选取了磁场中的双层石墨烯纳米带的层间铁磁态(LFM)，即上下层未饱和的碳原子磁化方向全部与磁场方向相同。

首先计算AB堆积的未氢化zigzag边缘双层石墨烯纳米带在LFM和LAF两种状态下的输运性质，如图8.57所示。观察LFM状态，可以发现，在小偏压范围内，自旋向上的电流大于自旋向下的电流，在0.4 V时自旋极化率最高达到40%。但是当偏压继续上升时，自旋向上的电流发生了负微分电阻效应，电流值持续下降，在1.2 V偏压时达到谷值。与此同时，自旋向下的电流迅速上升，也在1.2 V偏压时，达到了峰值，此时，自旋向下的电流远远大于自旋向上的电流，自旋极化率达到了70%。此后偏压继续增大，自旋向上的电流增大，自旋向下的电流也观察到负微分电阻效应，但此后自旋向下的电流始终保持大于自旋向上的电流。下面观察LAF状态，电流的走势与LFM状态相比基本一致，只是自旋向下的电流的值略低于LFM状态，而自旋向上的电流值略高于LFM态。偏压在0.6 V时，自旋向上的电流远大于自旋向下的电流，此时达到自旋极化率的一个峰值，约为58%；偏压在1.3 V时，自旋向下的电流远大于自旋向上的电流，此时达到自旋极化率的又一个峰值，约为47%。从这些结论中看到，由于每层石墨烯电压的不同，对于双层石墨烯层间输运性质的影响非常大，不同的自旋取向的电流特性曲线差异明显，但是都观察到了负微分电阻效应，只是在不同的偏压下发生，并且程度不同。同时，磁场的作用对未氢化的AB堆积纳米带层间输运性质的影响不大。

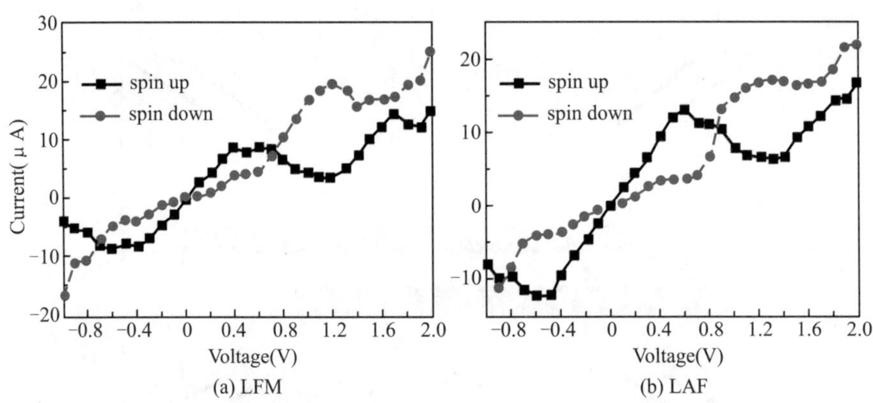

图8.57 边缘未氢化的AB堆积纳米带在(a) LFM和(b) LAF状态下的输运特性曲线

对于边缘氢化的AB堆积zigzag边缘双层石墨烯纳米带，我们计算了它们的I-V曲线，如图8.58。可以看到，边缘的氢化对于AB堆积纳米带层间输运性质的影响并不明显，依然是在小偏压下，自旋向上的电流远大于自旋向下的电流。唯一不同的是，自旋向下的电流出现了明显的振荡上升，这可能是由于氢化的石墨烯边缘态所引起的。自旋向上的电流同样是从 0.4 V 发生 NDR 效应，从 0.4 V 起，电流随着偏压的增大而减小。由于自旋向下的电流被抑制，边缘加氢后的自旋极化率明显增大，LFM 和 LAF 态都在 0.4 V 左右达到自旋极化率的峰值，分别为 71% 和 78%。当偏压增至 0.8 V 时，自旋极化率几乎降为零，并且随着偏压的进一步增大，自旋向下的电流逐渐高于自旋向上的电流。在这种边缘氢化的双层纳米带中，磁场的施加与否对系统自旋输运性质的影响也不大。在零偏压下，费米面附近自旋向上的输运系数明显大于输运向下的输运系数，自旋极化率达到 95%（LFM）和 93%（LAF），可以近似地视为一种半金属特性。双层石墨烯纳米带的透射谱显示出明显的法布里 – 珀罗共振现象[38]，在费米面附近以及费米面上下都看到了明显的共振和反共振峰，这是由于中心区双层的纳米带在终端势能的不连续性，引起了多重反射，形成共振腔所造成的。

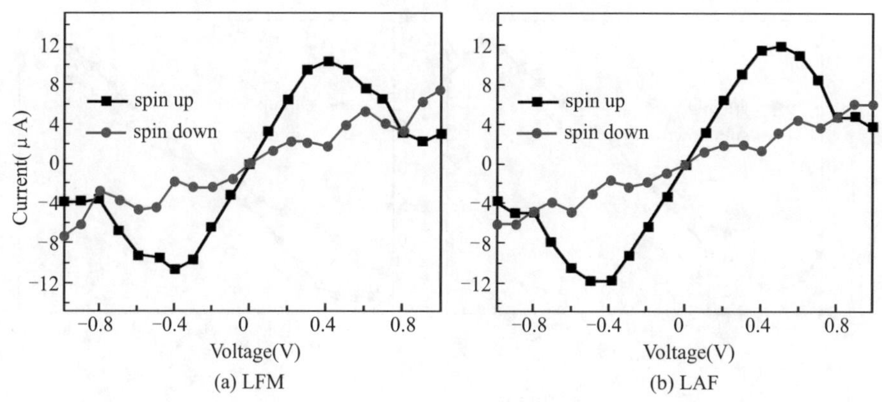

(a) LFM　　(b) LAF

图 8.58　边缘氢化的 AB 堆积纳米带在(a) LFM 和(b) LAF 状态下的输运特性曲线

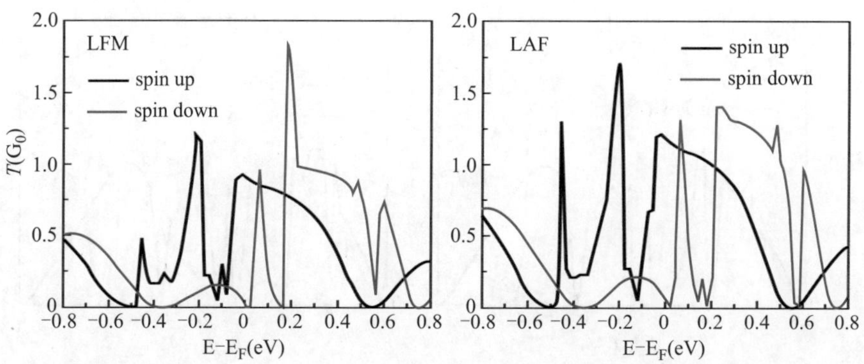

图 8.59　边缘氢化的 AB 堆积纳米带在 LFM 和 LAF 状态下零偏压输运谱

总之，AB 堆积的 zigzag 边缘双层石墨烯纳米带的层间输运性质，与单层石墨烯的输运性质相比，边缘钝化带来的影响更小，主要由其本身的内在属性来决定输运特性。其中，受偏压影响的自旋极化现象最为明显，同时负微分电阻效应在各种磁性态和边缘态中也都能观测到。另外，外磁场对 AB 堆积的 zigzag 边缘双层石墨烯纳米带的输运性质影响不大。

对于 AA 堆积的 zigzag 边缘双层石墨烯纳米带，首先观察其边缘未氢化时的输运曲线，结果表现出与 AB 堆积的纳米带截然不同的输运性质，如图 8.60 所示。随着偏压的增大电流随之迅速增大，自旋极化不明显，同时呈现出明显的金属态。但是当偏压增至 0.8 V 后，自旋向上的电流发生了 NDR 效应，自旋向下的电流继续增大。与此同时，层间反铁磁态的双层纳米带的电流大小明显大于层间铁磁态。我们还绘制了零偏压下，LFM 和 LAF 中自旋极化的输运谱，如图 8.61 所示。在费米面附近，不同自旋取向的载流子输运谱有很大差异，其中自旋向上的通道明显多于自旋向下的通道，自旋极化率较大(图 8.62(b))

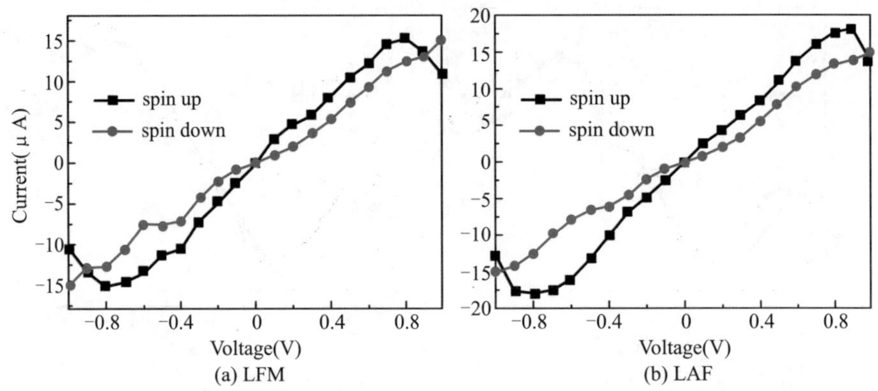

图 8.60 边缘未氢化的 AA 堆积纳米带在(a) LFM 和(b) LAF 状态下的输运特性曲线

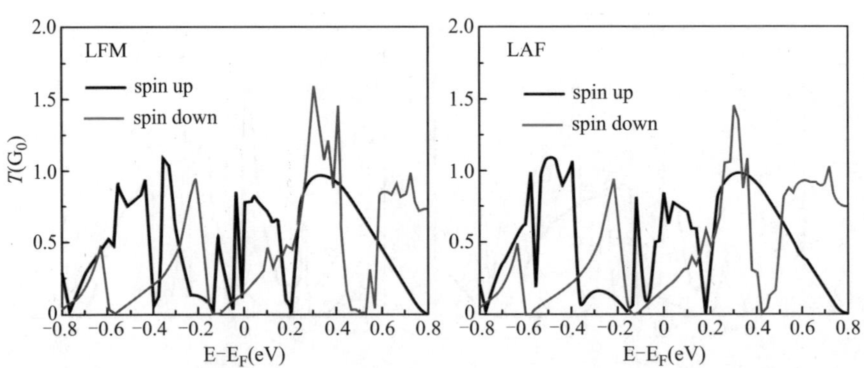

图 8.61 边缘未氢化的 AA 堆积纳米带在 LFM 和 LAF 状态下零偏压输运谱

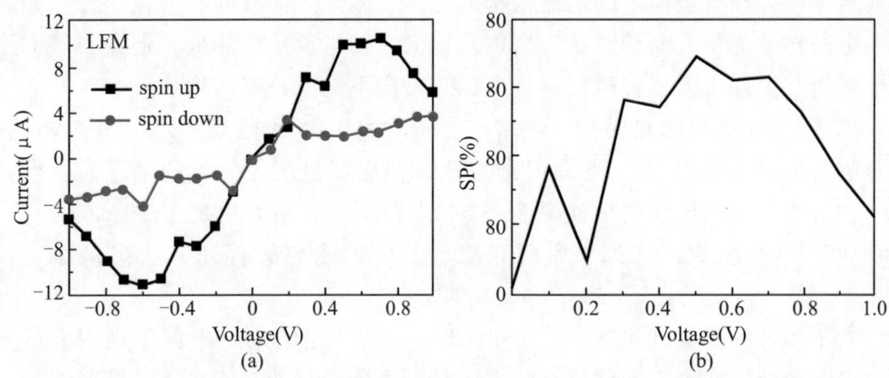

图 8.62　边缘氢化的 AA 堆积纳米带在 LFM 状态下的(a) 自旋极化输运曲线和(b) 自旋极化率

然而，在边缘氢化的 AA 堆积纳米带中，其输运性质有了明显的变化。自旋向上的电流呈现明显的金属特性，在 0.7 V 偏压左右出现 NDR 效应，而自旋向下的电流被明显抑制，随着偏压变化小幅增长，呈现半导体特性(图 8.62(a))。

对于上述的 NDR 效应，以 AA 堆积的 LFM 态为例来做一个简单的说明。图 8.63 所示为 AA 堆积的 LFM 态纳米带在 0.5 V 和 0.9 V 偏压下的输运谱图，虚线围成的区域为偏压窗口。首先我们看到费米面附近尖锐的共振峰值，是由于中心散射区每层石墨烯的终端势能的不连续性造成的，而平台状的输运谱，则是受左右电极以及中心区能带的匹配性影响的。在 0.5 V 的偏压下，自旋向上的输运谱积分面积明显大于自旋向下的情况，所以自旋向上的电流明显大于自旋向下的电流。到 0.9 V 的偏压时，由于能带持续移动，造成匹配性降低，

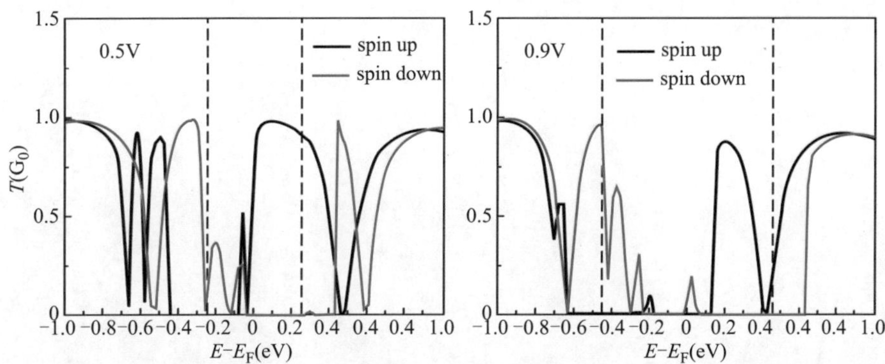

图 8.63　LFM 态边缘氢化的 AA 堆积纳米带在 0.5 V 和 0.9 V 偏压下的输运谱

从而自旋向上和自旋向下的输运谱都向远离费米面方向移动，使偏压窗口内自旋向上的输运谱积分面积减小，所以自旋向上的电流反而降低，但是自旋向下的输运谱有少许进入了偏压窗口，所以自旋向下的电流略有增加。

总之，AB 堆积的双层石墨烯结构层间距为 3.35 Å 时最稳定，而 AA 堆积的双层石墨烯层间距为 3.55 Å 时最稳定；他们都呈现无带隙的金属态。但是在一种常用的基态即层间反铁磁态下，AB 堆积的石墨烯出现了一个非常小约为 0.002 eV 的能隙，这为今后研究双层石墨烯能隙的打开方法提供了一种思路。

由于能带的匹配性机理，AA 和 AB 堆积的双层纳米带中都出现明显的负微分电阻效应。在基态和铁磁态，电流都产生了明显的自旋极化，同时零偏压双层石墨烯纳米带的输运谱表明，AB 堆积的双层石墨烯纳米带有近半金属性。

关于石墨烯的输运特性，有兴趣的读者还可参阅我们的有关文章[39-44]。

参 考 文 献

[1] F. J. DiSalvo. Science, 285 , 703(1999)

[2] B. C. Sales. Science, 295 , 1248(2002)

[3] A. I. Boukai, Y. Bunimovich, J. Tahir-Kheli, et al.. Nature, 451, 168(2008)

[4] G. E. Bauer, E. Saitoh, B. J. van Wees. Nature Materials, 11, 391(2012)

[5] W. Lin, M. Hehn, L. Chaput, et al.. Nature Communications, 3, 744(2012)

[6] M. Zeng, Y. Feng, G. Liang. Nano Letters, 11, 1369(2011)

[7] K. Uchida, S. Takahashi, K. Harii, et al.. Nature. 455, 778 (2008)

[8] K. Uchida, J. Xiao, H. Adachi, et al.. Nature Materials. 9, 894(2010)

[9] S. Huang, W. Wang, S. Lee, et al.. Physical Review Letters. 107, 216604(2011)

[10] J. C. Le Breton, S. Sharma, H. Saito, et al.. Nature. 475, 82(2011)

[11] M. Walter, J. Walowski, V. Zbarsky, et al.. Nature Materials. 10, 742(2011)

[12] A. Kirihara, K. -i. Uchida, Y. Kajiwara, et al.. Nature Materials. 11, 686(2012)

[13] M. Weiler, M. Althammer, F. D. Czeschka, et al.. Physical Review Letters. 108, 106602 (2012)

[14] L. Shen, M. Zeng, S. -W. Yang, et al.. Journal of the American Chemical Society. 132, 11481(2010)

[15] M. Zeng, L. Shen,, Y. Feng, et al.. Applied Physics Letters. 96, 042104(2010)

[16] J. Nakabayashi, D. Yamamoto, S. Kurihara. Physical Review Letters. 102, 066803(2009)

[17] M. Zeng, L. Shen, Y. Feng, et al.. Physical Review B. 83, 115427(2011)

[18] N. Levy, S. Burke, K. Meaker, et al.. Science. 329, 544(2010)

[19] M. Zeng, Y. Feng, G. Liang. Applied Physics Letters. 99, 123114(2011)

[20] Y. Ni, K. L. Yao, H. H. Fu, G. Y. Gao, S. C. Zhu and S. L. Wang. Scientific Reports 3, 1380 (2013)

[21] M. Brandbyge, J. -L. Mozos, P. Ordejón, et al.. Physical Review B. 2002, 65 (16): 165401

[22] Y. -W. Son, M. L. Cohen, S. G. Louie. Physical Review Letters. 97, 216803(2006)

[23] W. Y. Kim, K. S. Kim. Nature Nanotechnology. 3, 408(2008)

[24] C. Jaworski, J. Yang, S. Mack, et al.. NATURE MATERIALS. 9, 898(2010)

[25] O. Tsyplyatyev, O. Kashuba, V. I. Fal'ko. Physical Review B74, 132403. (2006)

[26] Y. Lu, R. Wu, L. Shen, et al.. Applied Physics Letters. 94, 122111(2009)

[27] J. Bai, R. Cheng, F. Xiu, et al.. Nature Nanotechnology. 5, 655(2010)

[28] X. Li, X. Wang, L. Zhang, et al.. Science. 319, 1229(2008)

[29] Y. -W. Son, M. L. Cohen, S. G. Louie. Nature. 444, 347 (2006)

[30] D. Malko, C. Neiss, F. Viñes, et al.. Physical Review Letters. 108, 086804(2012)

[31] G. Li, Y. Li, H. Liu, et al.. Chemical Communications. 46, 3256(2010)

[32] L. Schlapbach, A. Züttel. Nature. 414, 353(2001)

[33] A. C. Dillon, K. Jones, T. Bekkedahl, et al.. Nature. 386, 377(1997)

[34] Q. Yue, S. Chang, J. Tan, et al.. Physical Review B86, 235448(2012)
[35] M. Zeng, L. Shen, Y. Feng, et al.. Applied Physics Letters. 98, 092110 (2011)
[36] Y. Zhang, T.-T. Tang, C. Girit, et al.. Nature. 459, 820 (2009)
[37] E. V. Castro, K. Novoselov, S. Morozov, et al.. Physical Review Letters 99, 216802(2007)
[38] K. Habib, F. Zahid, R. K. Lake. Applied physics letters. 98 , 192112(2011)
[39] Y. Ni, K. L. Yao, et al.. RSC Advances 4, 18522(2014)
[40] S. C. Zhu, K. L. Yao, G, Y, Gao, et al.. J. Appl. Phys. 113, 113901(2013)
[41] D. H. Zhang, K. L. Yao, G. Y. Gao. J. Appl. Phys. 110, 013718(2011)
[42] S. C. Zhu, H. H. Fu, K. L. Yao, et al.. J. Chem. Phys., 139, 024309(2013)
[43] Y. Ni, K. L. Yao, H. H. Fu, et al.. Nanoscale5, 4468(2013)
[44] D. D. Wu, H. H. Fu, K. L. Yao, et al.. Phys. Chem Chem Phys. 16, 17493(2014)